南京大学"985"工程学科建设项目（地理学）

江苏高校优势学科建设工程（地理学）

大学研究型课程专业教材

地理与海洋科学类

海洋沉积动力学研究导引

高抒 著

南京大学出版社

图书在版编目(CIP)数据

海洋沉积动力学研究导引 / 高抒著. —南京：南京大学出版社，2013.8

大学研究型课程专业教材　地理与海洋科学类

ISBN 978 - 7 - 305 - 11694 - 0

Ⅰ.①海… Ⅱ.①高… Ⅲ.①海洋沉积－动力学－高等学校－教材 Ⅳ.①P736.21

中国版本图书馆 CIP 数据核字(2013)第 148266 号

出版发行　南京大学出版社
社　　　址　南京市汉口路 22 号　　　邮　编　210093
网　　　址　http://www.NjupCo.com
出版人　左　健
丛 书 名　大学研究型课程专业教材　地理与海洋科学类
书　　名　**海洋沉积动力学研究导引**
著　　者　高　抒
责任编辑　严　婧　吴　华　　　编辑热线　025 - 83686029
照　　排　南京紫藤制版印务中心
印　　刷　南京爱德印刷有限公司
开　　本　787×960　1/16　印张 25.75　字数 375 千
版　　次　2013 年 8 月第 1 版　2013 年 8 月第 1 次印刷
ISBN　978 - 7 - 305 - 11694 - 0
定　　价　68.00 元

发行热线　025 - 83594756　83686452
电子邮箱　Press@NjupCo.com
　　　　　Sales@NjupCo.com(市场部)

总　序

研究生是高校学术研究的主力军。他们的独特优势在于热情一旦被激发,巨大的能量将在瞬间释放,足以化解众多科学难题。纵观科学发展历史,多数学者后来取得的重要成果和学术声誉的基础,是在研究生阶段奠定的。当然,优势不会凭空转化为胜势,还需要一些基本的条件。

首先,研究生要有过硬的写作功夫。学术写作的要点是清晰表述事实、阐明逻辑关系。刻画事实如同画家给人画像,准确、逼真、神似是应追求的标准。各种事实之间、事实与理论之间、不同理论之间隐含着严密的逻辑,揭示这些逻辑关系要通过论说来实现,一篇论文的水平在很大程度上就是论说的水平,具体而言就是解释、比较、讨论的水平。平时多写短文,每年完成从一定数量的学术论文,这是提高写作水平的有效途径。

其次,研究生要有攻克科学难题的勇气。科学发展的历史就是不断克服困难的历史;如今,人类虽然获得了许多知识,但尚未攻克的难题更多。研究生是有能力应对其中部分难题的,他们不应该由于学校的考核标准压力而忽视了自身的潜力,限制了自身的发展。如果能够找到合适的研究切入点,从相对容易的论题入手,取得初步成果,然后逐步深入,以少积多,最终将能完成一项原本难以想象的任务。研究切入点的确定要靠研究生的主观努力,阅读文献、参加学术会议、与指导老师和同学进行讨论,这些活动都能引发许多有价值的论题,经过进一步消化、吸收和凝练,可转化为自己的研究内容。

最后,研究生应在发展新技术、新方法上有所作为。有了科学问题,下一步的任务就是明确要做哪几项工作、如何完成,也就是明确研究方案。研究工作涉及数据和样品采集、实验室分析和数据处理,因而需要掌握一定的操作技能,但要做出更具创新性的成果这还不够。有哪些前人没有采集过的数据、是否需要设计新的仪器来采集和分析数据、能否建立更新更有效的计算和模拟方法？研究生要经常思考这些问题，有意识地朝着研制新仪器、发展新方法的方向去努力。

我们出版这套"导引"系列教程的目的就是要帮助研究生们提高研究能力。与通常的教材不同，这套教程的重点不是专业知识的系统介绍，而是要在发现科学问题、寻找研究切入点、发展方法技术上提供线索。我们期待研究生能从中获益，促进他们早期学术生涯的发展。

南京大学地理与海洋科学学院

2013 年 5 月 20 日

序

在英国南安普顿大学海洋学系攻读博士学位期间的 1990 年 4 月，按照导师 M. B. Collins 教授的安排，我前往加拿大 Bedford 海洋研究所，参加由 Carl Amos 博士担任首席科学家的一个航次的海上工作。该航次的目的是研究加拿大东部陆架区砂质沉积物的输运和堆积过程。出航前，在 C. Amos 博士的办公室里，我向他提出了关于研究中如何选题的问题。对于一位在寻找科学问题中有很多困惑的学生，C. Amos 博士的回答是很直截了当的，他说："在海洋沉积动力学领域，需要研究的科学问题太多了，以至于我们每天忙碌，也只能解决其中的一小部分。"接下来与他的讨论使我明白了研究方案本身与科学问题的寻找有很大关系，只有方案对路，才会有源源不断的科学问题。在后来的科研生涯中，我对这一点有了更多的体会。

其实，我从攻读硕士学位开始就在探寻明确科学问题的办法。当时的感觉是我们领域中的不少论文缺乏生气，内容面面俱到，难以从中概括出具体的、聚焦的科学问题。而在国外，地学早已进入了定量化的时代，发表的学术论文也早就采用了"一篇论文论述一个问题"的形式。两相对比，我觉得国外的论文形式更能被年轻的研究人员效仿，也更有利于做好研究工作。此外，我尝试通过阅读科学哲学的专著来探寻如何获得科学问题的线索，得出的结论之一是，研究者可以从一个虽小但具体的科学问题出发，通过研究提出更多的问题，这像是一个滚雪球的过程。爱因斯坦的一段经典语录是："你知道得越多，你知道你不知道的东西也越多。"当时，我还试图从校园讲座中获得信息，有一位专家建议以时间、地点、研究内容为三根轴，形成三维空间，其中的每一个点都构成了一个科学问题。初听起来，这很吸引人，但细究之下，这不过是一个空洞的说法，因为在逻辑上，科学问题必然先于研究内容而存在,而且在空间上的这些点之间的相对重要性并不是自明的。无疑,研究的起始点不是仅靠哲学思考就能解决的,一种理想状况是有人给刚进入研究领域的年轻学者提供一个好的科学问题。在实践中,这不是所有年轻人都有的运气。

1997年,我自己成了一位博士、硕士研究生指导教师,开始在中国科学院海洋研究所指导研究生。从那时起,我觉得应该在"发现科学问题"上给他们提供更多的帮助。在中国科学院海洋研究所和南京大学的多年研究中,我形成了一个习惯,就是把想到的科学问题记下来,以免忘记,还时常为其中的一些问题设想论文提纲,思考其中应有的工作假说、研究方案、预期结果、形成新的研究方向等。我建议研究生们应在研究中积累一套自己的数据资料,形成自己的科学问题集,在合适的时候把其中的一些转化为科学论文。这可能是基础研究中保持较多产出的一条途径。这些建议似乎是有作用的,因为研究生们都很努力地针对我所建议的科学问题进行了研究,也发表了不少较好的学术论文。

后来,为了提高指导研究生的效率,我萌生了一个想法,即撰写一组专门论述科学问题的文章,供他们参考。我梳理了海洋沉积动力学中的一系列问题,着重于基础研究的论题,写成了一些文章,其中一部分以研究论文、综述、讨论等形式在专业学术期刊或其他出版物上发表。我认为这种方法有一些可取之处。首先,研究生们阅读这些论文,可以直接从中获取科学问题,作为他们研究的起点。其次,重要科学问题能把研究者引导到本领域的重要研究方向,如沉积记录形成过程及其正演模拟、基于沉积动力学的地貌演化过程、海岸与海底沉积体系形成演化等,研究生们对此应有所了解。最后,通过阅读这些材料,研究生们可能在论文写作和发现科学问题上受到启发,在潜移默化中培养他们的科学研究能力。

作为一本大学研究型课程的辅助参考书,本书是以上述论文为基础而写成的。对于曾经发表过的论文,我进行了以下修改:(1)删去了论文摘要,使之符合辅助参考书的体例;(2)按照本领域学术刊物的一种简便格式,统一了参考文献引用格式,补充了原文未列写完整的文献;(3)改正了印刷错漏,修改了少量的措辞。在此,对《科学通报》《沉积学报》《第四纪研究》《地球科学进展》《海洋地质与第四纪地质》《地学前缘》等刊物的编辑部允许使用已发表论文的材料深表感谢。"引言:海洋沉积和地貌动力过程研究的切入点"、"江苏沿海开发的海洋科技发展方向的思考与建议"、"海岸湿地环境动力学与生态系统动力学研究"和"海洋沉积体系定量模拟方法论"四章的内容是没有发表过的。除"引言"外,其余新论文的部分内容曾分别在第五届海洋强国战略论坛(2010年)、"海陆交互作用过程与中国海岸海洋环境资源特点及疆域主权"科学与技术前沿论坛(2012年)和《科学通报》2012年地学编委会议暨第五届地球科学家学术沙龙上宣读。还有几篇早期的探索科学问题的论文,留有那个时代的烙印,虽然属于初级研究者尚未完全入门的作品,但也提出了若干有意义的论题,可能有一定的借鉴意义,因此汇编为本书的第二部分。此外,"海洋沉积动力学及相邻研究领域论文写作"一文是根据过去写过的多篇短文综合而成的,现列为本书的最后一章,期望对研究生们有参考价值。

与本书相关的研究工作得到了多个项目的资助,主要有国家杰出青年科学基金项目(49725612)、国家自然科学基金重点项目(40231010和40830853)、国家自然科学基金项目(49876018、40476041和40576023)、国家重大基础研究发展计划(973)项目(G20000467)、国家973计划前期研究专项(2006CB708400)、海洋公益性行业科研专项经费项目(2010418006)、江苏省基础研究计划项目(BK2011012)以及江苏高校优势学科建设工程资助项目(地理学)。在各章节内容的准备过程中,我与多位同事和研究生有过交流,讨论中他们提出的一些看法对我的写作很有帮助,我经常回忆起与研究生们一起讨论科学问题的温馨时光。关于海洋沉积体系定量研究的思考得益于2010～2012年国家重大科学研究计划项目的申报,特别要感谢科技部对"扬子大三角洲演化与陆海交互作用过程及效应研究"项目(2013CB956500)的资助。

书稿完成之际,我要感谢我的家人对本项工作的理解、鼓励和支持。南京大学海岸与海岛开发教育部重点实验室牛战胜工程师在文字打印和图件绘制上提供了帮助。在文稿整理中,南京大学出版社杨金荣、严婧编辑提出了不少有益的建议,谨此致谢。

高 抒

2012 年 12 月 28 日于南京大学

目　录

第一部分　引言

第一章　引言:海洋沉积和地貌动力
　　　　　　过程研究的切入点

　　科学研究从提出问题开始。一轮研究之后,既可能找到问题的答案,也可能发现新的问题,两者都是基础研究的成果。如果顺利的话,这一链式反应可以持续下去,直至产生一项较大的学术成果,就像核反应最终导致爆发一样。初学者就更需要一个合适的科学问题作为切入点。这个科学问题从哪里来? 在许多情况下,研究生们从导师那里得到要研究的问题。此外,通过学术会议、学术报告、与同行交谈等方式,也可获取有用的信息。阅读文献时,如果能关注论文的"讨论"部分,并且经常思考诸如"作者所提的问题是否恰当""是否有更好的研究方法或技术路线""作者提供的答案是否有局限性、能否进一步改进"之类的问题,年轻的研究者也会发现一些适合于自己的科学问题。这是比自学能力更上一层的学术能力。

　　本书第二部分的4篇文章,就是一位年轻学者探寻科学问题的实例。有时候,他从教师的研究中得到一个可研究的问题,然后模仿同行论文的模式进行写作(高抒,1988),或者从与别人的交谈中获取一个研究议题(高抒,1989a);在另一些情况下,他试图从文献阅读中总结研究进展,从中找到新的问题(高抒,1989b,1989c)。

　　这里的其他论述则是本书作者对本领域科学问题的思考,其目的是为研究生和年轻学者提供研究的切入点。所涉及的科学问题可分为以下几类:一是关于海洋沉积动力过程的(高抒,1997a,2000a,2003,2005,2008a,2009a,2009b),二是关于海洋沉积体系和沉积记录的(高抒,2007,2010a,2010b;高抒等,2011),三是关于定量刻画和模拟方法的(高抒,1997b,2009b,2011),四是关于本学科在全球变化研究、海洋资源开发以及环境和生态保护等方面的应用的(高抒,1998,2000b,2020,2008b,2009c,2010a)。

关于过程和机理的研究,传统上最重要的途径是现场观测。通过做野外工作,不仅能够得到第一手数据,而且对自然系统会有切身体会。因此,野外工作对于研究生创新意识的培养至关重要,地球科学在这一点上与数理化有明显的不同。基本上我们的所有问题都难以通过室内实验来解决,其中的道理是,自然系统的影响因素众多,如影响沉积物输运率的因素可能有十几个。对于单因素的问题,容易以室内实验来解决,若该因素的状态有 N 个,只要进行 N 次试验就会得出结论。但是,如果有 M 个因素,则需要 N^M 次试验,当 M 值较大时,在操作层面上通常是困难的。正因为如此,地球科学研究中室内实验只是起辅助作用,主要的数据来源是野外环境这个大实验室,室内分析的功能主要是对野外获得的样品进行测试。因此,研究生应把野外工作当成自己研究的主要部分,尽快地掌握一套属于自己的独特数据。

有了基础数据,就可以开展过程和机理研究,这是基础研究中最为关键的部分,也往往是年轻研究者最为拿手的。简而言之,过程和机理是指影响系统特征及行为的因素与它们起作用的方式。在海洋沉积动力学领域,最基本的过程有紊动、颗粒沉降、再悬浮、水平方向输运、沉积物堆积、底部边界层、重力流等。经过前人几十年的研究,有些已得到了深入了解,但有的过程尚未被充分了解,成为本领域历史遗留的科学难题,如紊动和边界层过程就是如此。由于这些问题的难度大,研究要付出的代价也大。在技术路线上,要对问题进行分解,从不同的角度来逼近。例如,紊动的分析在微观上要提高观测技术,尤其是提高时空分辨率,而在宏观上则有可能通过床面形态特征的研究来寻找线索;又如,边界层的问题可以按照深水、浅水和极浅水的不同环境来区别对待,利用悬沙浓度的时空变化格局和床面形态分布格局来反演边界层动力过程。

沉积动力过程涉及的时间尺度通常较小,但海洋沉积动力学的任务之一是了解沉积体系和沉积记录的形成,而这涉及 $10^1 \sim 10^4$ 年的时间尺度。因此,如何将动力过程和长时间尺度的产物相联系,这实际上关系到沉积动力学与地层学、地貌学、生态学等学科的结合。作为沉积动力学家,一方面要掌握沉积层序分析的反演方法,即从钻孔或柱状样分析中提取沉积动力过程的信息;另一方面也要试图将地层、地貌和生态系统问题还原为沉积动力学问题,将长周期因素,如海面变化、河流入海通量变化、地壳升降、沉积物压实、生态系统演替等,包含在动力过程分析之中,以解决地层层序、地貌演化的一部分问题。沉积记录的形成与物质堆积时的过程、冲淤过程和埋藏后的成岩过程有关。因目前对这些过程的了解还很不够,故沉积记录解译也成为一个科学难题(高抒,2010d)。生态系统更是一个复杂的问题,它影响了沉积体系和记录,因而生态系统演化特征可以反映在沉积记录中,同时也受到沉积作用的影响。沉积动力学研究在动力地貌、层序地层和生态系统动力学领域都可以发挥重要作用。例如,海岸与海底地貌演化主要是潮流、波浪等导致的沉积物输运和堆积的结果,考察地貌系统中的物质、能量输入、输出状态,结合地貌学的基本概念,如演化的阶段性、稳定均衡态等,往往可形成重要的科学问题。再如,从沉积动力学的观点来看待沉积记录,可以获得其在沉积体系中的时空分布图景,并得出其连续性和分辨率的信息;通过了解沉积物运动和分布对物质循环、初级生产、次级生产、底栖生态、海岸湿地生态的影响,可以对生态系统动力学作出贡献。

沉积动力学与一般意义上的动力学有着明显的区别。如流体动力学,它依赖于连续方程和动量方程所构建的一个理论体系,其中流体运动和能量传输的参数与变量是完备的,因而可以通过解析或数值方式求解。沉积动力学则不同,由于沉积物作为颗粒态物质具有刚体和流体物质的双重性质,因此虽有连续方程,但尚未形成实用的动量方程。正因为如此,沉积物运动速率要与流体运动相联系,这不得不涉及许多环境因素,如温度、盐度、生物作用等,在许多情况下只能表达为经验关系。这就是说,沉积动力学的理论是不完备的,仅仅利用现有的控制方程有可能得到误差很大的结果,这在现实情况中经常出现。

如何解决这个难题?我们可以考虑从研究方法上来弥补。一方面是发展独立于传统动力学方法的观测和分析体系,以提供对比和参照数据;另一方面是发展和改进数值模拟技术,实现正演和反演方法的结合,使有关动力学体系的知识不断得到完善。

在上述第一个方面,示踪物方法和沉积物粒径趋势法是最具有代表性的。在地质学研究领域,经常采用地球化学参数来定性或半定量地确定沉积物来源及其相对贡献,划分沉积物源区,并提取成岩作用信息。在沉积动力学中,不仅要获得源区信息,而且还要获得输运率和堆积速率信息。长期以来,人们发展了天然示踪物和人工示踪物方法,分别用以解决以上两个不同性质的问题,然而,前者对定量分析的困难、后者在操作层面上的难度造成了一定的局限性。通过理论分析,我们现在知道,其实天然示踪物也可用于实现沉积动力学的各种目的,如物源定量追踪和沉积物输运方向及大小的确定,也就是说,可以建立统一的示踪物动力学方法。在这个体系中,如何进行物质守恒分析,如何确定示踪物在输运中的变化,如何获取与底部沉积物-水体界面上的物质交换参数,这些都是关键的科学问题。

沉积物粒径趋势是一个有趣的问题。过去,粒度分析技术的发展曾给沉积学带来了很大的希望,颗粒数量的巨大使人们相信其中必然含有大量信息。然而,在尝试用粒度数据分辨沉积环境和分析沉积物输运方式后,数据的多解性成为一个难题。目前,生物地球化学方法已成为更好的环境识别方法,用以判断海、陆相沉积比粒度方法更有效,而沉积动力过程的研究也不支持用粒径分布曲线判别输运方式(如悬移、跃移、推移),没有证据表明某种输运方式下的物质一定是正态分布的。后来,人们提出粒度参数的平面分布可能含有物质输运信息,于是发展了粒径趋势分析方法来确定沉积物的净输运方向。这一方法得到了广泛的应用,但在应用该方法时应满足的前提条件、粒径趋势的形成机理、粒径趋势与输运率的关系等方面,还存在着许多尚待解决的科学问题。

对于数值模拟方法,前人已经构建了不少关于潮汐、波浪、风和环流、沉积物输运和生态系统的模型,但除了水动力模型,其他模型的验证都很困难,其原因是模型本身有很多不完善的地方,而且验证材料的获取也经常是不充分的。既然如此,我们应该重新考虑数值模拟的定位问题。进行数值模拟,最重要的不是进行传统意义上的"验证",而是把模型作为工具来进行过程模拟,用以形成工作假说和制定现场观测方案,在与观测资料和钻孔分析资料的不断对照中改进模型本身。在这个方面,数值模拟的范围并不局限于短时间尺度过程(如潮周期物质输运、风暴潮和海啸事件过程等),它可以扩展到海洋沉积动力学的各个时空尺度,如地貌演化、沉积体系和沉积记录形成等。

深海与陆架、海岸水域的环境差异很大,这里物源相对较少,主要来自火山喷发、水柱中的生物颗粒和大气沉降颗粒,以及陆坡、海山的重力流输运物质,潮汐、波浪的影响很小,而重力流和深海环流是主要的动力过程。对这些过程的观测和模拟目前还较为薄弱,是一个具有前景的研究方向。

最后,沉积动力学研究对其他领域科学问题的解决也可以作出贡献。全球变化在自然科学范围内主要是指气候变化、地貌环境变化和生态系统演化,而在这些变化中,沉积物都起了重要作用。例如,碳循环对气候系统有很大影响,海洋环境中随着沉积作用发生的碳埋藏和伴随海底再悬浮及物质输运而发生的有机碳分解是影响碳循环的重要过程,而这些正是海洋沉积动力学所要研究的内容。海岸带陆海相互作用是全球环境和生态变化中的重要组成部分,海岸与陆架的沉积物来源(如河流入海物质、海岸与海底冲刷、生物颗粒等)、沉积物在浅海的堆积以及引发的地貌变化、沉积物在生态系统中的作用等都是重要的科学问题。在"过去全球变化"研究中,主要的材料来自沉积记录,而沉积动力学的目标之一正是要弄清沉积记录的性质,以便正确地解译沉积记录,并从中提取更多的环境信息。在与经济、社会发展密切相关的海洋资源开发、环境保护和生态建设等方面,在海岸土地围垦、港口建设、自然保护区建设、海岸湿地保护、河口环境治理、海岸带管理模型的建立中,都有值得深入研究的沉积动力学问题。

从1996年开始,本书作者及所在的研究组致力于潮汐环境沉积动力过程及其应用的研究;从2006年前后起,又开始聚焦于海洋沉积体系和沉积记录形成演化的研究工作。因此,本书将这两个方面的材料进行了大致的划分,分别汇编于第三部分(海洋沉积动力学的理论与应用问题)和第四部分(海洋沉积体系及相关地表系统的定量研究)。

第二部分　科学问题初识

第二章 东海沿岸潮汐汊道的 P - A 关系

关于潮汐汊道的内海湾纳潮量 P 与口门断面面积 A 之间的密切关系,早在 21 世纪初就对其有所认识。目前常见的 P - A 关系的经典形式为 O'Brien(1931) 所提出的 $A=CP^n$。式中 C 和 n 为常数,均用相关分析法求得。此式是根据美国 西部砂质海岸潮汐汊道的统计得来的,并被作为砂质海岸汊道的稳定性判据之 一。几十年来,O'Brien 的经典公式得到了广泛的应用。例如,Jarrett(1977)统计 了美国东、西部砂质海岸的 100 多个汊道,得到了与 O'Brien 公式相类似的结果, 但他又发现在不同的区域,常数 C 和 n 的值存在着差异,在人工建筑物(如突堤) 干扰下,C 和 n 的值也会略有变化。Shigemura(1980)曾将经典方法推广到日本 基岩海岸,他根据形态指标 A/S 把潮汐汊道分为若干组,然后对每一组作相关分 析,得到了相关性很好的经验公式,因此认为经典形式在基岩海岸也是适用的。 另一方面,也有部分学者对经典 P - A 关系作为汊道稳定性的判据持有异议。 Bruun(1978)指出,研究汊道稳定性的正确途径是考虑使汊道开敞和封闭的自然 力的对比,口门断面面积的大小不只受纳潮量的控制,还受沉积物来量及其运动 的影响。本章将以东海沿岸潮汐汊道为例,分析经典 P - A 关系理论的适用性和 局限性。

2.1 区域概况

东海沿岸主要潮汐汊道的分布如图 2 - 1 所示。它们属于地质成因的强潮基岩海岸的潮汐汊道。在晚古生代至中生代早期,浙闽沿海地区属于海西-印支地槽褶皱带(施央申、刘寿和,1983),中生代中期隆起为陆,继而进入燕山期岩浆活动旋回。在基底地槽沉积的北东向构造和中生代北北东向大断裂及北东东向、北西西向次级断裂的基础上,早第三纪发生了强烈的区域性断陷活动。冰后期16000年B.P.至大约7000年B.P.的海面上升(冯英俊,1983),形成了众多的溺谷海湾,为潮汐汊道发育提供了地质和原始地貌基础。

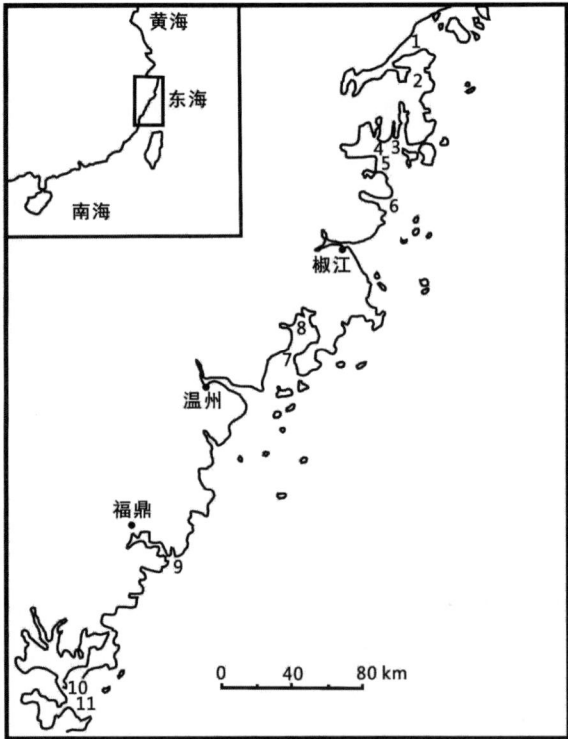

注:1. 象山港;2. 西沪港;3. 岳井港;4. 胡陈港;5. 健跳港;6. 浦坝港;7. 乐清湾;
8. 清江;9. 沙埕港;10. 三都澳;11. 罗源湾。

图 2-1 东海沿岸潮汐汊道的分布

东海沿岸潮汐为正规半日潮,大部分岸段属强潮海岸(匿名,1988)。在具有一定纳潮水域和较狭窄口门的溺谷海湾,潮流作用塑造并维持了由海湾通往外海的潮汐水道,这些水道与口门内、外侧海湾以及相临的部分开敞海岸共同构成了潮汐汊道系统。

浙闽沿海由于受众多岛屿的掩蔽，波浪作用相对较弱，酸性岩浆岩岩层的抗蚀能力又很强，因此海岸带波浪侵蚀产生的沉积物很少，沿岸漂沙微弱。潮汐汊道的沉积物主要是来自长江的泥质沉积物。

2.2　方　　法

在潮汐汊道系统中，口门断面面积 A 和内海湾纳潮量 P 均非常量。A 随水位的升降而变化；P 随潮差的不同而变化，还受到沿岸径流、风成增水和气压变化等因素的影响。因此必须选取其特征值。本书所采用的特征值是平均大潮潮差条件下的纳潮量和平均海面以下的口门断面面积。

纳潮量的计算采用如下近似公式：$P=RS$。上式中 R 为平均大潮潮差，S 为平均大潮高潮位的内海湾纳潮面积。S 的量算在五万分之一地形图上进行，先找出潮汐汊道口门的最狭窄处并绘出断面线，然后量算此断面线向岸一侧的内海湾水域面积。量算方法是求积仪法与方格法的结合，占满方里网格的部分用方格法计算，剩余部分用求积仪按规范量算。

口门断面面积的量算是根据同时期的五万分之一海图，在所选取的口门断面线上绘出地形剖面线，用求积仪量算平均海平面与地形剖面线之间的面积。

最后对所得的 P 和 A 的两组数据进行线性回归分析。按照 O'Brien(1969) 理论，我们有

$$A=CP^n \qquad (2-1)$$

即

$$\lg A=n\lg P+C \qquad (2-2)$$

然后用以下各式求出常数 n 和 C，以及相关系数 r：

$$n=\frac{\sum_{i=1}^{11}(\lg P_i-\overline{\lg P})(\lg A_i-\overline{\lg A})}{\sum_{i=1}^{11}(\lg P_i-\overline{\lg P})^2} \qquad (2-3)$$

$$C=\overline{\lg A}-n\,\overline{\lg P} \qquad (2-4)$$

$$r = n \sqrt{\frac{\sum_{i=1}^{11} (\lg P_i - \overline{\lg P})^2}{\sum_{i=1}^{11} (\lg A_i - \overline{\lg A})^2}} \qquad (2-5)$$

式中 $\lg P_i$ 和 $\lg A_i$ 为各汉道的数值，$\overline{\lg P}$ 和 $\overline{\lg A}$ 为其平均值。

2.3 结　　果

2.3.1　基本数据和关系式

前述方法计算了东海沿岸 11 个主要潮汐汉道的口门断面面积和纳潮量(见表 2-1)。这些汉道纳潮量的数量级为 $10^7 \sim 10^{10}$ m^3，口门断面面积的数量级为 $10^3 \sim 10^5$ m^2。规模最大的是三都澳，其纳潮量为 5008.45×10^6 m^3，口门断面面积为 19.17×10^4 m^2；规模最小的是乐清湾内的清江，其纳潮量为 72.34×10^6 m^3，口门断面面积为 0.41×10^4 m^2。总的来看，东海沿岸的基岩海岸型汉道的规模较砂质海岸型汉道为大。美国太平洋、大西洋和墨西哥湾沿岸的砂质海岸汉道的规模一般为纳潮量 $10^5 \sim 10^8$ m^3，口门断面面积 $10^2 \sim 10^5$ m^2(Jarrett,1976)。

表 2-1 所列数据的相关分析结果见图 2-2。按前述方法计算的东海沿岸潮汐汉道的 P-A 关系为：

$$A = 2.55 \times 10^{-4} P^{0.92} \qquad (2-6)$$

式中两个变量的单位均用 m 制。

$\lg A$ 与 $\lg P$ 之间具有很好的线性关系，其相关系数 r 为 0.97。

表 2-1　东海沿岸 11 个潮汐汉道的 P-A 计算值

汉道名称	$A(10^4 \ m^2)$	$S(km^2)$	$R(m)$	$P(10^4 \ m^3)$
象山港	9.36	293.7	4.07	1195.36
西沪港	2.08	47.7	4.72	225.14
胡陈港	0.42	17.0	6.32	107.44
岳井港	1.64	62.4	5.04	314.5

汊道名称	$A(10^4\ m^2)$	$S(km^2)$	$R(m)$	$P(10^4\ m^3)$
健跳港	0.47	13.5	5.4	72.9
浦坝港	2.13	74.5	5.2	387.4
乐清湾	9.5	266.6	6.14	1636.92
清江	0.41	11.5	6.29	72.34
沙埕港	3.64	102.4	4.96	507.9
三都澳	19.17	739.8	6.77	5008.45
罗源湾	3.77	215	6.68	1436.2

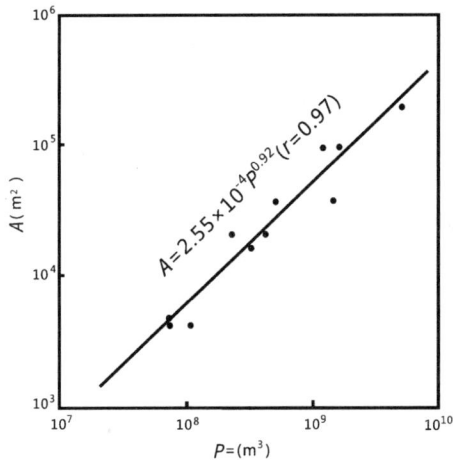

图 2-2　东海沿岸 11 个潮汐汊道的 P-A 关系回归线

2.3.2　汊道口门的均衡态问题

从东海沿岸潮汐汊道的发育史来看,在汊道形成的初期内海湾和口门的大小均受地质构造和原始地形的控制,因此纳潮量和口门断面面积之间远未达到均衡态,$\lg P$ 和 $\lg A$ 也不会具有良好的线性关系。潮汐汊道动力与形态的均衡调整只是在海面基本稳定和长江泥沙影响之后才加快了进程。在现阶段,东海沿岸汊道 P-A 关系已达到很好的相关性,表明纳潮量与口门断面面积之间已接近于均衡态,汊道发育到了成熟阶段。此外,相关性很好的 P-A 关系也说明,在潮汐、波浪和沿岸漂沙诸因素中,潮汐起到了决定性的作用。东海沿岸潮汐汊道 $P\text{-}A$ 的均衡关系要归因于长江泥质沉积物供应和潮汐的主导作用。沉积物的堆积是口门面积减小的原因。东海沿岸砂砾质沉积物来量少,因而极少发育典型的沙嘴、沙坝等地貌形态,粗粒沉积物对汊道口门的作用很小。但是,来自长江的细颗粒沉积物却有较大影响。泥质沉积物的堆积使汊道的内海湾和水道中形成了较厚的全新世沉积层,从而改变了纳潮水域和口门面积的大小。例如,全新世期间象山港内发育了大片海积平原,口门及其两侧潮汐水道底部的沉积层厚达 8～30 m(匿名,1988)。

潮流是冲刷口门的主要动力。浙闽沿海潮汐汊道的平均潮差大多超过 4 m,因此潮流成为主导的动力作用,其相对重要性远高于砂质海岸汊道中的潮流作用。砂质海岸汊道一般发育在开敞程度较高的中等潮至弱潮海岸。

2.3.3 O'Brien 方法的适用性

O'Brien(1969)提出的美国砂质海岸 $P\text{-}A$ 关系为:

$$A = 9.01 \times 10^{-4} P^{0.85} \tag{2-7}$$

A 和 P 的单位均用 m 制。

与我们所得结果相比,C 值有较大不同,而 n 值颇为接近。这一事实 Jarrett (1976)也早已注意到了,因此对不同地区和不同人工干涉程度的汊道分别计算 $P\text{-}A$ 关系。Bruun(1978)在批评 O'Brien 的方法时,也把这一事实作为主要依据之一,但是 O'Brien、Jarrett 和本书的结果都获得了很好的相关系数,这充分说明 P 与 A 之间的确是有密切关系的。C 和 n 两个参数的多变性可以解释为 $P\text{-}A$ 关系受区域性因素的影响,即不同区域 P 和 A 在调整到均衡态时的关系是不同的。人工建筑物如突堤可以影响局部的潮汐和沉积物输运状况,也可使 $P\text{-}A$ 关系略有改变。因此,O'Brien 方法可针对不同区域或不同类型的汊道分别应用,汊道达到均衡的程度以相关系数表示,均衡状况下的 $P\text{-}A$ 关系由统计结果给出。

Shigemura(1980)的方法则有所不同。他的 $P\text{-}A$ 关系图离散程度高,相关分析表明某些区域的相关系数较小。故在分区域统计的基础上,他又根据口门过水面积与海湾平均纳潮面积之比将汊道分成若干类,对每类分别作相关分析,从而提高了相关系数。其实,这一比值本身就涉及了 P 和 A,用该指标划分的类的 $P\text{-}$

A 关系只体现了指标自身。因此,所得 P-A 关系式未必能代表均衡态下的 P-A 关系。

2.4　讨　论

P-A 关系研究中的一个问题是,P-A 关系能否作为汊道稳定性的判据。这涉及对"稳定性"概念的两种理解。

第一类稳定性概念是 Escoffier(1940)所提出的。他的稳定性分析是根据封闭曲线,即汊道底部的最大切应力与口门断面面积的关系曲线。在封闭曲线上,与均衡切力对应的口门断面面积有 A_1 和 A_2 两个值($A_1 < A_2$)。当 $\tau = \tau_{eq}$ 和 $A = A_1$ 时,口门处于不稳定均衡态,如果 τ 有一个微小波动,口门就会增大或趋于封闭。当 $\tau = \tau_{eq}$ 和 $A = A_2$ 时,口门处于稳定均衡态,此时外动力的扰动不能改变 A 稳定于 A_2 的趋势。由此可见,Escoffier 的稳定性是指动力与形态之间的动态平衡关系。对于特定的动力环境,只要有充分的发育时间,必有唯一的口门过水面积与之对应。在此意义上,O'Brien 的 P-A 关系可以作为汊道稳定性的判据,因为它也表示了类似的概念。在发育成熟的汊道,一定的纳潮量对应一定的口门面积。在应用上,O'Brien 方法是用于区域汊道群体稳定性的判别,而不是像 Escoffier 曲线那样用于单个汊道。

作为对比,我们采用 Escoffier 的方法来判断象山港的稳定性,即计算其口门的最大切应力,并与均衡切应力相比较。最大切应力 τ 的计算公式如下:

$$\tau = \rho F u^2 \tag{2-8}$$

式中 ρ 为流体密度,F 为摩擦系数,u 为最大断面平均流速。

据象山港冬季大潮的水文观测资料(匿名,1988),口门最大平均流速为 $1.16 \text{ m} \cdot \text{s}^{-1}$(1983 年 12 月 6～7 日测)。若取 $\rho = 1000 \text{ kg} \cdot \text{m}^{-3}$,$F = 3 \times 10^{-3}$(Kreeke,1985),则 $\tau = 1000 \times 3 \times 10^{-3} \times 1.16^2 = 4.0 (\text{N} \cdot \text{m}^{-2})$。汊道的最大均衡切力 τ_{eq} 为 $3.5 \sim 5.5 \text{ N} \cdot \text{m}^{-2}$(Bruun,1978),这表明象山港已接近于均衡态。这个结果与用 O'Brien 方法所得的结论相一致。

　　第二类是 Bruun(1978)的稳定性概念。他认为,稳定性是指潮汐汊道的平面位置及形态、断面形状和断面面积等地貌要素的变化速率的高低。因此,"稳定性"的意义是相对的,在砂质海岸不存在绝对稳定的汊道。汊道稳定程度的高低取决于使汊道保持开敞的因素(潮流)和使汊道趋于封闭的因素(沉积)的对比。据此,他正确地采用纳潮量与沿岸毛输沙量的比值(P/M)作为汊道整体稳定性的判据。

　　按照 Bruun 的概念,O'Brien 的 P-A 关系就不宜作为稳定性的判据。因为从该关系中不能知道纳潮量随时间的变化速率,所以也无从了解口门断面面积的变化速率。值得指出的是,Bruun 的稳定性判据的应用也只限于较短的时间尺度。在较长的时间尺度上,同样面临着 P 和 M 随时间变化的问题。此外,对于像东海沿岸那样的砂砾质沉积物缺乏,而泥质沉积物供应丰富的地区,Bruun 的判据也许需要作一些修正。

　　O'Brien 和 Bruun 的理论对稳定性问题有着一致的结论,即要保持汊道的稳定,不减少纳潮量是有益的。由于潮汐汊道分布区域和类型的不同,影响稳定性的因素存在着差异,因此参考多种判据是必要的。除稳定性判据之外,对汊道演化问题的其他方面的研究也是很重要的。

第三章 废黄河口海岸侵蚀与对策

自从 1855 年黄河改入渤海以来,灌河口至射阳河口北的废黄河三角洲(图 3-1)一直处于侵蚀状态,被大海吞蚀的土地已达 1400 km²。目前海岸侵蚀仍无停止迹象,侵蚀最强烈的岸段位于滨海县境内。随着沿海经济的发展,废黄河口海岸防护问题将日益突出。本章拟从淤泥质海岸剖面发育的角度,讨论废黄河口海岸侵蚀的动力作用、海岸剖面发育的现状和演化趋势以及海岸防护的对策。

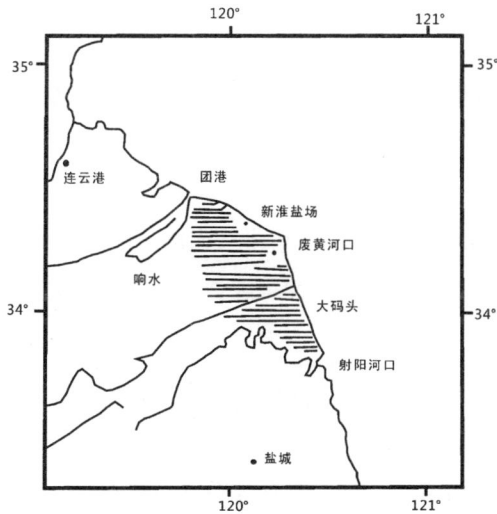

图 3-1 废黄河三角洲(阴影部分)及其海岸的地理位置

3.1　海岸剖面特征

　　废黄河三角洲海岸侵蚀在海岸剖面的地貌和沉积上有显著反映。首先,废黄河三角洲海岸潮间带宽度狭窄,一般在 1~2 km 之间,在废黄河口处仅数百米。这与江苏中部堆积型淤泥质海岸宽广的潮滩形成鲜明的对比(图 3-2)。其次,废黄河口海岸广泛出露老的三角洲沉积,从中潮位至高潮位均为黄河三角洲泥质沉积,为粘土质粉砂。中潮位至低潮位有薄层的粉砂、细砂覆盖在泥质沉积之上,属于蚀余产物。再次,废黄河口海岸侵蚀剧烈的地方潮间带剖面具有明显的上凹形,在平均大潮高潮位附近形成高 1~2 m 的冲刷陡坎。最后,从灌河口到射阳河口北均有贝壳堤或贝壳滩发育,其位置也是在平均大潮高潮位附近。贝壳堤厚度一般为几十厘米,宽数十米。

　　由于废黄河三角洲海岸各段所处的侵蚀阶段的差异,其海岸剖面特征在不同岸段也有所不同(图 3-2、3-3)。

　　团港剖面潮间带宽约 1.5 km,海堤前有宽约 500 m 的盐蒿滩和芦苇滩。盐蒿滩前缘为贝壳砂砾滩,再向外潮滩坡度急剧增加,陡坡上多贝壳碎屑和圆形泥砾。陡坡前出露老沉积,滩面多冲刷体和贝壳。中潮位至低潮位在夏季有一片浮泥滩,浮泥的厚度达 30~60 cm,这是陡坡上泥质物质被侵蚀后暂时停积的地方。

　　新淮盐场剖面潮间带宽度约 1 km,平均大潮高潮位处形成宽 35 m、厚 50 cm 的贝壳堤。贝壳堤前为 1.5 m 高的冲刷陡坎。陡坎前为泥滩,滩面泥泞,多冲刷坑和冲刷槽。

　　废黄河口剖面潮间带宽不到 1 km,海堤前有冲刷陡坎和贝壳滩,中潮位附近有沙坝形成,粉砂细砂层厚 20~50 cm。

　　大码头剖面潮间带宽约 2 km,剖面线平直。潮间带上部有大米草滩和贝壳滩,潮间带中、下部为粉砂滩,滩面密布波浪形成的圆形浅冲刷坑,其深度为 1~3 cm,直径 2 m 左右。

　　总之,废黄河三角洲海岸坡度较陡,剖面多呈上凹形,潮间带下部沉积物粗化,

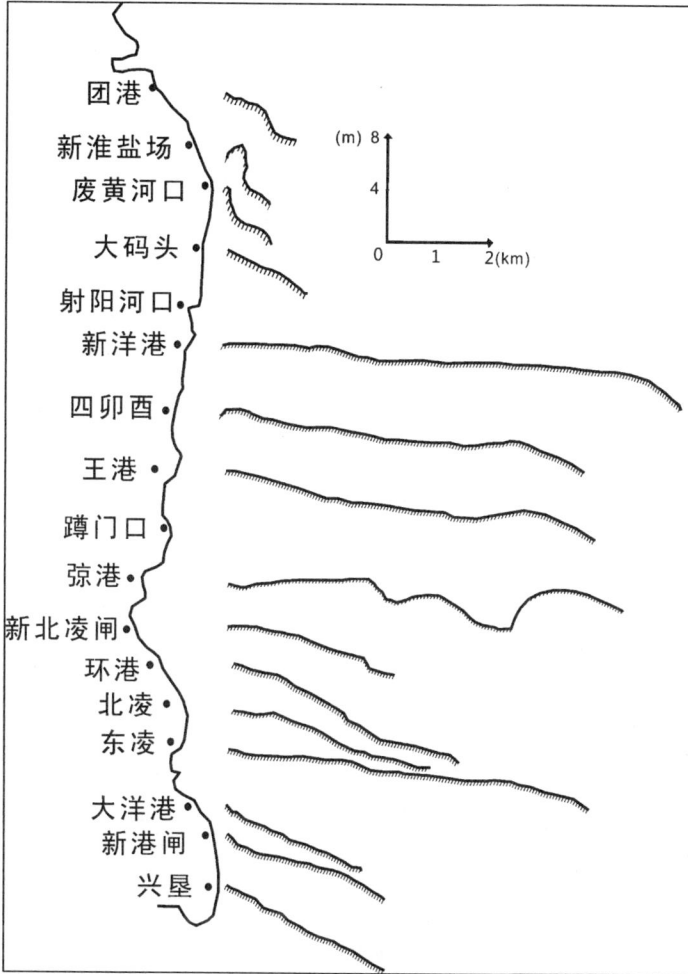

图 3-2 江苏粉砂淤泥质海岸剖面形态及潮间带宽度

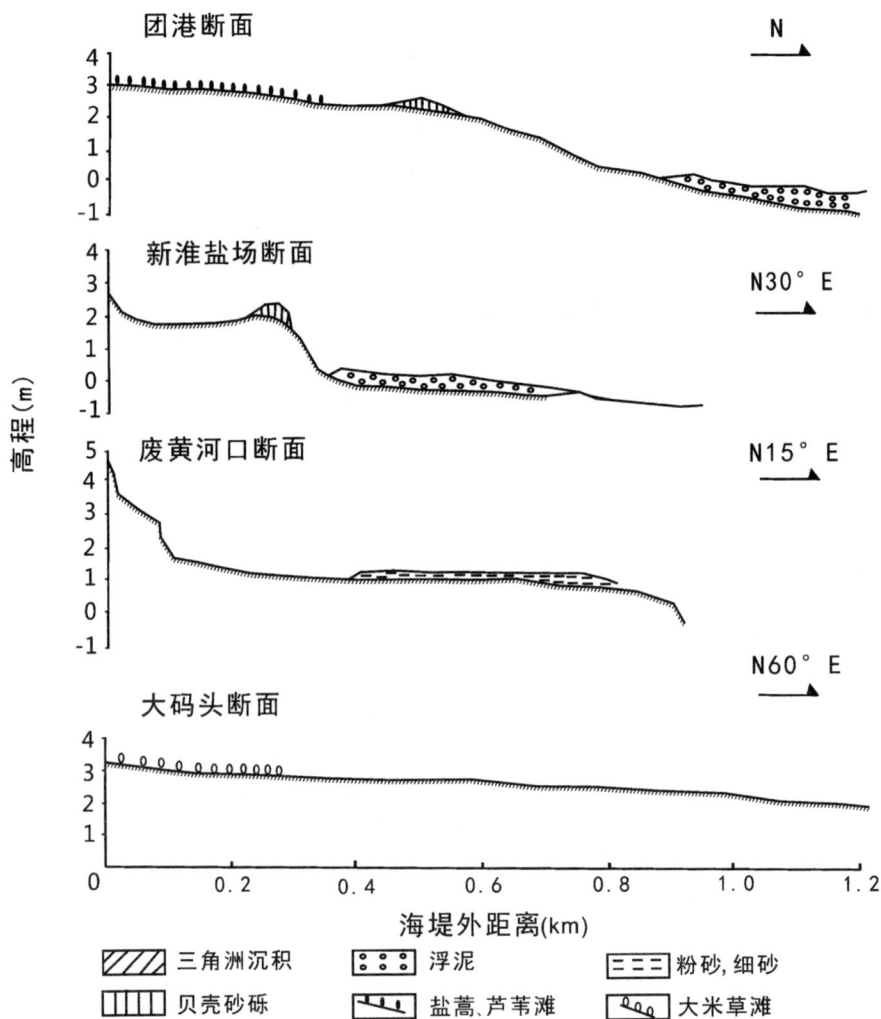

图 3-3 1984 年夏季废黄河三角洲海岸若干剖面的形态和沉积特征

高潮位形成贝壳堤,这些特征都表明波浪侵蚀是重要的外动力,在废黄河口附近则是主要的侵蚀动力。

3.2 海岸侵蚀的原因

影响海岸侵蚀的主要因素包括沉积物来源、岸线走向和开敞程度、海岸剖面形态、沉积物特征以及波浪和潮流等外动力条件。

自从黄河北迁后,废黄河口海岸的沉积物来源基本断绝。废黄河三角洲海岸的北段开敞方向为 NNE,南段为 NEE,岸外无保护海岸的天然屏障,来自外海的涌浪和风浪均可长驱直入。如前所述,废黄河三角洲海岸潮间带狭窄,沉积物为粘土质粉砂。这种物质一旦进入悬浮状态,便极易被平流、环流、混合和扩散等作用带离原地。因此,从边界条件来看,废黄河三角洲是一个有利于侵蚀的环境。

废黄河三角洲海岸处于高能环境,海区的盛行波浪为偏北向浪。本区在冬季和夏季分别受寒潮和台风的影响,以北东向为常强浪向。据统计,开山附近最大波高超过 5 m,而据风速资料推算,废黄河口岸外最大波高可达 9 m 以上(任美锷,1986)。本区潮汐为规则半日潮,废黄河三角洲海岸南段平均潮差为 1.6~1.8 m,北段为 1.8~2.7 m;近岸区涨潮流历时小于落潮流历时,涨潮流速大于落潮流速,大潮平均流速为 0.60~0.65 m·s^{-2};近岸区 M$_2$ 分潮流椭圆长轴平行于海岸,东南向为涨潮流向,西北向为落潮流向(任美锷,1986)。以上波浪和潮汐条件提供了海岸侵蚀所需的外动力。

上述边界条件和外动力条件造成了废黄河口海岸的侵蚀,而海岸侵蚀的特征涉及波浪和潮流的过程与机理。作为海岸带的主要沉积动力,波浪及潮流均兼有堆积和侵蚀两种功能。根据中立线理论,波浪作用使粗颗粒沉积物向岸搬运,使细颗粒物质向海搬运;潮流作用则不同,根据滞后效应和时间-流速不对称效应的理论,如果沉积物供应充足,潮流使细颗粒沉积物在高潮位附近堆积,而使砂质物质堆积于潮间带下部。在潮间带,波浪和潮流之间还有互为消长的关系,如潮间带较宽,则波浪作用受到遏制,潮流作用得到加强;反之,如潮间带较窄,则波能得以集中释放,而潮流由于纳潮量的减小变得微弱。

在废黄河三角洲海岸,狭窄的潮间带使波浪成为主导的外动力。海岸的老三角洲细颗粒沉积物被波浪冲刷后即被搬向岸外,使潮间带出现持续的物质亏损。由于潮间带狭窄,潮流较弱,加上细颗粒沉积物供应的缺乏,潮流的堆积作用便不能发挥。此外,废黄河三角洲海岸的南段岸外涨落潮流平行于海岸线运动,将波浪冲刷下来的细颗粒沉积物向弶港方向搬运,从而加速了海岸侵蚀。在废黄河口附近,波能在岬角地形作用下辐聚,又有平行于海岸的潮流参与悬沙搬运,所以海岸侵蚀的强度最大。

3.3 岸线演变趋势

淤泥质海岸的侵蚀过程伴随着一系列动力条件、海岸地貌和沉积物的转变(高抒、朱大奎,1988),因此岸线演变的趋势必与海岸剖面特征相联系。

淤泥质海岸的侵蚀过程始于细颗粒沉积物供应的减少或断绝。这时,虽然在潮间带内涨潮流的输沙能力仍大于落潮流输沙能力,但是由于泥沙来源不足,涨潮流输沙能力是不能满足的,而落潮流输沙能力却能充分发挥,因此潮间带受到落潮流的侵蚀,其结果是使潮间带坡度增大、潮间带变窄。随着潮间带宽度的减小,波浪作用活跃起来,整个潮间带均受到波浪和潮流的侵蚀,大码头海岸剖面就是这一侵蚀阶段的产物。当坡度增大到一定程度,波浪作用便开始占主导地位,海岸剖面最终成为上凹形的波浪塑造剖面。废黄河口及新淮盐场海岸剖面处在这一发育阶段(图3-2)。

淤泥质海岸侵蚀的最终产物是贝壳堤(Reineck & Singh,1980;顾家裕等,1983;任明达、王乃梁,1985),在苏北平原和渤海西岸都有这种沙堤分布。淤泥质海岸侵蚀最终所形成的贝壳堤的地貌形态和沉积特征有以下三个特点。首先,在地貌上,整个淤泥质潮间带均被贝壳砂砾所覆盖,贝壳堤发育为一条天然的沙堤,正是它使沙堤后面的淤泥质海岸平原免遭继续侵蚀。这时海岸类型已从淤泥质

海岸转化为砂质海岸了。其次,在沉积特征上,贝壳沙堤的物质来源主要有二,
一是泥质沉积被侵蚀后遗留的较粗物质,二是近海贝类生物的残骸。淤泥质海
岸沉积中粗颗粒物质的成分越多,近海贝类生物的生产率越高,形成贝壳堤所
需的时间越短。最后,在水动力条件上,贝壳堤形成后波浪作用保持其主导地
位,潮汐对海岸的影响居次要地位,主要是通过潮位的涨落影响激浪带位置的
高低。图3-4是废黄河口海岸侵蚀达到动态平衡时的剖面形态和沉积特征的
示意图。

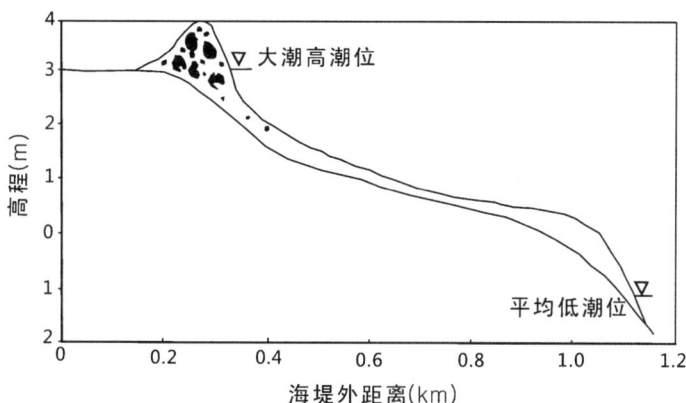

图3-4　自然过程作用下废黄河口海岸侵蚀的最终剖面示意图

通过对比图3-3现状剖面与图3-4动态平衡终极剖面,可以看出,废黄河口
海岸侵蚀离自然终极剖面还相差很远。废黄河三角洲沉积物较细,几乎不含有砂
质物质,生物来源的物质也不多,经过一百多年的侵蚀过程,贝壳堤的规模仍然
很小,仅在高潮位形成薄层的贝壳碎屑沉积。因此,近期内形成天然的大型贝
壳堤是不可能的,也就是说,近期内废黄河口海岸侵蚀尚无自然终止的可能。
据1980～1984年间的海岸剖面重复测量,废黄河口三角洲海岸沉积物的侵蚀量
为$12.6 \times 10^6 \text{m}^3 \cdot \text{yr}^{-1}$,相当于每年减少土地0.9万亩(高抒,1985)。如果不采取
海岸防护措施,15年内该段海岸将损失土地93 km^2(14万亩)。此外,废黄河三角
洲海岸侵蚀的范围目前呈现扩大趋势,侵蚀岸南界每年约南移0.6 km(张忍顺,
1984 a),到21世纪末可到达射阳县新洋港附近。

3.4　海岸防护建议

　　海岸防护所应遵循的一个重要原则是顺应自然,即按照海岸演变的自然规律实施防护工程,使海岸趋于稳定或降低侵蚀速率。如前所述,淤泥质海岸侵蚀是不会自行停止的,除非海岸类型发生改变,即转化为处于动态平衡阶段的砂质岸类型。在淤泥质海岸实施海岸防护工程,其实质就是人为地改变海岸类型。例如建造石砌海堤实际上就是造成人工的基岩海岸。因此,海岸防护工程的效果与其所对应的人工海岸形式有着密切的关系。

　　在堆积的淤泥质海岸,海堤的作用主要是挡潮,防止高水位时的海水入侵。但在侵蚀的淤泥质海岸,由于侵蚀的主要动力是波浪,因此海堤既要起挡潮作用,又要抵御波浪侵蚀。常见的海岸防护工程包括海堤及其配套的丁坝群和堤前抛石工程。石质海堤,除非将其基础置于激浪带之下,否则是不能阻拦波浪侵蚀的。波浪作用使滩面降低,泥质沉积暴露于激浪带,极易形成类似于海蚀穴的形态,使海堤很快坍塌。这个过程就像是基岩海岸的海蚀穴形成和海蚀崖后退的过程,只不过速度更快。堤前抛石可以减缓堤脚掏空的进程,但不能制止滩面蚀底,故难以从根本上起到保护海堤的作用。丁坝在砂质海岸被用来阻挡泥沙的沿岸运动,而在淤泥质海岸难以阻止泥沙的向外散失,因为细颗粒沉积物的输运主要是以悬浮方式进行的。由此可见,单纯地实施上述工程并不是淤泥质海岸防护的良策。

　　根据以上讨论,淤泥质海岸防护的关键是激浪带消能和减缓滩面物质的散失。本着顺应自然的原则,我们建议采用堤前和滩面填砂砾的方法取代堤前抛石方法。人工填砂方案的优越性主要有以下几点。第一,这一方法可使海岸剖面加速达到稳定状态。在自然演化下,贝壳堤的形成覆盖了滩面,又使波能消耗在贝壳堤前,从而使侵蚀终止。人工填砂所形成的滩面可以起类似的作用。第二,砂砾质物质组成的剖面形态可随波能而改变,故与块石相比更能起到缓冲作用,从而更有效地保护海堤。在自然界常见一种不完全海滩剖面,即海蚀崖前发育着的砂质海滩,这种海滩阻止了海蚀穴的形成,使海蚀崖向死海蚀崖转化。第三,砂砾质物质像块石一样很难向海散失;而且实施人工填砂后,丁坝可不建或缓建,视砂砾沿岸运动的情况而定。

人工填砂方案的成功与否及其效益大小,取决于对填补物质的粒径和填补后海岸坡度的设计。海滩坡度与沉积物粒径和波能的关系为(King,1972):

$$\tan\alpha = 407.11 + 4.2\ D\varnothing - 0.711\ gE \tag{3-1}$$

式中 α 为海滩坡度; $D\varnothing$ 为砂砾平均粒径,以 $\varnothing$ 值表示; E 为波能密度。

因此,在填砂前必须了解本区的波浪状况和填砂量最小的均衡坡度,以确定待填砂砾的平均粒径。此外,还应注意,在平均粒径相同的条件下,分选性好的物质的均衡坡度小于分选性差的物质(Komar,1976)。我们估计,在最优化设计下所需砂砾为 20 m³·m⁻¹ 左右,整个废黄河三角洲海岸约需 200 万 m³,其中滨海县为 80 万 m³。砂砾可直接抛于堤前,在波浪作用下自然地形成均衡剖面。

相反,若抛砂工程与目前海岸动态条件不符,粒径太小时,波浪的回流就会把它们带走;粒径太大时,波浪则不能把充填物质快速改造成自然的均衡坡度,其下部较细的物质就会被波浪掏走。因此存在设计一个最佳粒径的问题。

3.5 结　　语

废黄河口海岸侵蚀远未达到自然平衡的阶段。因此,海岸防护是必要的。淤泥质海岸防护的关键是激浪带消能和防止细粒物质散失,故结合海堤工程进行人工填砂可望成为一种有效的方案。人工填补物质的粒径应根据波浪能量大小和海岸剖面现状进行设计,以提高经济效益。

第四章　从地貌学观点看潮汐汊道研究方向

潮汐汊道是潮流作用塑造或维持的连接海湾与外海的水道。一个汊道系统由纳潮海湾、口门段水道和口门外近滨区等在成因上密切相关的三个部分所构成。半个多世纪以来,学者们先后开展了汊道稳定性、汊道地貌学、汊道动力作用和沉积环境等方面的研究。由于潮汐汊道的利用已从单一的港口资源发展到综合性的资源开发和保护,这项研究在我国成为方兴未艾的一个领域。

4.1　稳定性判据

潮汐汊道研究最初是与海港建设密切相连的,其中心问题是汊道的稳定性。研究方法主要是根据水力学、沉积动力学和形态测量等研究结果,用统计方法获得一些稳定性判据。关于稳定性研究的要点已有综述论文发表(张忍顺,1984b)。

稳定性问题有两种提法。Escoffier(1940)认为,稳定性是指动力与汊道形态之间的动态平衡;Bruun(1978)的稳定性则是指汊道随时间变化的快慢程度。Escoffier 用封闭曲线来定性地解释单个汊道的稳定性,他的结论是存在着一个口门最大流速 $\hat{u}$,使得口门过水面积取得稳定均衡态。但他没有给出得到封闭曲线和 $\hat{u}$ 的方法。按照 Escoffier 的观点,$\hat{u}$ 可以作为汊道均衡态的判据。后来,O'Brien 和 Bruun 等人都从实测资料中归纳过 $\hat{u}$ 的值。Bruun 虽然不同意 Escoffier 的稳定性概念,但仍将 $\hat{u}$ 作为稳定性的判据。他得到的 $\hat{u}$ 值在 $1.0\,\mathrm{m \cdot s^{-1}}$ 左右,但随断面形态、沉积物性质等因素有所波动。

O'Brien 提出的 P-A 关系是研究均衡状态的另一途径。在他的关系式 $A=CP^n$ 中,常数 C 和 n 是由回归分析所确定的,其物理意义虽不明确,但能较好地描述一个区域的潮汐汊道的 P-A 关系,在砂质海岸 $\lg A$ 和 $\lg P$ 的相关系数通常很高。因此,用 O'Brien 方法可获得汊道均衡态的区域性判据,从而判别汊道的群体稳定性。O'Brien 方法简易可行,故得到了广泛的应用。但某些应用和推广似乎曲解了 P-A 关系的原义。例如,Shigemura(1980)分析了日本基岩海岸的 200 多个汊道,发现 P 和 A 的离散程度较高,经用参数 γ_{as}(口门断面面积与纳潮海湾面积之比)将汊道分类后再作回归分析,相关系数才得到提高。实际上,分类参数 γ_{as} 本身就涉及了 P 和 A,而且相关系数的提高又以统计数据的减少为代价,如此所得的结果能否作为汊道区域性稳定性的判据是可疑的。

Bruun 对 Escoffier 的稳定性概念持异议,认为稳定性应是汊道平面位置、断面形状和面积等地形要素变化速率的高低。因此,"稳定性"的意义是相对的,并不存在绝对稳定的汊道。Bruun 稳定性概念的一个逻辑结果是,稳定性取决于使汊道保持开敞的因素和使汊道趋于封闭的因素的对比,故 Bruun 采用纳潮量与沿岸总输沙量的比值作为汊道全面稳定性的判据。

稳定性判据的研究成果以 Bruun(1978)的专著《潮汐汊道的稳定性》为标志。从海港工程建设的角度来看,Bruun 总结的稳定性判据是很实用的,对港址选择和航道整治起了很好的指导作用。但此项研究也引起了两个值得注意的问题。其一,稳定性判据所涉及的时间尺度较小,而汊道开发管理需要更大时间尺度的稳定性资料;其二,潮汐汊道大量分布于砂质海岸以外的其他类型海岸,仅有砂质海岸汊道的判据是不够的。因此,稳定性问题仍值得进一步研究,同时也应深入探讨汊道演化的机理。最近,Kreeke(1985)提出以封闭曲面判断砂质海岸双口门汊道的稳定性,并探讨了封闭曲面的计算方法。其他类型海岸的汊道判据则尚未见有文献进行阐述。

4.2 汊道地貌学

潮汐汊道主要有两类。一类是砂质海岸潮汐汊道。美国东海岸的汊道多发育在堡岛上,通常一个纳潮海湾有数个入海水道,沙坝-泻湖海岸的汉道一般只有一个入海口。另一类是基岩海岸潮汐汉道,其平面形态受原始地质构造的控制,构造成因的如日本沿海的汉道,溺谷成因的如北欧的峡湾。砂质海岸汉道在中等潮海岸发育良好,而基岩海岸汉道在不同潮差的区域都可形成。

Hayes(1975)根据美国堡岛海岸汉道的研究,建立了汉道系统的一般模式,指出潮流三角洲是汉道的一大形态特征。Hayes 和 Kana(1978)进一步提出以美国马萨诸塞州 Essex 湾的涨、落潮流三角洲为标准地貌模式。涨潮流三角洲由涨潮斜坡、涨潮水道、落潮盾状堆积、落潮沙嘴和泄流叶状体等部分构成,落潮流三角洲上的形态有落潮干道、线状沙坝、前缘叶状体、进流平台、进流沙坝和边缘涨潮水道等。这一模式较好地描述了美国东海岸潮汐汉道的特征。

潮流三角洲上的微地貌(床面形态)有小波痕(波长 10～50 cm)、大波痕(波长 0.5～5 m)和沙波(波长 5～10 m)。涨潮流三角洲上的沙波是涨潮流定向的,属低能沙波;落潮流三角洲上的沙波呈落潮流定向或远于对称,属高能沙波(Boothroyd,1978)。沙波的定向指示推移质输运的方向。

由于现代堡岛和沙坝都是海面上升之后的产物,因此砂质海岸的潮汐汉道都是在全新世发育的。从地貌演化的观点来者,潮汐汉道的寿命在整个海岸发育史中是很短暂的。美国 Rhode 岛汉道的研究表明,纳潮海湾的充填过程主要是涨潮流三角洲和越流扇的加积,这导致了汉道的衰亡。北美砂质海岸潮汐汉道纳潮量为 10^5～10^8 m³,纳潮面积为 10^6～10^8 m²,而沉积物每年的供应量以 10^4 m³计。因此较大汉道的寿命可超过千年,规模较小的汉道已经衰亡。

我国华南砂质海岸汉道的规模与北美的汉道相当,但在地貌特征上有很大差别。在一些典型的沙坝-泻湖海岸的潮汐汉道,落潮流三角洲发育较好,但涨潮流三角洲发育不良(王文介,1984)。在台地溺谷区发育的汉道,其纳潮海湾的湾口为沙嘴或沙坝所围封。海南岛秀英湾就是这种类型,汉道北岸为玄武岩台地,南岸为松散堆积台地,湾口有一箭状沙嘴。该汉道无涨潮流三角洲发育,落潮流三角洲形态也很不明显。

基岩海岸潮汐汉道的规模变化较大,纳潮量常达 10^9 m³以上。华南山地溺谷型汉道的沉积物为粗颗粒物质,但涨、落潮流三角洲均很少发育(王文介,1984)。

闽浙沿海汊道以细颗粒沉积物为主要物源,也不发育潮流三角洲。例如象山港无涨潮流三角洲,口门外虽有拦门浅滩(李家芳等,1985),但其地貌特征与落潮流三角洲相去甚远。北美的汊道地貌模式在我国沿海基本上是不适用的。我国的潮汐汊道潮流三角洲发育不良的原因和汊道地貌模式需进一步研究。此外,我国部分基岩海岸潮汐汊道规模较大,从发育到衰亡所需的时间很可能长于海面波动的周期,因而其并不是短命的。

4.3　动力作用与沉积物输运

潮汐汊道中潮位和流速的涨、落潮历时不对称是普遍存在的现象。有些汊道是落潮流占优势,如象山港(蔡伟章等,1985),有的是涨潮流占优势,如胶州湾(丁文兰,1986),但落潮流占优势的汊道居多。潮位涨落历时不对称的原因是浅海分潮的发育,在半日潮海岸主要是 M_4 分潮的成长及其与 M_2 分潮的相互作用(Bonn &Bryne,1981;Aubrey & Speer,1985)。涨、落潮流的相对强弱取决于 M_2 与 M_4 分潮的位相差。当 $\varphi=2\theta_1-\theta_2$($\theta_1$ 为 M_2 位相,θ_2 为 M_4 位相)近于 90°时,涨潮历时短于落潮历时,涨潮流速大于落潮流速;当 φ 近于 270°时则完全相反。

Speer 和 Aubrey(1985)以数学模型方法探讨了产生时间、流速不对称的条件。其结果表明,汊道内湾潮滩的发育有利于落潮流的加强,而床底摩擦作用有利于涨潮流占据优势。这与野外观察结果相一致(Aubrey & Speer,1985)。这项研究也为汊道发育史的研究提供了线索,例如,美国东海岸的汊道多为浅水型的,在汊道发育初期,摩擦作用显著而湾内潮滩尚未形成,故易为涨潮流占优势。随着潮滩的发育,汊道逐渐转化为落潮流占优势,从而减缓了沉积物向湾内的输送。因此,在汊道被逐渐充填的总趋势中,也存在着使汊道保持稳定的负反馈机理,它在延长汊道寿命中所起的作用值得进一步探讨。

潮汐汊道的落潮射流及其对沉积物输运的影响也作了数学模型研究。Özsoy 和 Ünlüata(1982)建立了准恒定二维模式,以分析射流的水动力特征。他们把射流分为两个带:(1) ZOFE 带,此带内射流中轴流速为一常数;(2) ZOEF 带,此带的中轴流速在向海方向上逐渐衰减。然后他们采用相似性假设求解了二维方程。由于射流的基本格局是根据经验确定的,因此该方法的意义不在于了解射流的图景,而在于了解地貌和动力参数对射流的影响。Özsoy(1986)用类似的方法研究了射流在汊道悬移质输运和堆积中的作用。在他的输沙模型中分析了底部摩擦、口门外坡度、悬沙沉降速率和射流初速度对落潮流三角洲沉积特征的影响。底部摩擦影响落潮流三角洲的位置,口门外坡度影响落潮流三角洲的平面分布范围,悬沙沉降速率的不同造成沉积分选,而射流强度决定了口门外的冲淤状况。

汊道环流对输沙的影响也是重要的研究内容之一。在汊道中存在着与河口环流类似的水平和垂向环流(李家芳等,1985),它导致湾内外水体的交换。对狭长形汊道,这可能是其主要的交换方式。在许多落潮流占优势的汊道,净输沙方向指向湾内,这与涨、落潮流的输沙能力不相符合。对细颗粒沉积物汊道来说,汊道余环流导致的潮交换可能是向湾内输沙的重要机理之一。

在砂质海岸潮汐汊道,净输沙特征一般被认为与环流格局一致。在落潮干道内净输沙方向指向湾外,向湾内的输沙是通过两侧的边缘涨潮水道进行的。但实际情况并不总是如此。美国 Matanzas 汊道受到自南向北的沿岸流作用,北侧的边缘涨潮水道转变为落潮流占优势的水道(Davis &Fox,1981)。但实测的净输沙方向与汊道流速不对称特征不符,南侧边缘涨潮水道泥沙是输出的,北侧泥沙却是输入的,这种输水输沙方向的相反可能是波浪作用和涨潮流三角洲上落潮值形态的影响所致(Gallivan & Davis,1981)。潮汐汊道无疑是一个接受沉积物的环境,但沉积物向湾内输送的机制需更深入地探讨。

4.4　汊道沉积环境和层序

潮汐汊道系统通常由潮流三角洲、口门段水道、泻湖和潮滩等亚环境构成,堡岛海岸汊道的亚环境还包括口门两侧的堡岛。在美国堡岛海岸,汊道环境通常形成于更新世地层之上(Matthews,1974),沉积物来源于下伏地层的侵蚀和沿岸河流。由于汊道的动力分选作用,最粗的物质分布于汊道口门段,分选好的砂分布于涨潮流三角洲和堡岛,细颗粒沉积物分布于泻湖和潮滩。落潮流三角洲的底质变化较大,如新英格兰落潮流三角洲全为砂质物质,而在佐治亚州泥质物质所占比例很大(Boothroyd,1978)。

　　将现代汊道环境的沉积按照垂向位置排列起来,可获得汊道系统的海退层序模式,如考虑海面上升或海岸侵蚀后退过程,则得到海进层序模式。例如,D. K. Hubbard 等学者据南卡罗来纳州汊道的研究,提出了海退和海进模式(Boothroyd,1978)。在其海退模式中,自下而上为水道底部残留沉积、水道沉积、落潮流三角洲沉积、海滩沉积、沙丘和冲越扇沉积、海湾沉积、涨潮流三角洲沉积及潮滩沉积。其海进模式由一套涨潮流三角洲、海湾的海退层序与上覆的一套落潮流三角洲、近滨、开敞陆架海进层序而构成。海进、海退层序的研究在地层学和沉积学上具有较大意义,但已有的模式尚不能全面概括海进、海退的各种层序。海进和海退的原因不是单一的,构造运动、海面变化和沉积物供应的变化均可导致海进或海退。不同原因的海进和海退将产生不同的层序。从层序研究中了解海进、海退的原因,揭示不同性质的海进、海退层序的差异性,这是一个有意义的课题。

　　层序研究的另一个问题是保存潜力。沉积层序形成后受到后继各种过程的影响,不一定都能保持在地质记录中。美国东海岸的落潮流三角洲可在海退层序中保持下来,而海进过程可以蚀去涨潮流三角洲的最上部,甚至蚀去整套堡岛层序(Boothroyd,1978)。通过沉积相的分析,保存在地层中的汊道层序是能够识别的。Fisher 和 McGowen(1969)曾在德克萨斯州的始新统发现了较完整的汊道沉积,在他们所作的始新统沉积相图中揭示了古汊道系统的平面分布。古汊道层序为汊道演化研究提供了线索,需解决的问题是地层中保存的汊道层序大多不完整,且较难识别。

　　关于基岩海岸汊道的沉积层序模式的研究很少。基岩海岸沉积物来源相对较少,汊道层序更多地反映了海面变化和构造运动的信息,因此也是值得研究的。

第五章　台维斯学术思想的继承与突破

　　自从 1885 年美国地貌学家台维斯(W. M. Davis)提出侵蚀循环说以来,整整一个世纪过去了。百年来地貌学思想的发展可分为两个阶段。前 60 年是台维斯地貌学理论的诞生和发展时期。后 40 年的地貌学继承了台维斯学术思想的合理部分,并由于现代科学技术的相互交叉和渗透而经历了一场理论革命。本章拟回顾百年来地貌学思想的发展历史,论述台维斯理论体系对地貌学的贡献及其现实意义,进而分析 20 世纪 40 至 60 年代地貌学取得突破性进展的原因、特点和标志。

5.1　台维斯理论体系的建立

　　在台维斯以前,地貌学着重于静态描述。虽然有少数学者研究了地貌的成因和演变,如达尔文对珊瑚礁的研究(Darwin,1842)和吉尔伯特对河谷地貌的研究(Gilbert,1877),但这些研究未能构成完整的地貌学思想体系。

　　19 世纪中叶,达尔文的进化论不仅对生物学,而且也对地球科学产生了深刻的影响。后来,台维斯把演化的观点引进地貌学,开创了一个全新的时期。他认为,地貌也应该有确定的演化系列,地貌学的基本任务是对此进行解释性描述。1885 年,台维斯发表了《从平原和高原及其起源的研究看地理分类》一文,初步提出了他的陆地侵蚀地貌的理论,即后人概括的"地理循环说"或"侵蚀循环说"(Bloom,1978)。又经过十多年的探索和完善,台维斯于 1899 年系统地阐述了他的地貌学理论框架和地理循环学说(任美锷,1958)。应该指出,台维斯的理论并不是对进化论和地质学方法的完全照搬,而是长期从事野外工作的结晶。河流地貌从上、下游的明显差异以及山区地质构造对河谷发育的控制给了他很深的印象,他的理论体系是他的实践活动与先进的科学思想相融合的产物。

台维斯认为,地貌是构造、作用和时间的函数,地貌描述就是要阐明在一定构造和营力下的演化过程,因此"时间"是地貌解释性描述中最常用、最有实践价值的因素。根据这一规定,台维斯具体地提出了陆地河流侵蚀地区(他称之为"常态侵蚀区")的地理循环理论。该理论认为,陆地的抬升导致侵蚀,侵蚀又使陆地变低,因此陆地地形的演化是抬升—侵蚀—夷平的周而复始的运动;在每一次理想的地理循环中,地貌发育都有三个阶段,即地形起伏迅速加大的幼年期,起伏最大、地貌类型最复杂的壮年期,以及起伏微弱的老年期。

与此同时,台维斯还提出了准平原的概念,认为准平原就是老年期地貌的标志(Bloom,1978)。准平原这一术语是台维斯对剥蚀平原观念的综合,后者在台维斯之前已经形成,鲍威尔(J. W. Powell)和达顿(C. E. Dutton)等人就曾经阐述过。关于剥蚀平原的成因研究当时有两大学派,英国学派认为是海蚀而成,以台维斯为代表的美国学派虽不否认海蚀的作用,但认为陆地河流的剥蚀作用是最重要的。笔者认为,这两大学派的分歧与他们对各自所在区域研究的经验有很大关系。英国是个岛国,境内河流规模很小,而海洋的作用较为显著。美国中、西部发育了大型水系,河流成为主要的侵蚀营力。在当时的条件下,不同区域工作的学者受到了地方观念的影响,这是完全正常的。现代研究表明台维斯的看法较为正确。海蚀平台的最大宽度通常不超过一二公里,故海蚀作用并不能形成宽广的剥蚀平原。

最初侵蚀循环说的应用只限于常态侵蚀区,在其他类型的侵蚀区域,侵蚀循环的表现是不同的。为了扩大循环理论的适用范围,台维斯对断块山地区和海岸地区进行了研究,并提出相应的循环理论。在20世纪上半叶,大量的地貌研究是沿着台维斯所开拓的方向而进步的。不少学者运用他的基本概念针对不同的陆地区域给出了各循环阶段的划分及其标志。例如,约翰逊(D. W. Johnson)1919年对海蚀区域、科里克梅(C. H. Crickmay)1933年对溶夷作用区、金(L. C. King)

1948 年对山麓侵蚀面发育地区、派耳梯尔(L. C. Peltier)1950 年对冰缘侵蚀区等，都探讨了地貌演化的幼年期、壮年期和老年期的划分问题(Small,1970)。

侵蚀循环说提出之后受到了许多批评，最初的部分批评是由于对台维斯理论的误解而引起的。如有人提出地壳的上升和侵蚀难以与"圆形"联系在一起，因此"循环"(Cycle)这一名词是不恰当的。实际上，地壳的上升运动具有周期性，循环说的主要内容是每次地壳运动中地貌的长期、有序的发展，其意义与"循环"一词并不相悖。

后来，批评的焦点逐渐转向了台维斯的方法论。在科学方法上，台维斯与旧传统发生了激烈的冲突。一些守旧的地理学家指责台维斯所用的方法中演绎太多，观察太少。对此台维斯多次指出：演绎和观察具有同等的重要性。他的方法在对准平原的研究中表现得很充分。台维斯首先从理论上分析了前人对基面的定义，提出基面应指常态大陆侵蚀的水平基准面，是一个理想平面。将基面与陆地上升相结合就得到侵蚀循环的概念。又据演化的观点，可将一次循环中的地貌分为幼年、壮年和老年阶段。老年阶段是接近循环终了时的阶段，这时的地形就称为准平原。显然，准平原是循环学说的直接推论。接着，台维斯又指出了野外所观察到的准平原：(1) 微微起伏、有基岩小山出露的低平地面；(2) 山区齐一的峰顶面，它是再次抬升前已形成的准平原标志。可以看出，台维斯的方法与现代科学常用的假说—观测检验方法是接近的。当然，台维斯常常过分地企图从若干简单的假定中推演出一系列地貌，因而导致错误。但是，这不是错在演绎过多，而是错在与其他研究方法的结合不够。

到了 20 世纪 20 年代，更多的批评是来自以德国地貌学家彭克(W. Penck)为代表的德国学派。彭克的批评主要有三条：(1) 地壳的上升运动是十分复杂的，而台维斯的上升—侵蚀模式显得过于简单；(2) 从山坡演化来看，幼年期至老年期的地貌标志与台维斯所说的不符；(3) 齐一的峰顶面不必用准平原来解释。

在第一类批评中，彭克着重强调了内动力的重要性，反对台维斯以外动力为重的观点，这是有可取之处的。台维斯本人也承认理想循环是最简单的，但认为可根据实际情况修正和补充细节，例如循环可以有间断和灾变。他也同意彭克在讨论不同形式的上升过程中，如长期上升、短期强烈上升、缓慢上升等过程中的地貌发育阶段时所用的方法(任美锷,1958)。

在第二类批评中,彭克提出山坡演化遵循平行后退的方式,因此不能用坡度的陡缓来说明演化阶段。笔者认为,在宏观的时空尺度上,彭克与台维斯并无实质性分歧,因为即使在彭克的理论中,山坡的平均坡度也是随侵蚀而逐渐减小的。

至于第三类批评,充其量也只是齐一峰顶面成因的分歧,即使齐一峰顶面并不代表老的准平原,这也不能驳倒准平原的概念。总而言之,彭克实际上并不反对台维斯的构造—作用—时间的理论框架,也不反对以演化的观点描述地貌。他们的分歧只是在具体的细节上,这种分歧与前述的某些地理学家和台维斯在方法论上的分歧是截然不同的。

20世纪20年代,侵蚀循环说已成为系统化的理论,同时也开始显示出其局限性。这种局限性不仅仅表现在循环说推广到一切侵蚀环境时所遇到的困难上。但台维斯本人坚持认为循环尚未成为普遍的事情,还需要更详尽地讨论怎样把它应用于常态侵蚀之外的其他侵蚀过程(任美锷,1958)。

5.2　现代地貌学思想的发展

随着地貌学视野的扩大,台维斯学说的弱点日益暴露出来。首先,侵蚀循环说并非普遍适用于所有的侵蚀环境,例如在海底峡谷区和冰流作用区就很难应用。其次,地貌学不能只考虑侵蚀过程而忽视堆积过程。再次,台维斯的许多概念本身也已不适应需求,如在他的理论体系中,"构造"并不能概括影响初始地貌形态的所有因素;"作用"通常只限于外动力作用,而且没有明确机制的概念;"时间"指的是阶段,只是一个相对的衡量尺度。最后,在运用台维斯理论进行实地描述时比较困难,主观臆断的成分仍然过多,缺乏客观的测量和描述手段。在克服这些困难的进程中,从第二次世界大战结束到20世纪60年代,地貌学思想发生了一系列变革。

豪顿(Horton,1945)对流域地貌的系统分析是这场变革的先声。他意识到水系形式对流域地貌的重要影响,给水系的描述规定了一个法则,即对河流进行分级的法则。后来，由斯特拉勒（A. N. Strahler）进一步完善了河流分级法，并在此基础上提出了分汊比、流域密度、河道保持常数、地壳起伏统计分析方法和面积-高程关系曲线等定量指标。这些指标都是客观的，可以在五万分之一至二十万分之一的地形图上量算出来。他们的方法虽然只是简单而初级的系统分析方法，但是在分析流域水文和地貌特征方面已被成功应用。

自豪顿以后，地貌学由于两个方面的进展而取得了理论上的重大突破。第一个方面是，现代科学方法的运用使地貌学的时空尺度的范围大为扩展，研究的重点从地貌演化转向过程-形态关系。在现代科学方法中，对地貌学影响最大的莫过于系统方法了。21世纪中期发展起来的系统论为多门科学提供了一般的研究方法。对可控制系统的研究促进了系统工程学的发展，对于地貌这样的自然系统，系统方法也显示出了强大的生命力。

概括地说，对自然系统的分析是通过限定系统的时空范围、状态变量的定义域、归并和简化时实及状态变量、确定输入输出控制参数等步骤而完成的（Nihoul，1975）。从系统分析，可以得到若干描述系统行为的演化方程，其中一些控制参数可根据实测和观察资料予以确定。实践证明，系统方法使数理方法、概率统计方法和电子计算机在地貌学中的普遍应用成为可能，并且产生了显著的效果。20世纪50年代引入了线性统计方法，50年代末由于第二代电子计算机的应用引入了多元统计法，60年代有了空间分析法，对山坡演变、河型、水系发育等地貌学传统问题都用定量方法进行了研究（e. g. ，Chorley，1972）。

由于系统分析方法的应用，基础科学和邻近科学的大量成果可以直接应用于地貌学，以提高地貌学理论的精确程度。Yang和Stall（1973）把河流看成是处于动态平衡的开放系统，应用熵的概念和斯特拉勒的水系分级方法，得出了最小能量原理。他们的研究无疑受到了当代热力学和物理化学理论的深刻影响。

上述进展对台维斯理论框架具有如下的根本性改造作用。其一，系统方法可以灵活地运用于各种时空尺度，因而大大扩展了地貌学的研究范围。台维斯的时间是以循环周期为基本单位的，通常尺度很大。按照他的时间概念，地貌系统便成了封闭系统，其演化形式必然是循环的。但是，如果以与之不同的时空尺度来看，地貌系统就成为开放系统，此时"循环"概念不再适用，而应代之以"动态平衡"

的概念。台维斯理论所适用的空间尺度通常以地质单元来衡量,对于星体地貌和小尺度地貌就无能为力了;但运用系统方法,对不同时空尺度的封闭或开放系统都可供进行研究。其二,在研究地貌系统时,通常是把过程当做输入、把形态当做输出来看待的,所得结果是过程-形态关系,其侧重点与台维斯理论不同。台维斯强调的是演化,而新的地貌学强调过程、机理和产物,其中也包括了演化的意义。其三,根据系统反馈概念,地貌不再被看成是"构造"被动地受外力雕塑的产物,形态也反过来影响过程,地貌是形态和过程共同构成的系统。

使地貌学改观的另一重大进展是以海洋地貌学的成果为代表的。最初的研究是由美国地质、地貌学家谢帕德(F. P. Shepard)所开创的,他在 20 世纪 30 年代就开始从事海底地貌调查。经过十多年的辛勤工作,他于 1948 年出版了名著《海底地质学》,后来又在 1963 年和 1973 年分别出了第二和第三版。在这部著作(Shepard,1948)中,他以新的观点研究了大陆架、陆坡和海底峡谷等海底地貌形态。

第二次世界大战以后,以新的地貌学观点从事海洋地貌研究的还有苏联地貌学家曾科维奇(V. P. Zenkovich)和英国地貌学家金(C. A. M. King)等。曾科维奇(1967)在《海岸发育作用》一书中用动态平衡的观点创立了砂质海岸均衡剖面和中立线的概念。金(1972)的《海滩与海岸》积极引入水力学、工程学等方面的成果,探讨了不同时空尺度下的海岸地貌,并对建设性地貌予以重视。值得注意的是,在他们的著作中,关于地貌发育阶段的划分只占很小的篇幅,成为次要的问题了。

地貌学不应忽视覆盖地表 71% 的海底,而海洋地貌的研究填补了传统地貌学的这一空白。除此之外,海洋地貌学还具有另一方面的意义。海洋环境与陆地环境的主要差异在于,海洋基本上是一个堆积环境,侵蚀环境所占比重相对较小。因此,海洋地貌学在研究侵蚀地貌的同时,必然要重视堆积地貌,这就导致对台维斯理论的突破。当沉积学在 19 世纪 50 年代随着石油开发而兴起的时候,地貌学发挥了重要作用,这也是必然的。沉积环境的划分实际上就是地貌系统的划分,所以在现代沉积环境的研究中,地貌学是可以有所贡献的。

5.3　台维斯理论与当代地貌学

根据百年来地貌学思想发展的历史,可从两个方面来探讨台维斯理论与当代地貌学的关系:一是台维斯学说对地貌学的影响和贡献,二是台维斯以后地貌学的突破性进展。

作为卓越的地貌学家,台维斯在建立科学的地貌学和发展科学方法等方面都有独到的贡献。台维斯给地貌学提出了描述的规范,具体规定了地貌学的任务,从而第一次建立了地貌学的理论体系。任何一门科学都是要描述的,但并非任何描述都能构成科学。一门科学必须有一个基本的理论框架,以规定科学描述的对象和方法。台维斯以前的地貌学尚未有这样的理论框架,地貌描述带有很强的主观性和任意性。台维斯则明确提出了构造—作用—时间的理论框架,它指明了地貌学的发展方向,使地貌学获得了较快的进步。也正是这一理论框架使地貌学成为地理学的强大分支之一,它对地貌学的影响可与均变论和现实主义原则对地质学的影响相比拟。

台维斯所创立的侵蚀循环说把运动和演化的观点引进地貌学,结束了之前地理学者认为地形是"生来如此"的时代。台维斯把地貌演化类比于生物的生命史:"一个昆虫的蛹、幼虫和成虫……是天然联系着的,代表同一有机体的生命史上的不同形态;同样,幼年山块、壮年切割的山峰和谷地,以及老年的山地准平原也代表同一地理单元的生命史上的不同阶段。"(任美锷,1958)另一方面,这个类比也表明台维斯的地貌演化与生物学上的物种进化是有所不同的。他的观点是综合了生物进化论、地质相对年代方法和地貌观察的产物。

台维斯的另一重大贡献是他对地貌学方法论的改革。某些学者指责他的理论中演绎太多,台维斯则尖锐地指出:"由于对想象、创造、演绎和其他足以达到合理解释的思想方法使用不当,地理学已长期受到损害。"(任美锷,1958)他还认为,具有演绎性质的循环学说给出了一个合理的地貌分类,它有利于收集事实。台维斯并不是忽视观察的,他曾说过,他的论文虽然采取了演绎的写作形式,但不应认为这是独立于观察之外的演绎结果；实际的工作是观察和演绎的重复交替，一方面要收集观察结果，作出概括和归纳，另一方面也要演绎出逻辑结果，然后对两者加以比较，不断修改理论（Lobeck，1939）。由此可见，台维斯对演绎的强调并非针对观察，而是针对片面强调观察的习惯。台维斯的方法打破了先观察后描述的旧习惯，使理论和实践并行发展，这是可取的。现代科学已经确认，理论和实践是相辅相成的，没有实践的理论是空洞的，而没有理论的实践是盲目的。

值得指出的是，台维斯学派很注意把科学研究方法和科学成果的表达方法相区分，并且认为后者的重要性绝不亚于前者（Johnson，1938）。虽然台维斯的大部分著述都是以演绎和分析的形式写成的，但他认为在研究的时候演绎法不是唯一的方法。他之所以选择演绎的表达方法，是因为他知道这种表达方法能够更好地组织科学材料，克服知识以偶然堆积的不规则方式来增长的状态，体现教育上的实用价值（任美锷，1958）。以往的游记式的写作方法不能合乎逻辑地描述地貌，因此被台维斯所摒弃。可以看出，台维斯的目的是要建立地貌学的逻辑结构。任何一门成熟的科学必然要追求自己的逻辑结构，决不会满足于记录和概括。在这一点上，台维斯也是正确的。从表面上看，台维斯与传统观念的争论是演绎和观察之争，其实不然。这场争论涉及了科学地貌学的方法论基础，是地貌学开始成熟的标志。

20世纪40～60年代，在新方法、新技术的冲击下，地貌学思想有了突破性的发展，其标志可以从现代地貌学思想与台维斯理论的比较中加以总结。

台维斯在建立地貌学理论体系时，曾提出过许多概念和术语，其中一部分至今仍然有效。但是不少术语的含义已有了很大变化，被赋予了新的意义。例如，台维斯的"时间"指的是阶段，若干个阶段构成一次循环，他的这一概念是从地质学中的相对地质年代概念借用来的。现代地貌学的"时间"就不仅是指地貌发育的阶段性。它可以有各种尺度，视所要解决的问题而定。又如，台维斯的"作用"一般只包括陆上和海岸带的外力侵蚀作用，其作用时间是长期的。而现在所指的"作用"包括海洋和陆地的一切内外动力过程。此外，对各种营力还以各种时间尺度从侵蚀和堆积两个方面来认识，并注意过程与机理的区分。

地貌学思想突破的最显著标志是，地貌描述的理论框架已从构造—作用—时间转变为形态—过程—时空。如前所述,作用和时间的概念已有了重大改变。"构造"一词原是台维斯用来表示原始形态的,但现代地貌学认为形态是内外动力的产物,而且形态也影响作用的方式,因此"构造"已不能表示其在理论框架中的确切含义。因此,新的理论框架的意义具有根本性的不同。

在台维斯的理论框架里,由于把地貌看成为封闭系统,因此所能应用的方法和手段是很贫乏的。地貌学的任务也被限定在解释性地描述地貌从幼年、壮年到老年的演变的狭小范围内。这样,理论框架本身也成为一个封闭系统,其结果是最终阻碍了地貌学的发展。现代地貌学的理论框架则完全不同,它是一个开放系统,允许研究方法与任务的不断扩展和更新。不同的时空尺度的研究导致多种方法的应用和多种理论系统的诞生,而每一种理论系统都不再像从前的侵蚀循环说那样具有至高无上的地位。方法和理论的多样化促进了地貌学的繁荣,也使地貌学与其他科学的联系得到加强。新的理论框架不再限定地貌学的具体任务,它仅仅提供一个描述的规范。地貌学家既可把地貌描述作为自己的任务,也可探讨地质学和工程学等方面的问题,他们的面前展现出广阔的理论和应用研究领域,在沉积学、古地理学、第四纪地质学、海洋工程、环境保护等领域,现代地貌学已经发挥了重要的作用。

最近二三十年,经历了理论突破的地貌学处于一个稳步发展的时期。但是,现代地貌学在定量研究、与生产活动的结合、理论的系统化等方面仍然面临严峻的挑战,这将是出现新的突破的契机。

第三部分　海洋沉积动力学的理论与应用问题

第六章 海洋沉积动力学研究与 应用前景展望

海洋沉积动力学(Marine Sediment Dynamics)的研究对象是海洋环境中沉积物输运、堆积过程及其对自然环境的影响。在理论上这门科学现在还不够完善,但它在应用方面却涉及地貌演化、海洋工程、资源开发、环境保护以及海岸带管理等领域。人类社会发展到今天,已经面临着人口、资源和环境问题的巨大压力,迫切地需要找到可持续发展的途径。在这一点上,海洋沉积动力学的研究是必不可少的。目前,海洋沉积动力学正在打破传统,走向工程学、物理海洋学和地质学的联合,共同建立一门综合性的、统一的沉积动力学,以提高海洋环境中不同时空尺度的沉积物输运率和堆积速率计算、预测的准确性。在西方发达国家,过去30年发展起来的各种方法、技术的开发已显示出良好的应用前景。

本章的目的是通过对现有方法和技术的回顾与分析,探讨今后海洋沉积动力学的若干发展途径以及在近期内有可能取得重要成果的应用领域(包括海底稳定性和地貌演化、生态系统的维护和改造、人类活动对环境影响的评估、海洋资源开发和持续发展战略制定等)。

6.1 海洋沉积动力学现状

6.1.1 沉积动力学的物理学基础

沉积动力学的问题初看起来可用经典的牛顿力学来解决。但是,这门科学尽管已经有了100多年的研究历史,其对沉积物运动的预测能力至今仍停留在较低水平上。例如,即使是在最简单的单向水流、恒定流速的条件下,应用各类输沙公式所计算的输运率的相对误差常超过百分之百(White et al.,1975)。在海洋环境中,由于沉积物输运过程受到非单向恒定的潮流、波浪、洋流、内波等物理力的作用,再加上比河流环境中复杂得多的沉积物组成及粒度分布和生物地球化学因素,输沙率的预测水平更低,相对误差可达几个数量级(Heathershaw,1981)。因此,海洋沉积动力学问题不能简单地看成是一个在理论上已经用牛顿力学解决了的问题。

在沉积动力学中,核心的问题是沉积物输运率的计算。沉积物输运率可表示为单位时间、单位宽度上所通过的物质质量或体积。到目前为止仍无法以物理学的原理通过解析手段得出这两个物理量(Ippen,1966)。其原因可从沉积动力学和水动力学之间的比较中看出。

在水动力学中,可根据物质质量守恒和牛顿第二定律导出连续方程与动量方程。其中未知数的个数和方程个数是一样的,因此在理论上有解。也就是说,依据这些方程可以计算出流场,从而解决水体的输运率问题。湍流是计算中遇到的主要数学障碍,但可应用扩散模型加以处理。目前,随着计算机技术的发展,利用数值模型获得二维乃至三维的流场已是常规手段。

如果以同样的角度来看沉积动力学,则可看出一个显著的差异。对于在底部运动的粗颗粒沉积物,只能导出连续方程,一般不能导出动量方程。因此,粗颗粒物质输运的数值模型仅仅是水动力数值模型与经验公式或半经验公式结合的产物,即先计算出流场,然后用所得流速代入输沙公式计算沉积物输运率。

对于悬浮泥沙而言,由于其粒径很小,颗粒的运动速率与水流流速近似相等。因此,在流场为已知的条件下,可由连续方程求出悬沙浓度在水层内的分布,从而得出悬沙输运率。这样,在形式上悬沙动力学与水动力学相似。但是,悬沙连续方程中包含了尚不能完全用流体力学方法来解决的再悬浮作用或底床冲蚀率问题,因而实际上悬沙输运率的计算仍要依赖于再悬浮作用的参数化及其经验公式,使悬沙输运率计算的相对误差通常远大于流场计算的误差。

沉积动力学的理论基础最终将与颗粒态物质物理学密切相关。经典力学在形容动力学问题时常常从刚体力学和流体力学两个方面入手,颗粒态物质的动力学从前不被认为是一门独立学科。然而近年来不断有物理学家倡导对"颗粒态物质物理学"的研究(Jaeger et al.,1996)，这是因为颗粒态物质有许多不同于刚体和流体物质的物理性质。例如，如果给一堆静止不动的沙施加一个推力，则不可能指望它像刚体那样运动。沙的单个颗粒是刚体物质，但其集合体就不再是刚体了。又如沙的流动有时看上去很像液体，还可产生波动现象，但沙与流体是很不相同的；在容器里装进沙粒，随着沙的厚度的增加，容器底部承受的正压力的增加率逐渐减小，当沙层厚度增加到一个临界值之后，压力成为一个常数，不随厚度的进一步增加而改变。颗粒态物质所具有的此类独特物理性质使得这种特质的运动也具有独特的表现，因此有必要将颗粒态物质物理学看成一门独立的学科，它的任务包括颗粒态物质力学性质的界定、其运动现象的描述以及输运率的分析方法。它的发展将为沉积动力学提供一个更为理想的理论框架，而沉积动力学的深入研究也将是对颗粒态物质物理学的贡献。

6.1.2　海洋沉积动力学方法

从上述分析可知，沉积动力学在理论的完美性方面仍然存在着不足。因此，在方法论上也不可避免地产生了缺陷：它尚不能像水动力学处理水体运动那样来处理泥沙运动。现行的海洋沉积动力学方法是物理海洋学、海洋工程学和海洋地球科学几个领域努力探索的结果，它包括悬沙动力方法、以力学为基础的半经验公式、统计意义上的经验公式、人工示踪沉积物技术、天然示踪沉积物的应用、地貌学信息的应用、沉积学信息的应用以及直接观测技术8个方面。

悬沙动力学方法是用水动力学方法求出流场，再由连续方程求出悬沙浓度在水层内的分布，最后计算悬沙输运率(Falconer & Owens,1990)。如前所述，这种方法的主要问题是再悬浮作用或底床冲蚀率的定量表示，目前仍需使用经验公式。

以力学为基础的半经验公式的推导和校正是一百多年来沉积动力学的重点。根据力学分析，沉积物颗粒的运动是水流作用的结果，水流运动在底床上产生的水平切应力是运动的动力。故输运率可归结为底部切力的函数，而底部切应力又可表述成水流流速特别是近底部流速的函数。因此，若干习见的沉积物输运公式(如 Gadd et al.,1978；Vincent et al.,1981；Hardisty,1983)都把输运率表示为近底部流速的函数。此类公式的应用非常广泛,但在波浪-潮流共同作用下的近底部流速和临界起动流速这两个方面还需要更深入的研究(Grant & Madsen,1979;Lavelle & Mofield,1987)。

经验公式是不依赖于力学原理,而是依靠统计方法将搬运率与某个或某些物理参数相联系而建立的沉积物输运率计算公式。现行的波浪沿岸方向输沙公式(Komar & Inman,1970)可看成是典型的经验公式,其基本假定是沿岸方向输沙率可与代表波浪特征的一些参数(如波浪破碎时的波高、波浪传播速度和波射线与岸线的夹角)相联系。经验公式的另一个例子是将输运率与物质运动时碰撞所产生的噪声相互联系(Thorne,1986)。

人工示踪沉积物技术是在 20 世纪 60 年代初期发展起来的。利用人工示踪物信息计算泥沙输运率时需假定示踪物与天然泥沙的动力学性质相同。其程序是在一定的地点投放示踪物,经过一段时间后再从研究区采集泥沙样品,最后根据样品中示踪物的浓度数据计算输运率和方向(Madsen,1989)。虽然人工示踪沉积物法在理论上较为完美,但在实际应用上存在着一个尚未完全解决的问题,即泥沙活动层厚度的计算。

天然示踪沉积物包括一些重矿物、生物壳体、粘土矿物组合等。从天然示踪物的平面分布情况往往可以推断该物质的源地和迁移方向。但是,某种示踪物质的输运与泥沙总体的净输运是既有联系又有区别的。在过去的一些研究中,在河口区发现了来自外海的示踪沉积物,这往往被当做泥沙由海向陆净搬运的证据,但这一证据已被证明是不充分的。用天然示踪沉积物判断沉积物净搬运的方向,这需要建立合理的方法。最近,已出现了用天然示踪沉积物判断河口沉积物净搬运方向的数学模型(Gao & Collins,1995a)。这个领域还有很大的发展潜力。

海底地貌特性可提供物质输运信息。例如,在一定的水流条件下,底部沉积物的运动将形成大小不等的沙波,其迁移特征和横剖面形态就含有输运信息。在垂直于波脊线的方向上取一个横截面,可计算出两波谷连线以上的横截面面积和质心位置。对沙波位置进行重复测定,可从中得出沙波的质心移动速率。利用这些数据即可计算沉积物输运率(Harris,1989)。此外还有定性的信息。当底部沉积物发生水平运动时,沙波将产生两坡不对称的现象,沉积物输运的方向是从缓坡一侧指向陡坡一侧。由于现代化仪器(如旁视声呐)的应用,沙波形态数据已经极易获取,因此这种方法得到了广泛应用。

沉积学资料中包含大量有关泥沙输运的信息。在输运中,沉积物受到动力分选、机械磨损和不同来源物质的混合等作用,其粒径分布、磨圆度、球度等沉积特征都会发生改变。因此,泥沙特征的空间分布可用来解释(或反演)物质输运的方向。例如,泥沙粒度参数(即平均粒径、分选系数和偏态系数)的平面分布格局被用来确定净输运方向(Mclaren & Bowles,1985)。这个方法的关键问题是要在物理机制上弄清粒度参数究竟是怎样随着输运过程而改变的,但目前尚未解决。在这种情况下,不少研究者尝试用一种经验方法来分析粒度参数的平面分布,其技术要点是提取输运信息的方法和确定与泥沙输运相联系的粒径空间变化的类型。关于第一个要点,已提出了从大面采样所获粒度参数中获取输运信息的方法(Gao & Collins,1992a),该方法的前提是所用的粒径变化类型在输运方向上发生的频率显著地高于其他任何方向。关于第二个要点,即确定不同粒径变化类型的适用性,已进行了一些实验研究。初步结果表明,某些粒径变化的类型确实是适用于沉积物输运研究的。

直接观测既是获取输运率数据的方法,又是检验输沙公式准确性的重要手段。对于悬浮沉积物,可用浊度计在水层中测定悬沙浓度,用流速仪测量水流流速,然后计算出输运率。对于底部的粗颗粒沉积物,则可用沉积物捕集器(Pickrill,1986)和水下照相方法监测输运率。尽管如此,提高效率和准确性仍然是今后需要进一步努力的方向。

虽然上述方法都还需要进一步完善,但是在实用上已发挥了重要作用,特别当综合运用这些方法时效果更好。下面以我们研究组参加过的或正在进行的研究项目为例,从海底稳定性和地貌演化、海洋脆弱生态系统保护与整治、人类活动的环境影响评估以及可持续发展管理模型 4 个方面阐述海洋沉积动力学的应用。

6.2 海洋沉积动力学应用前景

6.2.1 海底稳定性和地貌演化

海底稳定性和地貌演化关系到许多海洋工程问题,包括自然灾害的防治。例如,在海岸带和浅海地区布设排污管道,经常遇到的问题是近岸水域沙波的迁移及其引起的海底地形变化。若直接把排污口设在岸边,将造成环境污染,破坏海岸带生态环境。因此,排污管道必须延伸至污染物可以快速扩散和稀释的水域。另一方面,在排污管道经过的地方往往有海底沙波分布,这类微地貌形态在流速较大的砂质海底极为普遍,它们在水流作用下发生迁移,其移动速度每年达 $10^1 \sim 10^2$ m 量级。这样,海底沙波的迁移可造成管道堵塞的危险。例如,在英国西南部海岸,排污口按照环境保护的要求应该设在距岸 6 km 处,但该处恰好位于活动沙波群的中心。我们计算了沉积物输运率,并根据输运率和沙波形态数据推算了沙波迁移速度,从而提出由于该地沉积物运动强度大、沙波迁移快、沙波规模较大,排污口应置于沙波波谷以上 2 m 处才能保证畅通(Collins & Gao,1991)。类似的问题也会在敷设连接石油平台与海岸的油气输送管线时遇到。

海岸防护向来是海岸工程的一个重要方面,它与海岸地貌的研究密切相关。从沉积动力学观点来看,海底地貌演化是受沉积物输运率的空间梯度所控制的。因此,可根据沉积物输运率空间分布的数据推算地貌演化,此方法称为形态动力学方法。目前,由于波浪-潮流共同作用下的物质起动条件和输运率、粗颗粒和细颗粒沉积物所对应的海底稳定性参数以及短期观测数据与长期地貌演化的关系等关键问题上还需要更深入的研究,使用形态动力学方法所得的数值模拟结果还不够可靠。但是,未来的海岸将越来越依赖于地貌演化研究成果和工程措施的结合。

6.2.2 海洋脆弱生态系统保护与整治

在海洋环境中,有些生态系统是十分脆弱的(如海岸带具狭窄口门的小型海湾),即这些系统对外动力条件的改变非常敏感,微小的物理环境变化(如潮流流场和沉积物运动格局的变化)就可能导致原有生态系统的全面崩溃。为了防止生态系统的不良演化,首先必须维持稳定的物理环境。在了解物理环境与生态环境关系的基础上,还可能整治不够理想的生态系统:对一个脆弱生态系统有可能通过对物理环境的调整,打破原有自然平衡,建立新的、更佳的均衡态。

英国南部海岸的 Pagham 港是个水域面积仅有若干平方公里的小海湾,它以水生植物茂盛、鸟类种数繁多、景色秀丽而闻名。19 世纪末以来进行了大规模的围海造地活动,并于 1876 年人为地堵塞了海湾的口门(1910 年在一次大风天气下被冲开),其结果是海湾水域面积从 1672 年的大于 6 km² 下降到现在的2.8 km²,湾内水体不能与外部进行自由交换,从而导致生态系统的全面恶化(Clark et al.,1994)。根据沉积动力学,生态系统恶化首先是由潮流和沉积物运动状况的改变而引起的。在天然条件下,这类海湾的口门往往是落潮流速大于涨潮流速。但在口门淤浅、湾内潮间带面积减少到一定程度时,流场便会发生逆转,使落潮流速小于涨潮流速(Speer & Aubrey,1985),进而导致沉积物向湾内灌入,造成海湾的淤塞。1994 年以来,当地有关部门已多次组织进行沉积动力学研究,并提出了生态系统的维护方案。

山东半岛荣成市境内的月湖有着与 Pagham 港极其相似的命运(匿名,1983)。这个海湾原来盛产刺海参,还是著名的天鹅越冬栖息地。但在 1980 年对其进行了围垦和堵口之后,月湖生态系统发生了急剧变化,在三年时间里刺海参产量下降了八成,前来越冬的天鹅从以前的近万只减少到约两千只。现已查明,这个海湾生态系统的迅速恶化是由于不适当的人为活动引起了泥沙淤积和水体交换不畅。目前已准备实施沉积地貌调查,以便对症下药,找到生态系统恢复的办法。

6.2.3　人类活动的环境影响评估

人类活动会带来多种环境影响,故任何待开发项目的可行性研究都必须包括环境影响评估。这项任务涉及多个学科,其中也包括沉积动力学方面的评估技术。例如在评估污染物排放的影响时,如果只考虑水层中的水动力和化学作用而忽略沉积物对污染物的吸附作用以及极端条件(如风暴潮)下的再悬浮作用,则所建立的污染模型是不完整的(Dyer,1986)。就人类活动对物理环境的影响而言,一个很好的沉积动力学应用实例是海底挖沙的环境影响评估。

在英国南部的英吉利海峡,每年都要挖取大量砂砾(用做建筑材料)。但采沙会改变海底的地形和沉积物运动状况,因此必须考虑由此可能带来的不利影响,如鱼类产卵场地的破坏和海岸侵蚀的加剧(Velegrakis et al.,1994)。英国政府规定,在砂石公司的采沙许可证申请书中,必须附有沉积动力学调查报告并据此限定砂砾采集的区域范围、厚度和年产量。之后,还要委托专业科学工作者检查砂石公司是否有违犯规定的行为、监测挖沙的后果,这也要使用沉积动力学手段。我国山东省不久前也出现了海底挖沙者与沿岸居民之间的法律纠纷,这缘于采沙与海岸侵蚀关系的争论。显然,只有依靠海洋沉积动力学才能回答可否采沙、怎样采沙的问题。

6.2.4 可持续发展管理模型

在近海区域,尤其是在海岸带,人们活动的压力已经或正在产生社会和经济发展的危机,可持续发展问题已尖锐地摆在我们面前。可持续发展战略依赖于适当的管理,而后者依赖于科学数据的获取和可持续发展原则的确定。这个领域的进展需要政府机构、社会科学和自然科学的共同努力。沉积动力学的研究过程本身就能够提供大量有关自然条件的数据,它在地貌演化、生态系统和环境影响评估等方面又有重要的应用。因此对可持续发展战略的实施是可以作出较大贡献的。

从管理角度看,当前的一项紧要任务是探讨沉积动力学数据与管理系统的关系。在现有管理体制中,一种常见的提法是将科学数据作为管理的科学,但科学数据怎样才能运用于日常管理仍是不够明确的。研究科学数据对管理活动的影响,其途径之一是把沉积动力学及其相关学科的数据与法律文件、区域性社会和经济发展规划以及海岸带土地利用现状资料结合起来,建立可持续发展的原则或判据。在此基础上,可以构造这样一类海洋资源开发的计算机管理模型,它以开发项目所需的必要条件为输入参数,检验这些条件是否符合可持续发展的原则,直接由计算机提供管理决策。

6.3　结　　论

在国际国内,海洋沉积动力学正处于一个快速发展的时期,这将导致工程学、物理海洋学和地质学的联合、统一的沉积动力学的建立。其原因是资源和环境问题的日益突出迫切要求包括沉积动力学在内的多学科进行联合研究。

针对沉积物的输运和堆积问题,已经发展了多种方法。在近期内,这些方法的综合应用将在海底地貌演化、生态系统的维护和改造、人类活动对环境影响的评估、海洋资源开发和可持续发展战略制定等方面发挥积极作用。

第七章 两变量线性关系第三型的 回归算法与地学应用

两变量之间的线性回归分析是地球科学中常用的方法。进行线性回归分析的目的有多个,例如:为一套观测数据建立统一的经验关系公式、明确变量之间的物理或逻辑关系、根据自变量的值给出应变量的预测值、不同数据集之间的异同比较、观测结果校验等(Troutman et al.,1987)。

具体而言,线性回归分析的任务有两个:一是确定变量 x 和 y 之间是否存在着线性关系,这可以用它们之间相关系数的大小来表征;二是确定线性关系表达式 $y=ax+b$ 中的常数或参数 a 和 b。对于前述第二项任务,自数学家高斯(C. F. Gauss,1777~1855)最初的研究工作以来已有大量论文发表。研究表明,这个初看起来较为简单的问题实际上是相当复杂的。由于线性回归分析的方法并无数学公理体系的基础(即回归方程无法从数学定理中导出),因此,任何方法的可行性通常是用以下三个判据来评价的:(1)一组观测数据只能给出一条唯一的回归直线,即数据内部应有逻辑一致性,不允许一组观测数据对应于多条回归直线;(2)分析方法应区分自变量和应变量,明了两个变量的观测误差性质;(3)算法应简便可行。

在以下的研究中,我们将指出,两变量之间的线性关系实际上有三种类型,而以往的数据处理方法只是针对其中两种类型的。第三类线性关系在地球科学中极为常见,但未能充分考虑。我们将在前人研究的基础上提出第三类线性关系的分析方法,并用前述的三个判据来评价这个方法的可行性。

7.1　线性关系的三种类型

首先,我们来看线性回归分析的一些不同情形。

第一种情形:根据距底床高度与水流流速之间的关系来计算底部边界层参数。在海洋水动力与沉积动力过程研究中,经常需要获取床面糙度和底部切应力等边界层参数。如果采用冯卡门-普朗特流速剖面公式

$$u_z = a\ln(z) + b \qquad (7-1)$$

式中 u_z 是距底床 z 处的流速(Bergeron & Abrahams,1992),则床面糙度和底部切应力可以表达为回归方程(7-1)中 a 和 b 的函数。此处 u_z 是用流速仪测量的,而 z 可以是事先设定的,也可以是测定的。由于技术上的原因,也由于回归公式中用了 $\ln(z)$ 而不是 z 自身,$\ln(z)$ 的测量误差要远小于 u_z 的测量误差。

第二种情形:河口环境中某化学溶解组分的浓度与盐度之间的关系。河口混合作用使海水与河流淡水之间的混渗成为常态过程。在混合过程中,如果没有额外的保守物质加入或丢失,河口水体中的溶解物质浓度必与盐度之间存在着线性关系:$C = aS + b$(C 为溶解物浓度,S 为盐度)(Liss,1976)。这里 C 和 S 都是观测值,且都有一定的测量误差。

第三种情形:潮汐汊道系统中纳潮量与过水断面面积之间的关系。潮汐汊道口门处的断面大小和纳潮海湾中高、低潮位之间的水体体积(即纳潮量)是表征系统特征的两个重要度量,而前者被认为是受后者控制的。有研究者提出,两者间的关系可表达为

$$\lg A_E = a\lg P + b \qquad (7-2)$$

或

$$A_E = CP^n \qquad (7-3)$$

式中 P 为纳潮量,A_E 为均衡条件下的口门断面面积(O'Brien,1969)。这里 A_E 和 P 都是有测量误差的。此外,由于 P 并非是 A_E 的唯一控制变量,如沿岸漂沙强度、沉积物供给、潮汐类型等因素也会影响 A_E 的值(Gao & Collins,1994a),因此,

相对于回归直线的偏离是真实的,不可能单单用测量误差来解释。

上述不同的情形表明线性关系是有不同类型的,上述三种情形对应着三种类型。第一种类型是自变量没有测量误差或者误差很小,只有因变量才存在显著的误差,且数据点的离散全部是由于 y 变量的测量误差而引起的;第二种类型是自变量与因变量均有测量误差,而且测量误差是导致数据点离散的原因;第三种类型的特征是自变量与因变量均有测量误差,并且数据点的离散不仅与测量误差有关,而且也与其他因素的作用有关。这些在分析中未予以考虑的变量有时甚至有关键性的影响,此时数据点相对于回归直线的离散是真实的(Middleton & Southard,1984),并不只是测量误差的缘故。

针对线性回归分析的第一种类型,经典的处理方法是让所有数据点在 y 方向上到回归直线的距离平方和为最小,据此计算出回归常数 a 和 b(Berry & Lindgren,1990)。分析中,必须将自变量作为 x 轴数据,而将因变量作为 y 轴数据,这一方法通常称为 OLS(Ordinary Least Squares,普通最小二乘法)方法。对于前述的第一种类型而言,这一方法对于数据特征而言是确切的,因为在这个体系中关于数据点离散是由于 y 变量的测量误差的假设是成立的。

对于第二种类型,OLS 方法的假设不再成立。因此,不少研究者试图根据对 x 和 y 数据测量误差的分析(关于误差大小及其概率分布)来确定回归常数的值(Woodward,1977;Hocking,1982;Troutman & Williams,1987)。这些研究者提出了多种方法,其中一些已有成功的应用,但由于在许多情况下测量误差的大小和结构是未知的或难以快速确定的,因此在地球科学研究中此类方法的应用经常受到限制。为使计算简化,人们经常在遇到第二种类型的回归关系时,仍然采用 OLS 方法来处理。例如,在前述的第二个实例中,盐度和溶解物浓度都可以充当自变量或因变量,因为它们均有测量误差。但这样一来,OLS 方法的逻辑一致性就不能保证了:采用 C 或 S 作为因变量,将得到两个不同的回归方程,也就是说,回归直线的唯一性将不复存在。从实用角度看,当这两条回归直线相差不大时,唯一性消失的后果还不严重,但如果两条回归直线差异较大,分析结果就会有较大的不确定性。

理所当然,OLS 方法对于回归分析的第三种类型就更不能成立了。由于较显著的数据点离散性的存在,分析者面临的困难首先是自变量的选取,而无论选取哪个变量,所获的回归直线与选用另一个变量所获的直线会有较大不同。另一方面,那些针对第二种类型发展起来的方法在这里也失去了其确切性,这不仅仅是由于两个变量的测量误差特征难以定义,更重要的是由于真实的离散实际上要大于误差所造成的数据离散。我们在一些发表的文献里经常看到回归直线并不经过数据点的中心部位的现象,就是这种分析方法的局限性所导致的。因此,此时有必要建立专门针对第三种类型的分析方法。

7.2　线性关系第三型的解决方案建议

可能的解决方案之一是采用改进的 LNS(Least Normal Square,正交最小二乘法)方法。以下的分析表明,它可以进行第三种类型数据的分析,同时又满足前面提出的线性回归分析方法可行性的三点标准。

Troutman & Williams(1987)详细描述了 LNS 方法的原始版本。在此法中,数据点到回归直线 $y+\alpha x+\beta=0$ 的距离是考虑的要点,让该距离平方和趋于最小,然后再计算参数 α 和 β 的值。从直觉上说,这是解决第三种类型的理想方法,因为选择哪个变量为自变量的问题可以就此避免。然而,原始 LNS 法的应用会引起另一个逻辑矛盾:当 x 或 y 数据更换单位时,对因变量 y 值的预测值竟会发生改变(Greenall,1949)。例如,当以 kg 为单位时,y 的计算值为 1.5 kg,而当其单位换为 g 时,y 的计算值变为 1400 g,这就是上述方法的可能结果。

尽管如此,我们仍可以通过改进原始 LNS 方法而保留其优点,同时去除其逻辑缺陷。下面我们来看一个改进的方案。

改进的 LNS 方法采用下述几个步骤。

首先,对 x 和 y 的观测值进行以下变换:

$$\overline{X_i}=\frac{x_i}{\overline{x}},X_i=\frac{x_i}{x_{\max}} \qquad (当\overline{x}=0) \qquad (7-4)$$

$$\overline{Y_i}=\frac{y_i}{\overline{y}},Y_i=\frac{y_i}{y_{\max}} \qquad (当\overline{y}=0) \qquad (7-5)$$

式中上标横线表示"平均值",下标 max 表示"最大值"。

以上变换的目的是使观测数据变成无量纲值。在以下的叙述中,我们将以大写字母表示无量纲变量,而以小写字母表示原始观测值。以上的无量纲转换并非只有这几种,其他无量纲化的算法也是可以的,只不过这几种较容易操作。例如,为了避免 $\bar{x}$ 或 x_{max} 为零的情况,也可用 σ_x 和 σ_y(x 和 y 的方差值)来分别取代。对于变换后的新变量 X、Y,数据点 (X_i, Y_i) 到拟合曲线 $Y+\alpha X+\beta=0$ 之间的距离为(《简明数学手册》编写组,1978):

$$D = \frac{|Y_i + \alpha X_i + \beta|}{\sqrt{1+\alpha^2}} \qquad (7-6)$$

按照最小平方方法,该距离的平方和

$$D_s = \sum_{i=1}^{n} \frac{(Y_i + \alpha X_i + \beta)^2}{1+\alpha^2} \qquad (7-7)$$

应趋于最小,于是我们有:

$$\frac{\partial D_s}{\partial \alpha} = \frac{\sum_{i=1}^{n} 2(Y_i + \alpha X_i + \beta)}{1+\alpha^2} - \frac{2\alpha \sum_{i=1}^{n}(Y_i + \alpha X_i + \beta)^2}{1+\alpha^2} = 0 \qquad (7-8)$$

以及

$$\frac{\partial D_s}{\partial \beta} = \frac{2}{1+\alpha^2} - \sum_{i=1}^{n}(Y_i + \alpha X_i + \beta) = 0 \qquad (7-9)$$

上述两式可改写为:

$$\overline{XY} + \alpha\overline{X^2} + \beta\overline{X} + \alpha^2\overline{XY} + \alpha^3\overline{X^2} + \alpha^2\beta\overline{X} - 2\alpha^2\beta\overline{X} - 2\alpha\beta\overline{Y} - \alpha^3\overline{X^2} - \alpha\beta^2 = 0 \qquad (7-10)$$

和

$$\beta = -\alpha\overline{X} - \overline{Y} \qquad (7-11)$$

于是根据式(7-10)我们有:

$$A\alpha^2 + B\alpha - C = 0 \qquad (7-12)$$

式中:

$$A = \overline{X}\,\overline{Y} - \overline{XY}$$

$$B = \overline{X^2} - (\overline{X})^2 - \overline{Y^2} + (\overline{Y})^2$$

$$C = -(\overline{X}\,\overline{Y} - \overline{XY}) = -A$$

从中可解出 α 的值：

$$\alpha = \frac{-B \pm \sqrt{B^2 + 4AC}}{2A} \qquad\qquad (7-13)$$

与 α 相应的 β 也有两个值。两组 α、β 值，哪一组是正确的解？这只要将其代入式(7-7)中计算 D_s 即可，使 D_s 值较小者即为正确的解。

所获的 α 和 β 值，再加上变量变换公式，即可用于构成回归方程：

$$y = -\frac{\alpha \overline{y}}{\overline{x}} x - \beta \overline{y} \qquad\qquad (当\ \overline{x} \neq 0, \overline{y} \neq 0) \qquad (7-14)$$

$$y = -\frac{\alpha \overline{y}}{x_{max}} x - \beta \overline{y} \qquad\qquad (当\ \overline{x} = 0, \overline{y} \neq 0) \qquad (7-15)$$

$$y = -\frac{\alpha y_{max}}{\overline{x}} x - \beta y_{max} \qquad\qquad (当\ \overline{x} \neq 0, \overline{y} = 0) \qquad (7-16)$$

$$y = -\frac{\alpha y_{max}}{x_{max}} x - \beta y_{max} \qquad\qquad (当\ \overline{x} = 0, \overline{y} = 0) \qquad (7-17)$$

式中 x、y 为变换前的原始观测值。

式(7-14)至(7-17)表明，本方法的确获得了符合逻辑一致性要求的回归直线。首先，所获的回归直线具有唯一性，无论将 x 或 y 值作为自变量其结果都是一样的；第二，无论 x 或 y 变量的单位如何变化，关于 y 的预测值均能保持一致。与其他线性回归分析方法相同，相关系数在本方法中也是第三种类型的线性关系的度量。

7.3　应用实例

根据以上方法编制的 Fortran 程序见本章末附录（今后可制作为 Matlab 软件）。在此我们用两个例子来说明该方法的应用。

应用算例 1：潮汐汊道的纳潮量-均衡过水断面面积关系（A_E-P 关系）。在前述的第三种情形中，$\lg A_E$ 与 $\lg P$ 之间存在着第三型线性关系，根据对一组潮汐汊道系统的研究，获得了以下纳潮量和过水断面面积数据（P 以 km³ 计，A_E 以 km²

计)(高抒,1988):

lg A_E:4.971,4.318,3.623,4.215,3.672,4.328,4.978,3.613,4.561,5.283, 4.576;

lg P: 9.077,8.352,8.031,8.498,7.863,8.588,9.214,7.859,9.706,9.706, 9.157。

按照本章提出的方法,lg A_E的平均值为 4.376,lg P 的平均值为 8.638,由此可得 $\alpha=0.5156,\beta=-0.4845$。根据式(7-14),最佳拟合曲线为

$$\lg P = 1.02\lg A_E + 4.19 \qquad (n=11, R=0.97) \qquad (7-18)$$

如果用传统的 OLS 方法,且用 lg A_E作为自变量,则拟合曲线为

$$\lg P = 1.00\lg A_E + 4.25 \qquad\qquad (7-19)$$

而在 OLS 方法中若以 lg P 为自变量,则拟合曲线为

$$\lg A_E = 0.93\lg P - 3.67 \qquad\qquad (7-20)$$

显然,式(7-19)和(7-20)并非互为反函数,且两式均不同于式(7-18)。值得注意的是,在本例中相关系数高达 0.97。在许多野外观测数据中,这么高的相关性是很少见的,也就是说,本方法与传统 OLS 方法之间的差异在其他情况下可能还要更加显著。上述特征说明,传统 OLS 方法应用于 A_E-P 关系研究将产生两个不同的线性回归方程,如何选取两者之一是一个逻辑难题,因为判别两个方程孰优孰劣的逻辑理由是不存在的。

相比之下,本章所述方法的应用就可以避免这个困境。还有一点,即式(7-18)的预测值是位于式(7-19)和(7-20)之间的。若将式(7-18)、(7-19)、(7-20)均绘制为直线,则式(7-18)处于居中位置,因此,可以认为式(7-18)比另外两式更适合于作为 A_E-P 的统计关系。

应用算例 2:悬沙浓度测量与分析的空白滤膜质量的校验问题。悬沙浓度测定经常使用滤膜过滤法,对于每张滤膜先行称重,然后再对过滤水样后的滤膜称重,两者之差即为水样中的悬浮颗粒质量。然而,滤膜本身在过滤前后的质量也会发生一些变化,因此要建立滤膜过滤前后的质量校正曲线。在南黄海的一项沉积动力学研究中,试图用 20 个滤膜的分析来建立校正曲线,过滤前的滤膜质量 W_B的测量值(以 mg 计)为:

128.85,133.00,123.95,129.45,138.15,136.35,122.12,

140.00,139.30,122.55,119.60,125.40,119.30,122.25,

118.45,128.50,132.65,133.80,124.75,129.35。

过滤后的数据 W_A 为：

126.80,131.70,122.10,127.50,136.70,135.50,121.10,

137.30,138.20,120.50,118.70,123.60,117.60,120.30,

116.40,125.00,131.60,130.10,122.40,127.70。

以 W_B 为 x 轴，W_A 为 y 轴绘制数据点图，立即可以看出两者之间的线性关系，并存在着一定程度的离散。由于过滤前后的滤膜称重过程均存在测量误差，且数据离散也不能只归结于测量误差（所用天平的误差仅为 0.01 mg），因此这两组数据之间的关系属于第三种类型。用本章所提出的方法，可以得到：

$$W_A = 1.003W_B - 2.171 \qquad (n=20, R=0.9935) \qquad (7-21)$$

这就是我们所需的校正直线。

7.4　结　　论

1. 两个变量之间的线性关系有三种类型，其一是数据相对于回归直线偏离是仅由因变量的测量误差而引起的；其二是自变量和因变量均有误差且数据上离散亦由误差而导致；其三是数据点的偏离不仅与测量误差有关，而且也与未在分析中考虑的其他因素有关，两个变量均存在测量误差。

2. 以往建立的线性回归分析方法主要是针对前两种类型的，由于该方法的逻辑一致性的消失，或由于在地球科学中的难以应用，它们并不适合于线性关系的第三种类型。

3. 这里提出了一种基于对 LNS 方法改进的第三种类型线性关系的分析方法。这种方法的可行性在于从逻辑上说符合第三种类型的特点，并且可使用计算机程序使其实现。相对于传统的 OLS 法（普通最小二乘法），文中建立的方法的改进之处在于其逻辑一致性和分析结果的无偏特性。

4. 根据所提出的方法,获得最佳拟合直线的步骤为:首先将原始观测数据进行无量纲化处理,再根据式(7 - 10)～(7 - 13)计算 α 和 β 两个参数,之后用式(7 - 7)计算不同 α 和 β 取值的 D_s 值,最后用与较小的 D_s 值相联系的一组 α 和 β 值构建最佳拟合直线。

附录:线性关系第三型回归分析的 Fortran 程序(文献来源:Gao S. The third type of linear relationships between two variables in earth sciences. 青岛海洋大学学报,1997,26(3),373—381.)

```
        program lra3
c       Linear regrassion analysis,for the third type
c * * * * * * * * * * * * * table of variables  * * * * * * * * * * * * * * * * * * * * * * * *
c       ya＝the mean of the y data
c       ymax＝the maximum of the y data
c       xa＝the mean of the x data
c       xmax＝the maximum of the x data
c       n＝the number of the(x,y)data pairs
c       alpha,beta＝regressional constants
c       r＝the correlation coefficient
        integer n
        real x(200),y(200),xa,ya,xmax,ymax
        real a,b,alpha,beta,r
        open(10,file＝'input. dat',status＝'old')
        read(10, * )n
        read(10,20)(x(i),i＝1,n)
        read(10,20)(y(i),i＝1,n)
20      format(11f6. 3)
        close(10)
        print * ,'Input of data completed. '
```

```
      call mlns(x,y,n,xa,ya,xmax,ymax,alpha,beta,r)
      open(12,file='output.dat')
      if(xa.eq.0.0.and.ya.eq.0.0)then
      a=-alpha*ymax/xmax
      b=-beta*ymax
      go to 30
      end if
      if(xa.eq.0.0)then
      a=-alpha*ya/xmax
      b=-beta*ya
      go to 30
      end if
      if(ya.eq.0.0)then
      a=-alpha*ymax/xa
      b=-beta*ymax
      go to 30
      end if
      a=-alpha*ya/xa
      b=-beta*ya
30    write(12,40)a,b
40    format(' y=',f8.3,' x+',f8.3)
      write(12,50)r
50    format(' r=',f7.4)
      print*,'Computation completed.'
      stop
      end

c

      subroutine mlns(x,y,n,xa,ya,xmax,ymax,alpha,beta,r)
```

```
        integer n

        real x(n),y(n)

        real xa,xmax,ya,ymax,sx,sxx,sy,syy,sxy

        real alpha1,alpha2,beta1,beta2,ds1,ds2

        real alpha,beta,r,a,b,c

        xa=0.0

        ya=0.0

        sx=0.0

        sxx=0.0

        sy=0.0

        syy=0.0

        sxy=0.0

        xmax=x(1)

        ymax=y(1)

        do 1 i=1,n

        xa=xa+x(i)

        ya=ya+y(i)

        if(x(i).gt.xmax)xmax=x(i)

        if(y(i).gt.ymax)ymax=y(i)

1       continue

        xa=xa/float(n)

        ya=ya/float(n)

        if(abs(xa).lt.0.0001)then

        do 2 i=1,n

        x(i)=x(i)/xmax

2       continue

        go to 4

        end if
```

```
      do 3 i＝1,n
      x(i)＝x(i)/xa
3     continue
4     if(abs(ya).lt.0.0001)then
      do 5 i＝1,n
      y(i)＝y(i)/ymax
5     continue
      go to 7
      end if
      do 6 i＝1,n
      y(i)＝y(i)/ya
6     continue
7     do 8 i＝1,n
      sx＝sx＋x(i)
      sxx＝sxx＋x(i)＊x(i)
      sy＝sy＋y(i)
      syy＝syy＋y(i)＊y(i)
      sxy＝sxy＋x(i)＊y(i)
8     continue
      sx＝sx/float(n)
      sxx＝sxx/float(n)
      sy＝sy/float(n)
      syy＝syy/float(n)
      sxy＝sxy/float(n)
      r＝(sxy－sx＊sy)/sqrt((sxx－sx＊sx)＊(syy－sy＊sy))
      a＝sx＊sy－sxy
      b＝sxx－sx＊sx－syy＋sy＊sy
      c＝－a
```

```
alpha1=(-b+sqrt(b*b-4.0*a*c))/(2.0*a)
beta1=-sy-alpha1*sx
ds1=(syy+2.0*alpha1*sxy+2.0*alpha1*beta1*sx+2.0*beta1*sy
&    +alpha1*alpha1*sxx+beta1*beta1)/(1.0+alpha1*alpha1)
alpha2=(-b-sqrt(b*b-4.0*a*c))/(2.0*a)
beta2=-sy-alpha2*sx
ds2=(syy+2.0*alpha2*sxy+2.0*alpha2*beta2*sx+2.0*beta2*sy
&    +alpha2*alpha2*sxx+beta2*beta2)/(1.0+alpha2*alpha2)
if(ds1.lt.ds2)then
alpha=alpha1
beta=beta1
go to 9
end if
alpha=alpha2
beta=beta2
9    return
end
```

第八章　沉积物示踪方法的理论探讨

　　海洋的动力状况和海水物理化学性质比河流环境复杂得多。因此,相对于河流输沙计算而言,海洋沉积物输运率和堆积速率计算的误差较大,在某些情形下甚至难以确定净输沙的方向。上述问题的根源在于导出沉积物动量方程的难度。有些研究者试图给出具有应用性的沉积物动量方程(Van Rijn,1993),但远未达到实用水平。所以在实用上通常将沉积物分为悬移质和推移质分别进行处理。对于悬移质,假定在较小的时间尺度上沉积物的运动速率与水质点相当,则可根据质量守恒原理建立悬沙浓度的连续方程,将该方程与水动力方程联立,可计算悬沙输运率。对于推移质,目前只能依靠半经验或经验公式方法来计算其输运率,例如 Bagnold 型(Hardisty,1983;Vincent et al.,1983)和 Einstein 型(Madsen & Grant,1976)公式,这些公式通常都有较大的误差。所谓推移质输运的数学模型,就是先计算出流场,然后用经验公式计算输沙率(Growchowski et al.,1993)。由于牛顿力学在描述颗粒态物质的运动方面存在的局限性,沉积物输运问题的最终解决还有待于物理学方法的进一步发展(Jaeger et al.,1996)。

　　在这样的背景下,海洋沉积动力学研究者们试图根据质量守恒原理发展示踪物法和沉积地貌信息法等手段,以提高探测海洋沉积物运动的能力。其中,人工示踪物的理论和应用方面的研究已经有了近半个世纪的历程,所提出的一些方法常用于浅海环境,并被用来验证其他经验公式的适用性(Heathershaw,1981)。然而,尽管人工示踪物方法具有较完美的理论表达形式,但在应用上却存在着效率低下的缺陷。正因为如此,人工示踪物实验的成功记录并不多见。本章的目的是提出一个新的示踪物方法的理论框架,以克服传统人工示踪物方法的缺陷。

8.1　示踪物理论与方法现状

利用人工示踪物信息计算沉积物输运率的想法产生于 20 世纪 50 年代 (Kidson et al.，1956)，现在这一方法已被广泛应用于海滩、河口、内陆架等环境。Madsen(1989)给出了较为完整的综述，将现有方法归纳为空间积分法、时间积分法和连续注入法三种。其中空间积分法是最为常用的，它的基础是示踪物质心运动和沉积物活动层两个概念，沉积物体积输运率(量纲为 $m^3 \cdot m^{-1} \cdot s^{-1}$)被定义为质心迁移速率与单位面积海底活动层内物质体积的乘积。示踪物在投放之后，受到波浪、潮流的作用而开始运动和扩散，经过一段时间之后示踪物分布的质心位置将发生变化，而质心运动的速率被认为是代表了沉积物的平均运动速率。为了确定质心位置，必须在示踪物分布的范围内进行大面积采样。处于运动中的沉积物只限于靠近海底的一层，该层称为活动层；活动层厚度的确定需测定实验时段内示踪物所能达到的深度(Jackson & Nordstrom，1993；Ciavola et al.，1997)。在空间积分法中，示踪物与现场物质的密度和粒度必须一致。对某些环境(例如海滩)而言，质心运动的解译还存在着困难(Komar，1976)。空间积分法的另一个弱点是效率很低，经过大面积的采样、分析之后，只能得到一个输运率数据。

沉积物中所含的某些特殊物质(重矿物、有孔虫介壳等)可以作为天然示踪物。在现有的示踪物理论框架中，天然示踪物的质心位置是无法定义的，因而也就无法估算物质输运率。一般情况下，天然示踪物是作为物源指示物来使用的(Wang & Murray，1983)。Gao 和 Collins(1992a，1995)试图利用天然示踪物的平面分布格局来判断一个河口或海湾口门处的沉积物净输运状况，为此他们分析了湾内沉积物中的天然示踪物含量与口门处物质净收支量之间的关系，发现可以用一个一阶线性常微分方程来描述这一关系，并以外源有孔虫介壳为示踪物，探讨了半封闭海湾的物质收支状况。这样的模型不能解决开敞陆架区的输沙状况，因而其应用受到很大的限制。

8.2 依据示踪物数据建立的沉积物输运模型

根据质量守恒原理,可以获得沉积物连续方程

$$\frac{\partial h}{\partial t} + \frac{\partial q_x}{\partial x} + \frac{\partial q_y}{\partial y} = 0 \qquad (8-1)$$

式中 h 为底床高程,q_x 和 q_y 分别为沉积物体积输运率在 x 和 y 方向上的分量。式 (8-1)对瞬时和时间平均的情形都是成立的。$\frac{\partial h}{\partial t}$ 项为通常所指的沉积速率,当其为正值时称为淤积速率,当其为负值时称为侵蚀速率。因此,式(8-1)确定了沉积速率与沉积物水平输运率之间的关系。如果输运率为已知,则沉积速率可以求出,但如果已知沉积速率,一般情况下无法求出 q_x 和 q_y。

对于某种示踪物质,也可获得其连续方程。设底质中示踪物浓度为 C,其单位为 $kg \cdot m^{-3}$。现在考虑海底一块 $\Delta x \times \Delta y$ 面积上的示踪物总量收支状况。在 Δt 时段内,若示踪物与沉积物具有总体上相同的动力学性质,则沿 x 方向进入该区的示踪物的质量为

$$q_x \cdot C \cdot \Delta y \cdot \Delta t$$

在该区的另一端输出的示踪物量为

$$[q_x \cdot C + \Delta(q_x \cdot C)] \cdot \Delta y \cdot \Delta t$$

同理,沿 y 方向进入和输出的示踪物量分别为

$$q_y \cdot C \cdot \Delta x \cdot \Delta t$$

和

$$[q_y \cdot C + \Delta(q_y \cdot C)] \cdot \Delta x \cdot \Delta t$$

因此,该区在 Δt 内的输入输出差异为

$$\Delta(q_x \cdot C) \cdot \Delta y \cdot \Delta t + \Delta(q_y \cdot C) \cdot \Delta x \cdot \Delta t$$

示踪物的输入和输出将造成区内示踪物总量的变化,这一变化是由底床上部所含的示踪物量变化而造成的。假设在初始时刻的示踪物浓度在地层内(从地表到 H_0 深度)的垂向变化为已知,则此时的单位面积上的示踪物总量为

$$M_C \big|_{t=t_1} = \int_{-H_0}^{0} C \big|_{t=t_1} \, \mathrm{d}z \tag{8-2}$$

式中 $C = C(z)$ 为示踪物浓度。

经 Δt 时段后,

$$M_C \big|_{t=t_2} = \int_{-H_0}^{\frac{\partial h}{\partial t} \cdot \Delta t} C \big|_{t=t_2} \, \mathrm{d}z \tag{8-3}$$

设由于输运作用能引起 C 在地层中的变化的最大深度为 H_1,则

$$\Delta M_C = \int_{H_1}^{\frac{\partial h}{\partial t} \cdot \Delta t} C \big|_{t=t_2} \, \mathrm{d}z - \int_{H_1}^{0} C \big|_{t=t_1} \, \mathrm{d}z \tag{8-4}$$

8.3 ΔM_c 值的相对大小

下面分三种情况讨论 ΔM_c 的大小。

1. $\dfrac{\partial h}{\partial t} = 0$(在 Δt 时段内)

此时,物质输运未引起底床的冲淤变化。将海底到 H_1 的范围取为 D_L(D_L 为活动层厚度),则 D_L 之内的示踪物浓度变化控制了总量变化。若初始时刻 D_L 之内的平均浓度为 C,则初始时刻和经 Δt 之后的所考虑范围内的示踪物总量分别为

$$D_L \cdot C \cdot \Delta x \cdot \Delta y$$

和

$$D_L \cdot (C + \Delta C) \cdot \Delta x \cdot \Delta y$$

2. $\dfrac{\partial h}{\partial t} > 0$(在 Δt 时段内)

此时底床处于淤积状态,且淤高总量为 $\dfrac{\partial h}{\partial t} \cdot \Delta t$。考虑 H_1(H_1 到海底的范围为初始时刻的活动层范围)以上的示踪物总量变化。若 H_1 之上的浓度在初始时刻为 C,经 Δt 之后为 $C + \Delta C$,则初始时刻和 Δt 之后的 H_1 之上的示踪物量分别为

$$D_L \cdot C \cdot \Delta x \cdot \Delta y$$

和

$$\left(D_L + \left|\frac{\partial h}{\partial t}\right| \cdot \Delta t\right)(C + \Delta C) \cdot \Delta x \cdot \Delta y$$

3. $\frac{\partial h}{\partial t} < 0$（在 Δt 时段内）

此时海底处于冲刷(侵蚀)状态,且冲刷量为 $\frac{\partial h}{\partial t} \cdot \Delta t$。此种情况下,可将 H_1 这样定义,使 H_1 到 $\frac{\partial h}{\partial t} \cdot \Delta t$ 恰好是 Δt 时段后的活动层范围。这样,设冲刷前 H_1 以上的示踪物浓度为 C,冲刷后(Δt 之后)的浓度为 $C + \Delta C$,则初始时刻和 Δt 之后的示踪物量分别为

$$\left(D_L + \left|\frac{\partial h}{\partial t}\right| \cdot \Delta t\right) \cdot C \cdot \Delta x \cdot \Delta y$$

和

$$D_L \cdot (C + \Delta C) \cdot \Delta x \cdot \Delta y$$

因此,在上述三种情况下,都有

$$\Delta M_c = D_L \cdot \Delta C \cdot \Delta x \cdot \Delta y + \frac{\partial h}{\partial t} \Delta t \cdot (C + \Delta C) \cdot \Delta x \cdot \Delta y \qquad (8-5)$$

这一总量应与前述 Δt 内输出的差值相平衡,故

$$\Delta M_c + \Delta(q_x \cdot C) \cdot \Delta y \cdot \Delta t + \Delta(q_y \cdot C) \cdot \Delta x \cdot \Delta t = 0 \qquad (8-6)$$

在(8-6)式两边同时除以 $\Delta x \Delta y \Delta t$,得

$$D_L \cdot \frac{\Delta C}{\Delta t} + \frac{\Delta h}{\Delta t}(C + \Delta C) + \frac{\Delta(q_x \cdot C)}{\Delta x} + \frac{\Delta(q_y \cdot C)}{\Delta y} = 0 \qquad (8-7)$$

将(8-7)式写成微分形式(即令 $\Delta t \to 0$),得

$$D_L \cdot \frac{\partial C}{\partial t} + C \cdot \frac{\partial h}{\partial t} + \frac{\partial(q_x \cdot C)}{\partial x} + \frac{\partial(q_y \cdot C)}{\partial y} = 0 \qquad (8-8)$$

式(8-8)是针对瞬时情形的,其基本假设是运动中沉积物与底质的示踪物浓度相同。如果考虑时间平均的情形,令 $q_x = \langle q_x \rangle + q_x'$,$C = \langle C \rangle + C'$,其中尖括号表示时间平均值,则上式转化为

$$D_L \cdot \frac{\partial \langle C \rangle}{\partial t} + \langle C \rangle \cdot \frac{\partial h}{\partial t} + \frac{\partial(\langle q_x \rangle \langle C \rangle)}{\partial x} + \frac{\partial \langle q_x' C' \rangle}{\partial x} +$$

$$\frac{\partial(\langle q_y\rangle\langle C\rangle)}{\partial y}+\frac{\partial\langle q_y'C'\rangle}{\partial y}=0 \qquad (8-9)$$

令扩散项

$$\langle q_x'C'\rangle=-A_x\frac{\partial\langle C\rangle}{\partial x} \qquad (8-10)$$

$$\langle q_y'C'\rangle=-A_y\frac{\partial\langle C\rangle}{\partial y} \qquad (8-11)$$

式中 A_x 和 A_y 分别为示踪物质 x 和 y 方向的扩散系数。

将(8-1)式(沉积物连续方程)代入(8-9)式,该式可简化为

$$D_L\cdot\frac{\partial C}{\partial t}+q_x\cdot\frac{\partial C}{\partial x}+q_y\cdot\frac{\partial C}{\partial y}=\frac{\partial}{\partial x}\left(A_x\cdot\frac{\partial C}{\partial x}\right)+\frac{\partial}{\partial y}\left(A_y\cdot\frac{\partial C}{\partial y}\right) \qquad (8-12)$$

为简便起见,式(8-12)中略去了尖括号,但各变量已表示时间平均值。式(8-12)即为示踪物质连续方程,与沉积物连续方程联立,就可以将 q_x 和 q_y 作为未知量求解。具体方法是,获取 T_1、T_2 两个时刻的研究区域内的示踪物浓度和地形资料,计算示踪物浓度和地形随时间与空间的变化率,进而根据一定的边界条件(见下述)和式(8-1)、(8-12)得到 q_x 及 q_y 在研究区域内的平面分布状况(即 q_x 及 q_y 作为平面位置的函数)。

与传统的示踪物方法相比,本章描述的方法具有以下几个特点。

第一,用空间积分法只能获得一个点的输运率,但是用本章方法可以获得面上的输运率分布,信息量得到大幅度增加。显然,用这样的数据来与数学模型计算的结果进行对比是更为有效的,所需增加的工作是在测定示踪物浓度分布的同时还要进行水深/高程观测。随着现代测量水平的提高,在许多野外调查工作中,观测通常是多学科的,水深/高程测量常与波浪、潮流、沉积物分布、示踪物浓度等的观测同步进行。因此,水深/高程测量在技术上已不是本章方法的障碍。用本章方法获得的面上输运率提供了可与输沙经验公式方法对照的独立信息,可作为经验公式结果的验证手段之一。

第二,本章方法中人工示踪物和天然示踪物的应用是等价的。不过,人工示踪物在投放后形成的浓度空间变化是可控制的,这对计算有利。天然示踪物(如特征的重矿物和有孔虫介壳)则需经合理的选择,因为有些物质的浓度随时间、空

间的变化幅度很小，可能给计算带来较大的相对误差，因此必须选取一些时空变化幅度较大的天然示踪物。

第三，由于微分方程组的特点，在使用本方法时需要确定边界条件。所幸的是，边界条件的要求并不难满足。例如，可以在一些站点上进行流速观测来计算该点的输运率；利用传统的空间积分法，也可以获取一个站位上的输运率数值；此外，有关海底沙波迁移的信息也可用来计算输运率。因此，本文方法虽然使用示踪物信息，但在确定边界条件时却可使用多学科方法。

8.4　讨　　论

传统示踪物方法和本章方法均要求所用示踪物的密度、粒度参数等与现场物质一致，否则所计算的输运率就有较大误差。在本章方法中，可使用参数法将(8-8)式改写为

$$D_L \cdot \frac{\partial C}{\partial t} + C \cdot \frac{\partial h}{\partial t} + \frac{\partial (kq_x C)}{\partial x} + \frac{\partial (kq_y C)}{\partial y} = 0 \qquad (8-13)$$

式中 k 为表征示踪物与现场物质之间动力学性质差异的参数。

如果 k 值可以准确地测定，则并不要求示踪物的密度和粒度分布与现场物质一致。事实上，k 值的确定是重要的，因为现场物质总是有一定的空间变化，制备与现场物质完全相同的示踪物难度很大。这个参数应在今后加以研究。

本章模型涉及示踪物质在 x 和 y 方向的扩散系数的计算，这似乎增添了计算上的困难。但是，扩散系数的效应在传统示踪物方法中也是存在的，只是未作考虑。按照传统的空间积分法，沉积物体积输运率为

$$q_s = U_L D_L \qquad (8-14)$$

式中 U_L 为示踪物质心迁移速率。

如果只考虑示踪物的输运率，则有

$$q_t = U_L \cdot D_L \cdot \frac{\int_0^A C dA}{A} \qquad (8-15)$$

式中 q_t 为示踪物体积输运率，A 为示踪物分布的面积。

q_t 的计算还可以根据沉积物颗粒的运动速率 u：

$$q_t = \frac{1}{t_2 - t_1} \int_{t_1}^{t_2} uD_LC\mathrm{d}t \qquad (8-16)$$

将 u 和 C 均写成时间平均值与脉动值之和，即 $u=\langle u \rangle + u'$，$C=\langle C \rangle + C'$，则 $(8-16)$ 式可写成

$$q_t = D_L(\langle u \rangle \langle C \rangle + \langle u'C' \rangle) \qquad (8-17)$$

在 $\langle u \rangle = 0$ 的情况下，$q_s = 0$。但是，根据 $(8-14)$、$(8-15)$ 和 $(8-17)$ 式，我们有

$$q_s = U_L \cdot D_L = \frac{D_L\langle u'C' \rangle A}{\int_0^A C\mathrm{d}A} \neq 0 \qquad (8-18)$$

这个矛盾是由于 $(8-14)$ 式中忽略了扩散过程而造成的，所以用该式计算沉积物输运率会造成一定的误差。Heathershaw 和 Carr(1977) 的研究结果显示，示踪物质心迁移速率随时间逐渐减小，这正是扩散效应的结果。总之，扩散过程是物质输运研究中的基本问题(Dolphin et al.，1995)，而扩散系数的确定是任何示踪物方法所必须解决的问题。沉积物扩散系数的大小与水动力条件和时间尺度有关，可通过一定的实验程序来计算(Cheong et al.，1992)。

最后还应提及，在本章提出的方法中，沉积速率和活动层厚度是两个重要的参数，在其他的沉积动力学研究中它们也是关键的研究对象，这里无法进行深入探讨。但要指出的是，这两个物理量都与我们考虑问题的时间尺度有关，在同一地点、同一环境下所取的值会因时间尺度的变化而不同。因此，在计算时选用适应于相应的时间尺度的数据极为重要，沉积速率和活动层厚度之间的尺度必须匹配。因为活动层厚度还与动力环境有关，所以应根据沉积环境的特点确定其空间变化格局。

8.5 结　论

本章提出的利用示踪物信息计算沉积物输运率的理论框架与传统示踪物方

法相比,有以下几方面的改进:

1. 将人工示踪物或天然示踪物运动统一于同一个连续方程加以表达;

2. 该模型可用于计算面上的输运率,具体计算方法是,获取两个不同时刻的研究区域内的示踪物浓度和地形资料,计算示踪物浓度和地形随时间与空间的变化率,进而根据流速观测、海底沙波迁移等信息确定边界条件,最后得到沉积物输运率在研究区域内的平面分布状况;

3. 本章模型的结果为沉积物输运率计算提供了可与经验公式方法对照的独立信息,可作为经验公式结果的验证手段之一;

4. 本章模型涉及示踪物质扩散系数的计算,但扩散系数的效应在传统示踪物方法也是存在的,扩散系数的确定是任何示踪物方法所必须解决的问题。

第九章　海洋沉积动力学的
示踪物方法综述

物质输运在地球系统演化中起着关键性的作用,而示踪物方法在地球圈层之间的物质交换、大洋环流、生态系统营养盐输送、海洋物质通量与循环等研究领域都有广泛应用。在海洋沉积动力学领域,半个世纪以来示踪物被用于物源追踪和沉积物输运率计算。示踪物方法还有另一项重要的意义,即提供与悬移质、推移质输运率计算的经验公式方法相对照的独立信息(高抒,2000a)。本章的目的是回顾示踪物方法在海洋沉积动力学中的进展,以集成的方式简述物源追踪方法和获取沉积物输运率的人工及天然示踪物方法,并就示踪物方法的普适理论框架的构建问题进行探讨。

9.1　物源追踪

海洋环境中的沉积物都有一个来源问题,具体地说,就是物源有哪些,每个物源的贡献各有多大。前一个问题的答案相对地简单些,沉积学研究结果显示,底质的绝大部分是来自河流输沙、海岸侵蚀、大气降尘、海底冲淤引起的物质重新分布,以及海洋环境内部形成的自生矿物和生物介壳等。后一个问题相对困难些,它要求提供定量的答案。例如,在长江口外海区取得一个底质样品,来自长江的物质在这个样品中占多大的贡献? 这个问题仅靠分析这个样品的物质组成和海域的环境条件是不能回答的,还必须依靠物源追踪的理论和技术。

海洋沉积物的物源追踪方法根据物质守恒原理而建立,它一般包含两个步骤,一是示踪标记的确定,二是物质混合模型的建立。

对每一个物源,必须找到它有别于其他物源的标志。示踪标记一般是某种物质在源地物质中的浓度、比率等参数,而这种物质可以是重矿物、粘土矿物、放射性物质、磁性物质或者化学组分。在单一的示踪标记不敷使用的情况下,需要多个示踪标记,称为复合式示踪标记。一个复合式示踪标记可以用数学形式表示为一个 N 维的矢量(N 为单一示踪标记的种数),因此也可称为"示踪标记矢量"。复合式示踪标记可以由试错法或数理统计法来挑选(Owens et al.,2000)。

在示踪标记已经确定的前提下,各个物源的贡献可以通过混合模型来计算。目前应用的混合模型一般均假设以下三点:(1) 物源的个数为已知;(2) 从源地样品分析得到的示踪标记矢量对整个源地具有代表性;(3) 来自不同物源的物质在堆积地得到充分的混合(即样品对整个堆积地具有代表性)。

根据示踪标记矢量的维数与物源个数之间的关系,可以构造两类不同的混合模型。若记 M 为物源个数,其贡献分别为 $P_1,P_2,\cdots,P_M$,则可以证明,当 $N<M-1$ 时,矢量维数太小(即单个的示踪标记的种数太少),各个物源的贡献无法确定。当 $N=M-1$ 时,可以产生第一类混合模型,即根据质量守恒原理,可以得出 M 个线性方程:

$$C_{11}P_1+C_{21}P_2+\cdots+C_{M1}P_M=C_1$$
$$C_{12}P_1+C_{22}P_2+\cdots+C_{M2}P_M=C_2$$
$$\cdots \qquad\qquad (9-1)$$
$$C_{1N}P_1+C_{2N}P_2+\cdots+C_{MN}P_M=C_N$$
$$P_1+P_2+\cdots+P_M=1$$

式中 C_{ij} 为第 i 个物源、第 j 种示踪物的示踪标记参数,$[C_1,C_2,\cdots,C_N]$ 为实测的堆积地点的示踪物参数(与示踪标记同量纲)。

由于方程的个数与未知数的个数相同,因此 $[P_1,P_2,\cdots,P_M]$ 可从方程组中解出。

这个混合模型是最简单的,但其弱点是计算误差不仅是示踪物参数的测量误差的函数,而且还与示踪物参数本身的量值有关,这样就使得计算误差难以控制。

克服这一缺陷的方法之一是增加矢量维数 N,使 $N>M$(当 $N=M$ 时,其结果与第一类模型差别不大),然后再用最小二乘法获得各个物源贡献的估算值,这就是第二类混合模型(Owens et al.,2000)。具体分析步骤是,首先按照(9-1)式构成含有 M 个未知数的 N 个方程($N>M$),并令 $E_i(i=1,2,\cdots,N)$ 为方程两侧的测量误差之和,即

$$E_1 = C_1 - (C_{11}P_1 + C_{21}P_2 + \cdots + C_{M1}P_M)$$
$$E_2 = C_2 - (C_{12}P_1 + C_{22}P_2 + \cdots + C_{M2}P_M)$$
$$\cdots \qquad\qquad (9-2)$$
$$E_N = C_N - (C_{1N}P_1 + C_{2N}P_2 + \cdots + C_{MN}P_M)$$

再计算(9-2)式中的误差平方和 R:

$$R = \sum_{j=1}^{N}(E_j)^2 \qquad\qquad (9-3)$$

令 R 取最小值,即 $\partial R/\partial P_i = 0(i=1,2,\cdots,M)$,则可得 M 个方程:

$$\sum_{j=1}^{N}E_j\left(\sum_{i=1}^{M}C_{ij}\right) = 0 \qquad\qquad (9-4)$$

用最小二乘法解出 $P_i(i=1,2,\cdots,M)$ 后,可用已经建立的方法(Owens et al.,2000)来估算其误差。

混合模型最初是针对流域盆地而建立的,当应用于海洋环境时,所依据的三个假设条件经常不能完全满足,这主要是由海洋沉积物在输运过程中的粒度分选和物质组分分选(Ashworth & Ferguson,1989)所造成的。例如,一种示踪物的浓度在不同粒级的沉积物中是不同的,因此,当粒度分选发生时,沿程堆积的物质具有不同的粒度组成,从而使源地的示踪标记不能在堆积地点保持不变,这就违背了前述的第三个假设。解决这个问题的途径之一是针对同一粒度组分的物质建立示踪标记,这样就要求对源地和堆积地的样品进行粒度分析并划分粒度组分,然后对每一个组分分别建立混合模型。有时,当只对某粒度范围的物质来源感兴趣时,就只对这一范围的物质进行分析。

相比之下,物质组分(化学成分、矿物组成等)的分选是一个更为复杂的问题。例如,海水环境中悬沙常受到絮凝作用的影响,而不同矿物颗粒受到的影响程度不同,因而在沉积过程中发生沉积分异,有些组分还会在输运和堆积过程中发生

变化(Chamley,1989;Maldonado & Stanley,1989)。这样就使得同一来源、同一粒级的物质不能在输运、堆积过程中保持示踪标记的一致性,不同来源物质的充分混合就更加不可能了。解决这个问题的可能途径是根据沉积动力过程的研究来确定示踪标记经历输运过程前后的变换函数,以界定输运、堆积过程中发生的变化,从而将变化后的示踪标记用于混合模型分析。目前,有关示踪标记的变换函数研究很少,有待于进一步发展。

9.2　人工示踪物实验

人工示踪物是用人工方法标识的物质。将示踪物掺入天然沉积物中,通过追踪示踪物,可获得沉积物的输运方向和输运率。人工示踪物方法所遵循的基本原理是质量守恒定律,Madsen(1989)对人工示踪物实验的原理给出了详细的叙述,将现有方法归纳为空间积分法、时间积分法和连续注入法等三种,其中空间积分法是最为常用的,它的基础是示踪物质心运动和沉积物活动层的界定(参见第八章)。

根据空间积分法,示踪物在投放之后,受到波浪、潮流的作用而开始运动和扩散,经过一定时间后与沉积物充分混合。单位面积上处于运动状态的沉积物的质量为:

$$M_s = \rho_s(1-\lambda)D_L \tag{9-5}$$

式中 ρ_s 和 λ 分别是沉积物的密度和孔隙度,D_L 是沉积物的活动层厚度。

输运过程中,示踪物的质心位置将随时间发生变化,若示踪物的质心移动速度等于沉积物的运动速度,则沉积物的质量输运率(量纲为 kg·m^{-1}·s^{-1})q_s 可表示为:

$$q_s = \rho_s(1-\lambda)D_Lu_0 \tag{9-6}$$

式(9-6)中 u_0 是示踪物的质心移动速度,可通过测量 Δt 时段内示踪物质心位置的变化来求得:

$$u_0 = \frac{\left[(X_2 - X_1)^2 + (Y_2 - Y_1)^2\right]^{1/2}}{\Delta t} \qquad (9-7)$$

式中(X_1, Y_1)是 t 时刻的质心位置,(X_2, Y_2)是 $t + \Delta t$ 时刻的质心位置。

沉积物的活动层厚度通常用以下三种方法获得(Ciavola et al.,1997):(1) 取柱状样,根据示踪物随深度的分布特征计算平均活动层厚度;(2) 在底床上填入已知深度的示踪物,测量一段时间后被沉积物替代的厚度;(3) 将涂有特殊涂料的标尺插入床面以下,从标尺上涂料的保存状态观察沉积物的扰动深度。怎样合理确定活动层厚度是人工示踪物方法的关键问题。在解译人工示踪物实验结果时,应注意示踪物的回收率(Wright et al.,1978)、质心运动与动力环境的关系(Komar,1976)以及扩散过程的时间尺度(Heathershaw,1981)。应该指出,虽然人工示踪沉积物法具有较为完美的数学表达式,但在实际应用上由于活动层厚度和沉积物扩散过程的不确定性,成功的示踪物试验并不多见。

9.3　天然示踪物方法

沉积物中所含的某些特殊物质(如重矿物、有孔虫介壳等)可以作为天然示踪物。过去的一些利用天然示踪物作为河口沉积物输运的指示物的研究往往隐含着一个假设,即河口、海湾中一些外来物质的存在表明沉积物净输运是从外海指向湾内的(Meade,1969;Murray,1987)。然而,这个假设不是普遍成立的。外来示踪物的存在固然是这种示踪物净输运方向的证据,但却不一定是物质整体净输运的证据。例如,河口水体中盐的存在表明盐的净输运是从外海指向湾内,但这并不说明水体的净输运也是从外海指向湾内的。与人工示踪物方法一样,天然示踪物运动与沉积物净输运的关系也必须建立在质量守恒原理的基础上。

由于在浅海环境中,天然示踪物的质心位置是无法定义的,因而也就无法借用传统人工示踪物方法来估算物质输运率。但是,在某些特殊的情形下,仍可以利用天然示踪物的质量守恒原理来获得物质输运信息。例如,Gao 和 Collins (1992a,1995)试图利用天然示踪物的平面分布格局,在简化的条件下判断一个河口或海湾口门处的沉积物净输运状况。

　　设想存在着一种只产出于湾外的天然示踪物(称为"外源"示踪物),它随着潮流进入河口或海湾。根据对物质净收支的分析,整个沉积体的平均示踪物浓度 C_b 和海底活动层中的示踪物浓度 C_m 可分别表示为(Gao & Collins,1992b):

$$\frac{\mathrm{d}C_b}{\mathrm{d}t} = p_1 - q_1 C_b \tag{9-8}$$

和

$$\frac{\mathrm{d}C_m}{\mathrm{d}t} = p_2 - q_2 C_m \tag{9-9}$$

式中 p_1、q_1、p_2、q_2 是沉积速率、活动层厚度、沉积物净输运量等变量的函数。

　　这就是说,C_b 和 C_m 随时间的变化均可表示为一阶线性常微分方程,且 C_b 和 C_m 都是非负的,这暗示在潮流作用下外源示踪物可在海湾内堆积,无论海湾口门的沉积物净输运方向如何。

　　数值模拟实验的结果显示,C_b 和 C_m 并不随着口门沉积物交换过程而不断上升,而是会近似地达到一个均衡水平,C_b 和 C_m 均衡值的大小取决于海湾内沉积物的净收支(Gao & Collins,1995a)。因此,在假定口门净输沙为 0 的条件下模拟示踪物的均衡浓度,则可通过该浓度与底质中示踪物的实测浓度之间的对比来确定海湾口门净输沙的方向。如模拟值小于实测值,则净输沙是从外海指向湾内的,反之净输沙就是从湾内指向外海的。

　　根据上述模型,Gao 和 Collins(1995)以外源有孔虫介壳为示踪物,分析了英国 Christchurch 潮汐汊道口门的砂质沉积物净输运方向。在 Christchurch 港的纳潮水域进行了底质取样,分析了底质中的有孔虫介壳浓度和外源有孔虫介壳所占的百分比,从而估算出活动层的外源有孔虫介壳的质量浓度。另一方面,根据模拟计算的结果确定了口门净输沙为 0 的条件下外源有孔虫介壳的质量浓度范围。由于模拟的均衡浓度远小于底质的有孔虫介壳浓度,他们认为 Christchurch 港口门的净输沙是从外海指向湾内的。这种方法的局限性之一是它不能应用于开敞陆架区,因为模型所用的示踪物必须是外源的。

9.4 沉积物净输运的普适示踪物模型

前述分析表明,人工示踪物和天然示踪物两种方法的原理各不相同,又有各自的局限性。一些研究者探讨了同时适用于人工和天然示踪物的普适理论框架的可能性,其基础是示踪物质的连续方程(White,1998;Gao,2000)。例如,Gao(2000)分析了海底床面处于侵蚀、淤积和冲淤平衡三种情形下的示踪物质收支,得出:

$$D_L \cdot \frac{\partial C}{\partial t} + q_x \cdot \frac{\partial C}{\partial x} + q_y \cdot \frac{\partial C}{\partial y} = \frac{\partial}{\partial x}\left(A_x \cdot \frac{\partial C}{\partial x}\right) + \frac{\partial}{\partial y}\left(A_y \cdot \frac{\partial C}{\partial y}\right) \quad (9-10)$$

式中 D_L 为活动层厚度,C 为示踪物浓度,q_x、q_y 分别为 x 和 y 方向的输运率分量,A_x、A_y 分别为 x 和 y 方向的沉积物扩散系数。

将(9-10)式与沉积物连续方程联立,就可以将 q_x 和 q_y 作为未知量求解。具体方法是,对于一个研究区域,获取前后两个时刻的示踪物浓度和地形资料,计算示踪物浓度和地形随时间与空间的变化率,进而根据一定的边界条件得到 q_x 和 q_y 在研究区域内的平面分布状况(即 q_x 和 q_y 作为平面位置的函数)。

这一方法的潜力在于:(1) 可以获得面上的输运率分布,用这样的数据来与数学模型计算的结果进行对比是更为有效的;(2) 人工示踪物和天然示踪物的应用是等价的(时空变化幅度较大的天然示踪物较好)。

在这个方法论框架中,也有许多有待今后解决的问题。例如,当示踪物的密度、粒度参数等与现场物质有差异时,式(9-10)可改写为

$$D_L \cdot \frac{\partial C}{\partial t} + C \cdot \frac{\partial h}{\partial t} + \frac{\partial(kq_x C)}{\partial x} + \frac{\partial(kq_y C)}{\partial y} = 0 \quad (9-11)$$

式中 k 为表征示踪物与现场物质之间动力学性质差异的参数。此时需要能够准确地测定 k 的值。

又如,模型中涉及的沉积速率和活动层厚度这两个重要的参数的取值都与时间尺度有关,在同一地点、同一环境下所取的值会因时间尺度的变化而不同。因此,在计算时选用适应于相应的时间尺度的数据极为重要,沉积速率和活动层厚

度之间的时间尺度必须相匹配。

9.5　结　　论

1. 在海洋沉积物动力学领域,示踪物方法是物源追踪和沉积物输运率计算的重要方法。物源追踪的核心问题是定量地确定每个物源的贡献大小,为此需要选取适当的示踪标记和建立物质混合模型。现有的混合模型是针对河流环境而建立的,当应用于海洋环境时,所依据的假设条件不能完全满足。因此,有必要根据沉积动力过程的研究来确定示踪标记的变换函数,以界定输运、堆积过程中发生的变化,从而将变换函数定义的示踪标记用于混合模型分析。

2. 人工示踪物实验的目的是获取沉积物的输运方向和输运率,现有方法有空间积分法、时间积分法和连续注入法等,其中以空间积分法最为常用,其基础是示踪物质心运动和沉积物活动层的界定。虽然人工示踪沉积物法具有较为完美的数学表达式,但在实际应用上成功的示踪物试验并不多见,这是由于有关活动层厚度和沉积物扩散过程的研究还不够充分。

3. 在浅海环境中,天然示踪物的质心位置是无法定义的,因而也就无法借用传统人工示踪物方法来估算物质输运率。在某些特殊的情形下,可以利用天然示踪物的质量守恒原理来获得物质输运信息,例如海湾口门处的沉积物净输运状况。这种方法的局限性之一是它不能应用于开敞陆架区,因为模型所用的示踪物必须是外源的。

4. 以示踪物质的连续方程为基础,有可能建立一种同时适用于人工和天然示踪物的普适理论框架。其中隐含的问题包括示踪物与现场物质的差异、沉积速率和活动层厚度的时间尺度、沉积物扩散过程等,需要建立相应的基础理论。

第十章　关于建立海岸带开发"稳健管理模型"的初步设想

　　发展到今天的人类社会面临着人口剧增、资源枯竭、环境恶化的现实危机,在我国海岸带区域这个问题尤其突出(Yu,1994)。为了实现可持续发展,需要有一体化的管理(Cicin-Sain,1993)。这在战略层次上是通过立法和制定区域性社会经济发展规划,以约束不利于可持续发展的人类活动。在技术层次上,则需要一个有效的管理模型。但目前已有的手段仅仅是将科学资料以数据库的形式贮藏起来,在管理时提取这些数据作为决策的依据(Healey & Hennessey,1994)。这种管理方式对于海岸带可持续发展而言是不够的。

　　针对这种状况,有一种意见认为在建立海岸带管理模型之前应进行更多的科学研究。但问题在于,不可能等到科学知识充分够用的那一天才来建立管理模型,因为资源和环境的破坏很可能在较短的历史时期内就会发生。正如英国学者M. Elliott(1994)所指出的,管理措施必须在科学数据不足的条件下也能制定出来。本章的目的就是要探讨在这种条件下建立可持续发展管理模型(称为"稳健管理模型")的可能性,讨论的要点是模型的基本构架和技术路线。

10.1　什么是"稳健管理模型"

　　管理模型是指一个计算机软件,它可以对海岸带任何人类活动给予评价,从而对海岸带经济建设和其他项目做出批准与否的决策。"稳健"是指该管理模型将忠实地执行可持续发展原则,即使决策有误也可以有机会进行更正。"稳健"一词相当于英语术语"Robust"。任何方法，如果其应用将产生稳定的结果，即便在有错误数据存在的情况下也是如此，则称该方法是稳健的。对于海岸带管理而言，由于科学知识的不足，任何管理模型都有可能受到错误信息的影响，从而作出不恰当的管理决策。但是，在出现决策失误之后，能在一个充分短的时期内察觉失误并及时加以纠正，从而保证海岸带可持续发展的战略不受影响，那么该管理模型就可以称为是"稳健"的。海岸带"稳健管理模型"的运行要依靠计算机软件系统，它按照可持续发展的原则对海岸带范围内的人类活动进行日常管理。

海岸带开发的稳健管理模型是一个动态模型，即随着海岸带自然环境的演变、海岸带立法文件和区域性发展规划的修订以及科学研究的进展，该模型处于不断完善之中，随着科学知识的进步而进步。与现有海岸带管理体系相比，其优越性在于它可以使决策更加科学化。由于在计算机中贮存的各项有关海岸带开发的数据和资料在管理软件中都能得到充分的考虑，因此所作的决策可以代表现有条件下的最佳决策。但在传统的管理决策过程中，由于科学信息涉及海岸带自然条件和开发现状的各个方面，因而很难用人力对其进行充分的分析、综合。从技术上说，即使有数据库系统的帮助，管理人员也很难掌握全部科学资料，因而难免判断决策上的顾此失彼。从经济上说，利用计算机管理系统实现管理决策，其费用将远低于人工管理的费用。更重要的是，该管理系统做出决策所需的时间很短，几乎是在瞬间即可完成的。

10.2　管理系统的结构

上述管理系统可以通过下列步骤来实现海岸带开发活动的日常管理。管理系统启动时，将开发项目申请书内所列的必要条件（详见下述）以数据化形式输入计算机。管理系统的运行使最新的资料和数据（包括法律文件、区域性社会和经济发展规划以及涉及自然环境与开发利用现状的科学数据）转化为一系列可持续发展的规则（详见下述）。这些规则可与开发项目的必要条件进行对比，这个过程称为数据的内部一致性检验，其目的是确保开发项目的必要条件与现有的法律文件、发展规划和科学数据不相矛盾。如果开发项目所需条件均不违反可持续发展的各项规则,则可予以批准,否则不予批准。

一般而言,开发项目都要经过技术可行性论证和环境影响评价,前者是无需包括在管理模型的框架内的,后者可在管理系统内完成,因为评价所用的数据[主要为海岸带自然环境和人类活动资料(Glasson et al.,1994)]正好是可持续发展管理数据的一个组成部分。环境影响评价作为管理决策的一环,要结合到管理的框架中去。在计算机软件技术方面,管理模型的关键之处是:可持续发展规则的确定,开发项目所需条件的数字化,决策的制定和输出形式,管理模型的更新。由于计算机科学的发展,数据库技术、地理信息系统和其他软件工程技术已日趋成熟,上述关键问题的解决已成为可能。一个可能的解决方案现叙述如下。

10.3 可持续发展规则的确定

可持续发展规则的建立依赖于以下三类资料:法律文件、区域性社会和经济发展规划、科学数据。这些资料都是动态性的,其中更新最快的是科学数据,包括海岸带水动力、沉积、地貌、生物、化学等方面的数据和人类活动及土地利用现状的数据。由于数据库技术和地理信息系统的应用,这些信息的存储和专项分析已成为常规作业。对于管理模型而言,可以利用上述资料界定今后开发项目的最大空间(区位)容量、时间容量、类型容量和环境容量。

空间(区位)容量是海岸带在现有土地利用条件下和法律、规划文件约束下可对新开发项目提供的地点及空间范围。时间容量是指任何开发项目在不违背可持续发展原则的前提下所允许占用一块海岸带空间的最长时段。这两个指标的意义在于,海岸带的可持续发展有赖于开发模式随实际情况而产生的不断转化,如果容许不合时宜的产业永久性地占据海岸带空间,则可持续发展所需的空间(国土)资源将不复存在。

从稳健性角度考虑,开发模式转化的时空问题应是管理模型所涉及的重要问题。由于法律文件、发展规划和科学数据都存在着不完善的地方,可持续发展的规则也难免有失误的地方。在此情况下,管理模型可以通过时间和空间尺度来把关。在建立前述可持续发展规则的基础上,进一步界定每一类开发项目的时间长度和空间范围,并要求项目申请书中明确所需时间长度和空间范围。这样,即使某个项目的批准本身是个错误决策,也因其占据的时空有限,易于在可持续发展规则更新之后作出适时的纠正。

类型容量是指任何产业或事业的现状与规划规模之间的差距。这个参数的使用有助于社会和经济有比例按计划地发展。一个社会的健康发展仅有市场经济是远远不够的,市场经济只能在区域性社会和经济总体规划的指导下实行,否则其结果很可能导致经济秩序的混乱和可持续性的破坏。

对于任一开发模式,一块海岸带区域只能支持一定的社会、经济和人口规模(即此规模是自然资源和开发模式的函数),不然就会造成自然和生态环境的过度改变。这样一个理论上的社会、经济和人口规模与实际规模的差别称为环境容量。由于环境容量的计算依赖于自然环境和开发模式的最新数据,因此需要对海岸带进行日常的科学监测和调查。任何开发项目,如果它的资源需求超出上述容量之一,则是不可实现的。要求开发项目的资源需求不超出海岸带现存的空间、时间、类型和环境容量之一,这就是可持续发展管理中的容量规则。

10.4　开发项目的必要条件的界定

根据管理系统运行特点,任何海岸带开发项目申请书均应包含项目实施所需的全部必要条件。必要条件不可以混同于充分条件(Gao & Collins,1995)。前者是指项目的实施所不可缺少的条件,而后者是指任何可以满足项目实施的条件。如果在开发项目申请中使用充分条件,这样的项目一旦实施,有可能造成资源的浪费。另一方面,如果所列的必要条件是完整的,则这些条件的满足定能充分保证开发项目的实施,因为所有必要条件的总和代表一个充分条件;否则,即使管理系统给出批准的决策,开发项目也无法实施。

项目申请书所列的条件应以数据的形式给出。数据定量化可以通过对申请表的合理设计和其他技术来实现,如所需空间范围可用经纬度范围来定义。其他一些通常用文字表示的内容,如开发项目所涉及的经营项目,则可用代码技术来解决。

10.5　管理模型的决策信息和数据更新

上述管理模型的决策信息分为两类:批准和否决开发项目的申请。如果批准,则在给出批复信息的同时打印出项目所需的全部条件(这意味着这些条件将实际地提供给所批准的开发项目)。如果申请被否决,则给出与可持续发展规则相冲突的条目。新的开发项目一旦实施,管理模型就面临着更新的问题。新项目的实施造成土地利用现状和环境的改变,这些信息都需要补充到科学资料的数据库中去。因此,批准一个项目之后,管理软件将保存对项目所提供的条件的信息,一旦项目的实施被确认,这部分信息即转化为科学资料的一部分。除此之外,法律文件、发展规划和科研结果的其他最新变化也应及时地输入管理模型,以保证动态管理的实施。

10.6　结　　论

1. 为了有效地执行海岸带可持续发展战略,有必要建立海岸带开发的"稳健管理模型"。它依据现有的最新资料对海岸带人类活动日常的管理决策(而不仅仅提供决策所需的科学依据),即使在资料不完整或有某些错误的情况下也能保证不违背可持续发展的原则。

2. 实现稳健管理的技术关键是可持续发展规则的建立和内部一致性检验方法。可持续发展需要空间、时间、类型和环境容量规则,这些规则可根据法律文件、区域性社会和经济发展规划以及科学数据而建立。内部一致性检验则可通过可持续发展规则和开发项目所需的必要条件之间的对比来实现。

第十一章　海岸带受损环境的恢复和整治：以山东半岛月湖为例

　　海岸带是国民经济发展的重要依托地带。从世界范围来看，多数人口居住在这个区域，从事着各种社会、生产活动。人口增加和经济发展导致了两个日益突出的问题，其一是海岸带范围内空间和资源使用上的激烈冲突，其二是海岸环境和生态系统的退化，这又反过来限制了海岸带经济和社会的发展。要实现海岸带可持续发展，就必须解决这些问题。

　　山东半岛荣成市的月湖是人类活动冲突和海岸环境受损的一个典型实例。月湖在海岸地貌学上属于一个小型泻湖-潮汐汊道体系，它由一个半封闭泻湖和一条与外海相通的狭窄水道（称为潮汐汊道）所构成（图 11-1），其泻湖的面积不到 5 km²。在这样一个狭小的区域内，资源利用却是高强度的。泻湖水面被用来养殖海参，靠近外海的口门部分辟为渔港，潮间带被围垦成养虾池。人们在港内水域采集大叶藻（一种藻类植物），收获贝类水产。由于每年有大量以大叶藻为食的白天鹅来月湖越冬，因此月湖于 1988 年被定为国家一级动物保护区，称为"白天鹅湖自然保护区"。此外，围封泻湖的 6 km 沙堤景色秀丽，海滩沙质地优良，正在开发为海水浴场和旅游胜地。然而其中有些开发活动不合理地使用了资源，因而引发了损害环境和生态系统的现象，如泻湖水质恶化、水产品产量下降、白天鹅数量减少等，对此，当地政府和科研机构曾作过多次报道。对于整个华北地区而言，这类生态系统的保护已成为海岸带开发管理的重要任务之一（Wang et al.，1994）。

　　针对上述问题，本章的目的是要探讨月湖环境与生态系统受损特征，分析其原因和机制，从多学科交叉研究和海岸一体化管理的角度讨论这类受损环境的恢复与改善对策,提出与今后海岸带开发相关的科研任务。

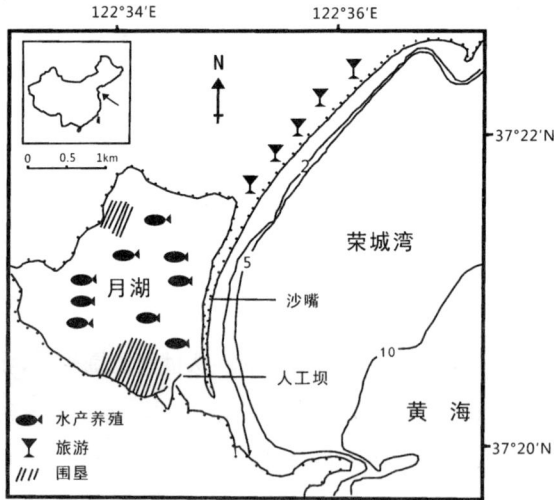

图 11 - 1 山东半岛月湖的地理环境和开发利用现状(水深单位为 m)

11.1 月湖环境与生态系统演变

月湖的形成过程是从距今一万年的全新世早期开始的。那时,由于海面上升,海水淹没了山东半岛海岸带的低洼部分,形成一系列海湾。后来,有些海湾被波浪作用生成的沙坝或沙嘴所围封,只留下一个狭窄的口门,形成泻湖-潮汐汊道体系,月湖就是其中之一。在自然条件下,月湖的地貌演变是缓慢的,泻湖逐渐被沉积物淤塞,与此同时以大叶藻和刺海参为特征的生态系统逐渐形成,这一过程所经历的时间可能达到了数百年。直到 20 世纪 50 年代,月湖仍是一个水质优良、生物生产力较高的海岸泻湖,盛产刺海参。

但是,在人为活动干预下,月湖的环境与生态系统发生了剧烈变化。据当地管理部门报告,他们从 1957 年开始对这个海湾进行了有组织的开发,其中在 60年代后期采取了"封港养护"的方针,使 70 年代刺海参干品产量保持在每年

1000～3200 kg。但在 1979 年，为了防止幼海参逃逸，在泻湖口门建闸修坝（坝体位置见图 11-1），使湾内外水体只能通过狭窄的闸门进行交换。其结果反而使刺海参产量急剧下降，1982 年降至每年 150 kg，之后又下降至 1996 年的 50 kg。人们意识到堵口是一个失误，曾试图清除坝体以改善环境，但未能奏效。1986 年，又作了改变养殖业发展方向的努力，在湾内围垦 0.4 km²，辟为养虾池。虾池非但没有带来经济收益，反而使湾内水质进一步下降。另外，月湖向来是著名的白天鹅越冬栖息地，但近年来前来越冬的白天鹅数量明显减少。

11.2　环境与生态系统退化的原因

环境与生态系统的退化始于潮流和沉积物运动状况的改变。在天然条件下，潮汐汊道口门的落潮流速往往大于涨潮流速。但在口门淤浅、湾内潮间带面积减少到一定程度时，流场便会发生逆转，使落潮流速小于涨潮流速（Speer & Aubrey，1985；Nichols & Boon，1994），进而导致沉积物向湾内灌入，造成海湾的淤塞。在月湖地区，潮汐特征表现为落潮历时短于涨潮历时（国家海洋局，1991），这有利于形成较大的落潮流速。但是，汊道口门建闸使那里的水深大大减小，而湾内围垦又使潮间带面积显著减少。因此，自建闸围垦起月湖发生了泥沙的快速淤积（青岛海洋大学地质系，1992；魏合龙 & 庄振业，1997）。泻湖的快速淤积减低了湾内外水体交换的速率。据计算，从 1979 年到 1992 年，湾内水体被新鲜的外海水替代所需的时间增加了 50%（Gao et al.，1998）。水体交换速率降低了，进入湾内的污染物却因养虾等活动而增加，这必然导致湾内水质的恶化，从而使生物群落遭受破坏，生物多样性降低。因此，这个海湾生态系统的迅速退化是由于泥沙淤积和水体交换不畅，而后者则是不适当人为活动的结果。

月湖的例子说明海岸带小型海湾和潮汐汊道的环境与生态系统是十分脆弱的，即这些系统对外动力条件的改变非常敏感（Bruun，1978），微小的物理环境变化（如潮流流场和沉积物运动格局的变化）就可能导致原有生态系统的全面崩溃。这种脆弱性的原因有二：一是这类系统的环境容量较小，外部的物质输入易于改变系统的物质组成,从而导致生态系统的改变;二是这类环境是靠不稳定的动态平衡所维持的,一旦外界动力状态有微小变化,就会引起系统功能的极大变化。显然,这些海岸系统极易受人为干涉的影响,在不合理的人为活动下,物理环境的变化速率可以超过自然状态下数千年的效应,而污染物的输入量也极易超过海湾水体的净化能力。

11.3　恢复与治理的现有方案

1994 年以来,有关部门已多次组织讨论,针对恢复月湖大叶藻-刺海参生态系统的可能性提出了环境和生态系统的维护方案的设想。按照这些设想,要恢复原来的生态系统,首先必须恢复稳定的、良好的物理环境,即稳定口门的过水断面面积,使纳潮海湾水体与外海保持畅通的交换。为此,一种方案是彻底清除口门的人工建筑物,并拆除养虾池,使海湾地貌恢复到从前的状态。但是,由于汊道口门的淤积属于不可逆过程,淤积的物质并不会随着人工建筑物的清除而自动去除,因此还必须清除淤积的泥沙,这使工作量大大增加。另一种方案是封闭已经淤浅的口门,在沙坝的合适部位另行开辟新的水道(图11-2),新开水道可以按照潮汐汊道理论(O'Brien,1969;Bruun,1978)来设计。这个方案的基本思路是通过工程措施,重建处于新的平衡态的汊道系统。在此基础上,对潮下带水域增植大叶藻,配合科学的幼参放养,可望恢复原先的生态系统。

上述方案中提出的月湖大叶藻-刺海参生态系统的恢复具有相当大的可行性,关于对脆弱生态系统打破原有自然平衡、建立更佳的均衡态的设想也具有积极的意义。其局限性则在于,对治理此类受损环境与解决海岸带人类活动之间、人类活动和环境之间的冲突方面还缺乏全面的考虑。海岸带受损环境的恢复与改善最终取决于多学科交叉研究的水平和海岸带一体化管理的水平(见下述)。

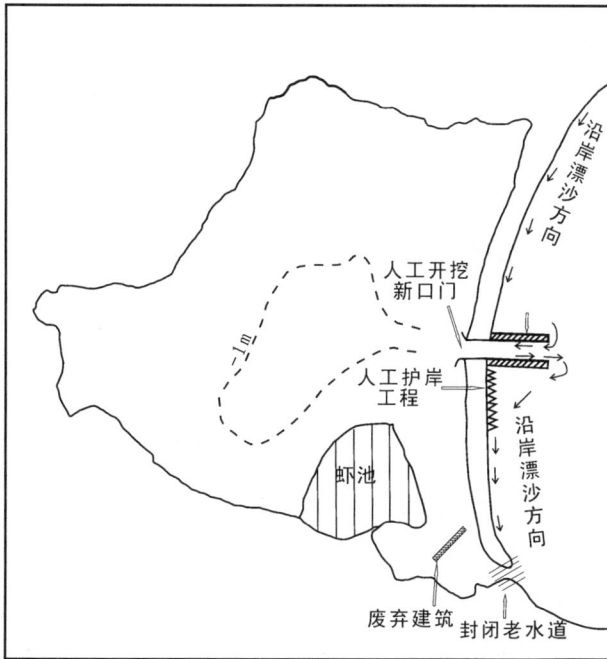

图 11-2　在月湖沙坝的合适部位开辟新水道的整治方案示意图

11.4　海岸带受损环境恢复与改善的对策

11.4.1　多学科交叉研究

从月湖的例子中可以看出，海岸带环境是脆弱的，而受损环境的治理涉及多个学科的合作。要了解物理环境、生态系统过程和生物资源之间的复杂相互作用，就必须由物理海洋学、海洋化学、海洋生物学、海洋地质学等多个学科进行交叉合作研究。在此基础上，才能弄清环境和生态系统演化的关键动力学过程（如物质能量的输送过程和各种反馈机制），预测和评价各种整治方案的后果及可行性。对各种整治方案，还需要进行环境影响评估，这也依赖于多学科的交叉研究。

虽然从事不同领域研究的科学工作者已经认识到合作研究的重要性，但是在我国目前的科研管理体制下却使多学科交叉研究遇到了困难。最突出的弊病是科研人员的责任和权利不够明确,为了减轻主要研究人员或学术带头人之间的矛盾,不得已采取了经费切块的管理办法。其结果是科研活动往往不能做到同步进行,科研人员相互封锁数据资料,普通科研人员因工作量和利益分配不公而降低甚至丧失科研积极性。为了实现多学科交叉和综合性研究,研究工作应做到观测同步、数据共享、创新开放。观测同步,就是要做到在同一研究区域,各个学科的观测活动同步进行;数据共享,就是要让所有课题组成员都能按照工作需要获得分析观测数据的机会,并根据一定的规则建立数据的开通渠道,使资料获得最大限度的利用;创新开放,就是要鼓励不同专业背景的科研人员乐于合作,善于合作,在合作中产生国际水平的成果。多学科交叉研究要求我们改革传统的科研体制。

11.4.2   海岸带一体化管理

在受损环境的恢复与改善中,另一个重要问题是建立海岸带一体化管理(Integrated Management)体制,从根本上协调海岸带区域人类活动之间、人类活动和环境之间的冲突,实现海岸带社会经济的可持续发展。海岸带一体化管理体制的建立需要政府机构、社会科学和自然科学的共同努力。其中关于科学技术的作用,即科学数据与管理系统的关系,是一个值得探讨的问题(Gao & Wang, 1997)。

在现有管理体制中,一种常见的提法是将科学数据作为管理的科学依据,但科学数据怎样才能运用于管理过程仍是不够明确的。为了充分发挥科学技术的作用,科研活动应与管理过程更紧密地结合起来,科学研究、管理过程和海洋开发活动应构成一个整体。这一目标可以按照图 11-3 所示的一体化管理框图来实现。在管理程序上,首先通过科学研究来分析原始观测数据和历史数据,得出一系列管理活动所需的资料和理论预测结果。然后,在管理的战略层次上,根据这些科研结果制定出可持续发展所需的法律、社会和经济发展规划、规章制度、培训教育材料等。这些信息再经过管理的操作层次形成管理决策。最后,由于海洋开发过程必然引起资源和环境的变化,因此有关开发活动的信息又反馈到科学研究中去。在这样的管理模式下,科学研究和管理的水平可以同步、持续地得到提高。

上述海岸带一体化管理方案要求在战略和操作两个层次上最大限度地依靠

科学技术,同时把科学研究和管理都看成是动态的、反馈的、相互影响的过程。要做好这项工作,现行海岸带管理体制需进行相应的改革。这项改革不仅仅是针对月湖的,它对于更大的区域性尺度的海岸带管理也是必要的。

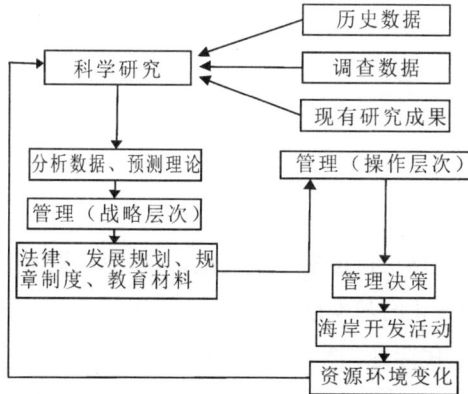

图 11-3　月湖海岸带一体化管理框图

11.5　结　　论

1. 海岸带环境和生态系统具有脆弱性,自然或人为因素引起的外界动力条件的较小变化即可导致原有系统的迅速退化。

2. 治理此类受损环境的对策是进行多学科的交叉,着重研究物理环境、生态系统过程和生物资源之间的相互作用,弄清环境和生态系统演化的关键动力学过程,以制定受损环境的恢复与改善方案。

3. 海岸带受损环境的治理还依赖于一体化管理体制的建立,以解决海岸带人类活动之间、人类活动和环境之间的冲突。海岸带一体化管理必须在战略和操作两个层次上最大限度地依靠科学技术。

第十二章 浅海细颗粒沉积物
通量与循环过程

    我们人类居住的地球正在迅速发生变化,这些变化既有自然因素,又有人为因素。为了弄清全球变化的基本格局,国际社会自 20 世纪 80 年代初以来发起了一系列大型研究计划,国际地圈生物圈计划(IGBP)就是其中之一(张志强 & 孙成权,1999)。这个计划的初步研究结果表明,地表物质(包括沉积物、营养盐等)的输运和循环在全球自然环境与生态环境变化中起着重要作用。经过十多年的工作,对全球大洋的物质循环的宏观特征有了一定的了解。但是,到目前为止,我们的认识仍然是不够充分的,而其中最大的不确定性是来自约占全球大洋 10% 的浅海区域。针对浅海区域的科学问题,IGBP 启动了海岸带陆海相互作用(LOICZ)子计划。

    浅海区域物质循环的复杂性在于海岸-陆架系统是一个陆地、海洋和大气过程共同作用的环境界面,此外,人类在海岸带的活动也特别频繁。浅海沉积物运动不仅是自然环境(尤其是地貌)变化的重要原因,而且也与营养物质(如碳、氮、磷)循环密切相关。本章的目的是叙述浅海细颗粒沉积物通量和循环以及相关的过程与机理。

12.1 沉积物入海通量

    从陆地输往海洋的物质以细颗粒沉积物为主,通常以悬沙的形式被河流所搬运。河流每年输入海洋的物质总量称为通量。控制悬沙入海通量的因素包括流域的面积、高程、岩性、气候、植被、径流、人类活动等。早期的研究者认为全球悬沙通量主要来自大河(Holeman,1968),后来逐渐认识到虽然一条小河的年输沙量不及一条大河,但小河的单位流域面积上的产沙量却相对较高,而且小河的数量众多,对全球入海通量必然有较大影响(Milliman & Meade,1983)。据此推测全球年输沙量超过 15×10^6 t 的河流入海通量总计为 7×10^9 t·yr^{-1},其余小河的贡献总计为 6.5×10^9 t·yr^{-1}。

尽管如此,小河入海通量的贡献仍旧被低估了。Milliman 和 Syvitski(1992)进一步分析了全球 280 条河流的资料,考察了流域的单位面积产沙量与流域特征之间的相关性,结果发现控制入海通量的主要因素是流域面积和高程;除亚洲和大洋洲外,世界其他区域的气候、径流、人类活动等因素影响较小。他们提出全球入海通量总计应有 20×10^9 t·yr^{-1},其中大部分来自小型河流。

值得指出的是,亚洲地区由于人口密集,植被受到很大破坏,大洋洲则由于天然植被覆盖较差,因此流域产沙量大大高于全球平均水平,且目前呈进一步上升趋势。据最新研究,仅南亚地区的爪哇等六个岛屿的入海通量就达到了全球总量的20%~25%(Milliman et al.,1999)。人类在这个区域的活动极大地改变了河流的年径流量和年输沙量,且悬沙中所含的营养盐、重金属、农药等组分也相应增加了,这正在对全球海洋环境和生态系统变化产生影响。我国除长江、黄河、珠江等大河之外,还有众多的山溪性河流。过去对入海物质已作了一些研究(Wang et al.,1986),今后需加强对小型河流入海通量及其历史演变的研究。

与河流入海物质相比,海岸侵蚀来源的物质一般认为是次要的。但是,在不同的地点和不同的时期不能一概而论。例如,渤海海峡形成的全新世厚层细颗粒沉积物就可能与过去海面上升的某个阶段相联系的海岸侵蚀有关。在这方面进行深入的研究是很有必要的。

12.2 细颗粒沉积物在海岸—陆架区域的循环

陆源物质入海后的去向不外乎有两种可能,第一是在海岸带或陆架水域堆积下来,第二是从浅海输入大洋。两者的比例取决于陆架的地貌因素(如陆架宽度、地形起伏程度、水深、坡度等)和水动力因素(如波浪、潮流、陆架环流、上升-下沉流等)。细颗粒物质向深海的逃逸将在下一节叙述,现在先考虑滞留在陆架上的这部分物质。

如果追踪某一沉积物颗粒,则可以看到它在最终进入地层之前会经历许多次的起动、搬运、沉降和堆积的循环过程。在此过程中,沉积物不断发生分选、混合、磨损,颗粒的大小和组分随之改变,因此当沉积物最终堆积时与当初刚入海的情形相比已是面目全非。这就是说,入海物质在浅海受到了海洋动力因素的明显改造。浅海区最主要的水动力是波浪、潮流和陆架环流。波浪通常可以作用到几十米的海底,而潮流在浅水区的作用也较强,因此在陆架区 60 m 以浅的内陆架,沉积物发生频繁的运动。在水深超过 60 m 的区域(外陆架),波浪只有在风暴期间才能对海底发生作用(Graber et al. ,1989),这里潮流作用也大为减弱,但陆架环流作用相对增强,因此沉积物运动主要受陆架环流控制,强度较小,偶尔在大浪作用下出现突发性的高强度输运事件。

悬沙运动强度可通过对流速和悬沙浓度的观测来定量地表示。但是,观测往往是在较小的时间尺度上进行的,不能显示物质循环的长期变化情况。为了定量地预测物质循环及其变化,必须建立数学模型。在这样的方法论框架下,观测数据首先是用于分析物质运动的过程和机理,其次是为模型验证提供所需的实际资料(Baker & McNutt,1996)。所谓过程,就是一个系统在某种动力作用下发生的反应,而所谓机理则是指若干种过程的不同组合方式所产生的效应。根据过程研究,可以确定悬沙运动的数学模型中所含的重要参数,包括悬沙的沉降速率、扩散-混合系数、底部边界层参数、垂向悬浮强度等。

悬沙浓度的剖面分布是由颗粒物沉降速率所决定的。一般情况下,静水中球形颗粒物的沉降速率可以用斯托克斯定律来描述。但是,在海洋环境里,有几个特殊的因素使沉降速率显著偏离斯托克斯定律。首先,沉积物颗粒形状复杂,既有长条状的,也有扁平状的。因此,计算沉降速率时需要考虑形状因素(Komar & Reimers,1978)。其次,海水是一种含有多种溶质的介质,它可以使悬沙发生絮凝,即若干小颗粒集合成一颗较大的颗粒;絮凝作用的强弱还与悬沙浓度和物质组成等条件有关(Gibbs,1985;Eisma,1993)。最后,海洋环境极少满足静水条件,海水始终处于运动状态。动水条件下的沉降是沉积动力学和海洋工程学所需解决的重要问题(Van Rijn,1993)。

水动力模型和悬沙输运模型均包含扩散-混合系数,所不同的是水动力模型允许一个相对较大的系数取值范围,在此范围内不至于引起过大的计算误差,而悬沙输运模型的结果对系数的选取非常敏感。悬沙扩散-混合系数可与水质点扩散系数相联系,而后者可通过观测数据来计算(Van Rijn,1993),扩散-混合系数的大小与时空尺度有关。

在海底,水流运动受到沉积物的作用,从而形成底部边界层(Bottom Boundary Layer)。底部边界层内,水流的动量不断向下传递并耗散在沉积物中,这是产生沉积物输运的动力原因。底部边界层对水流的影响通常反映在动量方程的摩擦力项中,以底部切应力(Shear Stress)的形式出现。对于沉积物输运而言,底部切应力是一个至关重要的参数,必须能够准确地观测和计算。底部边界层的厚度与水流运动的周期有关(Nielsen,1992):潮流边界层厚度为几米,而在风成波浪的情况下(其周期为 $10^0 \sim 10^1$ s)其厚度只有几厘米。因为海洋沉积物的运动主要受潮流和波浪作用的控制,所以需要分别刻画潮流、波浪和浪流共同作用下的边界层动力特征。潮流边界层的研究相对而言比较深入(Huntley et al.,1994;Collins et al.,1998)。对于波浪边界层,已建立了多种模型(如涡动粘性模型)(Fredsoe & Deigaard,1992),但因波浪边界层厚度很小,目前还没有仪器可以直接进行现场观测,故波浪边界层的观测都是在实验室进行的。实验室与实地的条件很不相同(Nielsen,1992),今后应加强与野外观测的结合。潮流-波浪共同作用边界层的研究程度更低,目前只有初步的模型(Grant & Madsen,1986),辅之以海底三脚架(Tripod)来获得近底部悬沙浓度和流速数据,间接地验证边界层内模型预测的切应力和糙度系数等边界层参数(Grant et al.,1984;Drake & Cacchione,1986)。

细颗粒沉积物的垂向悬浮强度通常用侵蚀率来表示,即单位时间、单位面积上从海底进入水层的物质量。侵蚀率的计算目前尚需依靠经验公式(Parchure & Mehta,1985;Amos et al.,1992),沉积物含水量自海底表面向下迅速减小时,侵蚀率表示为切应力的指数函数,而当沉积物含水量较为均一时则表示为切应力的幂函数。由于受到颗粒物的大小和密度、风暴后沉积的结构和沉积速率、海底生物作用等因素的影响,侵蚀率的计算还存在着很大的不确定性,这给陆架物质再悬浮效应的评估带来了困难。

过程研究的关键是要提高观测手段(Baker & McNutt,1996)。20 世纪 50 年代以前观测手段非常缺乏,因此当时的概念是,现代陆架沉积物分布是由更新世海面变化所控制的,而现代动力作用对沉积物输运和堆积影响很小。60 年代,新的野外调查结果,包括波浪、潮流的直接观测和外陆架海底摄像,表明陆架海底是一个沉积物不断受到浪、流等动力作用的动态表面。70 年代以来,随着技术进步和科学家对颗粒态物质输运兴趣的增长,开展了建立在近底部观测数据分析基础上的过程与机理研究,海底三脚架成为现场参数观测的工具。80 年代以来,通过多学科大型项目的实施,如西方国家组织的近岸海洋动力学实验(CODE)、陆架和陆坡沉积物输运事件(STRESS)、陆架外缘物质交换(SEEP)等研究项目,过程与机理的研究得到了进一步加强。

陆源细颗粒物质堆积的产物是陆架上广泛分布的泥质沉积(Dronkers & Miltenburg,1996;Lesueur et al.,1996),这些沉积体往往与一定的边界层过程(Friedrich et al.,2000)、微弱潮流区和上升流区(Hu,1984)相联系。细颗粒物质可以吸附大量营养物质(如碳、氮、磷),因此泥质沉积区也是营养物质的富集区。遇到大风天气,营养物随沉积物再悬浮而释放到水层中,这是营养物质循环和陆架生态系统研究所必须考虑的过程。陆架泥质沉积的形成过程和机理对于浅海物质循环而言是一个重要的科学问题。

12.3 悬沙向深海的输运

细颗粒沉积物向深海的输运受到两种作用的控制,第一是重力作用,第二是环流和混合扩散作用。在狭窄的陆架,沉积物在陆架外缘坡折处暂时堆积,之后由于重力作用可生成沿海底峡谷向深海运动的浊流。

在宽广的陆架,细颗粒沉积物向深海的输运主要是受环流作用和混合-扩散作用控制的。环流输运涉及多种机理(Nittrouer & Wright,1994)。例如,在东海陆架,季风环流是一个重要的控制因素。冬季偏北风盛行,造成表层水向岸运动而底层水向海运动。夏季则相反,偏南风盛行,使表层水向海运动而底层水向岸运动。因此,冬季是东海悬沙向深海逃逸的季节,这已被模拟和实测结果所证实(Yanagi et al.,1996)。此外,风暴浪引起细颗粒沉积物的再悬浮,随后在下沉流作用下,也可以向海搬运(Cacchione et al.,1994)。悬沙在陆架区常以近底部浑浊层(Bottom Turbid Layers,有些学者也采用 Nepheloid Layers 这一术语)的形式出现,离开陆架区后浑浊层可漂浮在陆坡水体中(McCave,1983)。混合-扩散也是悬沙运动的重要方式。大陆架上存在着各种水团和流系,水体交换过程可以使悬沙发生迁移。例如,东海陆架外缘的黑潮水体与陆架水之间就有频繁的交换,在此过程中,陆架水中的悬沙被带入黑潮水体(Chen et al.,1995;Chung & Hung,2000),黑潮水体又与大洋水体发生交换,这样悬沙就被一步步地带往深海。

在更大的时间尺度上,与全球气候的冰期-间冰期变化相伴的海面变化对环流和扩散输运的效率有很大影响。例如,在 18000 年前的低海面时期,我国东海地区的海岸线接近现代陆架的边缘,陆缘物质可以在环流作用下迅速进入冲绳海槽;在目前的海面条件下,河口远离陆架边缘,进入冲绳海槽的物质通量就大大减小了。因此,冲绳海槽内的沉积速率随海面变化而发生周期性的变化。此外,海岸地壳构造运动、大陆边缘沉陷、海盆结构变化等因素也对物质通量具有宏观时间尺度的影响。

12.4　研究展望

在浅海沉积物循环方面存在着许多与高新技术相相联系的、多学科交叉的以及在学术上具有挑战性的、与环境和人类社会的可持续发展密切相关的研究前沿。以下几个方面可望成为今后若干年内的研究重点。

12.4.1　悬沙循环的变化及其对全球海洋环境和生态系统的影响

细颗粒物质可以吸附大量营养物质(如碳、氮、磷),因此泥质沉积区也是营养盐物质的富集区。营养盐可以随沉积物的再悬浮而释放到水层中,细颗粒沉积物的输运过程在一定程度上控制了营养物质的输运。其次,在浅海环境中,悬浮影响海水的浊度和温度,进而影响光合作用和自养、异养生物生长过程。因此,悬沙循环是营养物质循环和陆架生态系统动力学研究的重要一环。

12.4.2 海底界面过程

海底界面伴随着复杂的潮流-波浪共同作用、生物作用和地球化学作用,目前我们对界面上物质交换的了解还很不充分,对各种作用的特征缺乏实测数据。为了克服观测上的困难,应该建立高效率获取海底边界信息的方法。最新的海底仪器系统,在传感器和数据记录方面已经具备了较高的精度。如利用声学流速剖面仪或激光流速仪的三脚架系统可以获得海底边界层的详尽剖面信息,利用声学悬沙浓度仪、现场激光粒度仪可以获得野外现场的悬沙浓度和粒度的剖面分布与时间序列。这些观测手段的进步将为底部边界层过程和垂向物质交换理论的建立而奠定基础。

12.4.3 陆架泥质沉积的成因和细颗粒物质沉积层序的模拟

陆架泥质沉积在不同地点与海洋动力之间存在着不同程度的相关性,对这种特征的解释有赖于作用和机制研究的深入。传统上对于沉积层序的理解都是通过"概念模式"的方式,即找出影响层序形成的因素,然后在不同的因素组合下寻找相应的层序特征,最后按各因素的变化排列相应的层序类型,但这样的研究缺乏准确的预测能力。数值模拟可以在沉积动力学理论框架与实测资料之间搭建桥梁,其主要问题是短期、局部的观测数据和模拟技术怎样扩展到较大的时空尺度,也就是说,要把海洋沉积环境从几秒到上万年、从几微米到上千公里的尺度联系起来。在这方面,重要的科学问题包括沉积相中的微地层结构的产生和保存方式、突发事件在沉积记录中的反映、沉积物-水界面的能量波动在沉积物中的记录、缺失地层的修复、浅海砂质地层取样、从河流到海盆的相关沉积过程、海面变化的影响和记录、大尺度海岸行为(Large Scale Coastal Behavior)等。在未来的陆架沉积过程研究中,需要在全球观测系统的框架下建立浅海观测站,对重要的物理、地质、生物和化学参数进行长期观测。

第十三章　全球变化中的浅海沉积作用与物理环境演化:以渤黄东海为例

　　全球从陆地输往海洋的沉积物通量达 $10^{10}\sim10^{11}$ t·yr^{-1} 的量级,从地质时间尺度来看,这意味着海陆环境的巨大变化。在较短的十年至百年尺度上,入海沉积物的输运和堆积可以使浅海物理环境发生显著变化,这些变化既有自然因素,又有人为因素。广义地说,物理环境的变化包括水动力条件、沉积物输运、地貌形态的变化等,这些变化在海岸带比在深海和内陆更为突出。本章将以黄、东海陆架区为例,综合评述沉积物入海通量、浅海沉积作用、海岸带演化和人类活动对物理环境变化的影响,并提出若干今后应深入研究的课题。

13.1　沉积物入海通量及其变化

　　河流悬沙入海通量的控制因素包括流域的面积、高程、岩性、气候、植被、径流、人类活动等。全球入海通量总计 2×10^{10} t·yr^{-1}(Milliman & Syvitski,1992),其中亚洲地区的贡献最大(Wang et al.,1998;Milliman et al.,1999)。根据文献中沿用的数据,黄、渤海沿岸河流年输沙量贡献最大者为黄河(11.9×10^8 t·yr^{-1}),其次为辽河、滦河、海河、鸭绿江、锦江等河流,总计约 12.5×10^8 t·yr^{-1};东海沿岸河流多年平均输沙量为 6.3×10^8 t·yr^{-1},其中长江约为 5×10^8 t·yr^{-1}。

　　但是,由于全球环境变化的影响,特别是工农业用水的增加、围堤筑坝等人为因素,河流入海水沙通量呈减小趋势。例如,黄河1950年以来的年输沙量每年平均减少 5×10^8 t·yr^{-1},相当于在1950年前后的基础上每年下降 1.7%(黄海军

- 103 -

等,2001a)。黄河近年来频频出现断流,就是上述趋势的必然结果。长江自1950年以来的年输沙量每年平均减少 $2 \times 10^6 \ t \cdot yr^{-1}$,相当于在1950年前后的基础上每年下降 0.4%(黄海军等,2001b)。长江的变化速率虽小于黄河,但如果这一趋势不能得到遏制,则到22世纪长江也将出现断流的情况。值得注意的是,南水北调工程的实施很可能加剧这一趋势,需要尽早制定对策。

13.2 浅海沉积物输运

黄河河口为弱潮河口,在20世纪80年代,约占64%的入海沉积物堆积于河口附近(庞家珍、司书亨,1980),90%以上的物质堆积在距黄河口门30 km以内的范围(Bornhold et al.,1986),其余部分在波浪和近海陆架环流作用下向外扩散,有时(如风暴期间)悬沙还以底部浊流的形式向深水区运动(Wright et al.,1990)。在黄、渤海环流系统作用下,约占1%(约 $1 \times 10^7 \ t \cdot yr^{-1}$)的黄河入海沉积物最终经由渤海海峡南侧进入黄海(Martin et al.,1993),成为渤海海峡和黄海等处泥质沉积区的物源之一(Milliman et al.,1986)(图13-1)。

长江沉积物入海后主要向东南方向输运,入海通量的 $70\% \sim 90\%$ 堆积于长江口及其邻近内陆架,其中大部分堆积在123°E以西的长江口区,其余部分则被东海沿岸流带至浙江沿海(图13-1),最终可达福建闽江口(贾建军等,2001)。长江入海悬沙是东海内陆架(水深<50 m)细颗粒物质沉积的主要来源。往南方向的运移主要发生在冬季,因而造成浙闽沿岸冬季的高悬沙浓度和海岸带淤积(谢钦春等,1984)。

在季风环流、紊动扩散和水体交换的作用下,约占长江入海物质20%的悬浮物质被输往东海外陆架及冲绳海槽。在夏季,由于入侵陆架的黑潮阻挡了悬沙浓度较高的陆架中、下层水体向深海的运动(杨作升等,1992),悬浮物质的向深海输送主要是通过黑潮水与陆架水的交换而实现的。按Lin等人(1999)的水体交换通量计算,悬沙的向海扩散通量可达 $10^5 \ t \cdot d^{-1}$ 的量级。在冬季,悬沙的向海输送还受到冬季风的作用,冬季风使陆架水的垂向环流出现表层水向陆运动、底层水

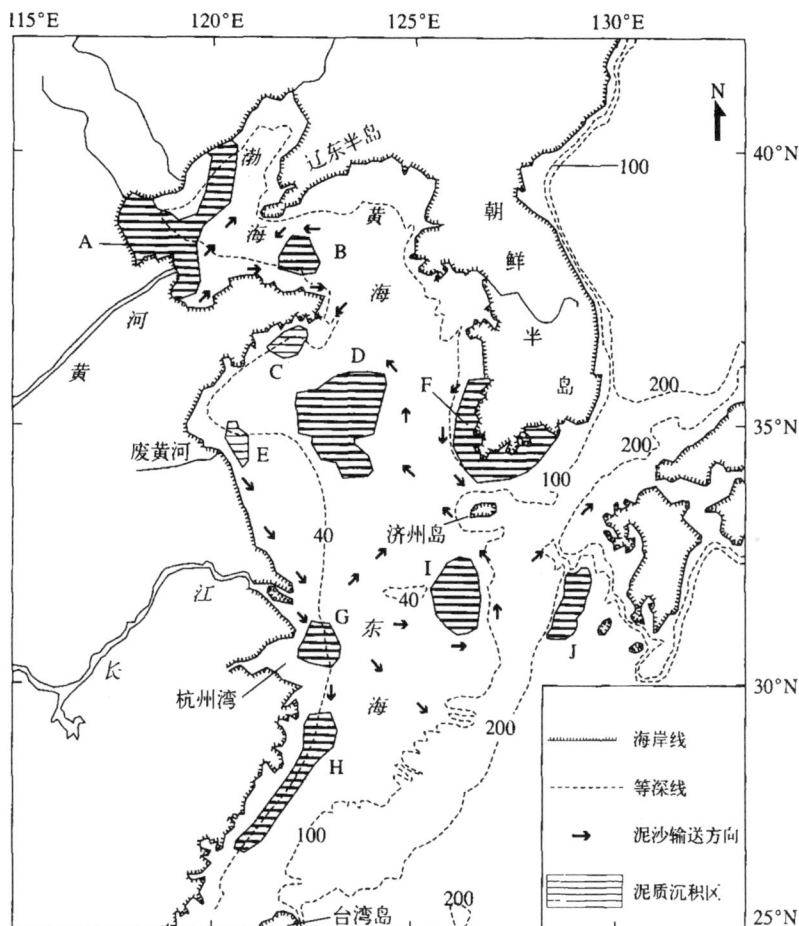

注:A—黄河口泥区,B—渤海海峡泥区,C—山东半岛南部泥区,D—南黄海中部泥区,E—废黄河口泥区,F—朝鲜半岛泥区,G—长江口泥区,H—浙闽沿岸泥区,I—济州岛以南泥区,J—冲绳海槽北端泥区。

图 13-1　渤、黄、东海区沉积物输运格局与泥质沉积区分布示意图

向海运动的格局,从而形成陆架区悬沙自内陆架向陆架边缘输送的现象(Yanagi et al.,1996)。

　　按照冲绳海槽上覆水体的悬沙浓度及其沉降速率估算,该处的沉降通量只能达到 1×10^{-2} mm·yr^{-1} 的量级,而实测的数值通常要高得多(Katayama,1999; Chung & Hung,2000)。其原因之一是高浓度水体可能沿陆坡和海底峡谷向下运动。在更大的时间尺度($10^1\sim10^2$年)上,东海陆架坡折附近可由于黑潮上升流的存在而形成堆积区,地震等作用可激发陆架堆积物向陆坡和深海的运动。

13.3　沉积速率

黄、渤海接受了黄河与长江的细颗粒沉积物,在黄河口外、渤海海峡、南黄海中部、朝鲜半岛西侧等处形成了大片泥质沉积区(图 13 - 1)。根据对泥区沉积速率的^{210}Pb方法测定结果(Alexander et al.,1991),渤海东北部泥区、南黄海中部和东部泥区以及北黄海中部泥区的沉积速率小于 2 mm・yr^{-1},为低速沉积区;黄河三角洲海域和莱州湾西部的沉积速率大于 10 mm・yr^{-1},为高速沉积区,山东半岛南部沿岸海域的沉积速率也较高;山东半岛成山头及苏北辐射沙脊群外缘海域为无沉积区或侵蚀区。从^{210}Pb方法所获结果来看,黄、渤海区泥质沉积区的现代沉积速率随物质供应和沉积环境的差异而有所不同。在物质供应充分的海区,如黄河口海区,沉积速率最大。黄河物质出渤海后,主要沿山东半岛向东运移,绕过成山头后继续沿岸而下(Martin et al.,1993),因而沿黄河细颗粒物质的输运路径,沉积速率也较高。在远离陆源输送的黄、渤海中部泥区,沉积速率一般较小。

在东海海域,沉积速率有三个量级。首先,长江口邻近的内陆架海区,沉积速率高达$10^1\sim10^2$ mm・yr^{-1}(金翔龙,1992)。自长江口至现代长江水下三角洲的前缘,沉积速率逐渐降低。长江南槽沉积速率为 90~110 mm・yr^{-1},前三角洲为 54 mm・yr^{-1},至三角洲前缘为 5 mm・yr^{-1}。浙闽近岸物质主要来源于长江,沉积速率为 10~20 mm・yr^{-1},并有从北向南逐渐减小的趋势。其次,外陆架沉积速率的量级为10^0 mm・yr^{-1}。例如,在济州岛西南海域的泥质沉积区,用^{210}Pb法测定的沉积速率为 2~5 mm・yr^{-1}(DeMaster et al.,1985)。最后,东海陆架边缘至冲绳海槽的沉积速率降至10^{-1} mm・yr^{-1}左右(潘志良、石斯器,1986;李凤业等,1999);在冲绳海槽,随着由北向南水深增大,沉积速率有减小趋势。在10^2年时间尺度上,东海陆架区沉积速率随着水深增大而减小,两者呈幂函数关系(贾建军等,2001)。

13.4　陆架区泥质沉积的形成与生物地球化学环境效应

作为世界上著名的宽广陆架,黄、东海陆架的泥质沉积分布面积超过 $4×10^5$ km^2,主要有黄河口泥区、渤海海峡泥区、黄海中部泥区、朝鲜半岛泥区、长江口泥区、东海济州岛以南泥区等(图 13-1),其形成过程往往是与弱潮流区(董礼先等,1989)和上升流(Hu,1984;Qu & Hu,1993)相联系的。弱潮流区意味着海底潮流流速低于细颗粒沉积物的临界起动流速,悬沙可以进入并沉降至海底,但不发生潮流引起的再悬浮运动。虽然风暴期间可造成再悬浮(Graber et al.,1989;Park et al.,2001),但在水深较大的陆架区风暴引起的再悬浮强度通常较低,因此黄、东海弱潮流区大多代表细颗粒物质的连续沉积区。上升流的作用是使悬沙在上升流区核心部位得到富集,进而提高泥区沉积通量(高抒等,2001)。一般而言,弱潮流和上升流叠加的区域,由于沉积层序连续性好、沉积速率相对较高,因此是古环境研究中钻孔位置的适宜区域。

陆架泥质沉积在营养盐物质循环方面具有重要意义。例如,碳在沉积物中的埋藏是浅海碳循环中的重要一环,而碳(尤其是有机碳)的垂向通量与泥质沉积有着密切的联系(赵一阳、鄢明才,1994)。在全球尺度上,由于燃烧化石燃料导致大气和海洋碳含量增加(Liu et al.,2000)(图 13-2),进而引发气候变化。在碳循环中,一部分碳进入海洋地层,其效应是减缓大气和海洋碳含量增加;海洋地层吸收的碳总量中,75%是在浅海区域,说明了浅海作为一个"碳汇"的重要地位。值得指出的是,图 13-2 中的浅海碳埋藏率是根据开敞陆架沉积的资料估算的,不包括小型海湾的堆积量,因此可能有所低估。例如,不包括沿岸海湾,黄、渤海的有机碳埋藏量约为 $8×10^5 t·yr^{-1}$,而沿岸海湾泥质沉积区面积虽小,但有机碳含量和沉积速率相对较高,因此本区海湾有机碳埋藏量可达约 $6×10^5 t·yr^{-1}$,与外海数据处于同一量级(Gao & Jia,2001)。根据泥质沉积区的悬沙输运和堆积的研究,可以估算不同环境(陆架泥质区、近岸泥质区、半封闭海湾、河口湾等)的碳埋藏率及其变化,这是全球变化研究的一项重要工作。

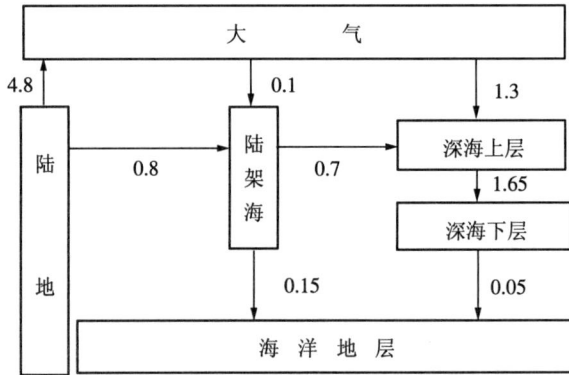

图 13‑2　全球年度碳平衡的初步估算结果(据 Liu et al. ,2000;图中数字的单位为 Pg C·yr^{-1},1 Pg=10^9 t)

13.5　海岸带沉积体系的演化

在海面于 7000 年前上升至现今水平以来,来自黄河、长江等河流的沉积物堆积于黄、东海沿岸,逐渐形成了大片河口三角洲平原和滨海平原。黄河沉积在全新世期间覆盖了河北、山东、河南、江苏的广大区域,其三角洲面积难以定义,但可从 1128 年以来的三角洲演化清晰地看出黄河的影响。1128 年至 1855 年,黄河在江苏北部入海,河口位置向海快速推进,1578 年至 1855 年河口东移 55 km,平均每年 200 m(王宝灿等,1980)。1855 年以来,黄河注入渤海,此后 125 年生成的现代黄河三角洲面积超过 5000 km(庞家珍、司书亨,1979,1980),1980 年以来三角洲面积的年增长量约为 200 km^2(孙效功、杨作升,1995)。长江三角洲发育始于7000 年前(Chen et al. ,2000),此后三角洲面积达到了 2×10^4 km^2 的规模(孙顺才,1981)。此外,辽河、滦河、海河、鸭绿江等相对较小的河流也形成了各自的三角洲。

由于接受了来自河流和岸外海底的细颗粒沉积物,苏北、渤海西部还形成了滨海平原,它们是在潮滩的基础上发育起来的。渤海西部的现代潮滩的物源主要来自黄河与海河,而苏北潮滩的物源主要来自长江、废黄河海岸与外海(王颖、朱大奎,1990)。从遗留在平原上的沙堤位置和其中所含贝壳的年龄可知,宽50～60 km的苏北滨海平原是在过去6500年间形成的(顾家裕等,1983),渤海西部平原宽20～70 km,是在过去5000～6000年间形成的(赵松龄等,1983)。

即使河流入海沉积物通量保持不变,三角洲和滨海平原的生长也将减缓,因为随着岸线的向海推进,水深逐渐增大,单位体积的沉积物的造陆面积必然减小。在黄、东海区域的入海沉积物通量减小的背景下,三角洲平原和滨海平原的生长更会受到遏制,甚至转为侵蚀。其原因是每年都有一定量的沉积物被输往深海,如果河流入海通量小于这个数量,海岸侵蚀就会发生。我国滨海平原侵蚀的信号在20年前就已经出现(王宝灿等,1980),而且日趋严重(夏东兴,1993),这与入海通量的减小是直接相关的。这方面的研究应得到加强。

人类活动正在全面地改变着河流三角洲和滨海平原的物理环境及其演化方向(Chen,1998;Zhu et al.,1998)。三角洲和滨海平原在经济与社会发展上起着重要作用,但经济和社会发展也带来了一些亟待解决的问题,如城市建设引起的地面沉降、潮间带围垦引起的湿地面积下降、流域开发引起的水沙通量减小等。今后,需要在近海物理环境变化研究中定量地考虑经济与社会活动的影响,并弄清自然过程和人类活动的相互作用。

此外,在过去的7000年里,黄、东海陆架上潮流脊的形成是引人注目的。在海面上升的早期阶段,东海外陆架上发育了为数众多的潮流脊,它们在现今的水动力条件下已不再处于活跃状态(Yang & Sun,1988)。现在仍然活跃的潮流脊见于渤海东部、北黄海东部、江苏海岸等地,其形成条件是潮流作用强且潮流以往复流为主(Liu et al.,1998)。江苏海岸的辐射状潮流脊以细颗粒物质和动态强烈为特征(李成治、李本川,1981),不同于欧洲学者已深入研究过的北海潮流脊系统。对江苏辐射状潮流脊进行研究,揭示该系统演化的时间尺度,这对于潮流脊水域的港口和航道资源开发是十分重要的。

潮汐汊道是海岸演化中出现的一种独特的体系,它可以由于海面上升淹没海湾低地而形成,也可以由于沿袭河口地貌而形成(张忍顺,1995)。黄、东海沿岸的潮汐汊道稳定性各不相同,淤泥质海岸和沙坝-泻湖海岸上的一些小型潮汐汊道已经衰亡,而有些大型的潮汐汊道(如胶州湾)还可能有上千年的寿命。在地质时间尺度上,潮汐汊道的存在都是短暂的,因此应对黄、东海沿岸的潮汐汊道分门别类地对待,根据潮汐汊道演化的沉积动力过程,制定相应的开发、管理对策。

13.6　近期研究方向

随着全球变化研究的进一步深入,物理环境的变化将成为重要的研究对象。黄、东海沿岸和陆架区以巨量的河流物质供应和复杂的水动力条件为特征,是全球研究海岸带物理环境变化的典型区域。从我国海岸带开发的现状和需求出发,近期内应深入研究以下几个方面的课题。

1. 常态边界条件和外力作用下的海岸带演化。需要在深入了解沉积物输运、堆积过程的基础上,将地貌形态动力学模型与沉积物输运模型结合起来,预测河口三角洲、潮滩、潮流脊、潮汐汊道等沉积系统的演化过程。

2. 边界条件和外力作用发生变异时的海岸带演化。变异是指从一种状态到另一种状态的转移,例如,春夏秋冬的更替是一种常态变化,不代表气候变异,而如果一个时期的平均春夏秋冬气温与另一时期不同,则称气候发生了变异。气候、海面、河流入海通量和人类活动的变化引起海岸带的物质输入、浅海环流、潮汐与波浪的变异。因此,需要研究这些变异发生时的浅海和沿岸沉积系统的响应与常态演化过程的改变。

3. 海岸带演化与海岸带城市化的相互关系。海岸带城市化已在长江三角洲和渤海西岸兴起,与此相联系的大型项目(如南水北调、深水航道建设等)将迅速改变海岸带的面貌。三角洲和滨海平原为海岸带城市化提供了支持,但海岸带演化的某些结果(如海岸侵蚀)也是海岸带城市化的制约因素。因此,需要弄清全球变化背景下的海岸带演化特征,以指导海岸带城市群的建设。

第十四章　美国《洋陆边缘科学 计划 2004》述评

美国"洋陆边缘计划"从 1988 年开始酝酿,1996 年制定了初步的科学计划, 1998 年正式启动。不久前,美国自然科学基金会又公布了《洋陆边缘科学计划 2004》(MARGINS Program Science Plans 2004)。在这份长达 170 页的文件中,详 细叙述了美国"洋陆边缘计划"(MARGINS Program)的目标、研究方向、科学问题 及其研究内容、研究方法和关键工作地点选择(MARGINS Office,2003)。应该指 出的是,虽然 Program 和 Plan 都可译为"计划",但是它们的含义是不同的:前者 一般是指研究领域和方向的宏观框架,而后者往往是指具体实施的指导性细则。 由此我们可以看出"洋陆边缘计划"和《洋陆边缘科学计划 2004》的区别。

《洋陆边缘科学计划 2004》确定的主要研究领域(或方向)有 4 个,即大陆岩 石圈裂解(Rupturing Continental Lithosphere,简称为 RCL)、俯冲带物质转换 (Subduction Factory,简称为 SubFac)、地震带实验(Seismogenic Zone Experiment, 简称为 SEIZE)和源–汇系统(Source-to-Sink,简称为 S2S)。对于上述领域,美国 自然科学基金会将集中财力给予高强度的资助。

尽管文件中对各个研究领域的叙述体例并不一致,并且还存在着参考文献错 漏等缺陷,但对科学问题、研究思路、国家需求等方面都作了较为充分的论证,因 此它代表了美国地球科学的一份重要文献,对我国的海洋地质基础研究也具有借 鉴意义。本章的目的是对上述 4 个领域按照科学问题和研究内容、研究方法、关 键工作地点选择的顺序进行简要概括,并就《洋陆边缘科学计划 2004》对我国边 缘海基础研究的借鉴意义提出一些看法。

14.1 大陆岩石圈裂解研究领域

14.1.1 科学问题和研究内容

大陆岩石圈裂解领域的目标是了解全球大陆边缘演化的过程(如岩石圈形变、岩浆活动、物质/能量通量、沉积物和流体运动过程),主要有5个相互关联的科学问题:(1)裂解期间岩石圈强度的演化方式;(2)岩石圈裂解期间应变的空间分带形式;(3)大陆张裂期间和向海底扩张转换期间岩浆与火山活动的作用,岩浆岩形成与形变规模和历史的关系;(4)岩石圈裂解的地层响应;(5)岩石圈裂解改造和控制流体通量的方式。

研究内容可概括如下:

(1)岩石圈张裂的启动和延续的驱动力:研究驱动力在岩石圈张裂中的演化、张裂中的正负反馈机制、初始张裂核心位置和基本条件的控制因素;

(2)岩石圈张裂的热学-力学系统行为:研究大陆岩石圈的张裂机制(流变规律和低角度正断层的作用)、上地幔热学-力学过程和岩石圈张裂的相互作用、下部地壳形变的规模、张裂期间热能在岩石圈内部的转换方式、张力应变的空间分带性、应变和岩浆活动的强度、位置和幕式事件;

(3)张裂结构的演化形式:研究张裂期间和向海底扩张转换期间岩浆与火山喷发流体对岩石圈的影响、裂谷盆地几何形态和沉积体结构及其演变的控制因素、沉积物侵蚀和堆积与构造运动的相互影响、裂谷体系两侧可对比的应变指示物;

(4)从岩石圈裂解转换到海底扩张状态的重要过程:研究洋陆过渡带岩石圈裂解-海底扩张转换的过程在构造/地质中的反映方式、裂谷宽度和最终转化为海底扩张中心的控制因素、洋陆边缘的空间位置、过渡型岩石圈特征和起源的控制因素、大陆岩石圈-洋中脊演化中拉张作用的转化方式。

14.1.2 研究方法

将现场观测和样品采集、数值模拟、实验分析相结合,采用多学科相结合的实验技术,构建用于指导实验和现场工作的三维地球动力学模型,实施密集采样;进行三维地震、面波层析成像和地质填图,实施热重磁电测量、应力场测量和应变的大地水准测量;进行长周期流体地球化学、地震活动性和应变的监测;进行断层带不同类型岩石在模拟现场条件下的技术、钻孔取样技术;应用多道广角主动震源(穿透至 50 km 深度)和被动震源的方法,采用海底地震仪(OBS/H)观测和反射、绕射相结合的测量技术;与实业界合作,进行地球物理数据库的建设。

14.1.3　关键工作地点选择

工作地点的选择判据包括:活动大陆边缘张裂海底扩张、可识别的共轭边缘特性、裂解前沉积地貌特征制图和裂解期间地层与断层几何形态制图的便利性、(裂解前地表和基底、裂解期间地层、过渡性地壳、洋壳基底)物质采样的便利性、千米尺度上地壳结构制图的便利性、地质地球物理背景资料等。最终选定加利福尼亚湾 Salton 海沟以及红海中北部苏伊士湾为主要研究区域。

14.2　俯冲带物质转换研究领域

14.2.1　科学问题和研究内容

这个领域的目标是弄清俯冲带物质转换的动力过程和机制,拟解决 3 个主要科学问题:(1) 板块辐聚速率、上覆板块厚度等因素对俯冲带岩浆和流体产出的控制机制;(2) 水、二氧化碳等挥发性组分对海沟至地幔深部的生物、物理和化学过程的影响;(3) 俯冲带化学组分和其他物质的平衡及其对大陆生长与演化的影响。

相应的研究内容为:

(1) 控制俯冲带产物的主要参数:研究板块辐聚矢量(速率和下插角度)的计算、辐聚速率与岛弧地壳生长速度的关系、俯冲板块温度和年龄及其与流体产出的关系、俯冲动力学和物质向深部的输运过程、上覆板块厚度及其对软流圈物质流的影响;

(2) 俯冲带挥发性组分:研究俯冲板块中含有水和二氧化碳的不同相带的分

布特征,岛弧前端蛇纹岩化的程度,俯冲挥发物对地幔地震波速、黏滞性、俯冲板片脆性和中等深度(50~300 km)地震发生的影响、俯冲板片和地幔楔中的含水、钙的各相物质的稳定性,水在岩浆形成和火山喷发活动中的作用,二氧化碳在俯冲带中的循环形式,板块辐聚边缘的俯冲挥发物和痕量金属的成矿作用。

(3) 俯冲带物质平衡:研究岛弧中下部地壳的体积和增长速率、岛弧中下部地壳的物质组成、示踪元素(Th、Be 等)与总体物质通量的关系。

14.2.2　研究方法

将数据采集、数值模拟和实验分析相结合,采用测深与扫描制图技术、主动和被动震源的地震方法以及地幔楔的地震成像技术进行地磁和热流数据采集;采用 IODP 和海底采样技术、钻孔中的器测技术、遥控采样器技术以及大地测量和 GPS 技术,应用岩浆体系的地球化学和微光束方法、地震方法验证与岩石学特征的实验技术,进行地球动力学模拟、关键区域和全球范围的数据库建设。

14.2.3　关键工作地点选择

根据火山弧的活动性、气候条件和基础设施、背景资料的充分性、采样作业的可行性、俯冲带形成年龄、参数和变量特征、大陆物质的混掺程度等方面的资料,选择两个对比强烈的研究区域。中美洲危地马拉至哥斯达黎加地带和西太平洋的 Izu-Bonin-Mariana 岛弧体系入选为主要研究区域,西北太平洋阿留申岛弧和美国 Cascadia 被选为辅助研究区域。

14.3　地震带实验研究领域

14.3.1　科学问题和研究内容

这个领域的主要目标是了解地球上最具破坏力的强震的控制因素。值得注意的是,由于地震预报研究的"先兆法"所存在的问题,曾在 20 世纪 90 年代引发了关于地震可预报性的热烈争论(Bernard,2001)。现在,洋陆边缘计划把地震研究列入了四大研究领域之一,表明这依然是科学界关注的一个重要领域。本领域的主要科学问题如下[其中问题(1)~(5)是 1997 年公布的,问题(6)~(10)是新近补充的]：(1) 强震引发的滑移体的物理特性；(2) 应力、应变、孔隙流体组分在地震周期中的时间关联；(3) 地震带滑移区上、下限的控制因素；(4) 产生海啸的地震带特性；(5) 强逆冲地震对俯冲带物质通量的影响；(6) 俯冲带地震能量释放的空间分布的控制因素；(7) 板块界面上锁定形式的不均匀分布方式和后续地震能量释放方式的控制因素；(8) 地震传播速率和滑移速率的控制因素；(9) 地震周期中应力、变化的本质；(10) 地震过程的典型力学模型的预测误差。

为了回答上述问题，拟研究的内容为：

(1) 地震滑移体的物理特性：研究俯冲带浅源(<50 km)强震的控制因素、伴随着地震的裂解区的水平范围及其控制机制、地震引发的滑移与板块运动速率的关系、滑移锁定范围的准确估算；

(2) 地震周期中的应力、应变、孔隙流体组分的时间关系：研究与俯冲相关联的短暂应变事件、震前和震后滑移规模及其形成机制、孔隙弹性形变和黏弹性形变的区分、缓慢滑移事件及其意义；

(3) 地震带上、下滑移区分布极限：研究强震的最大裂解深度的控制机制、震源的底界和向大陆深入的极限、沉积物粒度和矿物组成对滑移区上限的影响、地震带钻探；

(4) 产生海啸的地震带特性：研究缓慢滑移和裂解的地震的分布与控制因素、板块间大型逆冲断层面上的高中低速滑移的形成机制；

(5) 强逆冲地震对俯冲带物质通量的影响：研究俯冲带沉积物在地震产生中的作用、俯冲带物质的相态转换、俯冲带温度分布的热力学数值模型、剥露断层及其显露的物质性质；

(6) 孔隙流体压力和运动的强度与时间变化：研究流体压力和滑移的关系、孔隙流体压力随时间的变化及其与应变的关系、流体对地震带滑移区上限的控制作用、流体对引发海啸的缓慢滑移地震的作用、流体对物质转换的影响。

14.3.2 研究方法

将现场观测、数据采集、数值模拟和实验分析相结合，建立地震监测网；采用 IODP 和海底采样技术、钻孔中的器测技术以及大地测量和 GPS 技术，进行热流数据采集，采用三维地震面波层析成像技术，进行地球动力学模拟；进行流体产生和运动的直接观测、长周期监测与热力学模拟;进行海底地震仪观测。

14.3.3　关键工作地点选择

根据地震监测网的建设情况、气候条件和基础设施、强逆冲地震的历史记录、采样作业的可行性、高中低速滑移地震的分布状况、断层面特征和行为的多样性、深海钻探的可行性等条件,选择中美洲的 Osa-尼加拉瓜海沟体系和日本 Nankai 海沟体系(菲律宾海北部)为主要研究区域。

14.4　源-汇系统研究领域

14.4.1　科学问题和研究内容

这个方向的主要目标是量化跨越大陆边缘的沉积物和溶解质通量,为此提出了以下三个主要科学问题:(1) 构造运动、气候变化、海面波动等外动力因素对沉积物和溶解质从源到汇的产出、转换与堆积的影响;(2) 物质侵蚀、转换过程及其相伴的反馈机制;(3) 沉积过程的时空变化和构造运动、海面变化等长周期波动的共同作用对记录全球变化历史的地层层序形成的效应。

相应的研究内容为:

(1) 沉积物和溶解质从源到汇的产出、转换与堆积:研究大陆边缘沉积体系对自然作用和人类活动干扰的响应的定量预测、地貌事件(洪水、风暴、滑坡等)的信号在物质传输中的变化、不同时间尺度的沉积物传输和堆积的动力学模拟、地质历史上不同时段的沉积物堆积速率的比较、沉积物在从源到汇的传输中的组分分离和变化;

(2) 物质侵蚀、转换过程的反馈机制:研究侵蚀事件的过程、地震和洪水诱发的陆上与海底滑坡的机制,岸线淤长中导致海底滑坡、河流侵蚀回春的下切过程(如潮汐汊道下切点的向海迁移以及陆坡滑坡、海面变化、风暴和地震引起的下切点的向陆迁移)、沉积物负荷引发的海底失稳、沉积物侵蚀和堆积引起的反馈对源区特征与地貌稳定性的影响;

(3) 全球变化历史记录和地层层序形成:研究地层记录的形成过程、末次冰盛期(LGM)以来的沉积环境演化、大陆边缘物质(如 Si、Ca、P、C 等)的地球化学循环、碳酸盐堆积体系(珊瑚礁平台等)的动力学和稳定性、河流三角洲和物质沿陆架输运的过程及其对沉积体结构的影响、三角洲和陆架陆坡过程相结合的定量地层学模型、岸线的形态动力学模拟。

14.4.2　研究方法

将现场调查、实验分析和沉积物动力学-地貌演化的正演数值模拟相结合,应用物理模型和计算机"过程模型"技术,采用高分辨率数字高程模型(Digital Elevation Model)技术、地貌扫描技术和高分辨率浅地层剖面探测技术进行沉积物输运与地貌演化的监测;应用大地测量和 GPS 技术、地理信息系统技术、光电磁声学仪器、水下摄像和电视技术进行现场观测;采用大型水槽实验技术进行地层学实验。

14.4.3　关键工作地点选择

根据源-汇系统驱动力(洪水、风暴等)的强弱、源区信号的清晰度、研究区空间尺度、入海物质通量大小、不同环境之间物质传输的活跃性、地层记录情况、背景资料(降水、输水输沙量、海洋水动力、遥感图像等)情况、辐聚型活动大陆边缘特征、不同区域和不同地质时期的可对比性、人类活动影响、气候条件和基础设施等条件,选择了两个规模较小的流域-近海体系,即巴布亚新几内亚的 Fly 河和巴布亚湾以及新西兰的 Waiapoa 作为主要研究区域。

14.5　对我国边缘海基础研究的借鉴意义

从酝酿"洋陆边缘计划"到新版科学计划的公布,其间经历了 16 年的时间,由此可见地球科学问题的凝练需要长期的努力,正如一位前辈、海洋地质学家所指出的那样,我们往往在研究多年之后,才开始弄清当初所提问题的真正含义(Uyeda,1978)。2000 年,我国启动了国家重大基础研究规划项目"中国边缘海的形成演化及重要资源的关键问题",这是我国的洋陆边缘研究的主要项目之一,所针对的科学问题包括中国边缘海岩石层结构与深部地球动力学过程、东海和南海构造演化以及边缘海的形成演化对重大资源形成的控制作用（高抒、李家彪，2002）。2005 年是本项目的最后一年，有必要在总结成果、发表学术论文的同时，进一步凝练科学问题，使今后的研究继续展现活力。"洋陆边缘计划"给我们的一点启示是，需要进一步强调"过程"研究，发展相应的新方法、新技术，实现海洋地质学、地球物理学、地球化学和生物地球化学、物理海洋学等学科的交叉，并选择关键地点实行现场观测、实验分析和数值模拟的结合。

《洋陆边缘科学计划 2004》发出的一个重要信号是，现代海洋地质科学的重点已经从区域特征的研究转向过程和方法的研究。通常，海洋地质科学的基础研究指的是：区域特征及其时空变化特征的刻画、过程和机理研究、方法和技术研究。美国自然科学基金会的计划反复强调了过程、机理和动力学的研究，而工作地点是根据任务选定的，这说明海洋地质科学的发展总体上已经越过了刻画区域特征的阶段。必须注意的是，这里出现的过程、机理、动力学等术语应该按照系统科学的观点来解释，即"过程"是指一个系统对外部力量作用的反应，"机理"是指不同类型的"过程"的组合状态，而"动力学"是指物质和能量在系统中的传输、转化以及由此引起的系统行为与系统本身的变化。如果把"过程"理解为时间先后次序、把"机理"理解为背景条件、把"动力学"理解为时空变化动态，就很难解释《洋陆边缘科学计划 2004》中的研究内容和多学科交叉的意义。

按照系统科学的观点来理解过程、机理、动力学的含义，是提高对地球系统行为预测能力的必由之路，也是多学科交叉的驱动力。例如，"地震带实验"研究领域的主题是"地震的可预测性"这个问题，其中的"过程"涉及俯冲驱动力作用下的岩石、沉积物、孔隙流体的反应，涉及俯冲带复杂的物质、能量转换方式，涉及俯冲带能量的传输和转换方式，这些过程可以组合成各种产生或抑制地震发生的机理以及控制地震形式的机理。要研究这样的一个系统，仅靠构造地质学或材料力学试验显然是不够的，必须结合沉积地质学、地球物理学、地球化学、地球流体力学等学科。此外，由此构建的地震带动力学模型必然是一个过程模型，它与现场观测和模拟实验之间形成了互动关系：动力学模型的输出结果指导工作地点和观测站位的选择，而观测和试验数据又提供了模型的验证材料。

根据我国的研究现状，为了掌握更多的、准确的背景资料，还需要继续做好刻画区域特征的工作,但注重"过程"研究并从中凝练科学问题是将我国边缘海研究进一步推向深入的重要途径。此外,我国边缘海的科研工作需要调查与研究的紧密结合;我国对海洋地质调查历来十分重视(国土资源部中国地质调查局,2000),为了更深入地推动科研工作,应使海洋地质调查单位的人员更多地介入研究,并且与高校和研究单位进行有效的合作,这样可以形成调查和研究相互促进的局面。

"过程"研究必然不断产生新的观测和采样需求,这就给相应的新方法、新技术的发展提供了动力。地层层序形成的正演模型方法、海洋钻探技术、深井器测技术等在"洋陆边缘计划"中的应用就是一个实例。我国以往的调查和研究工作中所使用的仪器设备大多是进口或仿制的,这从侧面反映了对新方法、新技术研究的驱动力不够强劲。今后,随着基础研究水平(尤其是过程和机理研究水平)的提高,应在我们的研究队伍中鼓励新方法、新技术的探索。

《洋陆边缘科学计划 2004》还对国家需求、数据共享、研究组建设和人才培养、与生产单位的结合、管理体制等作了一些论述。在这些方面,国内专家学者已经提出了许多战略性的建议和措施(刘光鼎,2002;孙枢,2003;汪品先,2003;中国科学院地学部地学教育咨询组,2003),此处不再赘述。

第十五章　亚洲地区的流域-海岸相互作用:APN 近期研究动态

　　流域-海岸相互作用是国际地圈生物圈计划的核心子计划"海岸带陆海相互作用"第二个十年期间的中心研究议题之一(LOICZ IPO,2005;Crossland et al.,2005)。在此之前,欧洲已经执行了 EUROCAT 项目(Salomons,2004),23 个研究机构的 70 位科研人参与了该项目,其研究的目标是:(1) 确定流域变化在本区域海岸带的影响效应;(2) 发展综合生态自然和社会经济的整体模型;(3) 建立未来区域性环境变化的预案;(4) 利用这些预案和模型评价未来海岸带的变化;(5) 探索政策制定者能够应用上述研究成果的潜力。

　　最近,美国国家科学基金会也更新了流域-海岸带系统(源-汇过程与产物)研究的科学计划(MARGINS Office,2003),探讨气候变化和人类活动响应下的从河流到深海的物质输送和交换过程。

　　与欧洲和北美的流域系统相比,亚洲地区的情况更为复杂。这里是世界上人口最为密集的地区,并且有着发源于世界最高的青藏高原的巨大河流-流域系统,其中许多河流具有全球影响,如印度河、雅鲁藏布江-恒河、伊洛瓦底江、湄公河、珠江、长江和黄河等。本区的另一个特点是岛屿众多,岛上的河流虽小,但沉积物入海通量却很大,其原因是流域高程大,并受到季风气候、强烈的侵蚀风化作用和流域人类活动的影响。世界河流泥沙量的三分之二以上来自这一地区(Millimna & Syviyski,1992)。在全球气候、地貌、生态系统变化的背景下,流域自然过程和人类活动在控制邻近海岸的环境特征上起着重要的作用,而海岸带环境的改变又会反过来影响流域。

　　APN(Asian Pacific Network for Global Change Research)为了确定今后十年

的资助方向,邀请有关专家举行了学术研讨会。按照 APN 的部署,笔者负责完成"东南亚地区流域-海岸相互作用"领域的研究课题的文件(Gao,2006)。现将其要点总结如下,以供国内同行申请 APN 项目资助时参考。

15.1　流域-海岸相互作用的区域性特征研究

　　流域-海岸相互作用是通过能量和物质交换而发生的,其中河流物质(包括水、沉积物、营养物、污染物等)入海通量变化是至关重要的。亚洲地区流域人类活动正在快速地改变河流入海通量。除大型河流外,这一地区的众多小河对沉积物的贡献也不可忽视(Milliman et al. ,1999)。自 20 世纪上半叶开始,为了灌溉、发电、航运、工业和生活目的而蓄水,人们已经建造了大量的水坝(World Commission on Dams,2000)。这在相当程度上改变了入海通量,也改变了入海通量在全年各月的分配变化。在长江流域,过去的 55 年里,由于 48000 多座水库的建设,尽管没有引起平均流量的显著变化,但是输水的季节性已被改变了。对沉积物而言,由于水库的建设,自 1995 年以来平均输沙量已经减少到每年 3×10^8 t 以下,这就意味着平均悬沙浓度也有所减少。未来的南水北调工程还将导致输水量减少。水沙通量的变化将产生一系列后果,如长江三角洲的淤积速度将会减慢甚至转化为侵蚀,水量减少将使盐水入侵更为剧烈,河道形态很可能会变为非均衡状态而引发水系结构的重新调整,流域-海岸带的生态系统也会受到影响。

　　人类活动引起的营养物和污染物排放是这一地区的另一重大问题。化肥和农药的广泛使用导致严重的氮磷富营养化与污染。此外,这一地区承担着很大的发展压力,建设了许多化工和其他引发污染的企业。再以长江为例,由于快速的社会经济发展,与水沙通量减少趋势形成鲜明对比的是,河流的营养物和污染物在不断地增加。因此,需要对以下的流域-海岸相互作用区域性特征进行研究。

15.1.1　流域的水文循环特征

　　流域系统的水平衡是由降水、蒸发、径流和渗流组成的。这些要素都不是常量,它们是随着全球气候、地表形态和流域生态的变化而变化的。降雨的时空分布会由于长期气候变化、森林采伐和土地利用变化而有所改变,蒸发强度会由于水表的蒸发面积不同而有所改变,径流和渗流类型也会由于植被覆盖变化和土壤侵蚀而不同。为了了解水量平衡的变化,应分析流域系统水文循环的控制因素,监测气候变化下的径流流量。

15.1.2 沉积物入海通量的观测

沉积物进入河床后,一部分会被水库、湖泊、河漫滩平原所截留。因此,就整个地区来说,尽管土壤侵蚀有增强的趋势(Sheng & Liao,1997;Ahmed et al.,1998),但入海的沉积物量不一定会增加。水坝建设的一个主要影响是入海沉积物数量减少。应该对沉积物入海通量进行连续的观测,从而确定其变化趋势。在观测的基础上,对沉积物入海通量的时相、季节分布及其变幅进行分析。

15.1.3 河床地貌形态演变

在自然状况下,亚洲地区的河流地貌形态大多已达到平衡态。然而气候变化和人类活动会产生较大的扰动,如海平面上升会改变侵蚀基准面,水坝建设会改变水沙通量,水文条件的改变使河流系统进入非平衡状态。因此,河床形态、泥沙输送能力和河流堆积类型都会发生变化。因此,有必要监测河流系统演化对流域变化的响应,对过水断面面积、推移质和悬移质的粒度特征、河流的流速、河床纵剖面进行观测,以便能够定量刻画河流系统的形态改变。

15.1.4 河口-海岸地区的淤积和侵蚀状况

淤积主要发生在河口和邻近的海岸地带。河流三角洲形成于全新世时期,为人类社会的发展提供了土地资源。在亚洲地区,一些河流三角洲的演化和特征已经被国际科学界广泛地研究。经过长期的演化后,一些河流三角洲的淤积可能已经达到其增长的极限,这主要是由水文条件、沉积条件和气候条件决定的(Gao,2007a)。由于人类活动引起的流域沉积物供给变化,一些河流系统可能已经从淤积环境转变到了侵蚀环境。河口海岸侵蚀已经日益成为一个严重的问题(Yang et al.,2003)。对于一些典型河口系统,应进行沉积动力过程的长期观测、不同时间尺度(如潮周期、季节和年际)的悬沙浓度变化的分析、河口堆积的冲淤速率的观测,利用遥感和GIS技术监测三角洲地区的动态变化。

15.1.5 河口区盐水入侵

河口重力环流和潮汐作用使海水得以侵入河口（Dyer，1997；Lewis，1997），海水入侵的范围与淡水流量和河口地形条件有关。在流域水坝建设的影响下，径流流量的逐月分布会不同于原来的状态，沉积物输入减少则会引起河口地貌的改变，因此海水入侵的形式和河口区及邻近陆架水域的盐度分布都会随之改变。因此，有必要对流域自然演化和社会发展引起径流与沉积物输入变化后的海水入侵状况进行观测。

15.1.6 营养/污染物质扩散和水质变化

在亚洲地区，高密度的人口和快速的经济发展已经导致营养物与污染物的大范围扩散，引发了严重的区域性环境问题。为了保护环境，确保未来可持续发展，扩散的控制是非常重要的。在近期，调查营养/污染物质的来源以及扩散数量并确定其对水质变化的影响是必要的；对于一些典型的流域-海岸系统，应建立监测体系。

15.1.7 河口物质输入和大型工程项目对邻近陆架生态系统的影响

由于流域的变化，输入河口和海岸水域的物质的数量、时相、收支状况将会有很大改变，从而产生很多后果，如盐度分布变化、悬沙浓度减小、河口水体透明度增加、河口和海岸带营养物与污染物增加。这些变化的共同作用导致河口和陆架生态系统的改变，如河口水体光合作用强度、初级生产及组成、咸水的分布范围、生物物种的分布和河口附近的渔场分布状况的改变。对此应组织系统的观测。为了适应大规模经济发展，本区在河口和海岸带已建了或正在建设许多大型港口，如新上海港、海港大桥以及杭州湾跨海大桥。这些建设活动主要是由长江流域的经济和社会发展决定的。然而，大型的河口海岸工程必定会对邻近的生态系统和环境产生广泛而深远的影响。对此应从水循环条件、海岸水动力环境、沉积物运动、初级生产、海洋底栖生物、鱼类资源等方面进行观测研究。

15.2 流域-海岸系统演化的过程和机理的研究

观测数据对于分析流域-海岸系统的变化是非常有用的,但是,对于预测未来趋势而言,仅仅使用时间序列数据是不够的。为了增强对流域-海岸系统行为未来变化的预测能力,加强对过程和机理的了解是非常必要的。例如,仅仅利用观测的流量时间序列来预测长江未来淡水流量是很难的,而如果能够使流量的控制因子及因子发生作用的方式为已知,就有可能建立一个较好的预测模型。

过程和机理这两个术语有着明确的含义。按照系统论的观点,"过程"意味着系统对外界驱动力的响应,而"机理"是指不同"过程"之间的各种组合关系(参见第十四章)。或者说,过程是一个控制因素和整个系统的关系,而机理意味着不同因素联合作用对系统的影响。如果能够确定控制流域-海岸系统变化的所有因素和它们之间的相互关系,那么就可以利用模型方法来模拟现在和未来的变化。按照这种观点,应对本地区流域-海岸相互作用的过程和机理进行如下研究。

15.2.1 流域水文循环过程的变异

气候、海面变化和对流域的人为改变都会使水文循环发生变化。在水文循环观测的基础上,在不同时空尺度下各个子系统(如大气、河床、土壤、地下水)之间的水文过程应该成为未来研究的核心问题。过去已经大量进行的水文循环研究主要是基于常态的条件,即不存在长周期的驱动力和边界条件的变化,且在平均值和波动幅度上水平衡关系是基本稳定的。然而,流域的变化导致水平衡因素(如降雨、蒸发、径流、渗流)也发生变化,平均值和波动幅度也变得不稳定,这就表明主要的循环过程和机理也已经不同。因此,必须深入研究控制流域-海岸系统未来水文循环格局的过程和机理。

15.2.2 流域-海岸系统沉积物滞留过程

沉积物在流域-海岸系统的演化中起着重要作用,主要是通过对地形/水深、物质循环和生态系统行为方面的影响。尽管进出系统的沉积物总量可能很大,但流域-海岸带系统滞留的沉积物主要是指最终在系统内堆积的那部分物质。沉积物的滞留效率可以用滞留指数(G. M. E. Perrilo,个人通信)来表达。影响滞留指数的因素包括淡水流量、水深、陆架水动力(波浪、潮汐、沿岸流)等。显然,为了定量地表达滞留指数,需要研究这些因素的变化过程。此外,滞留指数可能是一个具有尺度效应的参数,在不同的时间尺度下其数值是不同的。

15.2.3　源-汇条件变化下河口、海岸沉积物的活动性

沉积物活动性对河口海岸水域的生态系统是重要的,它影响光合作用和营养物质循环过程。活动性的测量是根据对水流流速高于沉积物临界起动条件的时间长度的观测和计算。沉积物活动性随着未来流域的水沙输入量的变化而改变。因此,有必要针对新的条件建立活动性的计算方法。

15.2.4　河口海岸地貌动力过程

在这一研究领域,已经发展了大时间尺度的几何模型来预测模拟沉积层序的形成(Paolo,2000)。然而,地形演变的时间尺度相对较小,为了预测模拟河口三角洲系统的形态演变,将沉积动力过程和几何模型结合起来是必要的。

15.2.5　营养和污染物质的混合与扩散过程的变异

混合与扩散是河口海岸水体物质运动的基本过程(Lewis,1997)。由于营养/污染物质是以溶解态或悬浮颗粒态的形态存在的,它们的运移和扩散受这些过程控制。淡水径流量的变化以及营养/污染物质输入量的改变使河口-海岸系统的水动力条件和悬浮物质的分布发生变化,从而改变混合与扩散过程。应考虑新的条件下营养/污染物质通量与浓度的动力过程及其对水质和初级生产的影响。

15.2.6　河口-海岸系统的生态系统演化过程

甚至在流域变化被觉察到之前,亚洲地区的河口海岸带生态系统已经发生严重的问题,包括过度捕捞、海水养殖疾病、有害藻类暴发。海洋水域的不适当使用已经引起环境和资源的破坏。在陆源物质通量变化(径流流量的改变、沉积物供给减少、营养/污染物质输入增加)的情况下,新老问题已经交织在一起。因此,为了了解生态系统的响应,应重点研究物质输入和生态响应的过程与机制、初级生产力的空间和时间分布、河口海岸水域中高营养级优势种的生物数量以及生态系统的演化趋势。

15.2.7　大型和小型流域-海岸系统的比较

由于大型流域产出较多的水、沉积物、营养/污染物,因此以往的研究有集中于大型流域-海岸带系统的趋势。然而,小型系统的作用很可能被低估了。就沉积物通量来说,已经证明全球小河流输运的沉积物量比大河流要多(Milliman et al.,1999),因为小河流的数量远远多于大河流。另一个原因是小流域盆地水坝建设较少,沉积物被水坝阻挡的效率也较低。关于碳沉积及其对生态系统特征的影响,新近的研究表明小的流域-海岸带系统有着不亚于大型系统的影响(Gao & Jia,2004)。在亚洲地区,有大量的小型流域-海岸系统,应充分认识这些小型系统对沉积物、营养和污染物质通量的影响。

15.3　调查方法和技术的研究

在区域特征以及相关的过程和机制的研究中,利用先进的方法和高新技术进行监测与调查研究是很重要的,如现代测量技术、模型模拟方法以及地球化学示踪方法。在建立模型方面,根据目的和研究水平不同有不同的模型方法,包括:概念模型,用于确定需要考虑的主要因子和提炼科学问题;过程模型,用于明确各种过程的作用和地位;系统模拟模型,用于预测系统的时空变化。对于亚洲地区来说,为了理解流域-海岸系统的未来演化趋势,这三种模型的研究都是必要的。地球化学示踪技术对于物质来源、运移、扩散以及环境演变历史的研究是很有益的。此外,为了提高研究的成效,确定合适的研究区域也是很重要的,在选择关键研究区域时应考虑气候、人口密集水平、城市化程度、流域开发特征、河流类型和大小、物质通量、海岸带生态类型等因素。

15.3.1　物质通量的过程模型方法

流域的沉积物来量主要是受气温、高程和流域面积控制的(J. P. M. Syvitski,个人通讯)。然而,由于沉积物来量和流域条件之间的关系受到很多复杂过程的影响,仅仅考虑这三种因素可能是不够的。例如,包括温度、降雨在内的气候条件以及地质条件会影响风化作用和剥蚀量,地层特征可以决定河流水系类型,进而影响沉积物运移和堆积。尽管利用三个变量的预报在数量级上是正确的，但不能被用来预测人类活动对通量的影响。对于其他物质如水、营养物和污染物，其情况也是如此。因此，需要综合考虑自然和人为因素，以确定各种过程的相对重要性；可以采用过程模型的方法确定像岩石类型和基底地层、植被覆盖、水坝建设、化肥施用、工业/生活废弃物等因素在物质通量变化中所起的作用。

15.3.2 三角洲演化的动力地貌模拟技术

为了模拟海岸系统的地貌演化，海岸动力地貌模拟的新技术已有了较大的发展(De Vriend et al.，1993)。这些新技术主要是基于对沉积物输运率和堆积/侵蚀率的计算。由于沉积动力学的进步，计算精度有了较大提高，目前已可在水体、沉积物流量变化的条件下建立河床和三角洲地貌演化的模型。为了提高空间分辨率，需要完善地貌演化的平面二维模型。

15.3.3 物质运移动态的地球化学方法

封闭系统的混合模型经常被用来获取物质来源的定量信息(Owens et al.，2000)。然而，对于像河口海岸这样的开放系统来说，这样的模型可能是不充分的，因为从河口输出到陆架的物质成分和数量未在此类模型中加以考虑。对于开放系统的混合模型的建立，利用地球化学示踪的方法来确定物质在河口-海岸系统的运移特征可能是有效的。这种模型还有扩展到颗粒态营养/污染物质的潜力。

15.3.4 沉积记录形成的正演模型

在沉积记录的分析中，经常会用到反演模型(Bhandari et al.，2005)。一般的惯例是先对钻孔样品进行分析，得到的数据被用来表示环境变化的特征，进而恢复流域-海岸系统的演化历史。这种方法的局限性是无法对堆积作用的时间连续性作出全面的估计。因此，有必要在沉积动力学和动力地貌学的基础上发展正演模型技术来模拟沉积层序的形成，这种方法的应用可以使沉积层序得到更好的解释。此外，一些无法利用反演方法获得的重要的环境信息，例如小时间尺度的沉积速率、床面活动性、沉积记录的保存潜力等，也能用正演模型方法获得。这种方法或许会成为未来研究流域-海岸系统演化的重要工具。

15.3.5　流域-海岸系统数据库

由于数据采集和监测技术的进步,来自现场观测和实验室分析的数据观测会大量增加,这些数据一般被用来刻画地区特征和进行模型验证。应该利用 GIS 等强大的工具来处理海量数据,建立区域性的数据库(包括多层次数据库)。

15.3.6　为未来管理设定恰当预案的方法

对于规划和管理而言,必须要有本地区未来的发展、环境变化、社会和经济增长的趋势、气候条件和生态演化等方面的预案资料。由于对未来条件的预测能力不足,今天采取的很多预案仍然有较大的不确定性,这增加了规划和管理的成本。因此,应该发展新的方法来制定合适的预案,应该将预案的设定建立在结合历史记录、现在趋势和未来预测以及过程与机制研究的基础上。

15.3.7　流域-海岸系统综合管理的人工智能工具构建

许多管理工具在管理实践中已经存在,除这些工具之外,在未来还应发展人工智能管理模型来提高管理的质量和效率。模型应该是智能化的、稳健的:"智能化"意味着可以提供充分的信息,决策将以模型输出的方式被提出,如果已有信息不足以作出决策,那么模型输出将会指出所需信息的类型;"稳健"是指任何的决策都是来自模型的运行,并且即使管理的规则或指导方针有缺点,也可以自动检查错误并给出补救措施建议(详见第十章)。

15.4　流域-海岸带开发和管理的应用研究

上述研究的目的是支持流域-海岸系统的综合有效的资源环境管理。在过去,科学数据的收集通常被认为是科学家的兴趣,最多是作为管理的背景信息。因此,在发展中国家管理和研究的分离是一种普遍的现象。为了改变这种状况,需要让科研人员能够和管理者、政策制定者、公众一起工作。下面是一些将科研成果应用于管理实践的研究议题。

15.4.1　流域-海岸未来发展的区域性规划

可以预见,管理者很快将会利用强大的管理工具(如多层次数据库、GIS、人工智能管理模型），而科研人员也会越来越明确地阐明未来的环境变化、社会经济发展趋势、气候变化、生态系统演化。为了达到本地区的可持续发展，科学数据和预测未来变化的其他信息应该通过各种规划框架来综合在一起。

15.4.2　海岸湿地和珊瑚礁生态系统的保护

海岸湿地和珊瑚礁广泛地分布于亚洲地区海岸，它们具有重要的商品价值和生态系统服务功能（Mitsch & Gosselink，2000；Kathiresan & Bingham，2001）。然而，由于来自流域的营养和污染物质的影响不断增加，湿地和珊瑚礁的未来受到严重威胁，环境和生态系统已经开始退化（Kathiresan & Bingham，2001；Coles & Brown，2003）。对于本地区的海岸湿地和珊瑚礁的保护，应加强海洋生态系统动力学的研究。海岸带生态系统不同于陆地或开敞海洋，它们是同时受到陆地因素（如潮间带、河流堆积和降雨）和海洋因素（波浪、潮汐和盐分）影响的。

15.4.3　河口海岸环境变化的管理

物质通量和海岸土地利用强度的变化是对流域开发的响应，由于地形、水质和生态系统的变化，亚洲地区的河口已发生了明显的改变。因此，提高对河口系统的管理能力是必要的。对河口岸线的随意改变应该停止，污染和盐水入侵应该减缓以改善河口水质，生物多样性和良好的生态系统应该得到保持。所有这些任务都依赖于适当的管理框架。

15.4.4　海岸带土地围垦潜力

陆源沉积物供给使河流三角洲和邻近的海岸线向海推进。这一过程会产生新的陆地，对于围垦来说这是宝贵的资源。在本区域的海岸带，未来的大规模城市化和工业发展依赖于新开垦的土地。然而，土地的增长是受沉积物供给、海岸地面沉陷、海平面变化限制的。因此，有必要估算海岸陆地未来的增长潜力，以便于对围垦计划和保持土地需求与海岸湿地保持/保护之间的平衡而采取适当的措施。

15.4.5　河床与海岸带沙石资源管理

采沙活动在本区域是比较强烈的，目的是为了公路建设和建筑工业。这一活动经常超出规定的强度。例如，在长江河床和邻近内陆的河口地区，非法开采已经持续了很长一段时间，这会引起河岸和海底的不稳定，并且对底栖生物群落和鱼类产卵场所产生破坏作用。对于任何开采活动,应进行环境影响评估,包括对河床稳定性和海洋生态系统的影响的估价。

15.4.6 海岸带防洪

在亚洲地区,海岸带洪水经常是由台风引起的,严重的洪水事件也是与潮汐和来自于流域的淡水径流以及台风活动相关的。对于防洪工程,不同重现期的洪水水位的计算方法通常是针对常态条件的。然而,当气候、海面、水沙通量和地形条件发生变化时,这些计算方法就不再适用了。由于气候和海面变化的影响,海洋可能变得更加不稳定,产生更多的风暴、更大的波浪、更强烈的台风,而海岸工程会引起河口海岸地形的变化,从而引起洪水特征的变化。因此,在环境条件变化下,应该更新防洪标准。

15.4.7 水质改善和生态系统健康

在河口海岸水域中,水质和生态系统健康是海岸带发展的关键因素。应以营养物、污染物和细颗粒沉积物通量作为评价生态系统健康的指标之一。在此基础上,结合其他指标评价未来生态系统的特征,如富营养化程度、溶解氧含量、光合作用、生态系统群落结构、补充与繁殖机制、生物生活环境条件等。

15.4.8 生物资源可利用的限度

大河口区域有较高的生物生产量。例如,长江口外的渔场是本地区最大的渔场之一,在这里初级生产力可以达到 $300\sim600$ gC·m^{-2}·yr^{-1} 的数量级,这里产出的鱼、虾、蟹、贝举世闻名。然而,鱼类资源已经受到过度捕捞、富营养化、有害藻类暴发等共同作用的威胁,海洋养殖也在一定程度上造成了海岸环境的恶化。为了实现海洋生物资源的可持续利用,应重新分析本地区渔业和海洋养殖的潜力,制定新的规划和指导方针。

15.4.9 区域性流域-海岸系统开发前景

亚洲地区的人口将继续呈增长趋势,因此流域-海岸系统在未来的进一步开发是可以预期的。在过去,流域和海岸带的管理互不相通,但对于未来的土地利用、河岸和海岸带城市化、工业、农业、旅游业及其他人类活动都应该以综合的方式来管理,使未来的管理达到最优状态。

第十六章　海岸带陆海相互作用及其环境影响

　　根据 1：5 万地图上的量算结果,全球海岸线长度为 60000 km,而在高分辨率遥感图像上量算的长度可达 100 万 km。按照国际地圈生物圈计划(IGBP)的核心子计划"海岸带陆海相互作用"(LOICZ)的海岸带定义,海岸带水域的面积约为全球海洋面积的 9%,而海岸带陆域的面积约为全球陆地面积的 20%,故 LOICZ 的海岸带区域约占地球表面 12%的面积(Crossland et al., 2005)。这个范围虽然不大,但却是地球上人类活动最为密集的区域,自然环境和生态系统变化最快的区域,自然资源利用率最高、物资运转和重新分配活动最为显著的区域,工业化影响最大的区域。海洋和陆地之间由于能量与物质交换而发生强烈的相互作用。由于全球 50%以上的人口居住在海岸带区域,因此人类活动本身也对海岸带环境产生了重大影响。海岸带动态演化、海岸带可持续发展以及海岸带综合管理方法是包括自然科学、社会科学和人文学科在内的多个研究领域所共同关注的,因而海岸带陆海相互作用的研究具有文、理、工多学科交叉的特点。

16.1　IGBP 核心子计划"海岸带陆海相互作用"概况

　　"海岸带陆海相互作用"是国际地圈生物圈计划的核心子计划之一,启动于 1993 年(Holligan & de Boois, 1993)。LOICZ 第一阶段(1993～2002 年)的研究进展主要是在海岸带的生物地球化学物质通量、氮磷收支的类型外延法(Typology Method)计算、生态系统健康指标的建立、流域盆地对海岸环境影响等方面。

海岸带有多种定义,而 LOICZ 认为它应该包括大陆架、河口湾以及受海洋作用显著影响的流域区域,这个地带在地球系统中是一个独特的生态系统类群,以高能量收支、高悬沙浓度和高营养物质含量为基本特征。而且,这个地带的地貌环境受到了沉积物堆积、海面变化、地壳运动等因素的深刻影响。工业革命以来,人类活动影响逐渐增大,已经对海岸带形成了显著的压力。

生态系统变化是全球变化研究的主要内容之一,而且气候变化的研究也离不开生态系统的信息。在生态系统中,生源物质通量是一个基本的控制参数,因此 LOICZ 的学者们试图建立起海岸带碳、氮、磷收支的全球图景。对于碳而言,在 LOICZ 启动之前已经进行了初步估算(Smith & Hollibaugh, 1993),认为海岸带是一个碳汇,颗粒态有机碳和碳酸钙由于沉积作用而被埋藏。虽然在 LOICZ 的研究中由于碳的基础数据不足而未能像氮、磷那样进行生物地球化学估算,但仍然从沉积作用角度提出海岸带的颗粒态有机碳埋藏率为 $8 \times 10^{10}\,mol \cdot yr^{-1}$,碳酸钙的埋藏率为 $17 \times 10^{10}\,mol \cdot yr^{-1}$(Crossland et al., 2005; Prentice et al., 2001),即分别为 $5.76 \times 10^6\,t \cdot yr^{-1}$ 和 $2.04 \times 10^6\,t \cdot yr^{-1}$。对于氮、磷,根据类型外延法计算的结果是每年分别埋藏 $68 \times 10^{10}\,mol$ 和 $60 \times 10^{10}\,mol$(Crossland et al., 2005),比深海的氮磷埋藏率高出一个数量级,说明了海岸带对营养物质循环的重要性。此外,由于碳、氮、磷通量是与沉积作用相联系的,因此,当沉积物通量和堆积速率的空间分布格局发生变化时,海岸带的生源物质收支状况将随之改变。

在 LOICZ 的工作中,类型外延法是计算生源物质通量的方法,其要点是将海岸带区域划分为面积相等的众多区块(例如 $1\,km^2$),对这些区块按照若干环境参数(如水温、盐度、底质粒径、水流流速、水深等)进行分类,针对每种类型选择有充分数据的区块进行氮和磷的收支估算,最后将估算结果推广到全部区块。这一方法在缺乏全面数据的情况下可以得出一个大致的数据,而且相对于一般的"趋势外推法"是一个进步,但是其局限性也是显而易见的。有数据的区块,其数据质量和时空代表性有很大差异,从而导致估算结果的不确定性;同一类型的区块由于影响氮磷收支的因素很多,无法全部考虑,这也导致估算的误差。

从海岸带管理的角度来看,生态系统的健康状况如何,它可以提供多大的服务功能,未来变化的趋势如何,针对这些问题如果能够建立定量的指标,则将为管理工具的建立带来很大的益处。在这方面,关于生态系统商品价值和服务价值的估算方法(Costanza et al.,1997)是很有参考意义的,现在已被很多地方的海岸带管理部门所采用。

流域盆地是海岸带物质的主要来源,而且流域盆地的环境在自然因素和人类活动的共同作用下正在发生快速的变化,因而成为 LOICZ 的研究重点之一。根据"驱动力-压力-状态-影响-对策"框架的问卷调查结果,流域-海岸系统的环境演化的驱动力和压力主要是来自人类活动,而其影响是可以通过恰当的管理措施来约束的。研究还表明,大型流域盆地和中小型盆地的变化对管理对策的响应很不相同。大型盆地涉及跨越行政区域的问题,而中小型盆地海岸环境的改善可能通过政策、基础设施投入、土地利用格局以及资源管理方式的调整而速见成效。

2000 年,在 LOICZ 科学指导委员会第 11 次会议上,开始酝酿该核心子计划第一阶段的科研成果集成。上述成果后来总结在由德国 Springer-Verlag 出版公司发行的专著(Crossland et al.,2005)中,这标志着 LOICZ 头十年工作的结束。

按照 IGBP 的部署,在 2001 年于阿姆斯特丹举行的科学指导委员会第 12 次会议上,讨论了 LOICZ 的发展方向和研究议题。此后,经过 3 年的努力,于 2004 年完成了《LOICZ 科学计划与实施战略》(LOICZ IPO,2005),并作为 LOICZ 第二阶段(2003～2012 年)工作的指导性文件。LOICZ 第二阶段的目标是提供能够更好地进行地球系统分析模拟和海岸带管理的科学信息。为此,按照"驱动因素、压力、状态、影响、反应"的构架确定了 5 项研究主题:(1)海岸系统脆弱性和人类社会风险,重点探讨海岸带在全球变化背景下对人类社会所能提供的产品、服务的可持续性和风险;(2)全球变化和土地、海域利用方式对海岸带开发的影响,重点探讨土地、海域利用方式将如何影响海岸带自然资源的状况;(3)人类活动对流域-海岸相互作用的影响,重点探讨流域物质输出对海岸的作用;(4)海岸带和陆架水域物质归宿和转换,重点探讨碳、营养物及沉积物的循环和交换过程;(5)陆海相互作用管理和海岸系统可持续性,其重点是综合以上主题的研究成果,提出海岸带管理的新途径。

《LOICZ科学计划与实施战略》论证了上述5个主题的研究现状、当前知识缺陷、工作目标、实施战略、与IGBP其他核心子计划的关系以及预期成效,强调LOICZ第二阶段将注重自然科学与社会科学的结合,注重与其他全球变化领域的科学组织的合作,注重不同空间尺度的研究成果的整合,注重后备人才和研究队伍的培养。

与前十年相比,LOICZ第二阶段有一些新的发展思路,对我国今后的海岸带陆海相互作用领域的工作具有一些借鉴意义。

首先,LOICZ第一阶段的基础研究是以生物地球化学循环为重点的,其方法是"类型外延法",而第二阶段的一个要点是物质的归宿和转换,强调了沉积物作为碳与营养盐载体的重要性、过程和机理研究的重要性。值得注意的是,就实现系统模拟和预测的目标而言,过程和机理研究的内涵是什么,这个问题在LOICZ内部尚不够明确,从系统方法出发来定义过程和机理似乎是有益的。我国目前正在大力推进地球系统科学的工作,对这个问题应该有深入的探讨。

其次,在海岸带管理方面,LOICZ第一阶段注重人类活动对海岸带的影响,其研究目的是为管理提供科学依据,而第二阶段更多地关注到管理技术本身,提出了保持海岸生态系统的产品和服务价值、提高海岸带人居环境容量等新理念,并大力提倡了自然科学和社会科学在这项研究中的交叉。这对于我国海岸带的科学发展模式的建立也是十分重要的。例如,在海岸湿地管理的问题上,怎样进行土地资源的合理开发、怎样规划临海工业园区建设、怎样估算湿地生态系统的产品和服务价值,这些问题需要按照经济规律和社会发展规律,通过多学科交叉研究加以解决,否则,盲目建设将对海岸带产生不利影响。

最后,在后备人才培养问题上,LOICZ第一阶段采取的措施是邀请青年学者参加学术研讨会,从中发现人才,而第二阶段除上述措施外,还启动了自己的人才培养计划。例如,于2004年开始执行的Erasmus Mundus计划旗下的"水环境和海岸带管理硕士欧洲联合培养计划"每年在全球范围招收学生,以欧洲不同国家的四所大学为基地,聘请世界各地的专家来讲授4个模块的39门课程,每个学生可以选择一个模块作为主攻方向,同时也允许选修其他模块的课程。这样的人才培养模式是一种新的人员补充机制。在我国,国家自然科学基金委员会对国家理科人才培养基地的资助具有类似的作用,今后可以更有针对性地资助"全球变化"领域的人才培养基地,以造就适应于多学科交叉的年轻研究队伍。

16.2　其他国际学术组织进行的海岸带陆海相互作用研究

由于海岸带环境和科学问题的复杂性,陆海相互作用的研究不可能全部包含在 LOICZ 框架内,IGBP 的其他核心子项目,如以往的 JGOFS(全球物质通量)、GLOBEC(全球海洋生态系统动力学),以及目前正在执行的 IMBER(海洋生物地球化学与生态系统综合研究)、PAGES(地史上的全球变化)等,它们在很大程度上也是针对陆海相互作用的,由于学科专业上的原因而成为独立的研究专题。此外,在国际上,与 LOICZ 并行的国际组织和研究项目还有许多。例如,欧洲实施了 EUROCAT 项目(Salomonsa, 2004),有 23 个研究机构的 70 位科研人参与了该项目,其研究的目标是:确定流域变化在本区域海岸带的影响效应,发展综合生态自然和社会经济的整体模型,建立未来区域性环境变化的预案,利用这些预案和模型评价未来海岸带的变化,探索政策制定者能够应用上述研究成果的潜力。

国际海洋学研究委员会(SCOR)资助了一系列海岸带陆海相互作用的科研项目。例如相对海平面变化与世界淤泥质海岸(第 106 工作组)、海岸带风浪流的耦合模型(第 111 工作组)、海底地下水通量及其对近岸海洋过程的影响(第 112 工作组)等。

目前正在执行的项目"河口沉积物滞留机制"(第 122 工作组)是由 SCOR、LOICZ 和 IAPSO 共同资助的,其目标是建立河口沉积物滞留指数(Sediment Retention Index)的计算方法,并且分析影响滞留指数的各种因素的相互作用形式和长时间基础的演化历程。主要的控制因素包括地貌特征、沉积物来源和来量、河口潮汐的变幅、最大浑浊带、水体盐度和密度分布状况、近岸波浪动力、气候动态、相对海面变化、沉积物与生物的相互作用、人类活动等。

这项研究工作是与 LOICZ 第二阶段的第四专题"河流入海物质的去向"密切相关的,对于河口地貌、沉积体系演化趋势的预测是很有意义的。通常"平均滞留时间"都是针对水体、营养盐或污染物而言的,也有较为成熟的计算方法。但是"沉积物的平均滞留时间"尚未有明确的定义和计算方法。阿根廷科学家 G. M. E. Perillo 于 2000 年提出了"滞留指数"的概念,即一定时段内圈闭于一定河口区域范围的沉积物量与外部输入的沉积物总量之比。这个概念引出了以下几个科学问题。首先,滞留指数在河口区域有空间尺度和空间分布上的差异。需要考虑多大的河口区域范围? 如果将河口区域分段加以考虑,滞留指数会有怎样的空间分布? 这些问题与河口的地貌、河流输入、潮汐条件有关。其次,滞留指数很可能是一个与时间尺度有关的参数。在不同的时间尺度下,该参数会发生什么样的变化? 一些研究表明,河口海岸环境中的沉积速率、沉积层的保存潜力等与时间尺度之间有幂函数关系,而滞留指数受到沉积物交换、堆积、侵蚀等过程的控制,它与沉积速率、保存潜力等变量之间应该存在着某种逻辑联系。最后,需要阐明滞留指数与平均滞留时间的关系。我们可以根据滞留指数来推算出沉积物的平均滞留时间吗? 如果能够换算为滞留时间,就可以对比沉积物与河口水体、营养物或污染物行为的异同。应注意的是,沉积物中不同颗粒的组分会有不同的滞留指数,而平均滞留时间的计算可能更主要的是针对较细颗粒的或者容易在颗粒态、溶解态之间转换的组分。

联合国教科文组织所属的"国际地学计划"(International Geoscience Programme)也资助了这个领域的研究。因该计划的前身为"国际地质对比计划"(International Geological Correlation Programme),故继续沿用"IGCP"作为该计划的简称。IGCP 第 495 号项目"第四纪陆海相互作用"的研究重点包括陆源沉积物输入对海岸演化的驱动作用、海面上升等自然因素和流域的史前及近期土地利用方式等人类活动因素对第四纪海岸演化的影响、海啸等突发事件对沉积物输运通量的定量估算,以及古环境演化重建的技术等(Gehrels & Long,2007)。此前 IGCP 还资助过 5 项与海平面有关的项目(第 61、200、274、367 和 437 号项目)。IGCP 第 475 号项目 "亚太季风作用区的河流三角洲"是关于亚太地区的大型河流三角洲演化及其所含的环境演化信息的。

陆缘物质入海通量及其产物是流域-海岸相互作用研究中的一个重要问题,美国于 20 世纪 90 年代中期发起了 STRATAFORM 研究计划来探讨大陆边缘沉

积体系形成演化、其中所蕴涵的环境演化信息、不同时间尺度的地层演化等问题
(Nittrouer，1999)。在此基础上，又提出"从源到汇"(Source to Sink)的研究内容，
探讨气候变化和人类活动响应下的从河流到深海的物质输送和交换过程，成为美国
NFS"海陆边缘科学计划"的组成部分(Weaveret al.，1999)。STRATAFORM 计
划后来还得到了欧洲国家的参与，欧洲资助了 EUROSTRATAFORM 计划，从
2002 年开始执行，与此同步进行的还有美国资助的 EuroSTRATAFORM 项目
(MARGINS Office，2003)。这些项目的目的是定量地刻画从流域到大陆边缘的
沉积物输运路径和机理，增进对大陆边缘沉积层序特征的了解，以预测海洋沉积
体系对气候变化、海面变化和流域土地利用方式变化的响应。

在亚洲，APN(亚洲-太平洋地区全球变化研究网)是一个包括我国在内的多
国合作建立的研究机构，它资助了许多区域性的研究项目。APN 认为，亚太地区
拥有全世界三分之二的人口，全球位于海岸带的大城市多数分布在这一地区，本
区的海岸带资源开发和管理问题最为突出，是海岸带陆海相互作用研究的重点区
域。因此，APN 在成立后就一直把陆海相互作用研究作为工作的重点之一，2005
年出版的"Global Change and Integrated Coastal Management"(Harvey，2006)更
是清晰地给出了今后十年左右的时间内 APN 的资助方向，例如对海岸带管理、流
域-海岸相互作用、海岸带环境演化、海岸带人口增长和城市化、海岸带污染的影
响、大型河流三角洲动态等方面的研究。

近年来，APN 在流域-海岸相互作用领域资助了由俄罗斯科学院远东分院牵
头、我国科学家参加的项目"Climate variability and human activities in relation to
Northeast Asian land-ocean interactions and their implications for coastal zone
management"，该项目以黑龙江、图们江、黄河、长江与珠江流域-海岸系统为研究
区域，重点研究气候的平均值变化和变幅对流域的影响、流域和海岸带人类活动
的动态变化、流域变化对海岸带环境和生态系统的影响，以及上述研究对区域性
海岸带管理的影响等问题。

16.3 我国的海岸带陆海相互作用研究现状

我国在推进全球变化研究中作出了很大努力,成立了"IGBP 中国全国委员会"以及各个核心子项目的机构,如"LOICZ 中国委员会"等。LOICZ 中国委员会的建立是在 20 世纪 90 年代中期,至今已有十多年历史,其中的一些成员参加了国际 LOICZ 的科学指导委员会的工作,在科学计划的制订中发挥了作用,并且把我国的海岸带研究的声音带到了国际科学组织机构,使我们的国际同行认识到海岸带问题作为一个全球性的问题在不同的区域可以有不同的表现形式和不同的解决办法。

与欧洲和北美相比,亚洲地区的情况更为复杂(参见第十五章)。这里是世界上人口最为密集的地区,并且有着发源于世界最高的青藏高原的巨大流域系统,其中许多河流具有全球影响。本区的另一个特点是岛屿河流的沉积物入海通量很大。在全球气候、地貌、生态系统变化的背景下,流域自然过程和人类活动在控制邻近海岸的环境特征上起着重要的作用,而海岸带环境的改变又会反过来影响流域。

我国地处亚洲东部,海岸带人口密集,环境压力很大,因此具有加强海岸带管理的迫切需求。国家海洋局在 20 世纪 70 年代末到 80 年代组织实施全国海岸带资源综合调查,所获得的科学数据一直是海岸开发和管理的主要信息来源。20多年以来,海岸带的自然状况和社会经济条件发生了很大变化,海岸带数据的更新成为一项重要任务,近年来执行的 908 项目就是针对这一需求的。从海岸带管理的角度看,仅仅依靠间歇性的调查项目来更新信息是不够的,还需要建立海岸带数据实时更新的机制。

在海岸带陆海相互作用的基础研究方面,国家自然科学基金委员会资助了许多重点和面上项目,这个领域的研究也一直列在国家自然科学基金项目的指南之中,这些措施对海岸科学研究和后备人才培养起到了十分重要的推动作用。此外,国家科技部也很重视全球变化领域的工作,近年来在资源、环境领域资助了多个海洋和海岸带的项目,2002 年 973 项目"中国典型河口-近海陆海相互作用及其环境效应"的启动就是其中之一。国家海洋局在海岸带管理及其科学问题上组织了重要的研究工作。

虽然在科学内容上我国的陆海相互作用研究与国际上的总体趋势是一致的,但是在研究的侧重点和应用目标上却与西方发达国家有较大的不同。例如,欧洲许多国家在海岸带管理上产生了"向陆退却"的需求,而我国海岸带资源开发的需求很旺盛,如何本着顺应自然的原则(Gao & Collins,1995b),在合理开发资源的同时又保护海岸生态系统和环境健康,是摆在海岸带管理面前的主要任务。由于研究目标的不同,要解决的科学问题也有所不同。

在欧洲,过去海岸带开发的强度很大,土地围垦、海岸防护工程、海岸带房地产开发等活动已经超越了经济发展的实际需要,在全球变化和环境保护的压力下,继续加大这些活动的力度也没有必要,而且即使要对已开发的地区实施保护,也需要算算经济账和生态账。在英国 Wash 湾,人们发现试图通过海岸防护来保卫已围垦的土地和房产,从经济上说是不可行的,因为防护的投入超过了被保护财产本身的价值。如果采取"退却"策略,让已围垦的土地回归海洋,这样不仅可以减少经济损失,而且有助于保护海岸带环境与生态。因此,在管理措施上,当地有关部门决定在进行科学研究的基础上实施最佳的"退地还海"方案。Wash 湾的情况在欧洲是有代表性的,如何拆除海堤、如何恢复海岸湿地的功能、如何评价"退地还海"工程的效应,这些问题成了许多海岸研究者的科研课题。

我国经济和社会发展对海岸带港口资源、土地资源和生物资源的开发提出了更高的要求。一方面,过去的资源开发模式有许多落后的地方,资源的利用效率低,浪费严重,海岸带地区的贫困状态迫使人们进行粗放式、掠夺性的开发,既破坏了资源本身,又缺乏资金来进行环境保护。另一方面,经济发达地区希望有更大的港口吞吐能力,更大的开发规模,因此把重点放在超大型港口建设和潮间带土地围垦上,上海就是一个典型的例子。在现阶段,我国的海岸带管理的总体方针不可能是"退地还海",而是要提高海岸带资源开发的效率,合理开发资源,同时注重海岸带的环境保护和生态建设。科研的主攻方向也应该是弄清海岸带的资源潜力及其在全球变化背景下的变化趋势,提出合理开发资源的战略构想,解决环境和生态保护的关键问题。仍以上海市的土地资源为例,该地区的滩涂面积较大,是潜在的土地资源,然而随着长江入海物质通量的减小,今后新增滩涂面积不大,甚至将发生从增长到减少(由于海岸侵蚀)的逆转。因此,今后应采取节约使用土地资源的方针,对滩涂的生态系统加以保护,以免过度围垦而招致破坏。这个实例说明,流域-海岸相互作用会影响到土地资源开发和管理的策略。

16.4 我国海岸带陆海相互作用及相关科学问题

在我国,海岸带陆海相互作用的特征受到流域人类活动的强烈影响,如水坝建设和化肥施用,气候和海面变化也起了一定的作用。在海岸系统不断变化的情况下,为了合理开发海岸带资源、改进海岸带管理,应进行以下调查和研究工作:在现场监测和观察的基础上,定量地描述上述变化;了解引起海岸系统变化的过程和机制;发展预测未来变化的趋势和幅度的新方法、新技术;将所获结果应用于海岸带的开发和管理实践(高抒,2006a)。以下几项工作可望成为近期研究的重点。

1. 沉积物入海通量的观测:流域水库建设减少了入海沉积物数量,应该对沉积物入海通量进行连续观测,并分析沉积物入海通量的时相、季节分布及其变幅。

2. 河口-海岸地区的淤积和侵蚀状况:对一些典型河口系统,进行沉积动力的长期观测、不同时间尺度(如潮周期、季节和年际)悬沙浓度变化的分析、河口冲淤速率的观测和监测。

3. 大型工程项目对邻近大陆架生态系统的影响:由于流域和河口海岸工程的实施,输入河口和海岸水域的营养物质的数量、时相、收支状况会有很大改变,并影响河口和海岸带的物理环境条件,对此应实施系统的观测。

4. 流域-海岸系统沉积物滞留过程:影响沉积物在流域-海岸系统滞留特征的因素包括淡水流量、水深、陆架水动力(波浪、潮汐、沿岸流)等,为了定量表达沉积物滞留指数,需要研究这些因素的变化格局。

5. 海岸演化的动力地貌模拟:海岸动力地貌模拟的新技术的发展要基于对

沉积物输运率和堆积/侵蚀率的计算,并且考虑较大时间尺度的因素,如海面变化、地层沉降、沉积物供给等。

6. 物质运移的地球化学示踪:封闭系统的混合模型经常被用来获取物质来源的定量信息,但对于像河口海岸这样的开放系统来说,应发展新的地球化学示踪方法来确定物质在河口-海岸系统的运移特征。

7. 沉积记录形成的正演模型:在沉积动力学和动力地貌学的基础上发展正演模型技术来模拟沉积层序的形成,获得一些无法利用反演方法获得的重要的环境信息,如沉积记录的保存潜力等。

8. 海岸带土地围垦潜力:潮滩的增长是受沉积物供给、海岸地面沉陷、海平面变化控制的,根据这些因素可以估算海岸陆地未来的增长潜力,以便制定合理的围垦规划和海岸湿地保护规划。

9. 未来海岸带管理方法:对于规划和管理而言,必须要有本地区未来的发展、环境变化、社会和经济增长的趋势、气候条件、生态演化等方面的预案资料,因此应该发展新的方法来制定合适的预案,将预案的设定建立在结合历史记录、现状和未来趋势预测的基础上,发展海岸带管理的人工智能工具。

16.5　结　　论

1. 海岸带陆海相互作用研究包括海岸带动态演化、海岸带可持续发展以及海岸带综合管理方法等方面,具有自然科学、社会科学和人文学科多学科交叉的特点。

2. 在国际上,这个领域的工作得到了国际地圈生物圈计划、国际海洋学研究委员会、国际地学计划、亚洲-太平洋地区全球变化研究网等国际学术组织的资助,产生了一些成果,如 IGBP 核心子计划"海岸带陆海相互作用"在海岸带碳氮磷收支的全球图景、计算生源物质通量的类型外延方法、海岸带生态系统商品价值和服务价值的估算方法、流域-海岸系统演化与管理对策等方面取得了进展。

3. 在我国,海岸带陆海相互作用的基础研究得到了国家自然科学基金委员会和国家科技部的资助,而国家海洋局在海岸带管理及其科学问题上组织了重要的研究工作。

4. 虽然在科学内容上我国的陆海相互作用研究与国际上的总体趋势是一致的,但是在研究的侧重点和应用目标上却与西方发达国家有较大的不同。欧洲许多国家在海岸带管理上产生了退地还海、向陆退却的需求,而我国海岸带资源开发的需求很旺盛。由于研究目标的不同,要解决的科学问题也有所不同。我国经济和社会发展对海岸带港口资源、土地资源和生物资源的开发提出了更高的要求,科研的主攻方向是弄清海岸带的资源潜力及其在全球变化背景下的变化趋势,提出合理开发资源的战略构想,解决环境和生态保护的关键问题。

5. 在海岸系统不断变化的情况下,为了合理开发海岸带资源、改进海岸带开发的管理,应加强现场监测和调查工作,进行引起海岸系统变化的过程和机制的基础研究,发展预测未来变化的趋势和幅度的新方法、新技术,提高海岸带开发和管理的水平。

第十七章 潮汐汊道形态动力过程研究

　　潮汐汊道是一种典型的潮流作用占优势的沉积环境(Boothroyd，1985)。一个潮汐汊道系统是由纳潮盆地、口门水道和涨落潮流三角洲所构成的(Hayes，1980)。纳潮盆地除了接受来自外海的水流外，往往还接受来自陆地的河流淡水输入，当河流的规模足够大时，潮汐汊道就转化为河口湾环境。因此，在自然界存在着许多介于潮汐汊道和河口湾之间的沉积环境(FitzGerald et al.，2002)。口门水道是潮流动能汇聚的地方，海水在涨潮期间流向纳潮盆地，落潮期间流向外海。涨、落潮流三角洲分别形成于口门水道的内外两侧，是涨、落潮流输运物质和堆积的结果。

　　由于潮汐汊道系统的口门水道往往是天然航道，而纳潮海湾则提供了港口所需要的停泊和避风条件，因此许多重要的海港都依靠潮汐汊道的环境来进行建设(Bruun，1978；任美锷、张忍顺，1984)，我国的青岛港和洋浦港就是典型的实例。在港口建设上，口门水道的稳定性长期以来都是海岸工程领域的关注对象。从动力地貌学的观点来看，口门水道的地貌形态特征和演化的研究具有重要的理论意义，因为它涉及多种关键的海岸动力过程，同时还与动态均衡的概念密切相关。

　　地貌均衡态的存在依赖于系统中占主导地位的负反馈机制，而口门水道形态的确与纳潮量和口门过水断面面积之间的反馈关系有关。纳潮量是涨潮期间进入纳潮海湾或落潮期间输往外海的水体体积：

$$P = \int_{T_f} u_f \cdot A \mathrm{d}t = \int_{T_e} u_e \cdot A \mathrm{d}t \qquad (17-1)$$

式中 P 为纳潮量，T_f 和 T_e 分别为涨、落潮历时，u_f 和 u_e 分别为涨、落潮期间的断面平均流速，A 为过水断面面积。变量 u_f、u_e 和 A 均为时间的函数。

P 也可以用下式计算：

$$P = \int_{\eta_1}^{\eta_2} A_b(\eta)\,\mathrm{d}h \qquad (17-2)$$

式中 A_b 是纳潮海湾在不同潮位下的面积，η_1 为低潮水位，η_2 为高潮水位。A_b 是潮位 η 的函数，通常表示为高程-纳潮海湾面积曲线（图 17-1）。

由式（17-2）可知，纳潮量是由纳潮海湾的大小和高低潮位之间地带的地貌形态所决定的。

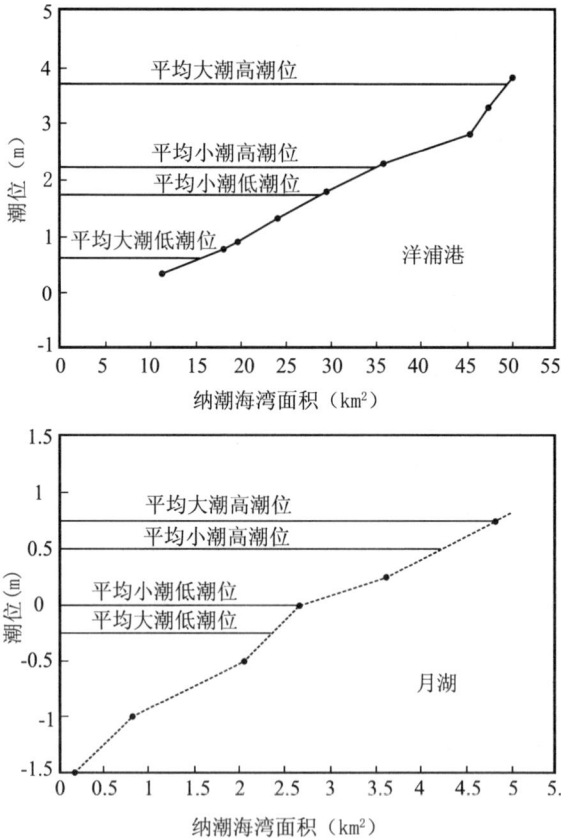

图 17-1　我国海南岛洋浦港和山东半岛月湖潮汐汊道的高程-纳潮海湾面积关系曲线

口门流速和过水断面面积之间存在着负反馈关系。因此，从式（17-1）可以看出,当 A 的时间平均值 A_E 减小时,流速将增大,口门水道内的物质被输运到涨、落潮流三角洲堆积,口门内部则出现物质亏损,也就是说 A_E 将会扩大;而当 A_E 增大时,流速就减小,沉积物输运能力下降,口门内发生淤积,从而阻止 A_E 的增大。由此可见, A_E 的演化趋势是达到均衡态。从式(17-1)、(17-2)的关系可知, A_E 的大小应与 P 有关,前人研究提出的 A_E - P 关系为(O'brien, 1969):

$$A_E = C \cdot P^n \tag{17-3}$$

式中 C 和 n 为常数,可通过一组 A_E 、 P 数据的线性回归分析而获得。

式(17-3)被作为一个经验公式广泛应用,并被作为港口建设的重要依据。但是,在式(17-3)中是无法直接看出 C 和 n 这两个参数的物理意义的,而且其控制因素也是不确定的,这种状况限制了我们对 A_E - P 关系的物理机制的了解,也无法明确(17-3)式的应用条件。因此,研究者们提出了用沉积动力学方法来研究 A_E - P 关系的形成过程,进而探讨口门水道的系统行为的建议。本章的目的是综述这个方向的研究进展,并提出进一步深入研究的科学问题。

17.1 动态均衡下的 A_E-P 关系

17.1.1 确定 A_E-P 关系的 O'Brien 方法

根据不同汊道的 A_E 、 P 数据的回归分析来确定式(17-3)所定义的 A_E - P 关系,这种方法为 O'Brien (1969) 首次使用,故称为 O'Brien 方法。它在世界不同的区域被广泛应用(Johnson, 1973; Jarrett, 1976; Shigemura, 1980; Zhang, 1987; 高抒, 1988; Zhang & Wang, 1996)。由于断面面积 A 随潮位而变化,而 A_E 又是 A 在潮周期中的平均值,因此在操作层面上 A_E 被定义为平均海面之下的断面面积,可以从海图上算出来。 P 采用大潮时的纳潮量,由式(17-2)计算;当高程-纳潮海湾面积关系曲线缺失时,可近似地用纳潮海湾的高潮水位面积与大潮潮差的乘积来表示。

如果能获取一组潮汐汊道的 A_E 和 P 值,则线性回归分析是简单易行的,问题是用哪些汊道的数据来分析。例如,在地理分布上,美国科学家尝试使用美国海岸的全部汊道,或者按照太平洋沿岸和大西洋沿岸加以区分,获得不同区域的 A_E-P 关系(O'Brien, 1969; Johnson, 1973; Jarrett, 1976)。还有的研究者主张对同一区域的汊道进行分类,然后对每种类型的汊道分别进行分析(Shigemura, 1980)。大量的分析研究表明,对于一定区域的汊道而言,A_E 和 P 之间存在着显著的统计关系,但在不同的区域,统计分析所获得的 C 值有很大的不同,而且 n 值也有一定的变化范围,一般在 1.2~0.8 之间。因此,A_E-P 关系应建立在同一区域的汊道数据之上,这样即使是用不同的汊道组合,也能获得相近的 A_E-P 关系曲线,能够满足海港建设等应用上的需要。

在美国学者的研究中,潮汐汊道大多形成于砂质海岸,在平面形态上呈典型的 Ω 型,因此,$\log A_E$ 和 $\log P$ 之间的线性相关性较高。但是,日本学者 Shigemura (1980)注意到在基岩海岸,从典型的汊道到开敞的海湾之间存在着大量的过渡类型,如将包括过渡类型在内的全部纳潮海湾都纳入统计的范围,则虽然仍有较显著的相关系数,但数据的离散程度却大大提高了。因此,在这种情况下,他建议用一些形态分类的指标先对纳潮海湾进行分类,然后对每一种类型进行统计分析,其结果显示离散程度被明显减低。按照他的方法,一些不典型的纳潮海湾也可以按照一定的形态指标加以归并,换言之,凡数据点落在某一 C 值和某个 n 附近的海湾就被归为同一类。然而,这样处理之后,相关性的提高只是表面的,并不能真实地代表均衡条件。

17.1.2 O'Brien 方法存在的问题

O'Brien 方法的简明易行使其得到了广泛的应用。但问题是,这种 A_E-P 关系是否真实地或近似地代表动力均衡条件? O'Brien 方法所面临的是一个两难的问题(Gao & Collins, 1994a):如果参与统计的汊道系统均已处在均衡态,那么 A_E-P曲线充其量只是均衡态的平均状况,而不表示处于离散状态的单个汊道系统的均衡态;另一方面,如果参与统计的汊道并未达到均衡态,或者其中部分汊道未达到均衡态,那么所获得的 A_E-P 曲线又如何能代表均衡态下的曲线?

上述第一个问题尽管在逻辑上是棘手的,但还可以通过"工程近似"的理由来解决。对一个特定的区域而言,只要 $\log A_E$ 和 $\log P$ 之间具有良好的相关性,用"平均曲线"来代表单个汊道的均衡态就不至于造成太大的误差,在工程应用上是可以接受的。这一理由可能是成立的,尽管我们已注意到在对数尺度上 A_E 的计算可能会有一定的误差。

　　两难问题中的第二个要严重得多,由于无法在研究之前就先验地判断哪些汊道已达到均衡态,因此,用于统计的数据实际是无法筛选的,也就是说参与统计的汊道中很可能有一部分是尚未达到均衡态的。我们可以用 A_E-P 关系中的指数 n 的取值来说明这个问题。在幂函数关系中 $n>1$ 和 $n<1$ 代表两种截然不同的状态,$n=1$ 时代表线性关系,而 $n>1$ 时表示纳潮量较大的汊道倾向于维持一个比线性关系更大的过水断面面积,$n<1$ 则表示随着纳潮量的增加断面面积只能以低于线性关系的方式增加。沉积动力学的研究(见下述)表明 $n>1$ 是符合汊道演化的动力机理的,而 $n<1$ 的情况则是不符合的。在以往的 A_E-P 关系中经常出现 $n<1$ 的情形,说明在统计数据中含有一些尚未达到均衡态的汊道系统的数据。

　　进一步的分析表明,这些非均衡态的汊道可以是基岩海岸的某些海湾,如日本沿岸的海湾(其 n 值远小于 1),也可以是一些纳潮海湾面积较大(通常大于 100 km^2)的汊道,如果把这些数据去除后再进行统计分析,则 n 值就会升高至 1 以上。一个有趣的问题是,在选取大型汊道时,如果随机地进行选取,那么在 $n>1$ 的正常 A_E-P 关系曲线的两侧出现尚未达到均衡态的汊道应该都是有可能的,亦即 $n>1$ 的状况不应被改变,这如何会导致 $n<1$ 的结果呢?对于这个问题,我们应该指出,实际上研究者们对于大型的汊道并未做到随机取样,而这又是与人们心目中的汊道平面形态有关的。研究者们按照汊道的"有一个狭窄的通道与外海相连"的概念,倾向于选取那些具有典型的 Ω 形态的海湾,开口较宽的系统则往往被淘汰而不能参与回归分析。对于两个具有相似几何形态但规模不同的汊道系统而言,随着规模的增大,在潮差相同的情况下,纳潮量的增加与纳潮海湾的直径的平方成正比,而过水断面的面积的增大则基本上与口门的宽度成正比或稍大一些。研究表明,宽度的增加不能导致平均水深度的相应增加,大型汊道口门的水深条件通常较为接近(Bruun, 1978),因此,所获得的 A_E、P 数据点必然处于 $A_E=CP$ 直线的下方,从而导致 $n<1$ 的回归统计关系。

　　胶州湾的研究结果(高抒、汪亚平,2002)提供了一个实例。与胶州湾所在区域的中、小型潮汐汊道的 A_E-P 关系曲线(Zhang & Wang, 1996)相比,胶州湾数据点有明显的偏离(图17-2),说明胶州湾口门水道是远离均衡态的。这可以解释胶州湾为何在由于围垦而使纳潮量不断减小的情况下,口门断面面积并未下降;目前的断面面积只是两岸基岩约束的结果,而非均衡调整的结果。

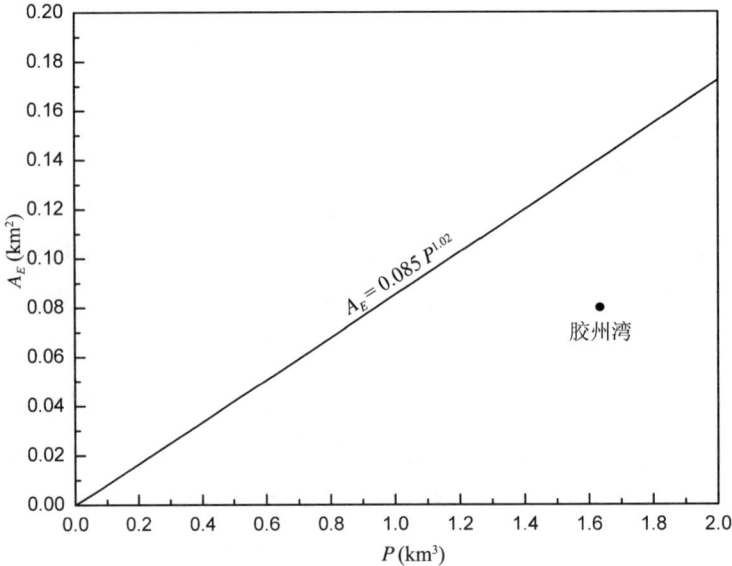

图 17-2　胶州湾 A_E、P 数据点相对于区域性 A_E-P 关系曲线的偏离
(据 Zhang & Wang, 1996;高抒、汪亚平,2002)

17.1.3　A_E-P 关系的沉积动力学方法

针对 O'Brien 方法存在的问题,一些研究者认为应给每一个汉道系统定义一个均衡断面面积,建立在"封闭曲线"理论上的计算方法就是其中之一(Escoffier,1940;Kreeke,1985,1990a,1990b,2004;龚文平、王道儒,2006)。但是,封闭曲线的定义是根据水道中的流速和沉积物输运能力,并不直接或显式地表示出单个汉道系统的 A_E-P 关系。

另一种方法是通过沉积动力学分析来建立单个汉道系统 A_E 和 P 之间的关系(Gao & Collins,1994b;高抒、张红霞,1994,1997;贾建军、高抒,2005)。在口门水道中,如果涨、落潮周期中的沉积物净冲淤量处处为 0,则水道的地貌形态就达到了均衡态。基于这样的考虑,在口门水道受到沿岸输沙影响的区段,口门水道最小断面处应满足以下沉积动力条件:

$$T_f U_f A_E + T_f Q = P_m \tag{17-4}$$

$$T_e U_e A_E + T_e Q = P_m \tag{17-5}$$

$$\frac{T_e B Q_* - T_f B Q_{sf}}{T_f + T_e} = \delta \gamma Q_l \tag{17-6}$$

式中 T_f 为平均涨潮历时，T_e 为平均落潮历时，U_f 和 U_e 分别为断面和时间平均的涨、落潮流速，A_E 为均衡断面面积，P_m 为平均纳潮量（对于特定的汊道而言，P_m 与 P 之间有固定的换算关系），Q 为淡水径流量，B 为口门水道宽度，Q_{sf} 为水道中的平均涨潮输沙率，Q_* 为平均落潮输沙率，γ 为沉积物容重，Q_l 为沿岸毛输沙率。参数 δ 在贾建军和高抒(2005)的论文中是缺失的，这是由于在上述文献的算例中，方程(17-6)左边的数值为正值。对于更普遍的情形，应补入参数 δ，其值为 1 或 -1，与式(17-6)左边数值同号。

由于 Q_* 和 Q_{sf} 均可表示为流速的函数(Kreeke，2004)，因此方程(17-4)～(17-6)中的 A_E、U_e 和 U_f 可看成是未知变量，其他参数可作为已知变量，对于特定的汊道系统可根据观测资料加以确定，于是上述三个未知变量可以从方程组中解出。

这一方法可以确定单个汊道系统的均衡过水断面面积，而无须进行多个汊道的统计分析，因而避免了 O'Brien 方法的两难问题。更重要的是，以式(17-4)～(17-6)为控制方程组，可以计算出不同 P 值下的 A_E 值，从而展示不同沿岸输沙和潮汐类型等条件下的 A_E-P 关系曲线，实现对均衡过水断面面积的预测。

对中小型潮汐汊道(纳潮海湾面积在 $100\ \text{km}^2$ 以下)的数值计算表明(贾建军、高抒，2005)，用沉积动力学方法获得的 A_E、P 数据点可以拟合为式(17-3)所示的幂函数关系，而参数 n 的数值在 1.15 左右，且不同大小的汊道和不同的沿岸输沙与潮汐条件下均较为稳定(图 17-3)。这一结果与 O'Brien 方法所获数值不同。参数 C 的值可以有很大的不同，随潮汐类型(全日潮或半日潮)、汊道系统的时间-流速不对称(即 T_e 与 T_f、U_e 与 U_f 之间的对比关系)和沿岸输沙的强度而变化，这与前人用 O'Brien 方法所获得的结论是一致的。

沉积动力学方法的结果支持 A_E-P 关系的基本形式即幂函数关系，但在参数 n 的取值上与 O'Brien 方法有很大不同，$n>1$ 的计算结果提供了均衡态潮汐汊道

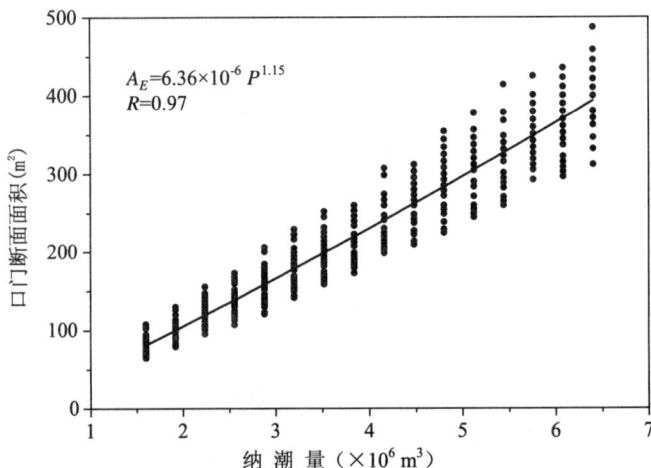

$A_E = 6.36 \times 10^{-6} P^{1.15}$
$R=0.97$

图 17-3　山东半岛月湖潮汐汊道的 A_E-P 关系的沉积
动力学模拟结果（据贾建军、高抒，2005）

应满足的基本条件,这是前人用简单统计方法时包含了尚未处于均衡态的汊道数据的又一佐证。在汊道口门演化的沉积动力机制上也能理解 n 的取值范围。一方面,汊道口门附近的沉积物来源主要是附近的海岸带,进入汊道口门的物质必须全部被潮流输往涨、落潮流三角洲,否则口门水道将发生淤积。另一方面,海岸带的物质供给量是由波浪等水动力条件所决定的,不大可能出现小型汊道恰好对应于小的供应量而大型汊道恰好对应于大供应量的情况,在同一区域的海岸,无论纳潮海湾的面积如何,都要面对相近的沉积物供给条件。在此条件下,大型汊道的宽度较大,在同样的水流流速下可以有大于小型汊道的沉积物输运能力。因此,对于一定的沉积物来量,大型汊道只要有相对较小的流速就可以将物质输往涨、落潮流三角洲,汊道口门的断面面积也就相对较大。

式(17-4)~(17-6)定义的方法也有其局限性。首先,口门水道的宽度是作为已知参数来对待的,但是对天然水道而言其宽度是一个独立变量(Gerritsen,1992),而在海岸工程中,如设计潮汐汊道的口门航道时,水道宽度是一个待定的参数。目前对天然水道的宽度和宽深比还是缺乏理论计算的方法,通常用经验公式来处理(Kondo,1975; Vincent & Corson,1981)。因此,有必要对口门水道的宽度的影响因素和基本过程进行沉积动力学的研究工作。

　　另外，这一方法只能获得过水断面面积而无法给出断面形状的信息。潮汐汊道的断面形态可以影响潮流的分布，从而改变汊道口门的物质输运过程，对于小型潮汐汊道尤其是如此。一个大型汊道，其断面面积较大，水道中的一些次级地貌形态和水位变化对断面的宏观形态影响不大；但小型汊道断面面积较小，如果水道内形成一些次级形态，再加上水位的变化，则可以在潮周期内的不同阶段构成形态很不相同的过水断面。由此产生的一个推测是：潮汐汊道系统的空间尺度效应可能是显著的，大型和小型汊道系统有着不同的动力过程和地貌演化过程。在这个方面已经进行了一些研究工作，从时间-流速不对称及其效应的角度入手，获得了初步的结果。

17.2　时间-流速不对称与口门断面形态

17.2.1　潮汐汊道的时间-流速不对称特征

　　纳潮海湾的潮波以驻波为主，当水位上涨时水流从外海流向纳潮海湾，而当水位下落时，水流指向外海。潮流流速的大小与口门断面面积和涨、落潮历时有关，在断面面积变幅较小的情况下，如涨潮历时较短，落潮历时较长，则根据纳潮水量的质量守恒，将会出现涨潮流速大于落潮流速的现象。反之，若涨潮历时长于落潮历时，则落潮流速将大于涨潮流速。涨、落潮历时和涨、落潮流速不等的现象称为"时间-流速不对称现象"(Boothroyd, 1985；Fry & Aubrey, 1990)。

　　对于大型潮汐汊道而言，口门断面面积在一个潮周期内只有百分之几的变化，如胶州湾口门水道宽度为 3.1 km，断面面积为 10^5 m² 量级，该汊道的平均大潮潮差约为 4.75 m(高抒、汪亚平，2002)，因此在大潮期间的一个潮周期中断面面积只有 $\pm 9\%$ 的变化。此类汊道的时间-流速不对称一般有两种情形：(1) $T_f > T_e$，$U_f < U_e$；(2) $T_f < T_e$，$U_f > U_e$。无论用断面平均流速或水道轴线上的垂线平均流速都是如此。

　　在什么条件下产生第一种情形或第二种情形？这与潮波传播时产生的海底

地形摩擦效应有关(Boon & Bryne, 1981; Aubrey & Speer, 1985; Speer & Aubrey, 1985; DiLorenzo, 1988; Araújo et al., 2008)。外海潮波向近岸传播时将产生潮波变形并形成浅海分潮,在河口、潮滩环境中发生的潮波变形是海岸研究者所熟知的,潮汐汊道纳潮海湾和口门的独特地形也造成潮波的显著变形。浅海分潮与入射潮波的叠加导致了涨、落潮历时的差异(即时间不对称)。在涨、落潮流量相同的情况下,时间不对称可以导致涨、落潮流速的差异(即流速不对称)。实测结果表明(Aubrey & Speer, 1985; Speer & Aubrey, 1985),大多数潮汐汊道是落潮流占优势的,即发生前述第一种情形的时间-流速不对称,这类汊道有利于沉积物的向海输运,因而对保持汊道口门的稳定性(因纳潮海湾的充填过程得以减缓)有利。此外,也有少数汊道系统具有第二种情形的时间-流速不对称。

潮汐动力学模拟研究表明(Boon & Bryne, 1981; Speer & Aubrey, 1985),潮波变形方式和时间-流速不对称的类型主要取决于汊道系统的两个指标,第一个是纳潮海湾的潮间带面积与总面积之比,第二个是口门处潮差与水道最大水深之比。如果纳潮海湾的潮间带面积较大,则有利于 $T_f > T_e$ 情形的出现。在全新世海面上升的初期,纳潮海湾的潮间带浅滩尚未形成,但随着海湾的充填,潮间带面积日益扩大,这可以解释为何多数汊道具有落潮历时较短的特征。口门水深是相对于潮差大小而言的,较大的水深有利于第一种不对称类型的形成。最终出现的不对称类型取决于两种指标相对重要性的对比。在天然汊道中,少数出现第二种情形的往往是口门淤浅较严重的汊道,通常与规模较小的汊道相联系。值得注意的是,人类活动有可能改变不对称的类型。例如,纳潮海湾内的土地围垦将减小潮间带面积,而口门处实施造成淤积的工程项目,都可能导致原先的第一种时间-流速不对称的破坏,转化为第二种不对称类型(Gao et al., 1998)。除上述情形之外,小型潮汐汊道的过水断面面积在潮汐涨落周期中的变幅相对较大,因此可能出现更加复杂的时间-流速不对称特征。

17.2.2 小型潮汐汊道的动力过程与系统行为

关于什么是小型潮汐汊道的问题尚无一致的意见,这里暂且作如下定义:大型汊道的纳潮海湾面积>100 km²,中型汊道纳潮海湾面积为 10~100 km²,小型汊道纳潮海湾面积<10 km²。小型汊道的一个基本特征是口门堆积体的空间分

布和形态变化快,口门水道也是高度动态的,这个特征是与沉积物来量和水动力条件密切相关的。小型汊道的口门区域范围较小,口门水道的长度可能只有几百米,水道宽度只有百米量级,但来自沿岸漂沙的沉积物供应量通常与大型汊道相当,每年可达 $10^4 \sim 10^6$ t 量级,这些物质或迟或早会在某个时候进入口门水道的范围,然后被带往潮流三角洲或沿岸漂沙运动的下方。口门是潮流动能和波浪能消耗的场所,能量的集中是汊道系统的任何其他部位都不能比拟的。根据小型汊道的高度动态的特点,Bruum(1978)认为这类系统的稳定性相对较差,甚至极有可能在一次极端事件(如一次风暴潮事件)中消亡。然而,自然界中仍然存在着许多小型汊道,它们为汊道口门的地貌形态与沉积动力过程之间关系的研究提供了理想的现场观测和模拟试验地点。

　　山东半岛月湖潮汐汊道的动力过程和系统行为具有一定的典型性。其纳潮海湾面积为 5 km²,口门水道最狭窄处宽约 130 m(魏合龙等,1997)。为了弄清该汊道系统的时间-流速不对称特征,在纳潮海湾的中心区域设置了潮位站,获得了不同季节的大、小潮周期的水位曲线,从曲线上读取高低水位时刻,计算出 T_e 和 T_f(涨、落潮历时平均值);同时在口门区设置临时潮位站和全潮水文观测站位,获取水位和水道轴线上的流速、流向数据,根据纳潮海湾潮位和口门潮流流速的统计关系(Gao & Collins, 1994c)获得了水道断面平均流速和轴线上垂线平均流速的时间序列(贾建军等,2003;Jia et al., 2003)。对涨、落潮历时和流速(各个潮周期)的统计分析表明(Jia et al., 2003;Gao, 2005),月湖汊道系统的时间-流速不对称除前述的两种情形外,还出现了其余两种情形,即:(1) $T_f > T_e, U_f > U_e$;(2) $T_f < T_e, U_f < U_e$。这就是说,时间-流速不对称的所有 4 种组合在月湖都以一定的概率存在着(图 17 - 4)。粗看起来,另外的两类时间-流速不对称似乎是违反质量守恒的,但是,对月湖口门水道的断面形态的研究表明这些特征不仅符合质量守恒原理,而且确实是小型汊道的特有现象(Gao, 2005)。

　　造成月湖汊道时间-流速不对称独特性的原因之一是口门水道的断面形态(图 17 - 5)。在平均海面附近,水道的宽度相对较大,到了低潮位附近,宽度急剧下降到原来的几分之一,断面面积也随之迅速减小(Jia et al., 2003)。这样,当时间不对称表现为 $T_f < T_e$ 时,尽管落潮历时较长使落潮期间的流量小于涨潮期间,

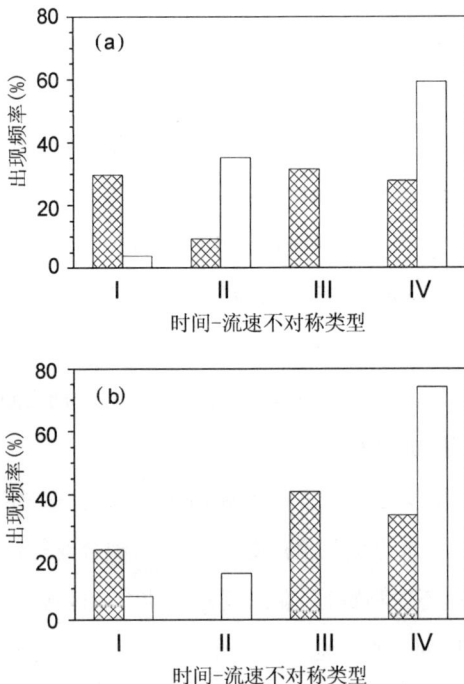

注：(a) 冬季；(b) 夏季。时间-流速不对称类型：(Ⅰ) $T_f > T_e$,$U_f > U_e$；
(Ⅱ) $T_f > T_e$,$U_f < U_e$；(Ⅲ) $T_f < T_e$,$U_f > U_e$；(Ⅳ) $T_f < T_e$,$U_f < U_e$。

图 17-4　山东半岛月湖潮汐汊道的时间-流速不对称特征

（Jia et al.，2003；Gao，2005）

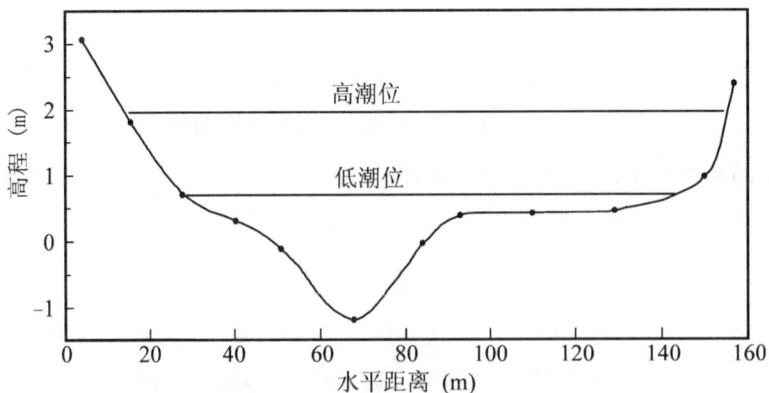

图 17-5　山东半岛月湖潮汐汊道的口门断面形态（右侧为北岸）（Jia et al.，2003）

但在落潮后期水位的较快下降和过水断面面积的减小,可以出现较大的断面平均流速,因此,可能出现$U_f < U_e$的流速不对称。因此,小型潮汐汊道的口门断面形态与潮汐水位变化相配合,可以形成不同于大型潮汐汊道的不对称类型。这一结果表明,潮汐汊道的动力行为和形态特征确实是有尺度效应的,小型汊道不同于大型汊道。

在宽浅水道的中部再镶嵌一个窄而深的次级水道,这种天然形态的形成有其独特的机制。在河流环境中,河谷中河床的下切可以形成类似的形态,而河床下切是与流域的侵蚀基面下降相联系的。潮汐水道并不出现侵蚀基面下降的情况,水道中间的下切可能是由于极浅水边界层的效应而引起的。在落潮期间,从纳潮海湾到汊道口门流速逐渐增加(由于束窄效应),使向海方向上的输运能力沿程提高,造成底床的冲刷;当水深很小时,即使流速较小也能引起较大的底部切应力,使沉积物出现运动,由于这种极浅水边界层的效应,底床冲刷可能是剧烈的。在潮滩上部的小型潮沟中也可以观察到代表极浅水边界层效应的镶嵌次级水道的现象,应该是同一种机制的结果造成的(详见第二十一章)。相比而言,大型汊道或潮滩下部的大型潮水沟不具备形成极浅水边界层的条件,因此也就不发生镶嵌次级水道的现象。今后在这个方面通过高分辨率的底部边界层观测和数值模拟,可望更清晰地揭示小型汊道断面形态的演化历程,因此需要进一步发展极浅水边界层的观测技术。

17.2.3　小型汊道地貌形态的工程应用

如前所述,小型汊道通过对口门断面形态的调整,保持了水道的一定水深,并且提高了水流的冲刷能力,从而在一定程度上延缓了纳潮海湾被外部沉积物充填的进程,提高了汊道系统的地貌稳定性。在月湖,纳潮海湾内进行的围垦活动和口门附近的建坝工程都使汊道朝着$T_f < T_e$,$U_f > U_e$的方向发展(Araújo et al.,2008),即人类活动使月湖的充填速度加快了。尽管如此,在月湖的水道形态下,水动力仍然发挥了明显的冲刷作用,维持了一定的水深。

小型汊道的研究表明,汊道系统的稳定性不仅取决于过水断面面积,而且还与断面形态有关(贾建军等,2003;Jia et al.,2003)。这个原理可以应用于小型汊道的开发和整治工程上,海南岛万泉河口的博鳌港的研究就是一个例子。

博鳌港是一个深受万泉河淡水径流影响的纳潮海湾,其纳潮水域面积约为 8 km²,在口门处,封闭纳潮海湾的沙坝外侧沿岸漂沙的强度达到了 10^4 t·yr^{-1} 量级(高建华等,2002;Ge et al.,2003)。虽然潮流和淡水径流的冲刷使口门水道保持了一定程度的畅通,但其口门沙嘴的形态多变,影响了作为航道的口门水道的稳定性。随着博鳌港的开发,口门通航条件的改善成为一项重要的工程任务。然而水道的稳定性如果要通过工程措施来提高,则必然会涉及口门水道的断面形态问题。

根据 A_E-P 关系可以确定过水断面面积,而口门水道的水深是通航条件的设计要求所决定的(Lane,1955)。对于确定的通航水深和过水断面面积,用数值计算方法对多种断面形态的效应进行了研究(左浩、高抒,2005)。第一种形态是三角形的水道,它使口门排水不畅,当极端天气事件发生时,如台风引发风暴增水和陆域洪水时,这种断面设计将提高沿岸陆地被洪水淹没的风险。第二种实验的形态是梯形或直壁断面,它对口门的排水能力有所改善,但洪水的风险仍然较大。最后一种形态是模仿月湖汉道的宽浅水道中镶嵌次级深槽的形式,数值实验表明,这种形态是最有利于排洪的,口门段的防淤能力也最强,能够减轻洪灾风险,提高和保证通航能力。总之,汉道口门形态对风暴增水等极端天气事件的后果有明显影响(左浩、高抒,2005;Salisbury & Hagen,2007)。

17.3 讨 论

17.3.1 潮汐汉道口门水道的动力地貌模拟

小型汉道体系口门断面形态指示了口门水道水深的维持机理。正是由于这种形态,大、小型汉道虽然在纳潮量和过水断面面积上有很大的差异,但在最大水深这个参数上却差别不大。小型汉道的水深条件使其不易被沿岸漂沙所淤塞,从而提高了稳定性,延长了汉道寿命,这是此类形态的一项重要功能。需要进一步深入研究的是"镶嵌次级深槽"断面形态的形成过程,重要的问题包括:

(1) 口门水道的边界层过程,潮周期尺度的水道底部的切应力、床面粗糙度等参数的时间变化；

　　（2）水道底部的冲淤过程，如推移质和悬移质条件下底床的刷深过程；

　　（3）自然条件下口门断面宽度的控制因素和演化过程；

　　（4）大、小型汊道口门形态的模拟和对比。

　　在了解断面形态形成过程的基础上，就可以确定断面均衡态的条件，解释汊道口门形态的相似性和差异。

　　另一方面，传统上口门断面形态是指最小过水断面处的情形，虽然有研究者注意到了汊道长度等因素的影响，但系统地研究汊道口门水道形态的沿程变化的报道还较少。作为一个整体，水道中的沉积物输运状况必然会影响最小断面处的形态，因此，水道形成的一般模拟方法在这里也是适用的，即通过沉积物输运率及其水平梯度的计算，获得水道纵剖面形态的时间序列（Xie et al.，2008），最后确定水道纵剖面的均衡态以及达到均衡态所需的时间长度。在纵剖面形成过程的研究上，重要的科学问题包括：

　　（1）水道中的流场分布特征及其潮周期变化；

　　（2）推移质和悬移质输运率及其空间分布；

　　（3）冲刷深槽的形成过程；

　　（4）水道两端沉积物通量的时间序列和净通量；

　　（5）水道长度的控制因素和演化过程。

　　口门水道动力地貌学的定量研究最近十多年来已有了显著进展（Bowman，1993；Wang et al.，1995；张乔民等，1995；Davis & Barnard，2003；Stive & Wang，2003；Bertin et al.，2004；Siegle et al.，2007；Pacheco et al.，2008）。口门断面形态不是孤立的现象，而是与口门水道的整体特征相联系的。水道内的沉积物输运和堆积改变了水道长度，不断调整着底床的宏观形态；在粗颗粒沉积物为主的水道，床面形态如大型沙波的形成和迁移（Hine，1975；Boothroyd，1985；Bartholdy et al.，2002；Buijsman & Ridderinkhof，2008a，2008b）使水深发生变化。这些动态都会对口门形态的演化产生影响。如果水道整体的动态为已知，则口门作为整体的一部分自然而然就清楚了。正因为如此，研究者们试图从沉积物输运着手（高抒等，1990；Williams et al.，2003；Van de Creeke & Hibma，2005；

Lumborg & Pejrup，2005；Elias et al.，2006；Wargo & Styles，2007)，进而模拟水道地貌演化。但是，这个任务不像初看起来那么简单，因为潮汐水道的空间范围虽然不大，但水动力却十分复杂。近年来，汉道口门区的中、小尺度流场特征吸引了许多研究者的注意，他们的研究提供了关于流速空间分布、水道环流结构、潮致余流的丰富信息(Price，1963；Özsoy & Ünlüata，1982；Özsoy；1986；Hench et al.，2002；Li，2002；van Leeuwen & de Swart，2002；Eguiluz & Wong，2005；龚文平等，2007，2008；Guyonder & Kontitonsky，2008；Whtney & Garvine，2008)。值得指出的是，在这些研究中，水道的形态如长度、宽度、水深等是作为边界条件来使用的。今后应重点研究沉积物输运和堆积对水道形态的改变、水道形态的变化又反过来改造水动力条件的反馈过程。

17.3.2　涨、落潮流三角洲动态及其影响

潮汐汉道口门两侧的潮流三角洲是重要的堆积体，其形成演化反映了口门水道的动力学行为(Buonaiuto & Kraus，2003；Davis et al.，2003；van Leeuwen et al.，2003；Burningham & French，2006；Elias & van der Spek，2006；Fontolan et al.，2007)，同时潮流三角洲的生长也可能影响口门水道(FitGerald，1984；Oliveria et al.，2006)。宏观上，潮流三角洲的生长或缺失与潮汐、波浪、河流径流的动能对比有关(FitzGerald et al.，2002；Shuttleworth et al.，2005；Castelle et al.，2007)。在潮流作用为主的海岸，汉道口门两侧的涨、落潮三角洲均可生长，而波浪作用为主的汉道则有可能使落潮流三角洲发育不良或缺失。河口作用强烈的地方，涨潮流三角洲可能生长不良。因此，弄清潮流三角洲的形成过程，对于了解汉道的演化历史和预测未来是十分重要的。潮流三角洲的位置、生长速率和规模是多变的，受到纳潮量、波浪和淡水径流、沉积物来源、汉道演化阶段等因素的控制。水动力条件的影响已由 FitzGerald 等(2002)作了系统阐述。汉道口门的沉积物主要有三个来源，即沿岸漂沙、水道底部冲刷和河流来沙，其数量大小将影响口门断面面积的大小(如式(17-6)所示)，而且也会影响潮流三角洲的规模。如果汉道系统的纳潮量较大，沉积物供应量也较大，则会为潮流三角洲的生长提供较大的可容空间，即其规模倾向于偏大。但是，随着纳潮海湾的逐渐被充填，潮流三角洲的生长将如何继续进行？潮流三角洲要么在汉道演化中被改造、被破

坏,要么能够得以保存在地层中,无论是哪种情况,其动力过程都值得进一步探讨。

17.4　结　　论

1. 均衡态下的潮汐汊道的口门过水断面面积与纳潮量之间存在着幂函数关系,即 $A_E = C \cdot P^n$。当用传统的 O'Brien 方法来确定 $A_E - P$ 关系时,指数 n 的值变化范围较大,这是由参与统计分析的部分汊道系统未达到均衡态而造成的。用沉积动力学方法确定 $A_E - P$ 关系时,n 值稳定在 1.15 左右,能更好地代表均衡态断面面积。

2. 小型潮汐汊道具有不同于大型潮汐汊道的时间-流速不对称特征。大型潮汐汊道的时间-流速不对称一般有两种情形:$T_f > T_e$,$U_f < U_e$;$T_f < T_e$,$U_f > U_e$。但小型潮汐汊道的时间-流速不对称除前述的两种情形外,还可以出现其余两种情形,即 $T_f > T_e$,$U_f > U_e$;$T_f < T_e$,$U_f < U_e$。其原因之一是小型潮汐汊道可以通过断面形态的改变来适应沉积物输运和堆积过程,如宽浅水道中镶嵌次级水道的形态。这种断面形态的调整提高了汊道系统的稳定性,在小型汊道的开发和整治工程上具有应用价值。

3. 口门断面形态不是孤立的现象,而是与口门水道和潮流三角洲的整体特征及其动态相联系的。目前的研究动态是深入研究汊道口门水道的中、小尺度流场特征,今后的研究重点将是水动力条件、沉积物输运和堆积过程、水道形态之间的反馈关系,最终达到定量模拟水道地貌演化的目的。此外,潮汐汊道口门两侧的潮流三角洲的生长对口门水道也有重要影响,因此,还需要研究与纳潮海湾充填同步的潮流三角洲的生长过程。

第十八章 从海岸地貌学看河海划界的可操作性

　　海岸带是地球上人类活动最为密集的区域之一。由于全球 50％以上的人口居住在海岸带区域,因此人类活动本身也对海岸带环境产生了重大影响。为了海岸带经济、社会的可持续发展,必须实施海岸带综合管理。这个问题引起了包括自然科学、社会科学和人文学科在内的多个研究领域的共同关注。

　　河海划界是海岸带管理的重要一环。河、海之间存在着一个从陆地因素为主向海洋因素为主转化的过渡地区,即河口区,其空间范围的界定是河海划界的关键问题之一。一般认为,河口是河流与海洋之间的通道,它向陆延伸到潮汐水位变化的上限;河口水域可分为三段,河口下游段与开阔的海洋自由连通,河口中游段是咸淡水发生混合的主体部分,河口上游段主要为淡水径流所控制(萨莫依诺夫,1958)。但是,在海岸带管理的操作层面上,这样的划分还存在着模糊之处,致使河口区的具体范围难以确定。本章的目的是按照河海划界的可操作性的要求,探讨海岸地貌学指标在河口区划分中的应用,并通过对河口区与河流、海洋之间关系的阐述,就河口区管理的方式问题提出建议。

18.1　河口的高度个性化特征

　　河口是海岸带陆海相互作用的典型环境,在这里海洋和陆地之间发生强烈的能量和物质交换,因而具有物理、化学、地质、生物和环境等多种复杂动力学过程。此外,河口也受到了人类活动的强烈影响。

河口区淡水径流和潮汐的相互作用可形成复杂的河口环流体系(McDowell & O'Connor, 1977; Crean et al., 1988; Lewis, 1997)。根据河口咸淡水混合强度的不同,河口水体可以是高度分层的、部分混合的或垂向充分混合的。来自河流的悬浮沉积物由于重力环流、潮汐泵吸作用和再悬浮作用而发生集聚,形成最大浑浊带(Postma, 1980; Dyer, 1986, 1997)。河口咸淡水混合造成了活跃的化学反应环境,使溶解态和颗粒态物质之间发生转化(Burton & Liss, 1976; Burton, 1988)。咸淡水混合还促使细颗粒沉积物发生絮凝沉降(Eisma, 1993)。河流携带入海的营养物质可以引发较高的初级生产,从而支撑了一个生物多样性丰富的生态系统(McLusky & Elliott, 2004)。同时,由于河口环境的高度动态性(如潮汐涨落明显,盐度、温度变化大),河口区形成了具有独特生存策略的生物群落(Perkins, 1974; Lockwood, 1976)。河口接受了来自流域的人类活动产生的废弃物,如重金属、油污、农药、化肥等,造成河口的环境污染和富营养化,这对河口生态系统的健康形成了威胁。

河口地貌形态的多样性使上述过程进一步复杂化。在地貌上,河口形成于沉溺河谷、峡湾、潮汐汊道海湾、冲积平原、构造海湾等部位,流域盆地和海湾的规模可以有很大的变幅。河口环境的空间配制的差异必然对河口行为产生影响,因此,即使在相近的海洋环境背景下,河口的各种过程也可以由于地貌特征的不同而出现显著差异。

由于上述原因,河口被认为是具有高度个性化的海岸环境。河口之间共性的特征,如河宽在口门附近的增大、半封闭水域、半咸水环境以及相伴的生物群落等,是为数不多的。正因为如此,尽管半个多世纪以来已经提出过几十个关于河口的定义和分类方案(Officer, 1983; Perillo, 1995),但仍然难以满足环境管理的需求。例如,一个新近提出的河口定义(Perillo, 1995)是:"河口是半封闭的海岸水域,它向陆延伸至潮汐水位变化影响的上界,有一条或多条通道与外海或其他咸水的近岸水域相连通;河口区为半咸水环境,并能为相关的生物物种的某个或整个生长阶段提供支撑条件。"从我国海岸带管理的实践来看,这个定义是难以操作的,如长江的潮区界可达南京以上的河段,但那里显然不属于海域管理的空间范围。

18.2 划分河口环境与河流环境的地貌指标

河口区的上界是河口环境与河流环境的分界点,从这个分界点开始河口作用变得显著起来。如前所述,河口因素的表现有很多,例如河口环流、河口混合作用、最大浑浊带、半咸水生态系统等,但是,开始出现这些现象的河口区上界是随时间变化的。潮区界的位置随大、小潮周期而变化,潮流界的位置随大、小潮周期和洪枯季节而变化,河口水体垂向充分混合的程度或成层性与淡水径流流量的季节变化和潮汐变化相联系,最大浑浊带的位置及悬沙浓度高低受到垂向环流、潮汐泵吸作用和再悬浮作用的控制。如果能够获得长时间序列数据,则可以确定这些现象在河口上界的平均位置,并把它作为分界点。但是,这种方法在操作层面上并不可行,除少数河口外,大部分河口并不具备这样的观测资料。

对河口与河流的划分而言,必须找到一个根据河口环境共性而形成的参数,才能使河口-河流划界具有可操作性。否则,将不得不面对要为每一个河口分别设计分界指标的困境。在河口的各种参数中,地貌参数是有可能符合这个条件的。河口水域的宽度、水深、面积-高程曲线等地貌参数或关系在时间上是缓变的,而在空间上的分布是与河口的共性相联系的。如果存在着某个地貌参数,它在空间上的位置相对固定,且与河口物理、化学、生物现象出现的平均位置相联系,则它就可以成为确定分界点的指标。

河口区从上游到口门的河床宽度或对岸距离是变化的,通常的情况是在河流向河口湾的过渡中有一个宽度变化的拐点,这个拐点位置似乎是一个符合上述要求的参数。

第一,这是一个具有河口地貌共性的参数。在地貌上,河口具有多种类型,如溺谷、峡湾、构造河口湾、堡岛河口湾等。但是,无论哪种类型都有河流部分相对较窄,而进入河口湾后水面迅速变宽的特点。有些河流缺乏明显的海湾状的口门,而是呈现河床直接与开敞海洋相连的形态,即使在这种情况下,河宽的突然变大在口门附近也是很明显的。

第二,宽度变化的拐点与各种河口过程之间有着成因上的联系。如果河道的宽度延续其上游的基本特征,则按照河床均衡态的理论,它主要是受河流作用控制的,河道内不会出现河口过程占主导地位的情形。只有在河宽超过了河流作用所控制的范围之后,海洋过程才能发挥作用,这要求河道的宽度大于均衡态之下的宽度,以便给河口重力环流、潮流等水文过程提供空间。可以说,河口湾作为接纳陆域淡水和潮汐水体的场所,其空间尺度必须大于径流作用下的河道可容空间。只有这样,河口过程才能在此空间范围内得到展现。

第三,拐点位置是一个可以通过有限步骤获得的参数,具有可操作性。在数学上,拐点的位置就是函数 $B = f(L)$(这里 B 为河岸宽度,L 为距离原点沿河流轴线的累积长度)的二阶导数 d^2B/dL^2 为零的地方,因此,问题的关键就是获取函数 $B = f(L)$ 的表达式。

B-L 关系曲线可以从地形图或卫星影像上获取。地形图的分辨率与其比例尺有关,对于大型河流而言,河流的宽度可达数百米至几千米,而河口湾的宽度最大可能达到 $10 \sim 10^2$ km 量级。因此,在 $1:20$ 万的地形图上足以显示拐点的信息。小型的河流,则需要 $1:5$ 万乃至更大比例尺的地形图才能提供宽度变化的细节。卫星影像像元的大小是已知的,因此可以根据像元的大小来确定可供研究的河流的规模。

确定量算对象(地形图或卫星影像)后,可采取以下步骤进行计算。第一,建立一个坐标系,以河流近口门段的总体走向为 x 轴的方向,以近口门段的一个恰当位置(位于拐点上游一定距离)为坐标原点。第二,选择一个较小的固定间距 Δx,使河道沿程宽度的变化能够近于连续地展示出来,沿 x 轴以 Δx 为间距绘制平行线,每条线与河岸有两处相交,确定两个交点的坐标位置,再进一步确定两个交点之间的中间位置作为河道中轴线的位置,然后计算各中轴点之间的距离,进而推算出每个中轴点到坐标原点沿中轴线的距离,这就是参数 L。第三,根据上述各个河岸交点位置与河道中轴线交点位置之间的几何关系,算出河宽(B)。最后,绘制 B-L 曲线,以 L 为横坐标。为了去除不规则的宽度变化,可对 B-L 曲线作平滑处理(如三点法滑动平均),进而在 B-L 曲线的上凹段搜寻曲线的二阶导数为最小的地点,这就是所求的分界点位置。

　　为了形象地说明上述方法,选取长江河口和钱塘江河口作为初步的算例(两个河口的地理位置见图 18-1)。根据地形图量算所得的 B-L 关系曲线(图 18-2)是对离散数据点进行多项式拟合后得出的结果。图 18-2 中长江河口的轴线距离是从镇江起算的,而钱塘江河口的轴线距离是从桐庐起算的。长江河口的拐点大致位于轴线距离 100 km 处,即白茆口附近(图 18-2(a))。钱塘江河口的拐点也是大致位于轴线距离 100 km 处,即盐官镇附近(图 18-2(b))。

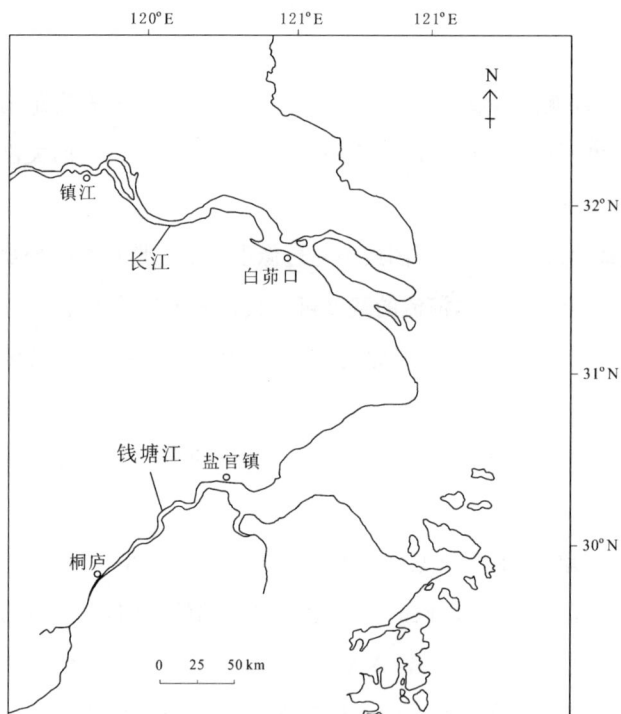

图 18-1　长江河口和钱塘江河口的地理位置

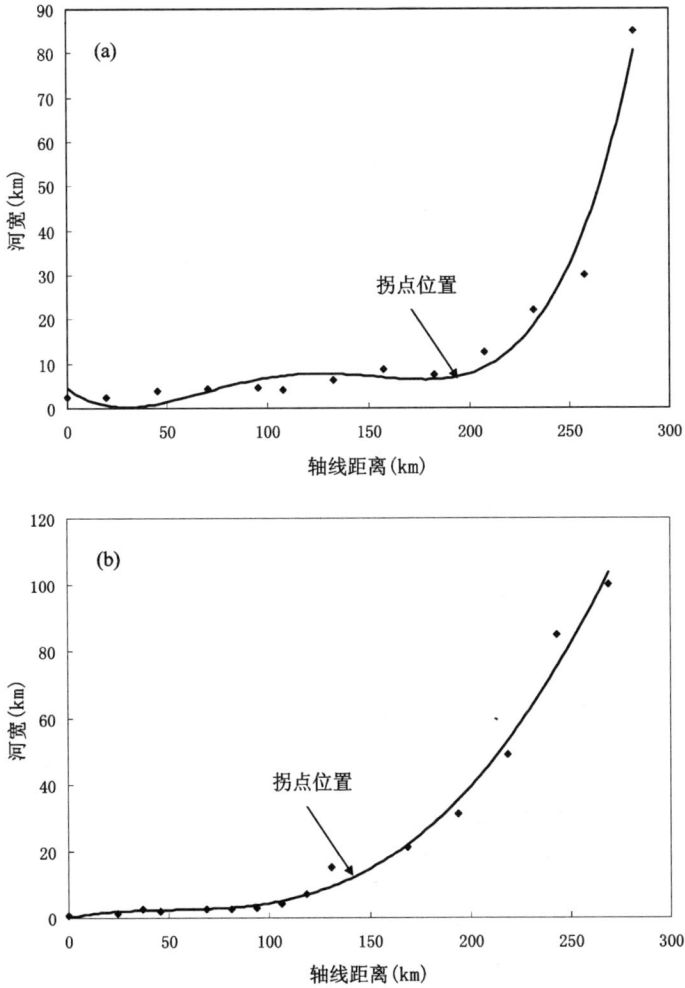

图 18‑2　长江河口(a) 和钱塘江河口(b) 的 B‑L 关
系曲线(箭头所指为拐点位置)

18.3 划分河口环境与外海环境的地貌指标

基于同样的理由,与河口区上界确定的情况相同,河口环境与外海环境的划分难以根据河口因素的分布范围而实现。从半咸水和河口生物群落的角度来看,甚至"半封闭"的条件也是不恰当的。长江冲淡水可以到达口门以外相当远的地方,海水盐度显著降低的范围和广盐性河口-海岸生物的分布范围就更大了。因此,根据半咸水和河口生物群落的判据来确定河口区的外侧界线是难以进行的。"半封闭"的条件是一个地貌条件,它在河口化学特征和生物特征的刻画上存在着局限性,但是在刻画河口区地貌和水文特征时至少是部分有效的。用半封闭水域的外界作为河口与外海的分界线,这对于长江河口会低估河口环境的范围,而对杭州湾这样的环境则又会高估其范围。尽管如此,这个分界线是具有可操作性的,可将河口附近的岸线上向海突出的点连起来,形成一条包络线,这可以作为河口-海洋的分界线。

如果划分河口与海岸的目的是为了明确不同管理部门的职责范围,则上述包络线法似乎是合理的。毕竟海岸线以外的水域是以海洋作用为主的,如洋流、潮汐、波浪、台风暴潮的作用,划归海洋管理部门应该是没有争议的。对于有些小型河流而言,由于河口范围很小,因此河口-河流界线和河口-海洋界线可能几乎是重合的。在此种情形下,河口规模小,在海岸带所起的作用也较小,对这样的河口,可以进行简单化处理,以提高管理工作的效率,例如将河口区一分为二,靠陆的一半属河流环境,靠海的一半属海洋环境。

18.4 陆地和海洋对河口区的影响

河口区域是一个与河流和外海相互影响的水域,河流或海洋的变化会影响河口区环境,如河流入海通量的变化导致河口区水质、营养物浓度、沉积作用、水动力条件的改变,又如海域发生的台风事件可在河口区造成风暴潮灾害。另一方面,河口范围内的自然变化或人类活动引起的变化也会对流域和海域产生影响。例如,在海南岛万泉河口,河口区的变化可以对通航条件和洪水水位产生影响。万泉河在海南岛东部入海,河口区被一道海岸沙坝所围封,形成一个面积约为 8 km² 的纳潮水域。根据潮汐汊道理论(Bruun, 1978; Gao & Collins, 1994a),河口水域的面积对于口门外水道的通航条件具有明显的影响,如果在河口湾进行土地围垦,则将减少海湾的纳潮量,使航道的均衡过水断面无法继续保持。此外,为改善口门的通航条件而进行工程整治,则可能对陆域产生环境影响。数值模拟研究结果表明(左浩、高抒,2005),如果工程设计不当,有可能增大陆域洪水的风险,如口门航道若建成为窄深形的航道,可能导致湾内向外海的排水不畅,当河流发生洪水时,极易造成河口水域和河流下游区的洪灾。

　　河口环境的上述特征提醒我们,河口区的管理需要跨部门的合作和协调。由于河口区受到海洋因素的显著影响,因此海洋管理部门必须发挥作用,而河口区与陆地河流之间明显的相互作用也要求水利、水务、交通、航运、渔业、农业、国土资源、环境保护等部门一起参与管理。在河口区处于快速变动的情况下,更需要上述部门的协调管理,例如杭州湾水域的一块土地在围垦前后的状态可能发生很大改变,在部门分割的体制下,可能出现管理职责不清、管理措施不力的现象。总之,对于河口环境,有效的管理依赖于不同部门之间良好协调机制的建立。

18.5　结　　语

　　1. 河口是一类具有高度个性化的海岸环境,体现河口共性的参数为数不多。因此,尽管半个多世纪以来已经有过许多关于河口的定义和分类方案,但是仍然难以满足海岸带管理的需求。

　　2. 地貌特征可以构成具有河口共性的参数。在操作层面上,海岸地貌学指标可以应用于河口区的划分,即河口-河流以及河口-海洋分界线的确定。根据河流水力学特征和河口过程的可容空间范围,河口-河流的分界点可用 B-L 曲线

（B 为河岸宽度，L 为距离原点沿河流轴线的累积长度）上的拐点位置来表示。根据河口为"半封闭水域"的定义，河口-海洋分界线可采用围封河口水域的海岸线的包络线。

3. 河口水域受到河流和海洋的双重影响，且河口区的自然演化和人类开发活动也会影响河流与海洋。因此，在我国河口区管理上应建立海洋部门和其他部门之间的协调机制。

第十九章 沉积物粒径趋势分析：
原理与应用条件

地球表面 75％ 的面积被沉积物或沉积岩所覆盖。一个砂质或者泥质沉积物样品所含的颗粒数量巨大，应该含有丰富的统计信息，这引发了沉积学家的极大兴趣。他们最初对沉积物粒度组成进行了大量的统计分析，发展了日益成熟的粒度分析技术。随着研究的深入，"粒度参数"有什么用途，这个问题已成为沉积学的核心问题之一。

从 20 世纪中期开始，沉积学家尝试用粒度数据来识别沉积环境的类型（Mason & Folk, 1958；Shepard & Young, 1961；Irani & Callis, 1963；Spencer, 1963；Friedman, 1979），或判定物质运动的方式，例如悬移、跃移或蠕移（Visher, 1969；Christiansen et al., 1984）。后来发现，粒度参数与沉积环境类型的关系是多解的，例如，在 CM 图（Passega, 1964）上，同样的坐标位置可能对应于不同的沉积环境。因此，粒度数据无法成为沉积环境识别的决定性判据。此外，粒度累积分布曲线上的一个正态组分可以与悬移、跃移或蠕移运动方式相联系，这种主张也与流体力学的边界层理论相冲突。现在我们知道，悬移或推移状态实际上是同时与粒径和底部切应力有关（Sturnberg et al., 1985）的，处于悬移或推移状的颗粒不一定呈正态分布。在上述初看起来很有希望的两个研究领域，实际上并未取得很大的成功。如今，在沉积学的基础研究中，粒度分布曲线和粒度参数往往被用于沉积物粒度范围的划分，以便使地球化学等分析的结果可以在不同类型的沉积物之间进行对比（e.g. Lim et al., 2006），或者被用做沉积环境演化研究的佐证资料（e.g. Gyllencreutz, 2005）。

"粒度参数"还有一项可能的用途，即其在不同地点的差异可能含有物质输运信息。McCave(1978)最早将粒度参数的平面差异定义为"粒径趋势",并认为它是沉积物输运、堆积的结果。沉积学家早就发现,在同一个沉积环境中,底质的粒度分布曲线随采样地点而异,粒径趋势是由多种动力过程所造成的(Russel,1939;Knighton,1980;Nordstrom,1989),包括颗粒的磨损(Krumbein,1941;Tanner,1964;Schumm & Stevens,1973;Parker,1991a,1991b;Kodama,1994)、选择性搬运(Inman,1949;Carr,1969;Passega,1972;Komar,1977,1987;Ashworth & Ferguson,1989;Bartholomä & Flemming,2007;Frings,2008)以及不同来源物质的混合(Self,1977;Velegrakis et al.,2007;Flemming,2008)。由此产生的一个逆命题是:能否从粒径趋势中提取沉积动力学信息尤其是输运信息? 针对这一问题,在前人研究(Pettijohn & Ridge,1932;Plumley,1948;Pettijohn et al.,1972)的基础上,McLaren(1981)提出沉积物净输运方向必定与粒度参数(平均粒径、分选系数、偏态系数等)的某种空间变化形式相联系。之后,不少研究者在这一领域进行了深入研究,逐步建立了一种称为"粒径趋势分析"的方法,并提出了相应的物质输运模型(e.g. McLaren& Powles,1985;Gao & Collins,1992a;Le Loux,1994)。在这些研究中,基本的科学问题有三个,第一是如何提取粒径趋势信息,第二是如何确定哪些类型的粒径趋势含有物质输运信息,第三是如何确定粒径趋势分析的应用条件。本章的目的是综合评述这些科学问题的研究进展,并探讨今后的发展方向。

19.1 粒度分析与粒径趋势识别

19.1.1 沉积物粒度分析

粒度分析的目的是获得沉积物粒径的概率分布曲线。习惯上将沉积物样品分为粗颗粒和细颗粒(以 0.063mm 粒径为界),细颗粒物质用移液管法分析,粗颗粒物质用筛法分析,最后将两部分综合起来,获得完整的粒径分布曲线。要注意的是,沉积学中的粒径通常不以毫米表示,而是以无量纲数值 D_ϕ 来表示:$D_\phi = -\log_2 D$(式中 D 为以毫米计的粒径,D_ϕ 为 ϕ 变换后的无量纲粒径)(Wentworth,

1922；Krumbein & Pettijohn，1938)。近年来,由于激光粒度仪等仪器的发展,移液管法和筛法这两种方法原理不一致的弱点部分地得到了克服,分析的自动化程度也大大提高了(Syvitski，1991)。在粒度趋势分析中,我们所关心的是粒度特征的平面变化信息,而现行的分析技术已基本能够满足分析的精度要求。

对于一定的粒度分布曲线,可以计算出一系列粒度参数。最常用的粒度参数包括平均粒径、分选系数和偏态系数。分选系数和偏态系数有多种计算公式(Folk & Ward，1957；McLaren & Bowles，1985；Boggs，1986；McManus，1988；Leeder，1991),但前者一般表示为统计学中定义的二阶矩的函数,而后者表示为三阶矩的函数。

19.1.2　沉积物粒径趋势的定义

粒径趋势是指沉积物粒度参数平面分布的变化趋势。对于一个海区,可以布设一定的采样网格进行底质取样。在采样网格中,如果考虑任意两个相邻的采样点 A 和 B,则这两个采样点的粒度参数之间有多种可能的空间变化。例如,从采样点 A 至采样点 B,分选系数可能减小,平均粒径可能变大,这些都代表粒径趋势的不同类型。用多个粒度参数可以形成组合的粒径趋势,一般而言,用 n 个粒度参数可构成 2^n 种粒径趋势。例如,用平均粒径、分选系数和偏态系数,从采样点 A 到采样点 B 可构成如表 19-1 所列的 8 种基本类型(Gao et al.，1994)。此外,还可以用基本类型来进一步形成复合的类型,如表 19-1 中的类型 1 与类型 2 之和就是一种复合类型。

表 19-1　用平均粒径、分选系数和偏态系数等三个粒度参数所构成的粒径趋势类型(μ 为平均粒径,σ 为分选系数,Sk 为偏态系数,下标 A 和 B 代表采样点位置)

粒径趋势类型	定　　义
1	$\sigma_A < \sigma_B , \mu_A < \mu_B , Sk_A > Sk_B$
2	$\sigma_A < \sigma_B , \mu_A > \mu_B , Sk_A < Sk_B$
3	$\sigma_A < \sigma_B , \mu_A < \mu_B , Sk_A < Sk_B$
4	$\sigma_A < \sigma_B , \mu_A > \mu_B , Sk_A > Sk_B$
5	$\sigma_A > \sigma_B , \mu_A < \mu_B , Sk_A > Sk_B$

粒径趋势类型	定　义
6	$\sigma_A > \sigma_B, \mu_A > \mu_B, Sk_A < Sk_B$
7	$\sigma_A > \sigma_B, \mu_A < \mu_B, Sk_A < Sk_B$
8	$\sigma_A > \sigma_B, \mu_A > \mu_B, Sk_A > Sk_B$

19.1.3　粒径趋势显著性的识别

上述任何一种类型的粒径趋势都可以用一个矢量来表示,该矢量的方向是从采样点 A 指向 B,其大小定义为一个单位长度。这样的矢量称为粒径趋势矢量 (Gao & Collins, 1992)。对于一个采样网格,每一个采样点的粒度参数都可以与相邻采样点的参数进行比较,从而找出对应于这个采样点的所有粒径趋势矢量。粒径趋势矢量还有其他不同的定义方法(e.g., Le Roux, 1994),但目的都是为了将粒径趋势定量化,或者将粒径趋势表示为平面图形。Poizot 等(2008)总结了粒径趋势的各种表示方法,并试图统一关于粒径趋势描述的术语。Poizot 和 Méar (2008)还进一步制作了相应的获取粒径趋势平面图形的计算机软件。

粒径趋势矢量具有各向异性。进一步考察粒径趋势矢量,可以发现在一个采样网格中各个方向上出现某一类型的粒径趋势的概率是不相同的。如果将某一采样点的所有粒径趋势矢量相加,求出这些矢量的合矢量,则各个采样点的合矢量往往构成一种有序的分布。在各向同性的情况下,合矢量的长度应该接近于零,因此,合矢量的有序分布代表一种各向异性的特征。在天然的海洋环境中,粒径趋势矢量的各向异性的程度随环境类型和地点而异(Gao & Collins, 1992a)。

设想我们将粒度参数随机地分配给平面上的一系列站位,对于这样的一幅粒度参数分布图来说,其粒径趋势矢量的各向异性应该较弱,但各向异性或多或少还会存在。这就是说,虽然粒径趋势的各向异性在自然环境中的存在是一个已经确认的事实,但是仍然需要建立评价其显著性的方法。McLaren 和 Powles(1985)提出用 Z 计分法来定义显著性,而 Gao 和 Collins(1992)建议用粒径趋势矢量的平均长度检验法。在 Gao 和 Collins (1992)研究的基础上,Chang 等(2001)提出了改进的平均矢量长度检验法。Poizot 和 Méar(2008)提供了各种评价方法的程序软件。粒径趋势矢量需要具有显著的各向异性,这是粒径趋势分析的一个先决条件。

19.2　粒径趋势的沉积动力学信息

19.2.1　将粒径趋势用于沉积动力学研究的前提

怎样解释粒径趋势矢量的各向异性? 沉积动力学上的一个假说是各向异性与沉积物净输运方向有关,因而可以用于净输运方向的判断(McLaren,1981;McLaren & Bowles,1985;Gao & Collins,1991,1992;Gao et al.,1994;Le Roux,1994;Le Roux et al.,2002;Le Roux & Rojas,2007)。McLaren 和 Bowles(1985)曾提出:沿着净输运方向,某种(或某些)粒径趋势出现的概率远高于其他类型的粒径趋势。进一步的分析表明,由于各向异性是针对某种类型的粒径趋势矢量,因此上述前提应表述为:沿着净输运方向,某种粒径趋势出现的概率远高于其在别的方向上出现的概率(Gao et al.,1994)。

在表 19-1 所列的 8 种基本类型中,类型 1 和 2 被认为在净输运方向上有较高的出现概率,这一观点是基于经验的证据(Gao & Collins,1992a;Gao et al.,1994)。用文字来表达,类型 1 相当于"沉积物在运移方向上分选变好、粒径变细且更加负偏",而类型 2 相当于"沉积物在运移方向上分选变好、粒径变粗且更加正偏"。在净输运方向上粒径参数究竟如何变化,这个问题的最终解决必将依赖于颗粒态物质动力学的原理,但目前颗粒态物质物理学还不能提供答案。因此,粒径趋势的类型 1 和 2 是否含有净输运信息,这仍然只能用经验方法来判定,即在沉积物净输运方向为已知的环境中考察粒径趋势的状况。对海洋环境而言,浅海的潮流脊提供了一个良好的验证场所:北半球潮流脊脊线两侧的物质净输运方向相反,在平面上构成一个逆时针环流。因此,可将粒径趋势与已知的输运场进行对比。有研究者在欧洲北海东南部的一处潮流脊上进行了底质取样,并同步采集了潮流和旁视声呐数据,对前述的 8 种粒径趋势逐个检查了其在已知净输运方向上和其他方向上的出现概率(净输运方向根据潮流脊形态特征、潮流数据计算和微地貌的解译而确定),结果发现类型 1 和类型 2 在净输运方向上的确有较高的出现概率(Gao et al.,1994)。这项实验还发现,把类型 1 和类型 2 合并而形成的复合粒径趋势类型具有更高的出现概率,即如果考虑类型 1 或类型 2 的联合概率,则其效果比分别地单独考虑类型 1 和类型 2 更好。

19.2.2　粒径趋势分析的方法和结果解释

如果表 19-1 中的类型 1 和类型 2 含有净输运信息的假设成立,则如何对粒度数据进行分析以提取输运信息,就成了关键的问题。现在多数研究者都同意,粒径趋势分析的目的是确定沉积物净输运方向。具体而言,粒径趋势分析的任务是:(1) 确定适用的粒径趋势类型;(2) 定量地表示粒径趋势矢量的各向异性;(3) 将各向异性数据转化为沉积物净输运方向的信息。不同的研究者提出了多种方法,以下的三种方法是有代表性的。

第一种方法(McLaren 方法)是对一维方向上的若干采样点的粒度参数进行两两对比,然后得出代表净输运方向的粒径趋势类型在两个方向上的出现频率,最后把出现频率充分大的方向定为净输运方向(McLaren & Bowles,1985;McLaren et al.,2007)。对于由采样点 $S_1,S_2,\cdots,S_n$ 所构成的采样断面,这种方法的要点就是在所有可能组合的两个采样点之间(如 S_1 和 S_2 之间、S_1 和 S_n 之间、S_2 和 S_3 之间,等等)搜寻所需的粒径趋势。Prakash 和 Prithviraj(1988)、McLaren 等(1993)、Wu 和 Shen(1999)以及 van Wesenbeck 和 Lanckneus (2000)提供了这种方法的应用实例。这种方法的缺陷是混淆了不同的空间尺度(例如,S_1 到 S_2 的距离远小于 S_1 到 S_n 的距离),而且预先设定的采样断面走向未必与输运方向平行(Gao & Collins,1991),因而在实际应用中容易出现较大误差。Masselink(1992)用来自法国莱茵河三角洲海岸的资料指出了这个缺陷。

第二种方法(Le Roux 方法)是根据以下假设,即每个采样点的粒径趋势合矢量的方向与粒度参数的最大梯度方向相重合,并为此设计了相应的计算方法(Le Roux,1994)。实际上,沉积物净输运方向并非必须与粒度参数的最大梯度方向一致(Asselman,1999;Cheng et al.,2004),粒度参数的最大梯度方向很可能仅仅代表水动力作用方式差异的最大方向,如河道中从边滩到水道中心位置的粒度参数的梯度可以大于上、下游方向的梯度,但物质输运是从上游指向下游的,因此最大梯度的假设是不符合观察事实的。此外,Le Roux 方法还忽视了粒径趋势的适用类型与其他类型的区分。

第三种方法(Gao-Collins 方法)是把粒径趋势矢量的平面分布图看成一幅同时包含信息和噪声的图像,从而用图像处理技术来提取平面二维粒径趋势矢量图像中所含的沉积物输运信息(Gao & Collins,1992a)。按照这种方法,对于所考虑的海域可通过各采样点底质的粒度分析获得粒径参数的平面分布图式,然后经粒径趋势分析获得沉积物输运图式。粒径趋势分析的第一步是在采样点网格上对每两个相邻的采样点进行比较,找出所有的粒径趋势矢量。两个采样点是否"相邻",可用特征距离 Dcr 来衡量(Dcr 通常为最大采样间距)。如果两采样点的实际间距小于 Dcr,则判定为"相邻",否则判定为"不相邻"。

第二步是用下式求出每个采样点的趋势矢量的和:

$$\vec{R}(x,y) = \sum_1^n \vec{r}(x,y)_i \qquad (19-1)$$

式中 n 为所考虑的采样点的趋势矢量总数,$r(x,y)_i$ 为趋势矢量,$R(x,y)$ 为各个趋势矢量之和。

分析的第三步是对合矢量 $R(x,y)$ 进行平滑处理,其目的是消除 $R(x,y)$ 图像中所含的"噪声"(即 $R(x,y)$ 在空间上的高频变化)。平滑处理的数学变换如下:

$$\vec{R_m}(x,y) = \frac{1}{k+1} \Big[\vec{R}(x,y) + \sum_1^k \vec{R_j} \Big] \qquad (19-2)$$

式中 R_j 是由(2)式得到的合矢量,k 是相邻采样点的总数(相邻与否仍用特征距离 Dcr 来判定),$R_m(x,y)$ 为平滑处理后的趋势矢量。

$R_m(x,y)$ 的平面分布图像即代表沉积物净输运的格局。Gao(1996)编写了获取 $R_m(x,y)$ 的平面分布图像数据的 Fortran 程序。

在进行粒径趋势分析和解释分析结果时,应注意粒径趋势方法所依据的原理。目前已经确认,除粒径趋势矢量需要具有显著的各向异性的条件之外,还应充分考虑以下几点。

首先,粒径趋势图像受到采样深度的影响(Gao & Collins,1992a)。采样深度是受采样方式控制的,如抓斗式采泥器采集的是表层 10~30 cm 以内的样品。从物质输运角度看,所涉及的样品应该是受输运过程影响的物质,因此应限于近底床的活动层之内。研究表明,活动层的厚度与所考虑的时间尺度有关。因此,采样深度在一定程度上指示了与该深度相联系的时间尺度下的净输运过程;在对比粒径趋势图像和其他沉积动力输运计算数据时,必须注意时间尺度的匹配。如果所进行的分析是针对沉积层序中的粒径趋势,则同年代、同层位的采样是必须的(Morton et al. , 2008)。

其次,粒径趋势图像的质量与采样的空间尺度有关。沉积物粒度参数往往与沉积环境的类型相关,故来自不同环境的沉积物样品可能并不存在输运过程上的联系。一方面,如果采样间距过大,则有可能把处于不同输运系统中的物质相混淆,从而在粒径趋势图像中引入噪声。因此,相对于沉积环境单元或物质输运系统的尺度而言,采样间距应达到充分小。另一方面,如果采样间距过小,粒度分析中引入的误差将掩盖粒径参数在真实环境中的空间变化,造成新的噪声(Gao & Collins 1992)。随着粒度分析技术的提高,采样间距可以进一步缩小,但仍然存在一个可行的采样间距的下限。对某些海域而言,采样间距不宜过小但必须远小于输运系统的尺度,这两个条件可能难以同时满足,此时相应的粒度趋势图像必然包含较多的噪声;当噪声达到一定水平时就会破坏粒径趋势的有序性。这就如同一幅降质图像,当降质达到一定程度时原图像就无法恢复了。一些研究者探讨过不同采样间距对分析结果的影响(贾建军等,2004)。在操作层面上,采样间距可以通过地统计法(Geostatistics)来确定(Pebesma & Wesseling, 1998;Caeiro et al. , 2003;Poizot et al. , 2006;Verfailliea et al. , 2006)。其基本原理是,沉积物平均粒径或其他粒度参数的空间梯度如果较大(即在短距离内有很大变化),则采样间距应较小,反之采样间距应较大。对于平均粒径等参数,可构造以下函数(Davis,1986):

$$\gamma_h = \sum_{i=1}^{N-h} (Z_i - Z_{i+h})^2 / 2N \qquad (19-3)$$

式中 h 为基本水平距离的倍数,N 为断面上数据点的个数,Z_i 为原点处的参数值,Z_{i+h} 为 h 之外站位的参数值,γ_h 为"半方差值"(Semivariance)。

式(19-3)中,随着 h 由小到大变化,γ_h 取不同的值,因此可得到 γ_h-h 曲线的图形,称为"半方差图"(Semivariogram)。在半方差图上,当 h 增大到某一定值时,

γ_h 达到一个相对稳定的常数，此时的 h 值即可定义合适的采样间距。要注意的是，γ_h 可以针对不同的方向，因此它可能是具有各向异性特征的（Caeiro et al.，2003），在确定采样间距时要综合地考虑这个因素。

最后，粒径趋势分析结果还会受到边缘效应的影响（Gao & Collins，1994d，1994e）。例如，在正方形采样网格内部，每个采样点有 8 个相邻采样点，而处于边缘上的采样点的相邻采样点不超过 5 个，由此造成的结果是与边缘上的采样点相联系的粒径趋势可能受到歪曲。因此，在应用粒径趋势图像时应尽量避免使用边缘点上的矢量。

19.2.3　粒径趋势分析方法的应用

前述的三种粒径趋势分析方法的应用均有文献报道，其中第三种方法应用的报道相对较多。应用 Gao-Collins 方法进行了潮汐汊道海湾（Gao & Collins，1992a，1994b；汪亚平等，2000；Jia et al.，2003）、三角洲岸滩与砂质海滩（Gao &Collins 1994a；Pedreros et al.，1996；Duc et al.，2007；Plomaritis et al.，2008）、潮滩（贾建军等，2005）、河口与内陆架（Stevens，1996；Mallet et al.，2000；van Lancker et al.，2004；Friend et al.，2006；王华强、高抒，2007）、陆架潮流脊（Gao et al.，1994；Lankunous et al.，2000）、陆架泥质沉积区（程鹏、高抒，2000；石学法等，2002；Cheng et al.，2004）、海底峡谷（Liu et al.，2002）、半封闭海（Duman et al.，2004）等海洋环境的沉积物输运研究。

关于数据处理和解释的步骤，Poizot 等（2008）注意到各文献并不统一，如粒径趋势显著性的检验有些研究中就没有进行。其原因之一是粒径趋势分析的应用条件还不够明确。因此，一些研究者虽然认识到粒径趋势显著性等条件的重要性，但把研究的重点放在了趋势分析结果与流场观测、床面形态显示的物质输运格局、研究区堆积状况等的对比上，其目的是获得更多的经验证据（e. g. Gao et al.，1994；Pedreros et al.，1996）。从粒径趋势分析的完整性角度来说，粒径趋势分析的应用条件和分析结果的多重证据对比都是很重要的。为此，笔者提出关于粒径趋势分析的数据处理和解释的步骤的建议，如图 19-1 所示。

```
┌─────────────────────┐
│ 采样计划制定；确定采样    │
│ 区范围和采样深度；用地   │
│ 统计法确定采样深度      │
└─────────────────────┘
        │                           │
        ▼                           ▼
┌─────────────────┐      ┌─────────────────┐
│                 │      │ 收集水动力、床面形态、 │
│   现场采样        │      │ 沉积速率等数据      │
│                 │      │                 │
└─────────────────┘      └─────────────────┘
        │                           │
        ▼                           ▼
┌─────────────────┐      ┌─────────────────┐
│ 沉积物粒度分析、粒度参 │      │ 计算、分析研究区沉积物 │
│ 数计算            │      │ 输运率            │
└─────────────────┘      └─────────────────┘
        │                           │
        ▼                           ▼
┌─────────────────┐      ┌─────────────────┐
│ 运行粒度趋势分析程序   │      │ 分析研究区的冲刷和淤积 │
│                 │      │ 区范围            │
└─────────────────┘      └─────────────────┘
        │                           │
        ▼                           │
┌─────────────────┐               │
│ 绘制粒度趋势矢量图，并  │               │
│ 对矢量图进行显著性检验  │               │
└─────────────────┘               │
        │                           │
        └───────────┬───────────────┘
                    ▼
        ┌─────────────────────┐
        │ 将粒径趋势矢量图与水动    │
        │ 力计算、床面形态分析等    │
        │ 结果进行对比           │
        └─────────────────────┘
                    │
                    ▼
        ┌─────────────────────┐
        │ 沉积物输运方向的分析     │
        │ 结果               │
        └─────────────────────┘
```

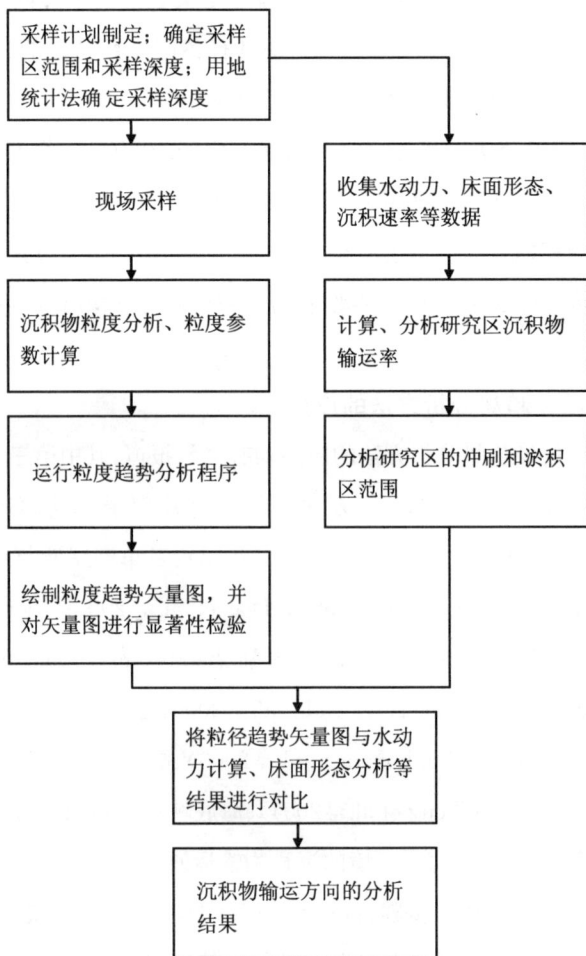

图 19 - 1 粒径趋势分析的数据处理和解释的流程

19.3 粒度趋势形成机理和粒度趋势分析的适用条件

19.3.1 粒度趋势形成的过程和机理研究

迄今关于沉积物粒径趋势的解释都是根据经验的观测资料，而要最终解决粒径趋势的理论和应用问题，就必须从物理原理上说明粒径趋势与颗粒态物质运动的关系(Gao & Collins, 2001)。如果不能从沉积动力过程上说明粒径趋势的形成,就无法完全确定粒径趋势分析在哪些条件下可以应用,这是粒径趋势分析的关键问题。目前,在作为颗粒态物质物理学的重要组成部分的沉积动力学本身还不够完善的条件下(Jaeger et al., 1996),要解决粒径趋势的形成过程问题还有很长一段路要走。笔者认为,这项工作可从现场观测、水槽实验和数值模拟三个方面入手。

粒径趋势形成的现场观测可以通过示踪物实验来实现。粒度特征是沉积物的示踪标记之一(White, 1998),因此粒度特征随输运而发生的变化就可能用示踪物动力学方法(高抒, 2000, 2003)进行研究。例如,配制可以与现场物质相区分的、粒度分布为已知的示踪物,在沉积物输运方向为已知的海洋环境中释放,然后进行沿程采样,对所获的示踪物进行粒度分析,这样就可以确定在输运方向上粒度参数发生了怎样的变化。这种示踪物实验方法在技术上已经非常成熟(Madsen, 1989)。已有研究者用示踪物方法探讨了砾石海滩上粒径和颗粒形状的分选过程(Carr, 1971; Caldwell, 1983)。

水槽实验中,可以人为地控制水流的强弱,还可以进行波浪运动的模拟(Sleath, 1984; Bennett & Bridge, 1995; Panagiotopoulos et al., 1997)。因此,海洋中的多种水动力条件,如潮流作用和潮流-波浪共同作用,都能在水槽内得到重现。这样就能够对已知其粒度组成特征的沉积物,模拟经历过不同水动力输运之后的底质粒度参数的时间和空间变化,进而建立粒径趋势与输运过程的关系。

根据对混合粒径沉积物的输运过程的定量计算,包括对磨损、动力分选和混合作用的定量模拟,可以对粒径趋势的形成进行数值模拟。这里的核心问题是如何确定混合粒径沉积物中每一粒度组分物质的输运率。经过沉积动力学研究者的努力,已经提出了一些混合粒径沉积物的输运率公式(e. g. Misri et al., 1984; Samaga et al., 1986; Ludwick, 1989; Hardwick & Willetts, 1991; Bridge & Bennett, 1992; Hsu & Holly, 1992; van Niekerk et al., 1992; Vogel et al., 1992),为粒径趋势形成的数值模拟创造了条件。已有一些学者应用这些成果或用其他方法进行了粒度参数在输运中的变化的模型研究(e. g. Hoey & Ferguson, 1994, 1997; Cui et al., 1996; Robinson & Slingerland, 1998)。值得注意的是,在这类模拟研究中,水动力条件包括潮流、波浪作用、浪流共同作用等情形;初始的沉积物可以是基岩风化产物,也可以是典型沉积环境中的物质;沉积物的源地可以是一处,也可以是多处,其分布状况也有多种可能性;沉积物磨损和选择性输运的计算公式有多个,各自应用范围不同。因此,模拟上述条件的各种组合情形下形成的粒径趋势,所涉及的工作量和需要分析的数据量会非常巨大,而到目前为止已进行的模拟分析工作还很少。

19.3.2 粒度趋势形成过程模拟示例

关于底质粒度特征的模拟早就有研究者进行了尝试(Heiskanen, 1972;Swift et al., 1972;Syvitski & Alcott, 1993)。如今,计算机技术和沉积动力学本身已有了长足的进步,深入开展这项工作的条件已经成熟,不过到目前为止关于粒度趋势形成过程的研究报道尚不多。于谦、高抒(2008)通过建立一维、推移质、往复流(近岸潮流)条件下的数学模型,采用正演方法模拟粒度参数在输运方向上的分布,初步探讨了粒径趋势形成的物理机制。

在于谦、高抒(2008)所报道的模拟实验中,假设水流为潮汐成因的一维往复流,同一时刻沿各处的单宽流量相同,初始时刻的沿程粒度分布相同,初始水深不同,因此流速和沉积物输运能力有沿程差异。应用 van Niekerk 等(1992)提出的推移质沉积物输运公式不同粒径组分的输运率,进而计算各个区间不同粒径组分物质的收支状况,经过充分长的一段时间之后,对各个区间活动层内的留存物质进行粒度参数计算,并绘制沿输运方向的粒度参数分布图。模拟实验针对初始沉积物粒度分布、初始水深的沿程分布和单宽流量,设置了不同的数值,因而构成了多组实验。

数值模型实验的初步结果显示,在一定的条件下,所形成的沉积物粒度参数的沿程分布符合粒径趋势分析的假设(Gao et al., 1994),即在恒定物源下,在净输运方向上,以下两种粒径趋势出现的概率最大:(1)平均粒径变细、分选更好且更加负偏;(2)平均粒径变粗、分选更好且更加正偏。例如,在源区沉积物平均粒径$=0.75\varphi$、偏态$=0$、分选系数$=0.67$、峰态$=0.79$、在输运方向上水深从 8 m 逐渐提高至 12 m 的输入条件下,在净输运方向上出现了前述的第一种粒径趋势(图 19-2)。在源区沉积物粒度参数相同但在输运方向上水深从 12 m 逐渐降低至

8 m 的输入条件下,床面首先经历了冲刷阶段,然后出现了前述的第二种粒径趋势。

　　值得注意的是,上述实验结果不是简单地由向下游的沉积物输运造成的,而是输运方向与沿程沉积物输运能力的差异共同造成的。在水深逐渐变大的条件下,发生了沿程的堆积,而在水深逐渐变小的条件下,先是发生沿程的冲刷,但冲刷的深度未能达到与输运无关的沉积层,然后接受了来自源区的物质。这组实验说明,在进行粒径趋势分析时,所涉及的沉积物样品应处于同一输运体系之内,对于源区物质而言应处于堆积状态。

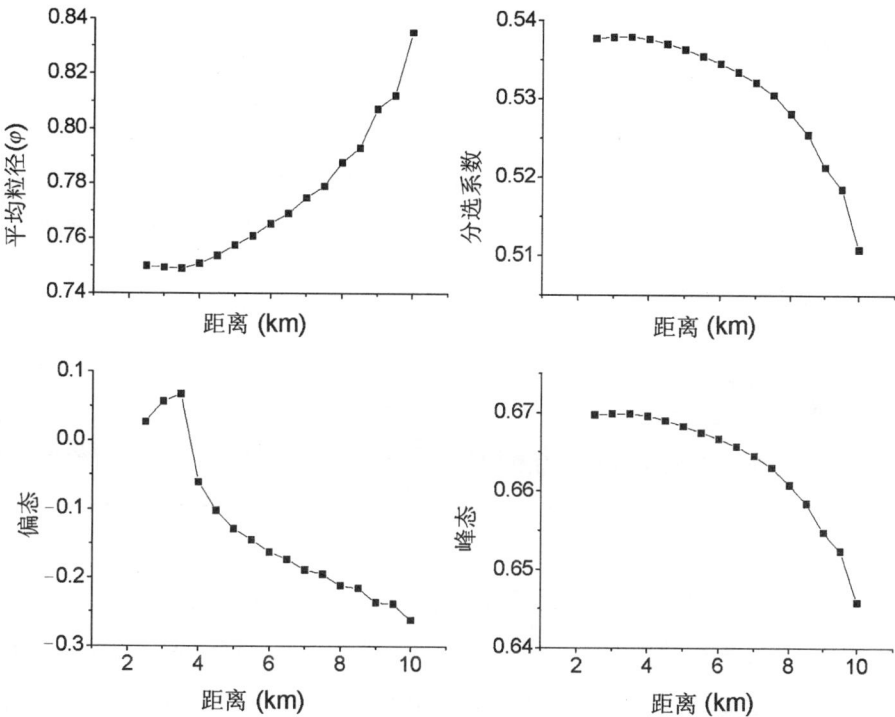

图 19 - 2　沉积物粒度参数沿程变化的数值实验结果(源区沉积物平均粒径＝
　　　　　0.75φ,偏态＝0,分选系数＝0.54,峰态＝0.67;在输运方向上水深从
　　　　　8 m 逐渐提高至 12 m)(据于谦、高抒,2008)

19.3.3　粒度趋势分析的应用条件的进一步研究建议
根据前述的研究进展,粒度趋势分析应满足的条件可总结为:(1)粒径趋势

矢量需要具有显著的各向异性;(2) 明确采样深度与时间尺度的关系;(3) 采样间距根据地统计方法而确定;(4) 消除边缘效应的影响;(5) 沉积物样品应处于同一输运体系之内,对于源区物质而言应处于堆积状态。但是,从粒度趋势形成过程的复杂性来看,这些应用条件还不是完备的。影响沉积物粒度组成和粒径趋势特征的要素还有不同来源的物质混合、源区沉积物特征及变化、不同水动力条件下的物质输运、悬沙沉降、溶解态-颗粒态物质转换、物质输运动力的侧向分布等。表 19 - 2 列出了与上述要素有关的一些沉积动力过程。

表 19 - 2 可能影响粒径趋势分析可行性的若干因素和过程

序号	要 素	沉积动力过程
1	多个来源物质的混合	物理混合过程、磨损过程、水力分选过程
2	源区沉积物特征及变化	母岩风化过程、流域过程、海岸与海底冲淤过程
3	不同水动力条件下的物质输运	底部边界层过程、细颗粒物质悬浮过程、浪流共同作用下的输运过程
4	悬沙沉降	絮凝过程、动水沉降过程
5	溶解态-颗粒态物质转换	化学过程、生物地球化学过程、生物分解过程、生物颗粒生长过程
6	物质输运动力的侧向分布	陆架环流与水团运动过程、底部浑浊层运动过程

这些要素及相关过程的可能影响简述如下。

第一,当不同来源的物质发生物理混合时,沉积物粒度组成必定发生变化,但它对粒径趋势矢量的影响还不够清楚(Flemming, 2007;Moore et al., 2007)。在混合发生之前,从源地到混合地点,沉积物还受到持续的磨损和动力分选过程影响。

第二,粒度组成受到源区沉积物的深刻影响(McLaren, 1981),当源区沉积物的母岩性质变化时,进入输运系统的物质也会发生相应的变化。此外,如果源区沉积物来量发生变化,则沉积区的冲淤状况也可能变化,从而导致沉积物的重新分布,冲刷区就成为新的或附加的源,这也会影响输运系统中物质的粒度特征。

第三,在不同水动力条件下,如波浪为主、潮流为主或浪流共同作用的海洋环

境中,物质的输运和堆积方式不同(Dyer,1986),甚至是输运方向逆转(Gao &
Collins,1997a),这可能影响粒径趋势的形成和分布。

第四,细颗粒物质常以絮凝的方式沉降,因而对于选择性输运的反应可与粗
颗粒物质不同,这可能使悬沙沉降所形成的粒度趋势具有独特性(Stevens et al.,
1996)。

第五,在海洋环境,由于多种化学反应和生物作用,溶解态-颗粒态物质发生
频繁的转换,这个因素对总体粒度组成的影响需要有定量的评估。

第六,由于海底地形、水动力分布等的影响,物质输运动力往往产生侧向差
异,所形成的粒径趋势矢量可能受到这种侧向差异的影响,而与优势输运方向不
完全一致(Asselman,1999;程鹏、高抒,2000;Cheng et al.,2004)。

由于上述这些影响的作用,粒径趋势分析方法还存在着不确定性,因此在粒
径趋势分析结果的解释中应该包含与其他物质输运证据的对比(参见图 19-1)。
今后,通过对粒径趋势形成的各种过程(表 19-2)的深入研究,图 19-1 所示的分
析流程可望得到进一步的改进。

第二十章　海底、海岸和沙漠大型沙丘的动力地貌过程

　　流体作用下形成的床面形态有纵向和横向两类。纵向床面形态的典型实例之一是陆架环境中形成的潮流脊,其延伸方向与水流近于平行,长度可达 10^2 km 量级,脊间距离可达 $10^0 \sim 10^1$ km 量级,脊间的深槽一般有 $15 \sim 50$ m(Stride, 1982;Hulscher et al. , 1993;刘振夏、夏东兴,2004);海洋和陆地干旱环境中的纵向沙垄(Kenyon,1970;Cooke et al. ,1992)也是这类形态的例子。横向床面形态的脊线近乎垂直于流体运动方向,其脊间距离成为"波长"(由水面波浪引申而来)。根据波长的大小可以分为小波痕(Ripples)、大波痕(Megaripples)和沙波(Sandwaves),其波长的尺度分别为 <0.6 m、$0.6 \sim 6$ m 和 >6 m(Boothroyd, 1985)。小波痕的波长取决于沉积物粒度和流体作用时间,当流体作用时间足够长时,波长达到均衡态,此时波长只与粒度有关(Bass,1999)。小波痕的迁移在沙漠里很容易被观测到,在风力较大的情况下,一分钟内小波痕可能运动若干个波长的距离;在海滩的激浪带,在几秒钟的水面波浪周期内,随着 Froude 数的变化,底床可以出现从平床到小波痕形成再回复到平床的快速周期性变化。大波痕和沙波在大陆架、海岸带和沙漠环境中均极为常见,一些研究者认为这两种床面形态的成因实际上是相同的,可以用同一个术语"沙丘"(Dunes)来表示(Ashlet et al. , 1990)。在自然界,横向床面形态的波长连续地分布于 $10^{-1} \sim 10^4$ m 范围,因此没有必要从中划分出大波痕这一类型。

　　除"波长"外,沙丘的形态特征还经常用"波高"(波谷到脊部的垂向距离)"迎流面坡长""背流面坡长""沙丘对称指数"等术语来表示(Allen,1982)。与小波痕不同,沙丘的波高和波长可以在迁移中发生变化。当一个沙丘的迁移速度高于另

一个沙丘时，前者将会赶上后者，使两个沙丘发生合并，从而加大沙丘的规模。较大的沙丘往往经历了较长时间的演化。在野外经常可以观察到波长达 10^3 m 量级的沙丘之上可叠加稍小的沙丘，这是正在发生的沙丘合并过程。沙丘的两侧一般是不对称的，其程度可用沙丘对称指数（即长坡面坡长与短坡面坡长之比）来表示。在海洋往复潮流作用下，沙丘对称指数较小，而不对称性可以指示流体的优势运动方向；在单向流作用下，沙丘对称指数较高，背流面的坡度与颗粒物质的休止角相近。此外，沙丘的波高-波长关系也可用于刻画形态特征。研究者们发现（Dalrymple et al.，1978；Flemming，1988；杨世伦等，1999），海底沙丘的波长和波高之间具有幂函数关系。Flemming(1988)提出的波长-波高关系如下：

$$H = 0.0677 \, L^{0.8098} \qquad (R^2 = 0.96) \qquad (20-1)$$

式中 H 为波高，L 为波长。

值得指出的是，上式中较高的相关系数是基于对数尺度的，实际上存在着相当程度的离散，偏离上述 H-L 关系的现象应与沙丘迁移过程有关，但这方面的研究还较少。对于陆地沙丘，研究者们也认为存在着幂函数关系（Sharp，1963；Lancaster，1982，1995；Dong et al.，2009），但是其指数接近于1，即接近于线性关系。Z. B. Dong 等(2009)总结的沙漠沙丘的波长-波高关系为：

$$H = 0.12 \, L \qquad (R^2 = 0.98) \qquad (20-2)$$

可见海底和陆地沙丘的波长-波高关系是不同的。

沙丘迁移是由推移质运动而造成的。在迎流面推移质输运率从坡底向脊部增大，使迎流面发生冲刷，产生的物质在背流面发生堆积，从而造成沙丘整体形态的迁移。这种现象说明，在沙丘迁移的方向上，沉积物的输运率不是处处相等的，这样才能造成迎流面一侧的侵蚀和背流面一侧的堆积。沙丘形成演化和迁移行为对海岸工程（如海底管线工程、海底电缆铺设）（高抒等，2001）和沙漠环境治理（如交通线路和居民点保护、沙漠化防治等）具有重要影响（王涛、赵哈林，2005）。由于沙丘迁移速度与推移质输运率和沙丘规模的大小有关，因此沙丘迁移速度的控制实际上是对物质运动强度和沙丘规模的控制。

本章的目的是选取海底、海岸和沙漠环境的典型大型沙丘，分析其形态参数，比较海底和陆地沙丘的动力学行为的异同，根据沙丘迁移速度与推移质输运率和沙丘规模的关系来分析形态参数偏离波高-波长关系的机理,进而探讨提高沙丘位置稳定性的动力地貌学方法。

20.1　数据与方法

20.1.1　沙丘迁移速度与推移质输运率的关系

沉积物输运率通常是指单位时间通过单位宽度的沉积物的质量。根据物质守恒原理,可以获得沉积物输运率与床面高程变化之间的关系:

$$\frac{\partial h}{\partial t} + \frac{1}{\gamma} \cdot \frac{\partial q_s}{\partial x} = 0 \tag{20-3}$$

式中 h 为床面高程,q_s 为推移质输运率,γ 为沉积物容重。

式(20-3)表明,如果沉积物输运率 q_s 在输运方向上无梯度(即无空间变化),则床面高程随时间的变化率 $\partial h/\partial t$ 为0,也就是说没有冲淤变化,而沙丘既有迁移又有冲淤变化,这是由于在一个波长范围内,迎流面一侧的输运率是增大的,而背流面一侧则是减小的(Allen,1997)。实测的结果正是如此(Livingston et al.,2007)。

在一个沙丘波长的范围内,沉积物输运率可求得一个平均值,即:

$$\langle q_s \rangle = \frac{1}{L} \int_0^L q_s \mathrm{d}x \tag{20-4}$$

式中尖括号表示平均值。

在沉积物以推移质方式输运的情况下,$\langle q_s \rangle$ 还能以另一种方式求出。假设沙丘迁移一个波长的距离所花的时间为 T,则平均输运率就相当于在 T 时段内通过观测点的沙丘截面面积所代表的物质量与 T 之比,其值为

$$\langle q_s \rangle = \frac{\gamma S}{T} = \frac{\gamma S}{L} \cdot \frac{L}{T} = \frac{\gamma S}{L} \cdot u_g \tag{20-5}$$

式中 S 为沙丘横截面面积,L 为波长,u_g 为 L/T 即沙丘迁移速度。

式(20-5)表明,如果沙丘迁移速度和几何形态为已知,则平均输运率可以求出;反之,若输运率和沙丘形态为已知,则可获得沙丘的迁移率。如果沙丘两侧的

坡面均为直线,即沙丘横截面为三角形,则式(20-5)简化为(Rubin & Hunter, 1982;Yang,1996):

$$u_g = \frac{2\langle q_s \rangle}{\gamma H} \qquad (20-6)$$

式(20-6)表示,沙丘迁移速度与推移质输运率成正比,与沙丘的波高成反比。本章将应用式(20-6)来分析沙丘的形态和迁移特征。

20.1.2 台湾海峡海底沙丘形态参数的获取

台湾海峡南部有一片水深较浅的区域,平均水深约为 20 m,称为台湾浅滩 (图 20-1)。台湾浅滩底质由粗砂和中砂组成,在潮流作用下形成了潮流脊和海底沙丘(刘振夏、夏东兴,2004),海底沙丘叠加在潮流脊之上。对卫星遥感图像 (图 20-1)的分析表明,本区沙丘的规模较大,波高为 3~25 m,波长为 300~1100 m(Hsu & Mitnik,1997)。2006 年 8 月 27~29 日,在厦门大学组织的航次中对台湾浅滩海域进行了海洋调查,获得了台湾浅滩区域两条断面的一组沙丘形态参数(杜晓琴等,2008),其中一条测线垂直于沙丘脊线走向,而另一条测线斜交于沙丘脊线走向(夹角约为 35°)。本区的沙丘显示出脊线两侧坡度较陡、波谷较为宽阔平坦的特征。沙丘的波长可用脊间距离或波谷间距离来定义,而波高也有两种情况,即脊线或波谷两侧测量的波高值不同。为分析方法的统一和测量便利起

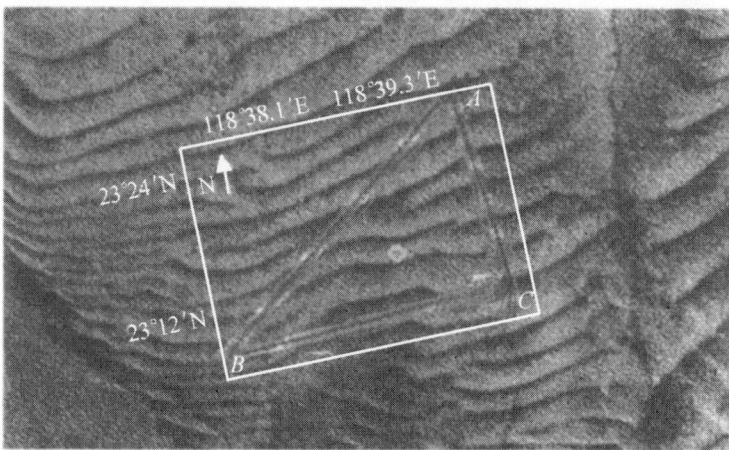

图 20-1 台湾海峡研究区位置和海底沙丘的遥感影像(据 Du et al.,2008)

见,本书将脊间距离定义为波峰之间的距离,而将波谷两侧的波谷-脊顶高差的平均值定义为波高。根据测线水深数据的分析,量算了测线上所有大型沙丘(8 个)的形态数据,包括脊间距离、两侧的坡长以及波谷-脊顶高差值,并进而换算为波高、波长值。

20.1.3 法国 Aquitaine 海岸沙丘形态参数的获取

海岸沙丘在国内外都有广泛分布(Goldsmith, 1985;傅命佐等, 1997),其中法国西南部 Aquitaine 海岸(图 20 - 2)的沙丘规模较大,位于 Arcachon 湾南侧的 Pyla 沙丘脊部的高程达到了海拔 103 m,沙丘群沿岸绵延约 200 km,分布于宽 3~10 km的地带,沙丘的高度大多为 20~70 m(Vincent, 1996;Tastet & Pontee, 1998;Saye & Pye, 2000)。虽然沙丘群的形成是从全新世中期开始的,但规模最大的 Pyla 沙丘形成于 18 世纪,目前以每年 1m 的速度向内陆方向迁移(Bird, 1984)。Pyla 沙丘的发育被认为与沿岸运动的大型水下沙体的物质供给有关,水下沙体周期性地自北向南运动并越过 Arcachon 湾口门(Stive et al. , 2002),在其南侧靠上海岸线,随后被向岸风输往沙丘脊部(Bird, 1984)。根据笔者 1990 年 6 月的现场考察,Pyla 沙丘上无植被覆盖,脊部向海一侧地形波状起伏,在靠近海滩的沙丘下部地层中有多层泥碳夹层,并有碳化的树根,而向陆一侧的坡度接近于沙粒休止角,由于该沙丘向内陆方向迁移,一片森林正处在逐渐被掩埋的过程之中。Pyla 沙丘的高度在本区是独特的,其他沙丘脊部均低于海拔 80 m,而且表面多有不同程度的植被覆盖,大多数处于不活动状态。

本区沙丘的形态参数从 1:10 万地形图上确定,研究区域是 Pyla 沙丘及其以南海岸约 50 km 范围(图 20 - 2),选取了具有高程注记的全部大型沙丘。由于本区大型沙丘的波长达 500~1000 m(Vincent, 1996;Tastet & Pontee, 1998),因此波长量算的误差约为±10 m。图上等高线间距为 20 m,波高被记录为脊部高程与谷底高程之差,根据等高线信息和文献资料,谷底高程为 15 m 左右,故波高量算误差约为±3m。最终获得了 12 个大型沙丘的波长、波高数据。此外,关于本区沙丘形态数据,为了本书的分析也进行了收集,从 Vincent(1996)及 Tastet 和 Pontee(1998)的研究文献获得了 7 个大型沙丘的波长、波高数据。

图 20 - 2　法国 Aquitaine 海岸地理位置和沙丘遥感影像（源自 Google Earth）

20.1.4　我国西部及邻近区域沙漠沙丘形态参数的收集

我国西部及邻近区域分布着大面积的沙漠区，如新疆塔克拉玛干沙漠（朱震达，1987；Wang et al.，2002，2003；Dong et al.，2009）、新疆和甘肃边界的库姆塔格沙漠（夏训诚，1987；唐进年等，2008）、内蒙古巴丹吉林沙漠、蒙古国西部沙漠（Yang et al.，2003；Grunner et al.，2009），其沙丘的波长尺度可以在遥感图像上清晰地显示出来（图 20 - 3）。将沙漠沙丘的形态规模与台湾海峡海底沙丘和法国 Aquitaine 海岸沙丘对比，可知沙漠沙丘的规模为最大。例如，新疆塔克拉玛干沙漠（Dong et al.，2009）的沙丘具有三种空间尺度，最大者波长 2.4～4.6 km，波高 160～480m，中等尺度沙丘的波长、波高分别为 80～700 m 和 10～80 m，最小尺度者分别为 10～80 m 和 1～17 m（夏训诚，1987；朱震达，1987；Wang et al.，2002，2003；Stive et al.，2002；Dong et al.，2009）。显然，台湾海峡海底沙丘和法国 Aquitaine 海岸沙丘中的较大者只相当于塔克拉玛干沙漠的中等尺度沙丘，而比其最大尺度沙丘的规模要小一个量级。Dong et al.（2009）总结了塔克拉玛干沙漠的各种尺度沙丘的形态特征，因此本项研究将以此作为沙漠沙丘的代表。

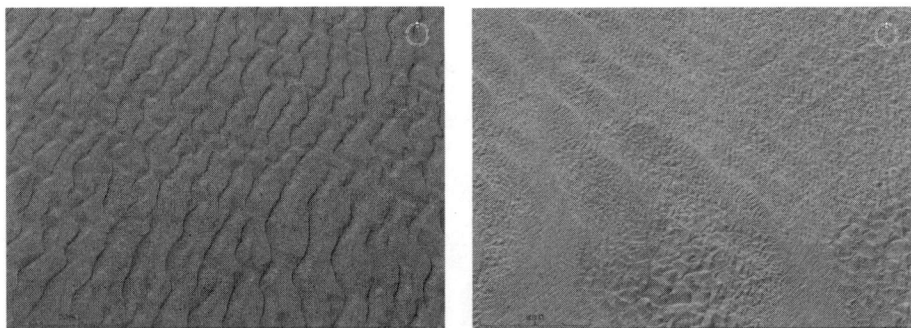

图 20-3 我国西部塔克拉玛干沙漠沙丘两种不同比例尺的遥感影像(源自 Google Earth)

20.2 结果与讨论

20.2.1 海底、海岸和沙漠沙丘的形态参数

分析得到的台湾海峡海底沙丘和法国 Aquitaine 海岸沙丘的波长、波高参数如表 20-1 所列。这两类沙丘在地貌形态上是有明显差异的。虽然两者的波长处于同一量级,均在 450～780 m,但是波高的差异却很显著。台湾海峡沙丘波高很少超过 20 m,多为 17 m 左右,而 Aquitaine 海岸沙丘的波高多为 30～70 m,其中最高的 Pyla 沙丘(编号 FL1)达 83 m,该沙丘脊部高程为 103m,东侧谷底高程为 20 m(Vincent, 1996)。因此,这两组沙丘的波高-波长关系也不相同,前人建立的 H-L 关系曲线(Sharp, 1963;Lancaster, 1982, 1995;Dalrymple et al., 1978;Flemming, 1988;杨世伦等, 1999;Dong et al., 2009)也显示了这一差异。不仅如此,在表征海底沙丘 H-L 关系的 Flemming(1988)曲线上,台湾海峡的数据点均位于曲线的上方(在图 20-4 中有两个沙丘的数据点很靠近,因此在图上发生了重叠)。Aquitaine 海岸沙丘的数据点大多集中在代表沙漠沙丘 H-L 关系的曲线下方,表明海岸沙丘的波高小于沙漠沙丘,但也有两个沙丘(包括 Pyla 沙丘)属于例外,它们位于 H-L 关系曲线的上方(图 20-5)。

表 20 - 1　研究区海底和海岸沙漠波高、波长测量值

研究区	沙丘编号	沙丘波长（m）	沙丘波高（m）
台湾海峡	TW1	699.0	19.5
	TW2	731.3	17.0
	TW3	645.0	17.7
	TW4	456.7	14.6
	TW5	506.6	17.4
	TW6	507.7	17.4
	TW7	595.8	20.3
	TW8	506.4	18.7
法国 Aquitaine 海岸	FM1	680	57
	FM2	630	66
	FM3	700	64
	FM4	480	69
	FM5	550	57
	FM6	600	46
	FM7	670	45
	FM8	560	50
	FM9	780	43
	FM10	560	53
	FM11	500	47
	FM12	500	37
	FL1	580	83
	FL2	498	35
	FL3	588	42
	FL4	538	51
	FL5	718	46
	FL6	530	33
	FL7	540	46

注：TW 编号者据杜晓琴等（2008）数据计算，FM 编号者为地形图测量值，FL 编号者据 Vincent（1996）和 Tastet & Pontee(1998)报道。

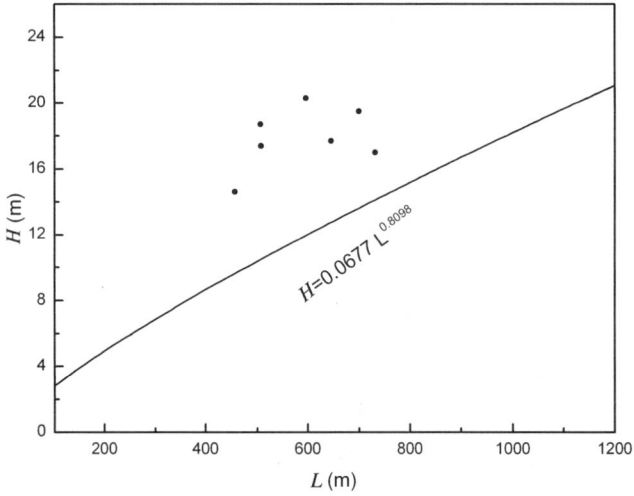

图 20 - 4　台湾浅滩海底沙丘的 H - L 关系

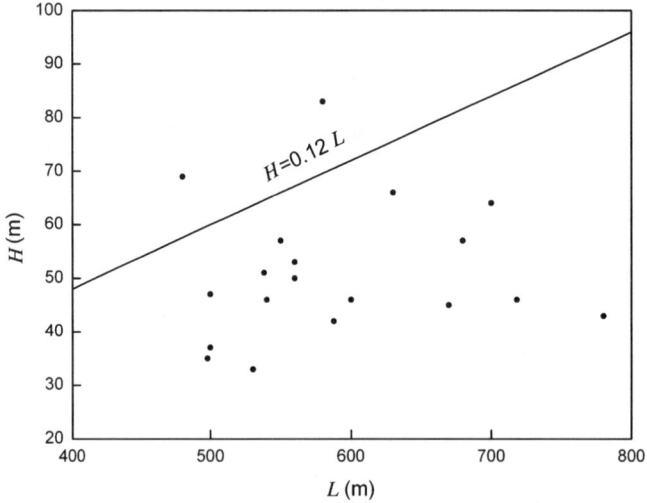

图 20 - 5　法国 Aquitaine 海岸沙丘的 H - L 关系

20.2.2　沙丘形态参数偏离 H - L 关系的机理

台湾海峡沙丘的形态参数偏于 Flemming 曲线的上方,表明这些沙丘的波长小于同样波高的海底沙丘的平均波长。通常沙丘波长是由脊间距离来量度的,于是我们的问题就成为:哪些过程能够导致脊间距离的减小?可能性之一是在迁移方向上沙丘迁移速率沿程减小,导致脊间距离压缩,如同声波传播中的多普勒现象。由于沙丘迁移速率是推移质输运率的函数,因此脊间距离的沿程变化应是推移质输运率的空间梯度所致。

为了证实上述推论,可以通过一个模拟实验来展示推移质输运率和沙丘波长的沿程变化的关系。设所考虑的沙丘波长在起始点为 100 m,推移质输运率为 1.0 kg・m^{-1}・s^{-1},且该处的波长波高符合 Flemming 曲线(即波高为 2.82 m)。现在让一系列同样波高的沙丘向前移动,其速率用式(20-6)计算。可以假设推移质输运率沿程升高、不变和降低三种情况,分别计算两个相邻沙丘的迁移速度,确定其随时间变化的位置,进而计算迁移过程中的脊间距离(即沙丘波长)。图20-6 显示了推移质输运率沿程每千米升高 5%($k=0.05$)、不变($k=0.0$)和降低 5%($k=-0.05$)情况下的波长变化。在 10 km 范围内,输运率沿程降低使波长下降到 50 m,而输运率沿程升高使波长增加到 150 m。因此,在前一种情况下,波长-波高数据点将位于 Flemming 曲线上方,但在后一种情况下数据点将位于曲线下方。值得指出的是,在台湾海峡,推移质输运率有自北向南(即沙波迁移方向)减小的趋势,而沙波波长也有自北向南逐渐压缩的趋势(杜晓琴等,2008),这一观测事实支持了上述推论,即沙丘形态数据系统性地偏离 Flemming 曲线是由于推移质输运率在输运方向上的变化而造成的。

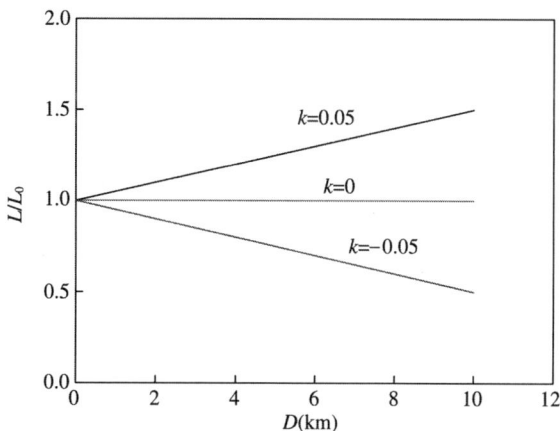

图 20-6　推移质输运率沿程变化对沙丘 H-L 关系的影响(见正文解释)

20.2.3　海底和陆地沙丘 H-L 关系差异的分析

在海底和陆地沙丘形态的对比中,最显著的差异是前者的波高明显小于后者,其原因可以从海洋和陆地流体环境的差异来考虑。深海环境的水动力不能满足沙丘大规模发育的条件,而内陆架海区(通常水深<60 m)潮流强,有可能形成大规模的海底沙丘群。然而,内陆架的水深条件极大地限制了沙丘的增高。首先,海底沙丘的波高不可能大于水深值,台湾海峡沙丘区的水深一般小于 40 m,这就决定了该处沙丘不可能达到法国 Aquitaine 海岸沙丘的高度。其次,由于水体连续性的原因,沙丘生长到一定高度就会充分改变流场条件,进而阻止沙丘的增高,这一点可用以下算例来说明。设在水深为 32 m 的海域,有一个波高为16 m 的沙丘,显然其波谷处水深为 32 m,波峰处水深为 16 m。在该沙丘迎流面的波谷到波峰以相同间距设置 A、B、C、D、E5 个站位,并设波谷处(A 站)的垂线平均流速为 1.2 m·s^{-1}。这样,其他站位的水深和垂线平均流速就可以确定(表 20-2)。每一个站位的垂线平均流速可根据 Von Kármán-Prandtl 模型换算为距底床 1m 处的流速 u_{100}(Harris & Collins, 1988):

$$u_{100} = U \frac{\ln(1/z_0)}{\ln(0.37H/z_0)} \qquad (20-7)$$

式中 U 为垂线平均流速,H 为水深,z_0 为底床粗糙长度,按照 Dyer(1986)定为6 mm。

应用 Hardisty(1983)公式可算出推移质输运率:

$$q_s = k_1 (u_{100}{}^2 - u_{100\sigma}{}^2) u_{100} \qquad (20-8)$$

式中 k_1 为系数,$u_{100\sigma}$ 为临界起动流速。

设沙丘沉积物粒径为 0.25 mm,则根据 Wang 和 Gao(2001)以及 Soulsby(1997)的研究文献,k_1 和 $u_{100\sigma}$ 的值分别定为 0.2 kg·m^{-4}·s^2 和 0.19 m·s^{-1}。计算的各站位 u_{100} 和 q_s 值列于表 20-2,从中可以看出,从 A 站到 E 站,推移质输运率逐渐提高并且其空间梯度也逐渐加大。由式(20-3)可知,在此情况下 E 站的床面侵蚀速率将高于 A 站,也就是说,沙丘的波高将减小。上述数值实验结果表明,浅海地区的水深限制了沙丘向上生长。

表 20 - 2　海底沙丘不同部位的推移质输运率算例(沉积物粒径设为 0.25 mm)

位置	水深（m）	$u(\mathrm{m \cdot s^{-1}})$	$u_{100}(\mathrm{m \cdot s^{-1}})$	$q_s(\mathrm{kg \cdot m^{-1} \cdot s^{-1}})$
A	32.0	1.2	0.81	0.098
B	28.0	1.5	1.03	0.21
C	24.0	1.8	1.26	0.39
D	20.0	2.1	1.51	0.67
E	16.0	2.4	1.78	1.10

陆地沙丘是在气流作用下形成的,其动力环境与浅海不同。气流运动也遵循流体力学的一般规律,与陆架海不同的是气流层的厚度可达 10^3 m 量级,这给陆地沙丘的向上生长提供了较大的空间。即使沙丘高度达到 10^2 m 量级,也比气流厚度小一个数量级,不至于对流场产生质的影响,这是与浅海海底沙丘环境之间的主要差异。如果海底沙丘均衡波高与水深的关系也类似于陆地沙丘与气流厚度的关系,那么陆地沙丘将可以达到数百米的高度。事实上,塔克拉玛干等沙漠的确形成了这样规模的沙丘(Yang et al.,2003；Dong et al.,2009)。

20.2.4　大型沙丘的迁移行为

海底、海岸和沙漠沙丘都有不同大小的沙丘共存的现象,沙丘的形态是复合型的,在大型沙丘的两坡叠加了次一级的沙丘。这一方面说明有些沙丘有着较长的演化历史,而另一些沙丘则是刚形成不久,同时也说明大型沙丘是通过不同波高的沙丘迁移过程中的合并而逐渐形成的。

大型沙丘的形成过程和式(20 - 6)所示的迁移特征具有应用于沙漠环境治理的潜力。沙漠内部的沙丘经过长期的演化逐渐达到波高的均衡态,而沙漠的扩大是由于沙漠边缘的沙丘向外迁移而导致的。长期以来,我国西部地区沙漠的扩大已对农田、村镇等产生了不小的影响(朱震达等,1964；Yao et al.,2007；Bourker et al.,2009),所以应该关注边缘沙丘迁移的问题。在海岸和海底环境,沙丘迁移及其对环境和工程的影响也引起了学者们的广泛关注(高抒等,2001；Anthony et al.,2002；Morelissen et al.,2003；Xu et al.,2008；Barrie et al.,2009)。式(20 - 6)表明,要减小沙丘迁移速度,必须减小推移质输运率,或增加沙丘高度。用人工植被、挡沙墙等办法可以达到降低推移质输运率的目的,而如果能够进一步考虑加大沙丘规模的方法,则两者的结合可以产生更好的效果。为了说明这一点,可以进行一个关于沙丘波高设计的数值实验来考察增加沙丘高度的效应。

我们的假设问题是,在沙漠边缘沙丘不断向外扩张的情况下,能否通过人工增加沙丘高度来控制沙丘迁移速度,确保距沙漠边缘一定距离的村庄在一定时间内不受沙丘的侵袭。为了简化起见,设沙漠边缘到村庄和农田的距离为 1 km,推移质输运率为 0.1 kg·m^{-1}·s^{-1},并且在一年中的 3 个月内起作用,沙丘迁移方向正好从沙漠边缘指向村庄和农田,沙漠边缘自然形成的沙丘波高为 2 m。在上述假设条件下,根据式(20-6),沙漠边缘沙丘迁移速度可达约 200 m·yr^{-1},在 5 年内将淹没村庄和农田。如果在沙漠边缘用人工办法堆成较大的沙丘,则其迁移速度会较小,同时在迁移过程中 2 m 波高的沙丘会不断赶上该沙丘并使其合并增大,从而进一步降低迁移速度。图 20-7 显示了不同设计波高下的时间-迁移距离曲线,从图中可以看出,所有的曲线都是上凸的,表明了合并增大的效应。从图中还可以看出,波高为 70 m 的沙丘可保证村庄 100 年内的安全,因此时间-迁移距离曲线可用人工沙丘波高的设计。当然,图 20-7 所示的算例只是概念性的,沙丘迁移的准确定量刻画还需要考虑沙丘沉积物粒度组成和空间分布、风场的时空变化、次生流、地下水水位、沉积物供给等因素(Wiggs, 2001;Németh et al.,

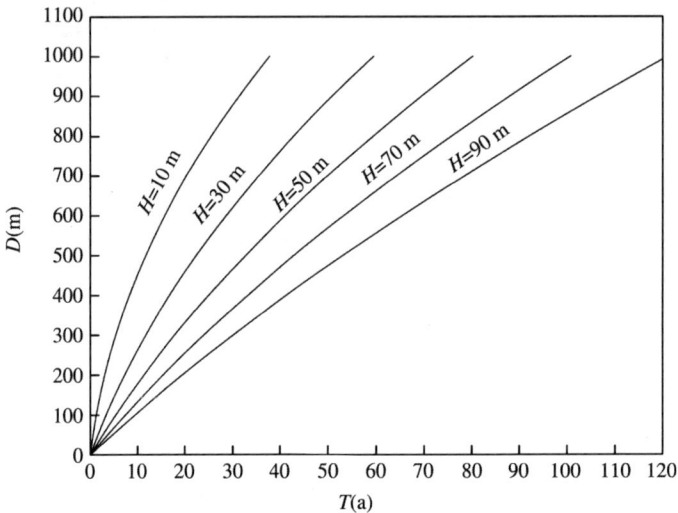

图 20-7 不同设计波高的沙丘迁移距离-历时曲线(假设条件见正文)

2002，2007；Walker & Nickling，2002；高抒，2006b)。

如何实现设计的沙丘波高？可以借用自然的力量,辅之以人工措施。法国海岸 Pyla 沙丘的迁移特征给了我们很大的启示,该沙丘由于陆侧森林的存在而极大地减缓了迁移,沙丘沉积物向上堆积,最终使沙丘高度甚至超过了沙漠沙丘(图20-5)。类似的环境可以通过以下方式而形成:(1) 人工篱笆,即在沙丘的顶部设置低矮篱笆,促使沙丘长高,等到篱笆被埋没时,再设置新的篱笆,几个周期之后,沙丘就可以达到一定的高度;(2) 在沙丘前进方向上设置障碍,如隔挡墙和沟渠,当沙丘到达障碍处时,沙丘迁移变缓,与后续跟进的沙丘归并而增大;(3) 在沙丘表面布设护层,降低迎流面侵蚀速率。关键问题是要让沙粒向高处运动,从而将风能转化为沙粒的势能,而尽量少地转化为沙丘移动的动能。

上述措施有些已经在治理实践中表明是有效的,有些则需要进行进一步试验。在美国北卡罗来纳州海岸,采用人工篱笆方法,海岸沙丘在六年内增高了4 m(Goldsmith，1985),沙漠环境的沉积物供给比海岸带更丰富,因此沙丘增高的速率会更大。我国西部地区长期采用表层防护的方法(王涛,赵哈林,2005),对沉积物运动起到了显著的遏制作用,这也是具有重要参考价值的。关于海底沙丘迁移的预测和防治,高抒等(2001)已作了描述,本书不再赘述。

20.3 结 论

1. 海底、海岸和沙漠沙丘的形态特征存在着较大的差异。在波长相同的情况下,海底沙丘波高<海岸沙丘波高<沙漠沙丘波高。其原因主要是流体厚度的差异,其次是物质供给条件差异。浅海地区的水深限制了沙丘向上生长,而陆地气流厚度较大,给沙丘向上生长提供了较大的空间。沙漠环境的沉积物供给远大于海岸环境,导致沙丘高度的增加。

2. 沙丘形态参数偏离波长-波高曲线的现象与推移质输运率有关。推移质输运率的沿程变化可以导致沙丘迁移速率和脊间距离的沿程变化,从而使形态参数系统性地偏离波长-波高曲线。推移质输运率的突变可使沙丘迁移受阻,造成沉积物的垂向堆积,形成超高的沙丘。

3. 沙丘的迁移特征受控于推移质输运率和沙丘高度。因此,可以通过波高设计来计算迁移距离-历时曲线,进而控制沙丘迁移动态。大型沙丘的设计波高可通过人工篱笆、隔挡墙、沟渠、表面护层等工程措施来实现。

第二十一章 极浅水边界层的
沉积环境效应

在靠近海底处,上覆水流受到床面摩擦阻力影响而减速,这一层水体称为底部边界层,其厚度与水流的恒定性有关。波浪的周期为几秒,所对应的边界层厚度为厘米量级,而潮流的周期达到了天的时间尺度,其厚度为 $10^0 \sim 10^1$ m 量级 (Fredsoe & Deigaard,1992)。根据水深与边界层厚度的关系,海洋环境可划分为极浅水(水深远小于正常边界层厚度)、浅水(水深与边界层厚度相当)和深水(水深远大于边界层厚度)等不同的类型。在半日潮海域的潮滩环境,潮间带水流的周期为 12 小时 25 分,此时充分发育的边界层厚度可达 3 m 左右,然而在潮间带的不同部位,一个潮周期内都可以发生水深远小于 3 m 的情况,也就是说潮间带上经常会出现极浅水的情况。

为了表示边界层水流对底部沉积物输运的影响,通常用近底部流速 u_{100}(即床面之上 1 m 处的流速)来计算切应力、推移质输运率和细颗粒物质的再悬浮通量。但是,如果水深小于 1 m(这在潮间带经常发生),如何定义 u_{100}? 常用的方法是利用 u_{100} 与垂线平均流速的关系来计算(Harris & Collins,1988)。这种方法在一般情况下是可行的,但在极浅水环境下则可能会失效(Gao,2009a)。例如,在中潮位附近,当涨潮水流到来时,由于潮位上升速率较大,可形成类似于涌潮的现象(任美锷,1986;徐元、王宝灿,1986);对于这种"滩面涌潮"或"涨潮前锋"的情形,u_{100} 的计算方法便不再适用。本章的目的是叙述江苏潮滩环境中观察到的极浅水边界层的几种表现,并进行动力过程的初步分析,以了解极浅水边界层对物质输运和潮滩沉积环境的影响。

21.1　江苏潮滩沉积环境背景

江苏海岸潮滩是我国规模最大的现代潮滩系统(任美锷，1986)，它北起连云港，南达长江口(图 21-1)，潮间带面积超过 5000 km²。如此大规模的潮滩体系的形成要归因于黄河、长江的物质输入以及本区的潮汐条件。黄河在全新世期间多次在渤海和黄海交替入海，最近一次在江苏沿海入海的事件发生于 1128～1855 年，这次事件导致了江苏海岸北部黄河三角洲的快速形成，即如今所称的"旧黄河三角洲"，而在其南翼形成了宽达 50 km 以上的低平海滨平原，在其向海一侧则形成了宽 5～12 km 的潮间带浅滩。南部地区由于长江沉积物的持续供给和黄河物质的补充影响，也形成了大片的低地平原和潮间带浅滩。

江苏海岸的潮汐为规则半日潮，涨落潮流的流向呈辐射状，其中心位于海岸中部；在潮流辐聚中心，最大潮差可达 7 m，向两侧呈减小趋势(任美锷，1986)。由于潮汐的作用，黄河、长江沉积物以典型的潮汐沉积方式发生堆积。近岸地区形成的淤长型潮滩，其低潮位附近为粉砂或粉砂细砂滩，向高潮位方向依次被泥砂混合滩、泥滩和盐沼所取代(朱大奎、许廷官，1982)，这样的沉积分布在垂向上出现"向上变细"的沉积层序；潮下带沉积物以砂质或粉砂为主，局部夹有细颗粒物质。最典型的"潮汐层理"(薄互层层理)见于潮间带的泥砂混合滩和潮下带的一些层位。此外，由于特殊潮流流场的作用，岸外的沉积物堆积为"辐射状潮流脊"(王颖，2002)，潮流脊最大长度超过 200 km，潮流脊占据的水域面积超过 20000 km²。本区潮流脊的一些特征，如走向与潮流近于平行、物质以砂为主、脊顶与脊间水道底部的地形高差等，与一般所见的潮流脊无异，但由于本区沉积物粒度较细，因此沉积物活动性高于其他陆架上的平行状砂砾质潮流脊，且与海岸潮滩构成一个共同演化的系统，潮流脊辐聚区成为潮间带浅滩，形成一个潮滩-潮流脊复合沉积体系(图 21-1)。

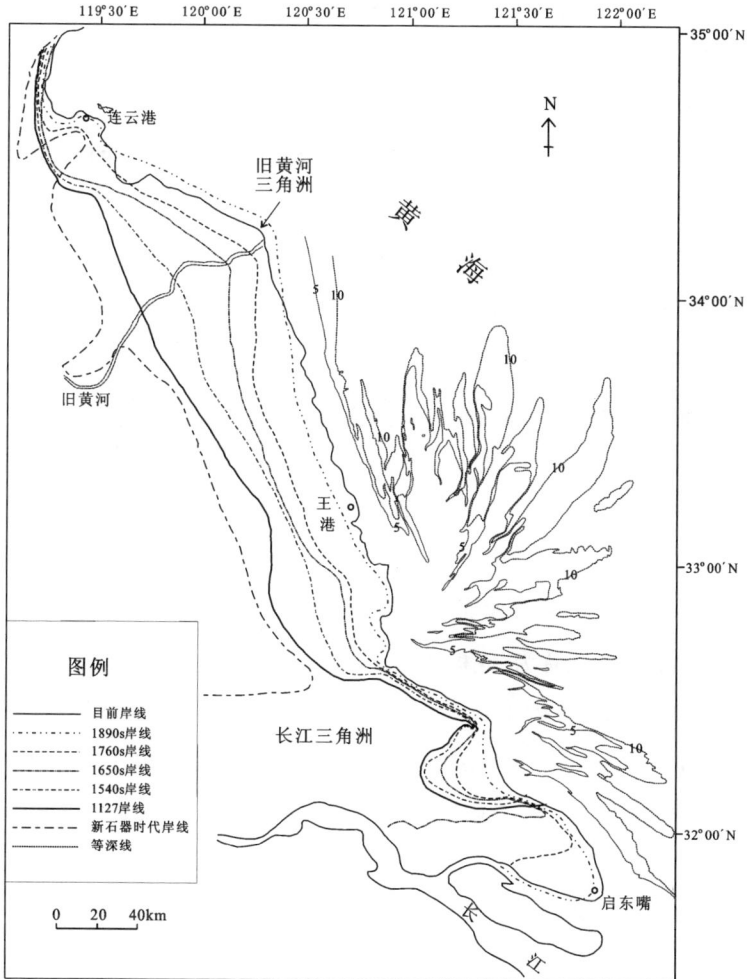

图 21-1　江苏海岸的潮滩-潮流脊复合沉积体系

（岸线变迁资料据张忍顺，1984c）

21.2　对极浅水边界层几种现象的观察

21.2.1　浅水波痕与滩面平床的形成

在江苏海岸,潮滩中下部的粉砂细砂滩通常为分选良好的非粘性沉积物(粒径范围为粗粉砂至细砂),因而最易于起动和输运。潮间带环境中,潮流流速受到水位上升率和滩面坡度的控制(高抒、朱大奎,1988)。江苏海岸潮间带坡度为0.001量级,与2~7 m半日潮潮差的条件相结合,致使粉砂细砂滩上有较长一段时间流速满足临界起动条件(Wang Y P et al.,2006),并且该处水深与流速又正好满足小波痕形成的条件。因此,在落潮干出阶段,粉砂细砂滩上往往出现大片的小波痕(图21-2(a)),其形态不对称特征是落潮流作用的产物(小波痕的陡坡指向落潮流方向)。江苏潮滩下部落潮流定向的小波痕,其波长一般为8~15 cm,波高在2 cm以内;波痕较为坚固,在波痕区步行往往不能留下脚印,有硌脚的感觉;在江苏南部海岸,滩面的坚固性足以支撑大型车辆(如大型农用拖拉机)行驶,因而被当地人称为"铁板沙"。

除小波痕外,粉砂细砂滩上有些部位还出现"浅水波痕"(图21-2(b))和平床(图21-2(c))的形态。在滩面坡度很小的地方,落潮后期可出现滩面积水,同时,滩面常有水流的渗出(这是涨潮阶段渗入地层的水体)。滩面滞留的水体通常流速很低,一般不超过 $0.1 \text{ m} \cdot \text{s}^{-1}$,如果有时风力较大,滩面的薄层水流可在风应力的作用下有所加强。有趣的是,在薄层低速水流作用下,床面物质仍能以推移质的方式运动,先是波痕的脊部被削平,原先的波痕被改造为"平顶波痕",而两翼的形态仍然可见,这就是通常所说的浅水波痕。随着水位的进一步下降,平顶处的颗粒物质继续沿水流方向运动,在波痕的谷部形成明显的滑落面,顶部的平坦部分面积不断扩大,而波谷的范围不断缩小,最终平坦的部分连成一片,成为平床。观察结果表明,浅水波痕是小波痕向平床演化的中间阶段,从小波痕到平床形态,薄层水流作用的时间需1~2小时。

(a)　　　　　　　　　　　　　　　　　(b)

(c)

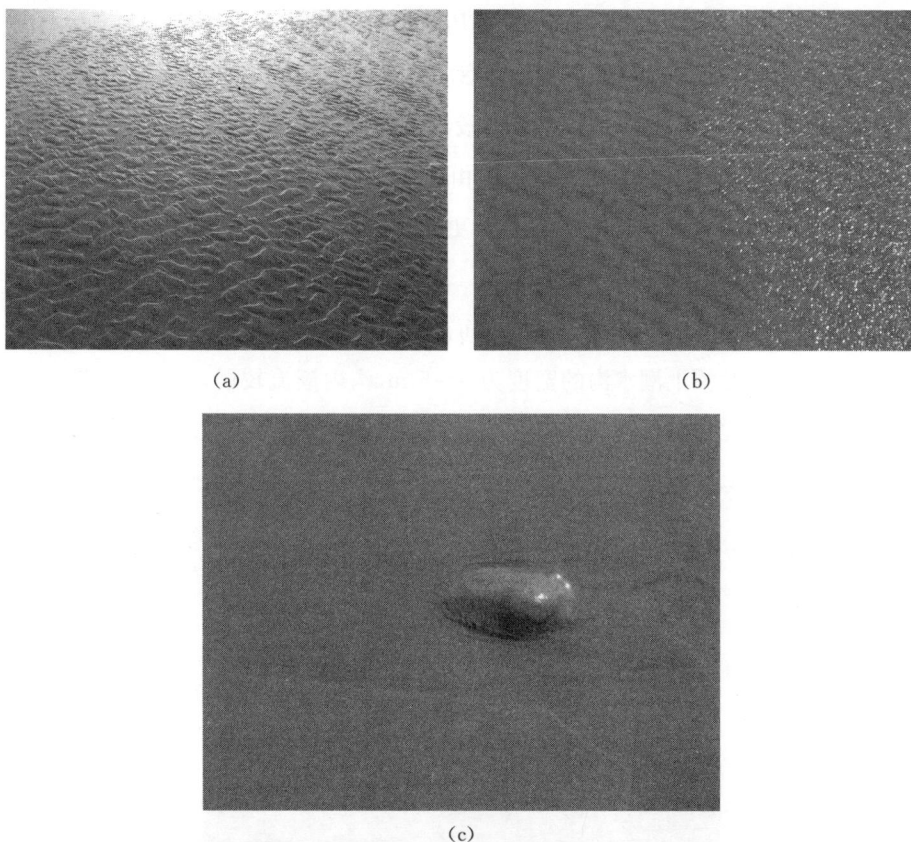

注：(a)—落潮后期滩面出露的小波痕(波长约为 10 cm)；(b)—由小波痕改造而成的
浅水波痕；(c)—平床形态(滩面上泥螺的长度约为 4 cm)。

图 21 - 2　江苏海岸王港潮滩极浅水边界层作用下形成的浅水波痕和平床
（位于 120°49.6′E,33°13.8′N,2008 年 5 月 3 日观察）

21.2.2　潮水沟底部的"次级潮沟"现象

江苏海岸潮滩上潮水沟极为常见。在低潮位附近,潮水沟通常与水边线近于
垂直,形态上呈宽浅形；泥砂混合滩上的潮水沟宽深比减小,有时出现微弯的形
态；泥滩和盐沼上的潮水沟往往呈窄深形,常有曲流发育。潮水沟在涨潮阶段先
于滩面被淹,等到滩面也被淹没时潮水沟中因流速较大而向滩面漫出,造成滩面
流速的突变,而在落潮阶段潮水沟接受了来自滩面的"归槽水",在潮滩滩面已经
露干的情况下,潮水沟仍保持较强的流速(Wang Y P et al. , 1999a, 1999b)。因
此,在一个潮周期内,潮水沟内有涨潮输水量小于落潮输水量的现象,尽管由于潮

波变形的缘故潮滩滩面通常表现为涨潮历时小于落潮历时、涨潮流速大于落潮流速，但潮水沟却往往成为水和沉积物向海净输运的通道。

潮间带上部的潮水沟，由于落潮时段汇入的流量较小，因此很快地处于干涸状态。尽管如此，在潮水沟底部却可能由于少量渗出供给而维持一股微弱的水流，它流经潮水沟底部，流路较为顺直。更重要的是，该微弱水流也能造成沉积物的运动，在水深小于 0.1 m、流速只有 0.1 m·s^{-1} 量级的条件下，潮水沟底部的泥质沉积物可悬浮起来并向下流输运，从而在潮水沟底部形成"沟中沟"现象。在王港潮滩的上部，盐沼上潮水沟的宽度为 3～5 m，沟内潮流较弱，涨落潮周期内的垂线平均流速很少超过 0.1 m·s^{-1}，而在潮水沟的底部，薄层微弱水流却塑造出明显的次级水沟，其宽度约为 0.3 m（图 21-3）。

图 21-3　江苏海岸王港潮滩上部潮水沟中形成的次级潮沟形态（位于 120°45.0′E,33°14.6′N,2006 年 5 月 15 日观察）

21.2.3　潮间带中部的"滩面涌潮"现象

潮间带中部是一个特殊的环境，这里经历较大流速的时段要短于潮间带下部，而水层中悬沙沉降到底部所需的时间也短于潮间带下部，因而细颗粒物质发生沉降的概率高于潮间带下部。这解释了江苏海岸潮间带为何从低潮位向高潮位沉积物粒度逐渐变细。但是，潮间带中部还有一种低潮位附近所缺失的水动力现象，即滩面涌潮，其特点是滩面被淹没时的瞬间水流流速很高，强流速与极浅水相配合造成涨潮水流前锋的破碎现象,高度的紊动造成滩面物质的强烈悬浮,使水体悬沙浓度急剧上升(李占海等,2007)。潮滩上水流流速与水位变化率的关系可以说明滩面涌潮为何发生于中潮位附近而不是低潮位附近。由于滩面流速与水位变化率呈正比(高抒、朱大奎,1988),因此当低潮位处开始涨潮时,水位变化率很小,潮流流速也就很小,等到水位变化率增大时,垂线平均流速虽然也增大,但此时的水深也较大,不能像中潮位附近那样出现很小水深与大流速相配合的情况,因此滩面涌潮也就不能发生了。

江苏海岸经常可以观察到滩面涌潮现象。在王港潮滩的中部,大潮期间水流初到时流速可达到 $0.5\sim0.8\ \mathrm{m\cdot s^{-1}}$,涨潮前锋处破碎水流的高度超过 5 cm,并发生水体破碎时伴生的激溅现象;前锋过去之后,水面很快恢复平静,整个事件持续的时间只有几秒钟。滩面涌潮事件可形成高悬沙浓度水体,在前述的王港潮滩,涨潮前锋引起的悬浮浓度可达 $1\ \mathrm{kg\cdot m^{-3}}$ 以上,前锋水体的高悬沙浓度水体是伴随着滩面涌潮沿程不断挟带悬沙的结果;前锋过后,水体悬沙浓度迅速减小(李占海等,2007),要注意的是,这种减小并非由悬沙沉降而导致,而是表明紧随涨潮前锋之后到达的水流已无法造成高强度的再悬浮,因此悬沙浓度较低。

图 21-4 江苏海岸王港潮滩中部形成的滩面涌潮现象,涌潮前锋高度为 5~10 cm(位于 120°48.5′E, 33°14.0′N,2003 年 6 月 29 日观察,汪亚平提供)

21.3　潮间带极浅水边界层过程的初步分析

上述观察结果表明,当水深很小时,即使垂线平均流速较小,也能形成较强的物质输运能力。在浅水波痕到平床的改造过程中,设波高为 2 cm、波长为 10 cm 的小波痕在一个小时内被改造为平床,则根据质量守恒原理,推移质输运率应达到 10^{-2} kg・m^{-1}・s^{-1} 量级,这样的输运强度在一般的河口、陆架环境中是较高的。值得注意的是,潮汐环境中潮流流速的量级通常达到 1 m・s^{-1},而滩面薄层水的流速要小一个量级,这表明滩面极浅水环境的流速虽小,底部切应力却较大,导致较高的输运率。根据 Von Kármán-Prandtl 模型,近底部流速 u_{100}(床面以上 1 m处的流速)与垂线平均流速的关系为:

$$u_{100} = u \frac{\ln(1/z_0)}{\ln(0.37H/z_0)} \tag{21-1}$$

式中 u 为垂线平均流速,z_0 为床面糙率(与沉积物粒径和床面微地貌等因素有关),H 为水深。

由于 z_0 是一个小于 1 m 的常数,因此当水深 H 很小时,u_{100} 将有较大的值。在本书的实例中,设 $u=0.1$ m・s^{-1},$H=0.01$ m,z_0 为 0.1 mm(与底质粒径相当),则 u_{100} 为 0.26 m・s^{-1}。按照 Hardisty 推移质计算公式(Hardisty,1983;Wang & Gao,2001),此流速下的沉积物输运率可达 0.5×10^{-3} kg・m^{-1}・s^{-1},与形成平床所需的量值相当。

对于泥质沉积物的潮水沟,沟底的涓涓细流也同样可造成显著的物质输运现象。与粉砂细砂滩面的情况相类似,次级水沟中的流速也相当于约 0.26 m・s^{-1} 的 u_{100} 值,在表征沉积物起动条件的 Shields 曲线上,这个值高于粒径为粉砂到粘土粒径范围的沉积物的起动值。

滩面和潮水沟干出时段的薄层低速水流的输沙能力似乎能够用 Von Kármán-Prandtl 模型来解释,但潮滩中部的滩面涌潮是薄层高速水流,此时滩面涌潮高度受到什么因素的控制? Von Kármán-Prandtl 模型是否仍然成立?

根据 $u=u(z)$ 的函数定义域，当水深远小于 1 m 时，用式（21-1）来推算 u_{100} 时需要满足以下关系：

$$0.37H > z_0 \qquad (21-2)$$

否则式（21-1）将没有意义。实际上，在式（21-1）中，当 H 充分小时，u_{100} 就可能变得很大而导致水层剧烈紊动，形成滩面涌潮。因此，不妨将滩面涌潮高度 H_b 表示为：

$$H_b = \frac{kz_0}{0.37} \qquad (k > 1) \qquad (21-3)$$

问题是 k 应取何值？此问题可以从能量的角度来考虑。当水流所含的全部动能都被转化为底部切应力时，即 $\tau = \rho u^{*2} = \rho u^2$ 时，水流就受到床面的完全阻滞而无法向前运动，其相应的水深就是滩面涌潮高度。根据 Von Kármán-Prandtl 模型，当 $u^* = u$ 时，有

$$H_b = \frac{e^{0.4} z_0}{0.37} = 4z_0 \qquad (21-4)$$

对照式（21-3）和式（21-4）可知 $k = e^{0.4}$。

式（21-4）表明，如果 z_0 值为已知，则滩面涌潮高度可以方便地算出。在平床、低流速情况下，底床糙度与沉积物粒径相当（Soulsby，1997），而对于一般的潮汐环境，由于床面形态（如波痕）的附加阻力的影响，细砂物质的底床糙度一般取为 $z_0 = 0.6$ cm（Dyer，1986）。潮间带的观测资料表明，用流速剖面法测定的底床糙度值更高（Collins et al.，1998）。对于滩面涌潮而言，底床糙度还与极浅水层的流速、滩面坡度、滩面沉积物含水量等因素有关，目前尚未能根据现场水动力观测来确定其数值，但式（21-4）表明可以用滩面涌潮高度来反演底床糙度值。

滩面涌潮的发生意味着边界层流速结构的破坏，这种系统崩溃行为可以用数值实验方法来显示。以 $z_0 \geqslant 0.6$ cm 和 $H_b \leqslant 10$ cm 为约束条件，可以考察一定垂向平均流速下 u_{100} 与水深的关系。图 21-5 展示了 $u = 0.5$ m·s^{-1} 条件下的 3 组数值实验结果（u_{100} 用式（21-1）计算），它表现出两个显著的特征：首先，当水深接近于滩面涌潮高度时，u_{100} 急剧上升，这是边界层系统失稳和崩溃的前兆；其次，当水深稍有增大并偏离滩面涌潮高度时，u_{100} 呈现缓变格局，表明边界

层流速结构符合 Von Kármán-Prandtl 模型,这解释了为何涨潮前锋过后滩面水流可以迅速恢复流速结构。因此,滩面涌潮的实质是当极浅水边界层中的水流达到一定强度时发生的系统崩溃,此时 Von Kármán-Prandtl 模型所刻画的流速结构不复存在。

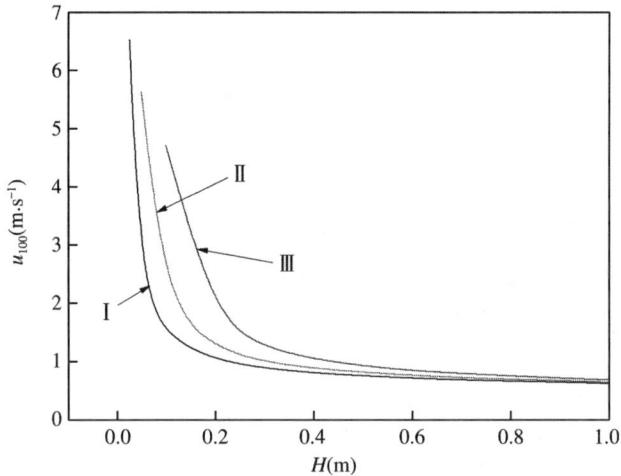

注:情形 I:$z_0 = 0.6$ cm, $H_b = 2.4$ cm;情形 II:$z_0 = 1.2$ cm, $H_b = 4.8$ cm;情形 III:$z_0 = 2.5$ cm, $H_b = 10.0$ cm。

图 21-5 相同垂线平均流速(设为 0.5 m·s^{-1})、不同床面糙度条件下的 u_{100} 随水深的变化

21.4 结　论

现将江苏潮滩野外观察和初步理论分析的结果总结如下。

1. 潮滩滩面和潮水沟经常处于极浅水边界层的环境。在江苏海岸,落潮后期滩面和潮水沟受到薄层低速水流的作用,形成浅水波痕、平床和次级潮水沟形态。此时边界层内的流速结构仍然得以维持,物质输运现象也仍能用 Von Kármán-Prandtl 边界层模型和沉积物输运方程来解释。

2. 潮滩中部涨潮时形成的滩面涌潮是极浅水边界层的另一种动力学行为,

代表薄层高速水流作用下发生的系统崩溃,此时 Von Kármán-Prandtl 模型所刻画的流速结构不复存在。滩面涌潮高度是系统崩溃的临界水深,它与滩面涌潮水体所在位置的床面糙度相联系:$H_b = 4z_0$。这种情况下的床面糙度应与极浅水层的流速、滩面坡度、滩面沉积物含水量等因素有关。

第四部分　海洋沉积体系及相关
地表系统的定量研究

第二十二章　潮滩沉积记录正演模拟初探

　　沉积记录是研究环境演化问题的重要信息来源。提取古环境的信息通常依靠反演方法，即首先从钻探中取得岩芯，然后分析岩芯中的沉积物粒度、矿物和地球化学组成、微体化石、沉积构造（层理和生物扰动构造）等特征，结合年代测定，恢复不同时期的环境特征。此外，根据沉积层所含的气候代用指标和物源指示物质，还可以分析气候演化和物源的信息。

　　沉积记录的研究还可以使用正演方法，即根据环境的特征，用模拟和计算的方法来了解环境的产物是什么。这种方法有助于从机制上确定环境与产物之间的关联，并且还有可能获得一部分反演方法所难以获取的信息。例如，在新西兰的一项研究中，以正演方式模拟了海面变化、构造沉降和沉积物来源影响下的陆架沉积层序，显示了地层缺失的信息及相应的机制（Kamp & Naish, 1998）。因此，如能将反演方法与正演方法相结合，就可以使地层信息更加完整，有利于沉积记录的完整解释。

　　在新西兰陆架层序的模拟中，其方法主要是应用了几何模型，考虑了长时间尺度的因素，如海面变化、构造沉降等，因此，模型输出的时间分辨率较低，而且不可能包含沉积动力过程的信息，如表层沉积物活动性、沉积层序的保存潜力等。为了确定沉积记录的时间分辨率，应充分考虑各种短周期因素的作用，在这个方面，沉积动力模拟是一个重要的手段（Allen, 1990, 2000；Paola, 2000）。本章的内容是以江苏中部潮滩为原型，采用几何模型与沉积动力学模型相结合的研究方案，提出获取潮滩沉积环境中沉积层序保存潜力信息的正演模拟方法。

22.1　江苏潮滩沉积环境和层序特征

潮滩是在潮汐作用为主要外动力、细颗粒沉积物来源丰富的条件下形成的(Reineck & Singh，1980)。江苏潮滩由潮上带(大潮高潮位以上)、潮间带(大潮高潮位至大潮低潮位)和潮下带(大潮低潮位以下)3个部分组成,其坡度很缓,其量级为 10^{-3}(朱大奎、许廷官,1982;任美锷,1986)。由于潮滩上的水流流速是受纳潮量大小(即高、低潮位之间的水量差异)和水位变化速率所控制的,因此不同高程的流速很不相同。在坡度相近的情况下,从中潮位到高潮位,最大潮流流速逐渐减小,致使细颗粒物质在潮滩上部发生沉降和堆积。因而,如果沉积物来源中既有泥质物质,又有砂质物质,则前者主要堆积于潮滩上部,后者堆积于中、下部,形成独特的沉积物垂向分布格局。潮滩沉积物分布显示出明显的分带性,这早已被国内外学者所关注(Haentzschel,1939;王颖,1964;Evans,1965)。在江苏海岸,从潮上带到潮下带依次形成盐沼、泥滩、泥砂混合滩和粉砂细砂滩(朱大奎、许廷官,1982)。在垂向上则表现为自下而上物质变细,顶部是一套泥质沉积。由于层序是在海岸线向海推进的过程中形成的,因此潮滩物质的年龄不仅自下而上变小,而且由陆向海变小。

全新世时期,由于长江和黄河两条大型河流的物质供给,江苏海岸形成了一个巨大的潮滩沉积体系。其中范公堤以东宽度为 50～60 km 的滨海平原是在宋代以来形成的(范公堤大致代表了宋代的岸线位置)(张忍顺,1984a),黄河于1128～1855 年间在江苏海岸入海(朱大奎等,1986),与长江一起提供了巨量的沉积物来源。江苏中部海岸潮滩沉积层序的宏观特征可以由一条由陆向海的断面上的 3 个钻孔记录来表示(图 22 - 1),钻孔是在 1982 年 11 月 6～14 日进行的(Ren,1986)。东台钻孔显示了 11.5 m 厚的潮滩沉积,其上部的泥质沉积厚约2.2 m,下部为青灰色细砂,潮滩层序的基底是更新世硬粘土。新曹钻孔的潮滩层序厚约 17 m,上部的泥质沉积厚约 3.9 m,其下为青灰色细砂,基底是更新世具铁质结核的黄灰色粉砂。蹲门口钻孔位于潮间带上部(海堤之外),上层泥质沉积的厚度约为 2 m,18 m 处达到更新世基底。

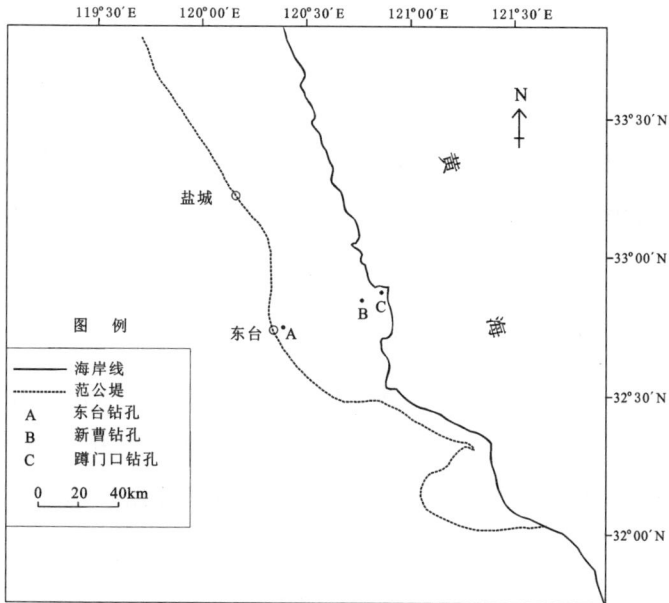

图 22 - 1 江苏海岸平原中部钻孔位置

上述三个钻孔的特征显示,该潮滩沉积体系是在一个原始坡度很缓的基底之上形成的。东台钻孔和新曹钻孔的水平距离约为 40 km,在地形图上两地的地面高程(1956 黄海高程)相近,分别约为 4.0 m 和 4.3 m,忽略孔口高程的差异后两地潮滩沉积基底的高差约为 5.5 m。此外,新曹钻孔中潮滩上部的泥质沉积的厚度大于东台钻孔。蹲门口的潮间带钻孔泥质沉积不太厚,但该孔位于现代潮间带,位于黄河北归之后形成的潮滩。观测结果表明,本区大潮潮差达到近 7 m(朱大奎等,1986)。目前,这里的岸线仍在向海推进,滩面淤积速率可达每年数厘米,而单位长度海岸线接受的沉积物数量为 100~700 m³·yr⁻¹(高抒、朱大奎,1988)。

22.2 模拟方法

22.2.1 沉积速率和保存潜力指数的定义

沉积速率是指单位时间内床面高程在垂直方向上的变化量,当沉积速率为正值时,称为淤积速率;当其为负值时,称为冲刷速率。保存潜力是指沉积层在形成之后可以被保存下来成为层序组成部分的概率。保存潜力的大小与床面上的沉积物活动强度和沉积速率有关。如果床面活动很强,形成的沉积层很可能被物质运动(如沙波运动和再悬浮作用)所破坏,而如果沉积速率较高,则床面物质运动不一定能完全破坏沉积层,这时,保存的可能性可以由于快速掩埋而得到提高。综合考虑上述因素,可构造以下指数,用以表征堆积环境中沉积层的保存潜力:

$$P = \frac{D_R}{D_R + F} \qquad (22-1)$$

式(22-1)中 P 为保存潜力指数,D_R 为净沉积速率(即同一地点的淤积速率与冲刷速率之和,在淤长型潮滩上 D_R 为正值),F 为冲刷速率的绝对值。当 $F=0$ 时,$P=1$,而当 F 值较大时,P 就减小,说明 P 是一个介于 0 和 1 之间的数值,当 $P=1$ 时保存的概率为 1。对于泥质沉积物,F 值与悬浮作用(Partheniades,1965)有关:

$$F = \frac{1}{T\gamma} \int_0^T M_0 \left(\frac{u_{100}^2}{u_{cr}^2} - 1 \right) \mathrm{d}t \qquad (22-2)$$

式(22-2)中 T 为积分时段,γ 为沉积物容重,式中 u_{100} 为距床面 1 m 处水流流速,u_{cr} 为沉积物临界起动流速,M_0 为再悬浮系数。

对于推移质,F 值是沉积物输运率的水平梯度的函数:

$$F = \frac{1}{T\gamma} \int_0^T \frac{\partial q_s}{\partial x} \mathrm{d}t \qquad \left(\frac{\partial q_s}{\partial x} > 0 \right) \qquad (22-3)$$

式(22-3)中 γ 为沉积物容重,q_s 为沉积物输运率。

q_s 计算采用 Hardisty 公式(Hardisty,1983;Wang & Gao,2001):

$$q_s = k(u_{100}^2 - u_{cr}^2)u_{100} \qquad (22-4)$$

式(22-4)中 k 为系数。

22.2.2 潮滩淤长中的滩面沉积速率和层序特征

为了简化问题,假设潮滩是在原始坡度为 α 的地面上发育的,潮间带的滩面坡度为 $\beta(\beta > \alpha)$。若 L 为已经形成的潮滩(滨海)平原的宽度,而 S 为原始坡面线、潮滩剖面和大潮高潮位所围成的面积(其物理意义为单位宽度岸线上的沉积物堆积量),则根据图 22-2 所示的几何关系,有:

$$S = \frac{L^2}{2} \cdot \frac{\sin \alpha \cdot \sin \beta}{\sin(\beta - \alpha)} \tag{22-5}$$

在此基础上,假设单位时间的沉积物体积供应率为 V,则由(22-5)式和图22-2的关系可得:

$$\frac{\mathrm{d}S}{\mathrm{d}t} = V = L \frac{\sin \alpha \cdot \sin \beta}{\sin(\beta - \alpha)} \cdot \frac{\mathrm{d}L}{\mathrm{d}t} \tag{22-6}$$

从而潮滩平原宽度的变化(增长率)为:

$$\frac{\mathrm{d}L}{\mathrm{d}t} = \frac{V}{L} \cdot \frac{\sin(\beta - \alpha)}{\sin \alpha \cdot \sin \beta} \tag{22-7}$$

滩面上的沉积速率可表达为 $\mathrm{d}L/\mathrm{d}t$ 和滩面坡度的函数:

$$D_R = \frac{\mathrm{d}L}{\mathrm{d}t} \tan \beta \tag{22-8}$$

根据公式(22-7)和(22-8)可以得出 L 随时间的变化(潮滩平原生长曲线)和沉积速率的变化。

层序中泥质沉积的厚度可以用图22-2的几何关系和海岸所接受的沉积物的粒度组成来估算。例如,若在 V 中,泥质物质占 V_1,砂质物质占 V_2,则有:

$$D_m = \frac{LV_1}{V} \cdot \frac{\sin \beta \cdot \sin \alpha}{\sin(\beta - \alpha)} \tag{22-9}$$

式(22-9)表明,如果 V_1 和 V 均为常数,则泥质沉积的厚度 D_m 是随着 L 的增大而增加的。

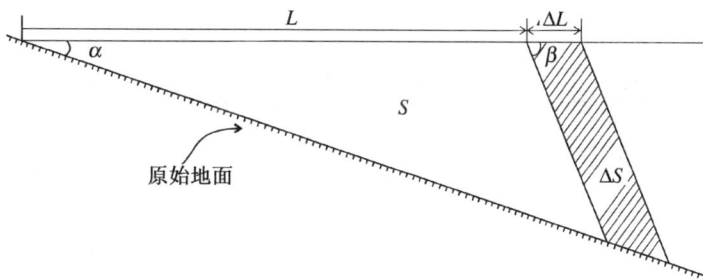

图22-2 简化条件下单位宽度岸线上的潮滩沉积的几何关系

22.2.3 潮滩滩面流速计算

在式(22-2)~(22-4)的计算中,u_{100} 可表示为垂线平均流速 u 的函数:

$$u_{100} = u \cdot \frac{\ln(1/z_0)}{\ln(0.37H/z_0)} \tag{22-10}$$

式(22-10)中 z_0 为床面糙率,其值与沉积物粒径和滩面微地貌特征有关;H 为水深。在式(22-10)中,垂线平均流速是位于 $0.37H$ 处的流速(根据 Von Kármán-Prandtl 模型)(Harris & Collins, 1988)。在图 22-2 所示的条件下,滩面任何一处的垂线平均流速满足:

$$u = \frac{1}{\tan\beta} \cdot \frac{\mathrm{d}h}{\mathrm{d}t} \tag{22-11}$$

式(22-11)中 h 为水位。

因此,对于滩面上的任一地点,均可根据坡度和水位变化率来获得 u_{100} 的时间序列。为简便起见,潮汐水位曲线由 M2 分潮和 S2 分潮构成,即

$$h = 3.5 + \frac{R_M}{2}\cos\left(\frac{2\pi}{T_M}t\right) + \frac{R_S}{2}\cos\left(\frac{2\pi}{T_S}t\right) \tag{22-12}$$

式(22-12)中 R_M 为 M2 分潮潮差,R_S 为 S2 分潮潮差,T_M 为 M2 分潮周期,T_S 为 S2 分潮周期。

22.2.4 算法与参数取值

获取沉积层序中的保存潜力指数的计算步骤如下。

1. 根据东台-新曹-蹲门口断面的钻孔记录,将 1127 年至今约 880 年的平均沉积物供应率 V 取为 1160 m³·m⁻¹·yr⁻¹(该沉积体系是在 1128 年黄河南移以来的产物(张忍顺, 1984a;朱大奎等, 1986)),其中泥质物质的比例取为 20%,基底的坡度定为 0.15×10^{-3}(层序特征和泥质沉积厚度的描述见第 22.1 节)。根据江苏海岸潮间带调查的结果(任美锷, 1986),潮滩滩面的坡度一般为 $0.5\times10^{-3}\sim 1.0\times10^{-3}$;在模拟计算中,滩面坡度定为 0.7×10^{-3}。

2. 根据式(22-7)计算逐年的岸线淤长速率 $\mathrm{d}L/\mathrm{d}t$,进而用式(22-8)获得相应的沉积速率 D_R,用式(22-9)计算泥质沉积厚度的时间序列;计算中 L 的初始值根据东台钻孔的沉积层厚度(11 m)和图 22-2 所示的几何关系来确定。

3. 根据式(22-12),用 M2 分潮和 S2 分潮叠加形成大小潮周期(14.3 天)的潮位时间序列。大潮潮差取为 7m。利用 S2 分潮和 M2 分潮的潮差之比为 0.47 的关系(Sverdrop et al., 1942),M2 分潮和 S2 分潮的潮差分别设为 4.76 m 和

2.24 m。M2 分潮周期为 12.421 小时,S2 分潮周期为 12.0 小时。

4. 根据潮位曲线计算水位变化率的时间序列,用式(22-11)计算垂线平均流速,再用式(22-10)转化为 u_{100} 值。公式(22-10)中水深的定义域是一个尚未解决的问题,当水深很小时 u_{100} 的计算会出现较大误差。为防止出现这种情形,本书将计算 u_{100} 的水深范围定为 $H \geqslant 0.2$ m。在式(22-10)中,砂质沉积物的床面糙率 z_0 值为 0.6 cm,泥质沉积物为 0.07 cm(Dyer, 1986)。

5. 根据滩面物质分布状况,针对泥质沉积物用式(22-2)、针对砂质沉积物用式(22-3)和(22-4)计算 F 值。推移质的平均粒径设为 0.0625 mm(推移质主要分布于潮间带下部,平均粒径约为 4ϕ(朱大奎等, 1986),其临界起动流速按照 Shields 公式(Soulsby, 1997)定为 0.19 m·s^{-1},输运率参数 k 是沉积物粒径的函数,根据 Wang 和 Gao(2001)提出的方法来确定。悬移质的平均粒径设为 0.015 mm,其临界起动流速设为 0.25 m·s^{-1}(据 Roberts et al., 2000; Van Ledden et al., 2004; Paarlberg et al., 2005),垂向通量系数 M_0(据 Amos, 1995)取为 2.0×10^{-5} kg·m^{-2}·s^{-1},沉积物容重 γ 取为 1600 kg·m^{-3}。

6. 用式(22-1)计算沉积层保存潜力指数。

7. 用所获的不同高程、不同水平位置的保存潜力指数的数据绘制等值线图。

22.3　模拟计算结果

22.3.1　潮滩的发育及其伴随的沉积速率

计算的潮滩成长过程(以岸线淤进速率为代表)和沉积速率随时间的变化如图 22-3 所示。可以看出,随着潮滩的不断淤长,岸线淤进速率逐渐减小(见图 22-3(a))。将图 22-3(a)所示的岸线淤进速率作积分运算,可知 880 年间岸线淤进总量达到约 53 km,接近于江苏中部海岸潮滩淤长所形成的海滨平原的实际数值。此外,根据张忍顺(1984)对本区岸线变迁的研究,明代嘉靖(1522～1566 年)、清代乾隆(1735～1795 年)和光绪(1875～1908 年)时期的岸线位置大致分别在东台以东的 21.4 km、38.6 km 和 53.6 km 处,而模型输出结果显示 1522 年、

1735 年和 1875 年的位置分别在 27 km、39 km 和 47 km 处,两者也较为接近。值得注意的是,岸线淤进速率逐渐减小的特征是由于越向海,潮滩外缘的水深越大而造成的,尽管沉积物供应量不变,但随着水深的增加建造单位面积的海滨平原所需的沉积物量越大,也就是说造陆的速度越来越小。与此相应,潮滩滩面的沉积速率也逐渐降低(见图 22 - 3(b)),说明沉积速率不仅与沉积物供应量有关,而且也与潮滩发育的阶段有关。潮滩层序中的泥质沉积的厚度向海逐渐增厚(见图 22 - 3(c)),表明在沉积物组分恒定的条件下,泥质沉积厚度是随着潮滩的生长而增加的。

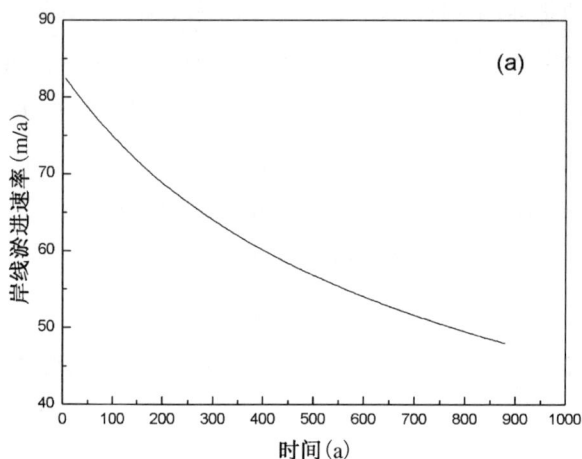

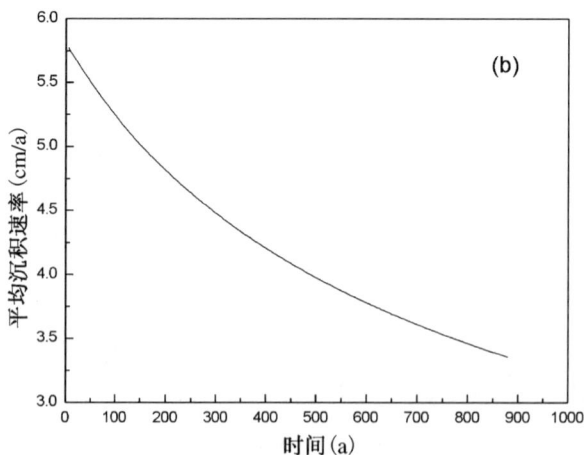

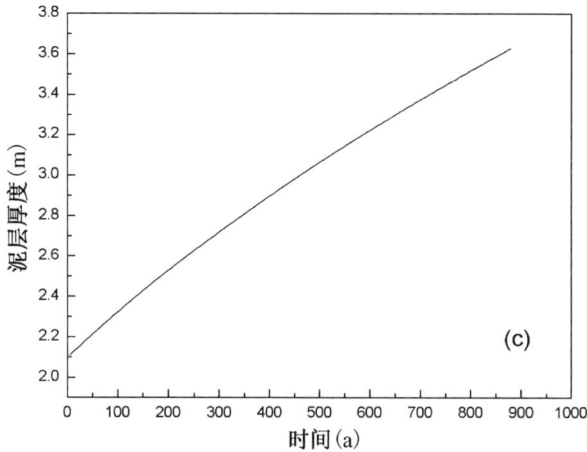

图 22 - 3 模型计算的岸线淤进速率(a)、滩面沉积速率(b)和潮滩上部泥质沉积厚度(c)随时间的变化

22.3.2 层序中的保存潜力信息

根据沉积动力学计算所获的沉积层序保存潜力指数在断面上的分布状况如图 22 - 4 所示。模拟结果显示,在潮滩上,保存潜力在高潮位附近和潮下带的较低部位为最高,可达 80% 以上;潮间带下部出现了两个保存潜力低值区,一个在平均海面(中潮位)以下的附近,保存潜力低于 20%,另一个位于大潮低潮位附近,保存潜力低于 40%。一些研究在潮间带进行的现场观测也显示了相近的结果(李从先等,1999;范代读等,2001;Deloffre et al.,2005)。上述现象可以用沉积动力特征来解释:高潮位附近和潮下带的较低部位是低流速区,沉积物活动性较低;潮间带中下部的垂线平均流速与潮下带相当,但水深较浅,故底部切应力较强(即 u_{100} 较大),沉积物活动性较高。保存潜力的两个低值区的出现,可能与大小潮周期的动力条件的水平分布及其变化有关。模拟结果还显示,随着沉积速率的向海减小,沉积层的保存潜力呈现下降趋势,即潮滩形成的早期保存潜力较高,而经过长期演化,前沿已进入深水区的潮滩则保存潜力较低,说明保存潜力与潮滩的演化阶段有关。

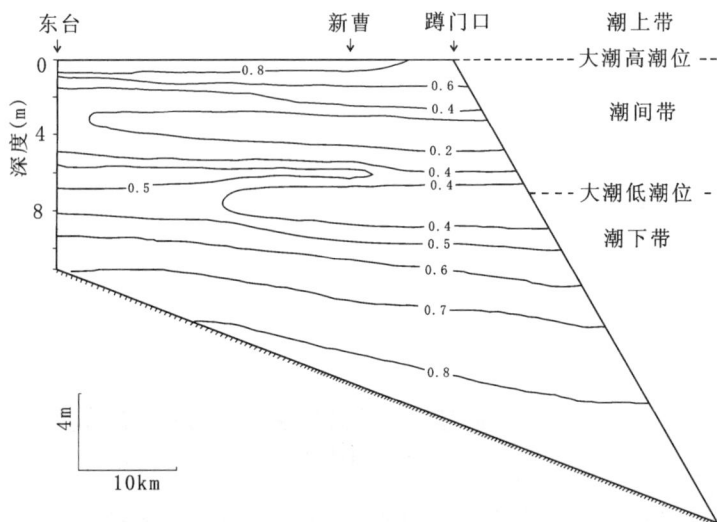

图 22 - 4   模型计算的沉积层序保存潜力指数等值线图

22.4 讨　　论

上述模拟结果虽然是在简化的条件下得到的,但是已经能够反映潮滩沉积的一些重要的特征,如沉积体系的规模、层序的构成、沉积层的保存潜力分布等。沉积层序保存潜力指数等值线图揭示的特征可以为沉积记录时间分辨率的解释提供依据。为了进一步提高模拟结果的准确性,可以在以下几个方面细化沉积动力学模拟。

第一,如果用沉积动力学的方法计算出潮滩演化中的滩面坡度变化,这就可以去掉滩面坡度为常数的假设,这可以提高滩面水动力的计算精度和床面活动性的估算的准确性。第二,采用实际的沉积物粒度分布数据,以更好地刻画滩面的物质组成和动态的多样性。第三,采用实际的潮汐条件,并考虑波浪和风暴潮的共同作用,可以更精确地获取水动力条件、沉积物的输运条件和物质堆积速率。第四,初步的模拟工作中未加以考虑的因素是潮水沟的作用,在有潮水沟存在的环境,潮水沟的横向摆动是常见的现象,可以破坏掉正常条件下的许多沉积层序,也就是说,潮水沟的形成和演化是潮滩沉积保存潜力的重要因素。在江苏中部海岸的潮滩,潮水沟有着复杂的体系,既有大型的水道,也有很狭窄的小型潮水沟,不同部位的潮水沟动态特征和活动性强度(以横向摆动速度为指标)不同,而目前对潮水沟的形成条件、演化的过程和机理的研究还很薄弱,对潮水沟体系的发育对于物质输送和宏观地貌演化的影响也了解甚少。今后,关于潮水沟体系的形成和功能的研究应得到加强,如果能在潮滩沉积记录的正演模拟中加入潮水沟的内容,就可能不仅刻画出沉积断面的宏观特征,而且可望获取三维的沉积记录特征,从而更好地解释沉积记录。

　　本项研究表明,应用几何模型与沉积动力模型相结合的方法,可以进行潮滩动力环境的一些重要参数(如沉积速率、床面活动性、层序的保存潜力)的正演模拟计算,这种模拟方法与反演方法相结合,可以更好地提取沉积记录中的环境演化信息,是具有发展前景的。

第二十三章　长江三角洲对流域输沙变化的响应：进展与问题

　　在全球变化研究中，流域-海岸相互作用是国际学术界关注的重要内容之一。国际地圈生物圈计划(IGBP)核心子计划"海岸带陆海相互作用"(LOICZ)把河流三角洲体系作为研究重点之一(Overeem & Syvitski, 2009)。国际海洋学研究委员会(SCOR)资助了"河口沉积物滞留机制"等项目，"国际地学计划"(IGCP)资助了"亚太季风作用区的河流三角洲"领域的研究。美国发起了探讨大陆边缘沉积体系形成演化问题的 STRATAFORM 研究计划，得到了其他国家的响应(Nittrouer, 1999)。在此基础上又提出了"海陆边缘科学计划"，其中包括"从源到汇"(Source to Sink) 的研究方向，以探讨气候变化和人类活动响应下的从河流到深海的物质输送、交换过程(高抒，2005)。APN(亚洲-太平洋地区全球变化研究组织)提出了亚洲地区大型河流的流域-海岸相互作用研究课题(高抒，2006a；Harvey，2006)。在我国，国家自然科学基金委员会资助了以长江口及邻近海区为关键研究区域的一系列项目。

　　河流入海通量的研究在 20 世纪后期吸引了许多学者，他们试图弄清流域向海岸输出的沉积物、营养组分和污染物等物质的数量、变幅及控制因素，定量地刻画河流入海物质对海岸带的影响(Meybeck，1982；Millimna & Syvitski，1992；Milliman et al.，1999)。但是，人们很快就认识到，由于全球变化的影响，流域入海通量在自然因素和人类活动的共同作用下也在发生变化，因此，对入海通量不仅要确定多年平均值和变幅，而且要弄清变化趋势及其控制因素(Cattaneo et al.，2003；Syvitski et al.，2003)。

　　我国的长江对于流域-海岸相互作用研究具有重要地位。长江淡水径流、沉

-224-

积物、营养物质和污染物的入海通量在自然过程与人类活动的共同作用下正在发生快速变化,对河口及邻近海域的沉积环境和生态系统产生了直接而明显的影响,因而受到学术界的重视。长江流域自 1980 年以来平均输沙量呈明显的减少趋势(Yang et al.,2002;Gao,2007;Gao & Wang,2008),这一变化产生了一系列后果,如长江三角洲的淤积速度减慢甚至转化为侵蚀、河道形态转变为非均衡状态而引发水系结构的重新调整、海岸带的生态系统变化等。一些学者根据对长江三角洲沉积结构(Li et al.;2000,2002)、沉积与地貌演化(陈吉余,2000;Hori et al.,2001a,2001b,2002;Saito et al.,2001)、沉积物输运过程(Sternberg et al.,1985;Su & Wang,1989;Chen et al.,1999)、海面变化和地面沉降(Chen & Stanley,1993;Stanley & Chen,1993)等方面的研究,提出流域入海通量的减少已到达河流三角洲停止生长的临界值,其表现是海岸线淤长的减缓和河口区潮滩的侵蚀后退(Yang et al.,2001,2003;Gao,2007)。本章的目的是回顾长江三角洲对流域输沙变化响应的研究,提出近期需要深入研究的科学问题。

23.1　长江三角洲冲淤与流域输沙变化的关系

河流三角洲通常分为陆上和水下三角洲两个部分。长江三角洲的陆上部分面积约为 30000 km^2,而其水下三角洲约有 10000 km^2(陈吉余,2000)。水下三角洲的存在本身就表明在长时间尺度上这里是处于净淤积的环境,不过水下三角洲并不是各部分都同时处于淤积状态。由于水动力与海底地形之间的相互作用,水下三角洲范围内的沉积物不断地受到输运、沉降、再悬浮过程的影响,因此淤积的强度和平面分布格局均有时空变化。尽管如此,在较长时间里水下三角洲仍然表现出一定的规律性。根据历史图件对比和 ^{210}Pb 测年分析,1980 年之前,从长江口到水下三角洲前缘,沉积速率逐渐降低,在长江南槽口沉积速率可达 9～11 cm·yr^{-1},长江口外的水下三角洲中心地带沉积速率为 5.4 cm·yr^{-1},到三角洲前缘则降低至 1 cm·yr^{-1} 以下(DeMaster et al.,1985;Milliman et al.,1985;金翔龙,1992)。

当河流输沙率发生变化时,水下三角洲的沉积速率也将变化。就水下三角洲整体而言,冲淤速率与流域输沙之间有如下关系:

$$D_{av} = \frac{Q_S - Q_E}{A\gamma} \qquad (23-1)$$

式中 D_{av} 为水下三角洲平均沉积速率,Q_S 为河流输沙率,Q_E 为 Q_S 中向海逃逸的部分,A 为水下三角洲面积,γ 为沉积物容重。

从式(23-1)可以看出,当 $Q_S - Q_E$ 值为正时三角洲处于淤积状态,当其值为负时三角洲冲刷。正因为如此,Q_E 被称为河流三角洲冲淤转化的"临界输沙率"(杨世伦等,2003)。这一概念可以解释为何小型河流通常缺失三角洲。

临界输沙率可以根据对水下三角洲平均沉积速率的分析而确定。按照式(23-1),如果一个时期的平均沉积速率和输沙率为已知,则 Q_E 值能够被直接计算出来。然而,由于覆盖整个长江三角洲水域的历史海图十分稀少,因此到目前为止尚未得到合适的数据来作上述计算。一些研究者(杨世伦等,2003)认为根据河口邻近水域的较大范围的海图对比,尤其是过去堆积速率较高的区域,仍然可以获得冲淤变化的确切信息。因而尝试使用代表性水域的历史海图对比来估算临界输沙率,其方法是建立代表性水域内平均沉积速率和输沙率曲线,并将曲线外延至平均沉积速率为零处,提出该处的输沙率就是临界值。他们认为,长江口门区域过去一直处于快速淤长状态,该区域捕集了长江沉积物的主要部分。他们选择了1958年、1978年和1998年三个年份的海图进行对比,结果表明在长江入海通量尚未发生显著下降的前20年本区77.7%的面积处于淤积状态,22.3%的面积处于冲刷状态,净淤积量为 7.331×10^9 t,而同期入海总量为 9.447×10^9 t。后20年长江入海通量发生了显著下降,本区淤积面积降为60.5%,而冲刷面积上升至39.5%,净淤积量为 1.503×10^9 t,同期入海总量为 7.832×10^9 t。据此,认为长江三角洲地区对入海通量的变化是敏感的,入海通量的减少导致淤积速率的显著下降,临界输沙率为 3.0×10^8 t·yr^{-1} 量级。研究者们还提出,长江三角洲历史上处于淤长状态的地貌部位,如果出现转淤为冲的现象,则也能说明河流输沙率已经下降到临界值以下。从局地水深变化、潮滩滩面冲淤监测、岸线位置变化等资料的分析(吴华林等,2002;赵庆英等,2003;杨世伦等,2005;李鹏等，2007)，确认长江三角洲目前已经进入冲刷状态。

从定性的方面来看,上述计算和分析结果是有意义的,但也存在着局限性。首先,用"代表性区域"的沉积速率与河流输沙率的关系来定义的输沙率临界值会被过低估计。也就是说,在代表性区域出现侵蚀之前,水下三角洲整体上已经进入了冲刷阶段。用历史上淤积区的转淤为冲作为标志,误差就会更大。其次,上述"临界输沙率"只能说明水下三角洲的体积是否继续增长的问题,而在长江三角洲这样的地区,一部分物质的堆积效应将被地面沉降和海面上升的效应所抵消,为了判别其陆上三角洲的面积能否继续增长,还需要考虑地面沉降和海面上升因素。要维持陆上三角洲的面积,需要更高的"临界输沙率"。因此,实际上我们需要区分两个"临界输沙率",一个是保持三角洲堆积体的体积的临界值,另一个是保持三角洲陆上部分面积的临界值。最后,在上述的分析中,研究者尽管没有明确提出,但实际上假定了 Q_E 值是一个常数,而且它似乎只是河流输沙率的一部分。在以下的分析中我们将看到,Q_E 是一个受到多种因素影响的变量,而且相对于河流输沙率而言是一个独立变量;Q_E 还是一个与时间尺度有关的变量,只有长时间尺度的 Q_E 值才是"临界输沙率"。

23.2　长江三角洲沉积物滞留指数

针对河口沉积和三角洲演化问题,国际海洋学研究委员会(SCOR)组织的"河口沉积物滞留机制"工作组提出了"沉积物滞留指数"(Sediment Retention Index)的概念,其定义为"在一段时间内各个来源的物质在河口区的滞留量与同期各个来源的物质总量之比"(Gao,2007)。在长江三角洲,沉积物主要来源于长江流域,外海海底冲刷和沿岸输送的物质来源只占较小的比率(林承坤,1992)。在此情况下,沉积物滞留指数可简单地表示为:

$$R = 1 - \frac{Q_E}{Q_S} \tag{23-2}$$

根据这个定义,我们可以建立沉积物滞留指数与式(23-1)之间的联系,即:

$$D_{av} = \frac{RQ_S}{A\gamma} \qquad\qquad (23-3)$$

式(23-3)表明,水下三角洲的平均沉积速率是河流输沙率和沉积物滞留指数的函数。河流输沙率取决于流域的系统特征和地貌营力。流域的大小、高程、地表物质组成等因素决定了河流输沙的物源条件。在动力机制上,流域侵蚀模数(单位时间单位面积上产生可供输运的沉积物质量)与降水强度和季节分布有关,而入海通量则与河流的流量有关。此外,流域内的人类活动如水坝建设可以造成沉积物在水库中圈闭,长江输沙率自 20 世纪 80 年代以来的下降趋势就与长江流域建成的众多水库有关(Gao, 2007; Gan & Wang, 2008)。沉积物滞留指数的影响因素则有很大不同。式(23-2)中的 Q_E 主要受控于河口及邻近水域的水动力条件,如潮汐、波浪、陆架环流、河流冲淡水、风暴等(蔡爱智,1982; 王康墡等, 1984; Milliman et al., 1984; Beardsley et al., 1985; Larsen et al., 1985; Shi et al., 1985; Sternberg et al., 1985; Su & Wang, 1989)。在长江河口,悬沙净输运方向在小潮期间常常是由海向陆的,而在大潮期间则是由陆向海的;在潮流和风浪的共同作用下,水下三角洲表层底质频繁发生再悬浮,冬季的再悬浮过程尤其显著;夏季冲淡水流量和悬沙浓度均较高,导致沉积物在河口附近的快速淤积,而部分物质则随着冲淡水运动向外海扩散,可能还有一些物质是以异重流(Hyperpycnal Flow)的形式向外海逃逸的;夏秋季节,影响本区的台风平均每年有多次,冬季则经常受到寒潮的影响,暴风浪与陆架环流相结合,使海底物质发生高强度的再悬浮和输运。其结果是,长江入海沉积物的大部分不能滞留于水下三角洲,其中冬季被东海沿岸流携带南下最终堆积于浙闽沿海的长江沉积物占到长江输沙率的 20% ~ 30%(金祥龙,1992)。因此,Q_E 或沉积物滞留指数是独立于河流输沙率的变量。

由于河口沉积和三角洲生长主要决定于河流输沙率和沉积物滞留指数,因此研究者们在深入分析河流输沙率的同时,也对长江三角洲沉积物的滞留特征进行了探讨。根据钻孔资料分析,过去 7000 年间长江三角洲沉积物的堆积总量约为 1.8×10^{12} t(李保华等,2002),相当于 2.53×10^8 t·yr^{-1},大致上为 1980 年之前的长江输沙率(4.86×10^8 t·yr^{-1})的一半,即在全新世时间尺度上沉积物滞留指数约为0.5。在1980年河流输沙率呈显著下降趋势之前,根据长江口区沉积速率和沉积动力观测推算,在$10^1 \sim 10^2$ yr 的时间尺度上沉积物滞留指数约为0.4(Milliman et al. ,1985)。

要注意的是,在上述时间尺度上定义的沉积物滞留指数并不等同于在年的时间尺度上定义的沉积物滞留指数平均值。设在年的时间尺度上,R的时间序列为

$$R_i = 1 - \frac{Q_{Ei}}{Q_{Si}} \qquad (23-4)$$

式中下标i表示年份。

另一方面,在N年的时间尺度上,

$$R_N = 1 - \frac{\sum_{i=1}^{N} Q_{Ei}}{\sum_{i=1}^{N} Q_{Si}} = 1 - \frac{\langle Q_{Ei} \rangle}{\langle Q_{Si} \rangle} \qquad (23-5)$$

式中尖括号表示时间平均。

由于Q_E和Q_S具有年际变化,因此R_i出现一定程度的年际变化是正常的,其幅度决定于Q_E和Q_S时间序列的特征。如果Q_E和Q_S均为稳态而且变幅较小的时间序列,则R_i也将是稳态而且变幅较小的,此时R_N约等于R_i的平均值。但是,如果Q_E和Q_S虽为稳态时间序列但变幅较大,则R_i的变幅也较大,此时R_N不等于R_i的平均值,这是由于

$$\langle R_i \rangle = 1 - \left\langle \frac{Q_{Ei}}{Q_{Si}} \right\rangle = R_N - \left\langle \left(\frac{1}{Q_{Si}} \right)' (Q_{Ei})' \right\rangle \qquad (23-6)$$

式(23-6)中,

$$(Q_{Ei})' = Q_{Ei} - \langle Q_{Ei} \rangle \qquad (23-7)$$

$$\left(\frac{1}{Q_{Si}} \right)' = \frac{1}{Q_{Si}} - \left\langle \frac{1}{Q_{Si}} \right\rangle \qquad (23-8)$$

长江输沙率的显著减少始于20世纪80年代初期,此前Q_S的时间序列是稳态的,其变幅约为35%(杨世伦等,2003)。因此,式(23-8)中的脉动项是已知的。但Q_E的时间序列是未知的,因而其脉动项也是未知的,我们目前只有长时间尺度Q_E的估算值,即约为3.0×10^8 t·yr^{-1}。显然,如果用Q_E的这个估算值来评价长江水下三角洲的逐年冲淤状况,则可能产生较大的误差。

由于 Q_E 主要是水动力条件的函数,因此它应与陆架区水下三角洲外缘的水深条件有关(Gao,2007b)。当三角洲岸线向海推进时,随着水深的增加,沉积物逃逸量也将增加,致使岸线推进的速率减缓。这是一个遏制三角洲生长的负反馈机理,当这种机理在三角洲所处的环境中占据优势时,三角洲生长的规模将存在一个极限。

鉴于变量 Q_E 对沉积物滞留指数的重要性,有必要发展更加准确的计算方法。可能的方法有多个。第一种方法是在水下三角洲的外围进行水文观测,获得流速、流向、水深、悬沙浓度数据,然后计算出沉积物输运量。该方法涉及多个站位的长时间观测,如何降低数据采集成本是关键问题。第二种方法是数值模拟,应用水动力和物质输运的模型,计算出逃逸水下三角洲的沉积物数量。这种方法能否获得准确的结果,取决于对沉积动力过程的了解程度。例如,床面的再悬浮过程和垂向侵蚀通量的计算对于模拟是十分重要的。当 $Q_S > Q_E$ 时,床面物质主要是新近堆积的沉积物;而当 $Q_S < Q_E$ 时,经过一段时间压实的较老物质就会暴露于床面。这两种情况所对应的临界起动条件不同,再悬浮通量也就不同,必须在计算中予以考虑。此外,水动力条件本身的变化也是重要的因素,在全球气候变化背景下,河口区的流场也会发生变化,如台风时间的频度和强度。第三种方法是获得水下三角洲的沉积速率的时空分布数据,计算出平均沉积速率的时间序列,然后根据式(23-3)计算 R 和 Q_E。这一方法需要覆盖水下三角洲的多个钻孔,而且需要解决沉积速率计算的技术问题(如与年代测定相关的问题),因而分析的工作量大。今后,随着数据采集技术和分析技术的进一步发展,用上述方法实现 Q_E 的计算将是可行的。

23.3 长江三角洲沉积过程对流域输沙率变化的响应

在沉积响应方面,沉积速率是一个应首先考虑的参数。式(23-3)表示了沉积物滞留指数与平均沉积速率的关系,但不能给出水下三角洲不同部位的沉积速率变化。如前所述,水下三角洲沉积速率的大小和平面分布格局均有时空变化,因此,要全面地了解沉积速率的特征,就应进行覆盖整个水下三角洲的柱状样采集,并对每个柱状样进行年代分析和沉积速率计算。这项工作对于沉积物滞留指数的研究也是很重要的(见上述)。目前,在尚未获得全面资料的情况下,对典型的淤积地点的研究也能提供有用的信息。例如,在水下三角洲范围内,靠近河口的区域往往沉积速率较高,而且堆积的连续性也相对较高(称为"沉积中心");在沉积中心采集的柱状样,其沉积速率的垂向变化应反映出流域输沙率变化的影响。

长江三角洲区的沉积中心大致上位于长江口外水深 15 m 以浅的水域。这里采集的柱状样确实显示了沉积速率自下而上变小的趋势,与输沙率减小的趋势相一致(Gao et al.,2011)。在水下三角洲整体上转淤为冲的背景下,沉积中心应是最晚出现转淤为冲的地点;当别处已进入冲刷状态时,沉积中心的反应先是降低淤积速率,然后才出现冲刷。按照这一物理图景,可通过以下假设来建立沉积中心的冲淤变化与沉积物滞留指数变化的联系:

$$D_R = \alpha D_{av} + \beta \qquad (23-9)$$

式中 D_R 是沉积中心某个站位的沉积速率,α 和 β 为线性回归常数。根据这一假设,D_R 的时间序列的总体特征可从沉积物滞留指数的序列中导出。在式(23-4)中,如果 Q_{B} 是稳态的时间序列,则 R 的变化趋势主要受控于 Q_{Si} 的变化趋势;再根据式(23-3),变化趋势也将受控于 Q_{Si};最后,按照式(23-9),沉积中心沉积速率也必然受到 Q_{S} 的影响。在 Gao 等(2011)的研究中,式(23-9)中的常数 α 和 β 是根据 D_{av} 的估算值和柱状样分析的 D_R 值而确定的。所获的 D_R 时间序列显示,2006 年之后,沉积中心的多个站位已进入冲刷状态,这意味着长江水下三角洲的全面冲刷。

由于沉积速率的变化,长江河口的生物地球化学循环也将受到影响。例如,三角洲地区的碳埋藏率会随着沉积速率的下降而下降,最终导致三角洲地区碳的源汇性质的改变。沉积层中的碳含量及其随时间的变化与沉积速率的关系可以根据质量守恒原理而建立。对于一个封闭环境,以有机碳含量 C_O 为例,其含量变化为:

$$\frac{dC_O}{dt} = -\alpha C_O \qquad (23-10)$$

但是,表层沉积物与外界存在着物质交换,活动层(时常处于运动状态的表层)内的碳含量因此受到影响。海底活动层内碳含量与沉积速率之间的关系为(Gao,2010):

$$\frac{dC_O}{dt} = -\alpha C_O - \frac{D_R}{D_L}C_O + \frac{1}{\gamma D_L}(C_R\alpha_{RO} + C_M\alpha_{MO}) \qquad (23-11)$$

$$\frac{dC_I}{dt} = -\beta C_I - \frac{D_R}{D_L}C_I + \frac{1}{\gamma D_L}(C_R\alpha_{RI} + C_M\alpha_{MI}) \qquad (23-12)$$

式中 C_O 和 C_I 分别为活动层内的有机碳和无机碳含量,D_R 为沉积速率,D_L 为活动层厚度,α 为有机碳在水层中的衰减率,β 为无机碳在水层中的溶解速率,C_R 和 C_M 分别为沉积物中的陆源和海源有(无)机碳含量,α_R 和 α_M 分别为陆源和海源有(无)机碳的供给率,下标 O 和 I 分别表示"有机"和"无机"。

式(23-11)和(23-12)所示的关系是针对均衡态的,当沉积速率发生变化时,碳埋藏率受到双重的影响,其一是活动层的碳含量的改变,其二是随着沉积物发生永久堆积的量的改变。碳埋藏的这些特征使得碳组分可以作为一种沉积作用的示踪物,用来确定物质来源(Bianchi et al.,2002;Orinco,2005)、了解输运过程(Nagao et al.,2005;O'Brion et al.,2006;Zhang et al.,2007)。

23.4　长江三角洲的沉积记录

沉积动力学研究的目的之一是了解沉积记录中所含有的气候、地貌环境和生态系统演化信息。西方国家的 STRATAFORM 研究计划就是试图弄清"一定的沉积动力过程将形成什么样的沉积记录""如何从沉积记录中分析环境过程"这样的问题(Nittrouer,1999)。柱状样或钻孔中沉积物样品,经过粒度、放射性同位素、生物地球化学、微体化石等分析,可以产生粒度参数、放射性强度、元素含量和比例、微体化石组成等参数,这些参数往往与一定环境特征相联系(如碳硫比可用以区分海洋和陆地环境、锶同位素含量比值可反映海水盐度,等等)。根据年代测定,可将这些参数垂向分布转化为时间函数。因此,一个钻孔的时间序列就被用来显示时间演化,而不同地点的钻孔则被用做空间对比。这一方法对一些沉积环境是适用的,而对河流三角洲环境则需要进一步的数据处理。

从沉积动力学的观点来看,河流三角洲沉积记录的应用需要解决其连续性、分辨率、沉积记录形成后的变化三个问题。沉积记录完整性或沉积层序连续性是受沉积动力过程控制的(Nittrouer,1999)。在河口环境,沉积记录的存在只是表示一段时期的净堆积效应,并不能保证层序的连续性。这种非连续性是由堆积过程的间歇性或周期性的冲淤变化而导致的。在后一种情况下,沉积记录曾经产生过,但在冲淤的周期性变化中被部分地消除了。沉积记录的分辨率、连续性与时间尺度有关,在任何时间尺度上都有与之相应的连续沉积层序的最高分辨率。对于长江河口而言,由于潮汐动力强、再悬浮频繁发生(Sternberg et al.,1985;金翔龙,1992),因此难以形成时间分辨率很高的层序。尽管如此,沉积记录的连续性和分辨率在三角洲体系中的时空分布仍然需要研究,以寻求最佳的沉积记录。

上述第三个问题的研究目前还很薄弱。设 $P=P(z)$ 是对柱状样进行测定而得到的一个参数,它是垂向位置的函数。根据年代分析结果,$P(z)$ 可以转化为时间序列 $P(t)$。但是,一般而言,这个时间序列不一定能够较好地代表采样地点的环境演化历史,因为沉积记录形成后可能经历了自身变化(如成岩作用变化、分解和衰变、地层内部的物质交换等)和空间位置变化。在自身变化方面,设原始的记录为 $Q=Q(t)$(这是我们所需要的记录),则 $P(t)$ 和 $Q(t)$ 之间的关系为:

$$P(t) = Q(t) + \int_0^t F(\tau)\mathrm{d}\tau \qquad (23-13)$$

式中 $F(\tau)$ 为沉积记录的变化函数。例如,对于放射性同位素 ^{210}Pb,它代表衰变函数,而对于可降解的某种有机质,它代表降解函数。

为了解决 $P(t)$-$Q(t)$ 关系问题,可以选择性质稳定的参数,或变化速率为已知的参数。沉积记录的空间位置变化更为复杂。考虑 $P(t)$ 的全微分

$$\frac{\mathrm{d}P}{\mathrm{d}t} = \frac{\partial P}{\partial t} + U \cdot \frac{\partial P}{\partial x} + V \cdot \frac{\partial P}{\partial y} + W \cdot \frac{\partial P}{\partial z} \qquad (23-14)$$

式中 (U,V,W) 是沉积记录所在地层的移动速率(U 和 V 为水平分量,W 为垂向分量)。

式(23-14)中方程右侧的第一项是我们需要的值,即要从方程

$$\frac{\partial P}{\partial t} = \frac{\mathrm{d}P}{\mathrm{d}t} - U \cdot \frac{\partial P}{\partial x} - V \cdot \frac{\partial P}{\partial y} - W \cdot \frac{\partial P}{\partial z} \qquad (23-15)$$

中解出 $P(t)$，然后由应用式(23-13)获得 $Q(t)$。式(23-14)成立的条件是沉积记录在所考虑的堆积体中是连续的。对于长江三角洲，可以选取适当时间分辨率使这一条件成立。移动速率 (U, V, W) 的影响对于长时间尺度的地质事件是易于理解的，例如大洋中脊附近的沉积层随着海底扩张过程的进行而最终抵达大陆边缘的海沟附近，这时该沉积层的解译必须依赖于其原始位置的恢复；又如渤海海域的地壳沉降可以使浅水沉积出现在钻孔深处，因此分析时应恢复当时的水深。就长江三角洲沉积体系而言，(U, V, W) 应理解为相对于一个固定参照系即岸线位置的移动速率。在全新世时间尺度上，本区的地面沉降可能没有明显的效应，但应注意河流三角洲的堆积过程不仅是向上的，而且是向海推进的，这一特征与潮滩沉积体系(Gao, 2009a)相类似。在三角洲不同地点获得的沉积记录，尽管在沉积物类型上是可以对比的，但在时间上可以不是同时的。同理，在一个地点的沉积记录实际上代表了岸线处于不同位置时的状况。如果根据式(23-14)将沉积记录转换到同一岸线位置所对应的记录，就能实现不同岸线位置(即不同时间)的沉积记录之间的合理对比。今后，如能针对长江三角洲沉积体系构建一个沉积记录的模拟、分析系统，则将有助于改进沉积信息的提取和解译。

23.5 结 论

1. 长江输沙率自1980年以来呈现明显下降趋势，目前已经低于三角洲生长的临界值，三角洲区域已进入蚀退阶段。根据局部海图对比和海岸侵蚀观测结果来推算临界输沙率，会出现过低估计的情况。临界输沙率的准确估算需要对沉积物滞留指数进行深入研究。长江三角洲有两个"临界输沙率"，一个是保持三角洲堆积体的体积的临界值，另一个是保持三角洲陆上部分面积的临界值。后者的估算应考虑地面沉降和海平面上升的效应。

2. 沉积物滞留指数是决定河口沉积和三角洲生长的两个主要参数之一(另

一个参数是河流输沙率)。获得沉积物滞留指数的方法有水文观测法、数值模拟法、沉积速率法等,可综合应用上述方法实现沉积物滞留指数的计算。

3. 在沉积响应上,来自长江水下三角洲沉积中心的柱状样显示出沉积速率自下而上减小的趋势,反映了流域输沙率变化的影响。为了更加全面地了解沉积速率的响应特征,应将柱状样采集区域扩大到沉积中心之外的整个范围。

4. 长江三角洲沉积是记录流域变化事件或过程的载体。为了更好地提取沉积记录所含的信息,应充分考虑沉积记录形成后所经历的自身变化(成岩作用变化、分解和衰变等)和相对于岸线迁移的空间位置变化。沉积记录的模拟、分析系统的构建将有助于改进沉积信息的提取和解译。

第二十四章　陆架与海岸沉积：动力过程、
全球变化影响和地层记录

　　海岸和陆架属于浅海环境，空间尺度相对较小，源自深海、海气界面、天体引潮力等的能量输入在这里具有重要影响。例如，潮汐作用在大洋产生的水位变化和水平流速相对较小，但在浅海区却可以造成巨大的潮差和强劲的潮流，这是由潮汐能量在容积较小的浅海区聚集而导致的。其他因素，如台风暴潮、寒潮、波浪的效应也是如此。海岸和陆架的地质条件与地貌演化特征受到陆地地壳运动、陆缘物质输入的深刻影响。通过河流和海岸侵蚀，淡水、沉积物、营养物质和污染物被输入浅海区，对沉积体系、物理环境和生态系统演化有直接的作用。因此，海岸和陆架成为一个能量与物质输入状态复杂、各种因素处于高度动态状况、系统行为的时空变异特征非常显著的复杂系统。

　　全球气候、物理环境和生态系统变化对海岸、陆架区的影响也很明显。在较大的时间尺度上，这些变化代表了系统状态的转换。第四纪海面变化曾使海岸、陆架系统的水深、空间范围、水动力及物质运动条件发生巨变，进而导致系统演化方向的改变。末次冰期结束后的海面上升对人类社会的形成起了推进作用（Day et al.，2007），而今后由于气候变暖引发的海平面变化必将产生新的效应。全球变化对海岸、陆架的影响不是单向的，海岸、陆架系统也是全球变化的贡献者，陆源物质在这个区域内形成各种沉积体系，极大地改变了地质、地貌条件，而浅海区碳循环和埋藏过程则影响了全球的碳平衡格局。

　　由于目前获得的器测数据在时空尺度上的覆盖度十分有限，还不足以为预测地球系统未来行为提供充分的输入参数，因此地球演化历史信息的获得在很大程度上要依靠地层记录分析。海岸、陆架的地层记录有一些重要的特点。首先，这个区域是陆海相互作用的地带,物质和能量交换强度大,因此沉积记录非常丰富,包含了浅海水动力条件、流域环境变化、海平面变化、海岸线位置变化、近岸水域盐度变化、生物地球化学环境变化、生物生产等信息。其次,本区域的沉积记录具有材料种类多、分辨率高的特点。尽管由于水动力条件活跃而导致层序保存潜力的下降,河口、潮滩、潮流三角洲等环境中形成的沉积体系仍然可以达到年代际或更高的分辨率。这里生长的一些生物,如珊瑚、双壳类介壳(牡蛎等),可以提供更高分辨率的分析材料。最后,海岸、陆架水动力条件和物质供给条件的高度空间分异性造成了沉积记录的斑块状分布,因而具有较高的空间分辨率。

本章试图在海岸与陆架沉积的基本动力过程、全球变化影响和地层记录等方面提出新的科学问题与基础研究建议。

24.1　陆架环流与细颗粒物质的长距离运输

来自陆地的、海洋内部产生的以及其他来源(如火山喷发和大气降尘)的细颗粒沉积物在陆架、海岸水域的运动十分活跃。在潮流、波浪、陆架和河口环流等水动力因素的共同作用下,细颗粒物质频繁发生起动、沉降和堆积,其特殊的地球化学性质又影响了其他物质(如颗粒态和溶解态的污染物等)的循环格局以及陆架、海岸水域的环境和生态条件。由于细颗粒物质特性的复杂性,其运动虽经沉积动力学领域的长期研究,但尚未完全实现准确的定量刻画。沉积物作为一种非保守物质,其长距离输运(横跨陆架或沿岸方向的输运)必然与起动、沉降过程相联系。因此,沉积物临界起动条件和沉降速度是研究者们所长期关注的课题,迄今已建立了以“临界起动切应力”及“粘性颗粒的絮凝和动水沉降”为核心的方法论体系。其中,作为底部边界层重要参数之一的切应力通常用流速剖面法或流速特征值(如近底部流速或垂向平均流速)来定义。最近的研究表明,用近底部流速推算的切应力和用流速剖面法分析的切应力在不同的水深条件下是不同的(汪亚平,个人通信)。这表明水流紊动不仅有时间上的结构,即高频观测数据所显示的“间歇性”(Frisch,1995),而且还可能有空间结构。因此,对边界层的研究应区分极浅水(水深远小于正常边界层厚度)、浅水(水深与边界层厚度相当)和深水(水深远大于边界层厚度)等不同情况分别进行,以便弄清边界层参数与近底部流速的关系,探寻紊动的空间结构。

边界层参数还受到细颗粒沉积物本身的影响(Vinzon et al.,2000)。当床面物质悬浮并进入水层后,悬沙浓度就会提高。现场观测表明,当悬沙浓度较高时,尽管流速仍然大于临界起动值,但床面的再悬浮通量下降了,这似乎表明悬沙的存在造成了底部切应力的下降(王韫玮、高抒,2010)。一种可能是悬沙浓度的升高改变了近底部薄层内的流速结构,因而虽然在上覆水层之间仍有动量传递,但在紧靠床面处动量的向下传递却受到阻断。实验研究表明,当水流流速上升时,悬沙浓度也随之提高,显示出再悬浮作用的效应,但在流速恒定的情况下,当悬沙浓度达到一定值时,就很难再持续上升(Wang Y W et al.,2011)。为了解释这种现象,近底部过程的微观结构、沉积物沉降特性、高悬沙浓度下流速分布的观测是至关重要的,再悬浮通量与近底部切应力之间的关系也需要重新考虑。

总体而言,沉积物是非保守物质,但在较小的时间尺度上由于颗粒细、沉降速度低也可以表现出保守物质的一些特征,即悬浮沉积物可以随陆架水团而运动,在不同水团的界面上发生扩散和交换,这些效应可导致悬沙的长距离输运(Wang H J et al.,2007)。我国黄海、东海是典型的宽广陆架,宽度最大超过 500 km,具有复杂的环流格局,又有来自黄河和长江的细颗粒沉积物供给,再加上本区作为高生物生产海区产生较大数量的生物颗粒,因而是一个理想的跨陆架物质输运的研究区。温度、盐度锋面以及垂向上的跃层对悬浮物扩散和平流输运影响的研究可结合物理海洋学分析来进行。此外,陆架区沿岸运动的流系(如苏北沿岸流、浙闽沿岸流等)对悬沙输运也有重要作用。陆架区的涌升和下沉流可对颗粒垂向运动产生影响,叠加在颗粒沉速之上的垂向流速可改变悬沙沉降通量,在潮流、波浪作用较弱处可能成为泥质沉积形成的主控因素(Gao & Jia,2002,2003)。

24.2　密度流形成机制与沉积特征

前述的细颗粒物质长距离输运的过程主要是与物理海洋学过程相联系的,考虑的是颗粒在水流作用下的运动。在陆地环境中,除水流作用外,沉积物运动经常以崩塌、滑坡、泥石流等方式出现,其特征是重力直接作用于沉积物,将其势能转化为动能。尽管有时沉积物与流体合为一体(如泥石流),但沉积物水平运动并非是由水流作用而引起的,而是沉积物和流体都在重力作用下被输运。海洋环境也存在着类似的沉积物水平运动,在沉积学领域有多个术语来描述这一现象,如重力流、沉积物颗粒流、浊流、雾状层等(Johnson et al., 2001;Dasgupta, 2003)。对于陆架环境而言,"密度流"(即逆重流)是目前较为普遍应用的术语,它反映了细颗粒沉积物进入悬浮状态后在较小时间尺度上呈现保守物质性质、改变所在水体的密度并使其在重力作用下发生水平运动的现象。

密度流的早期研究是从河口开始的。由于一些河流携带巨量悬沙入海,因此其河口区被认为是最有可能产生密度流的场所。20 世纪 80 年代,在我国最为浑浊的河流——黄河的河口区发现了密度流的存在(Wright & Friedrichs, 2006)。同时,人们也认识到,淡水径流的悬沙浓度即使很高,也很少超过海水的密度。也就是说,淡水加悬沙在海洋环境中形成密度流的可能性较小,黄河口只是一个极端的例子。进一步的研究表明,密度流的广泛分布是与河口区咸淡水混合过程和悬沙沉降过程密切相关的,混合过程提高了河水的盐度和密度,而悬沙沉降导致不同盐度水体都可以接纳悬沙,这样淡水为浑浊水而咸水为清水的格局便被打破了,再加上河口区尤其是强潮河口区频繁发生的再悬浮过程,水体中产生密度分异的可能性就更大了,其结果是河口区发生密度流的概率比过去认为的要高得多。河口区密度流导致的悬沙水平输运强度需要定量表示并纳入悬沙输运模型,而在数值模拟中如何将经典的水力学模型与密度流模型相结合,需要基础研究的工作。这一问题的解决有重要的应用前景,如定量评价高悬沙浓度港口在风暴天气时发生的港池、航道骤淤现象。

由河口区推广到陆架区,人们有理由认为密度流是广泛存在的,陆架水域经常被观测到的雾状层就可能是密度流的存在形式之一(McCave,1983;Mulder et al.,2003)。陆架区是潮流和风浪共同作用的水域,如果底床上有泥质物质存在,则极易造成再悬浮,使近底部悬沙浓度增高(Friedrichs & Scully,2007;Wadman & McNinch,2008;Warrick et al.,2008),这样,在水平方向上就可能造成密度梯度,产生斜压效应。对于盆地地形,斜压效应导致的水平运动可以造成盆地底部的沉积物充填,这或许能够解释盆地中沉积层为何呈现水平分布状态(如果沉积层是由于沉降而形成,则其形态或多或少应与盆地的原始地形相仿,而不是水平层)。对于大多数陆架区而言,密度较高的浑浊水体倾向于向下坡方向运动,运动的速度与密度的大小和运动的距离有关。当风暴等极端事件发生时,近底部悬沙浓度可达到较高的值,因而可能形成较强的密度流物质输运。今后,应通过密度流运动机理的分析,定量地预测其动力学行为,并结合陆架区再悬浮过程和水层中悬沙浓度分布的观测数据,了解密度流在悬沙水平输运中的贡献。

水下三角洲的斜坡沉积也可能反映了密度流的作用。一些悬沙入海通量较大的河流,如黄河、长江,不仅在河口附近形成了水下三角洲,而且在远离河口的地方也形成了水下三角洲(Liu J et al.,2007;Yang & Liu J P,2007;Liu J P et al.,2009),黄河沉积物的堆积在山东半岛东北部形成的巨大楔状堆积体,以及长江物质在浙闽沿岸形成的长条形泥质沉积就是典型代表。这两个泥质沉积区的沉积构造都以斜坡沉积为特征,有"Ω"形和反曲状两种形态(Liu J P et al.,2009)。

Ω形态可以用悬沙沉降过程来解释:来自河口的悬沙发生沉降的位置会有年际变化,因为每年的入海通量和海洋水动力条件有波动,然而在长时间尺度上应围绕一个平均位置而波动,这个平均位置就是水下三角洲的核心位置,其基本假设是水下三角洲是悬沙从水柱中沉降而形成的。因此,在核心位置上,随着沉积层的逐渐加厚,就可以形成 Ω 形态,只要其边缘的坡度未超过物质崩塌的临界值,这一生长过程就可以继续下去。

但是,反曲状的斜坡沉积却不同,它表现为不断向外延伸的生长过程,核心堆积位置是不断前移的,而不是固定的,因此难以用水层中悬沙沉降的机制来解释。

实际发生的情况可能是,泥质沉积的顶部由于再悬浮作用触发了密度流,而密度流的水平运动和沿程堆积使水下三角洲的生长表现为向外扩张的模式,这与反曲形的沉积层形态特征相吻合。对于黄河、长江而言,山东半岛东端南部的泥质沉积是 Ω 形的,而该地位于冬季寒潮的背影区,浙闽沿岸泥区则在冬季发生剧烈的再悬浮过程,有可能产生密度流,这些特征似乎与前述的假说相一致。因此,密度流可能是斜坡沉积和河流远端水下三角洲形成的一个重要因素。

24.3　海洋沉积作用与碳循环的关系

浅海沉积作用对一些重要物质(如营养盐、农药、重金属等)的循环过程有重要影响。碳循环是生态系统和气候系统研究中的关键问题之一,陆架与海岸沉积作用所导致的碳埋藏虽然在短时间尺度上只占碳循环总量中的较小部分,但在较长时间尺度($10^4 \sim 10^7$ a)上,碳的埋藏是单向增加的。海洋沉积作用对碳循环的影响有很大的区域差异,浅海区沉积作用活跃、生物生产旺盛,因此对碳循环的总体影响较大,如果忽略浅海区域,则会造成很大的碳埋藏估算误差(Liu K K et al.,2000)。同理,与开敞陆架相比,在浅海区近岸水域也有类似的现象,后者的面积远小于前者,但对碳埋藏的贡献可能不亚于前者(Gao & Jia,2004)。

浅海区碳埋藏率与陆架和海岸沉积速率密切相关。若沉积速率处于稳定状态,且沉积物中的有机碳和无机碳含量为已知,则碳埋藏总量可以估算出来(Gao,2010)。沉积物碳含量与多个因素有关,如沉积速率大小、沉积环境类型和位置、碳的来源和组成、地理地带性、再悬浮强度、生物地球化学过程(如碳溶解过程)等。对这些因素进行参数化处理,根据碳平衡方程计算出不同地点的碳埋藏率,最后进行空间积分,就可以获得碳埋藏总量。因此,需要对相关的过程进行研究,获得有机碳在海水中的溶解、分解速率等参数,并发展相应的分析方法。值得注意的是,如果沉积物的外部来源不存在,则沉积物的堆积是以空间上的重新分布而实现的,这时碳的埋藏率将会发生较大的变化,虽然仍与沉积速率有关,但总的埋藏量将呈现下降趋势。目前,在自然过程和人类流域活动的共同作用下,河流入海通量有明显的下降,我国的黄河、长江就是典型的实例,这种趋势必然对今后陆架与海岸区域的碳埋藏过程产生影响。

陆架与海岸碳埋藏的另一个重要控制因素是生物礁生长和演化。在水层或海底生活的许多生物对碳循环的影响体现在沉积物中的生物物质组成,如前所述,其埋藏与沉积作用相联系。但生物礁过程与之不同,在生物礁环境中颗粒物质基本上完全由生物颗粒构成,因此,这里碳埋藏率只与生物礁的生长速率有关,与陆源物质的供应量无关。生物礁的碳平衡与生物个体生长所固定的碳和由于溶蚀等作用而损失的碳这两个量有关。生物礁的主要类型是珊瑚礁,其次是牡蛎礁、贻贝礁等,其生长速率与所在环境的类型、条件和演化阶段有关,如珊瑚礁形成于热带水域,且在演化的不同阶段,珊瑚礁的生物生产不同。在气候变化的背景下,水温、酸碱度等条件的改变造成珊瑚礁白化等后果,生态系统的演替使珊瑚礁组成和生态系统结构发生变化,海水成分的变化可能导致酸化环境,这些过程都将改变生物礁的碳埋藏率。目前,对常态条件下的生物礁碳埋藏率只有粗略估算,对气候变化影响下的碳埋藏率的变化研究就更少了。这部分资料的缺失给浅海碳埋藏过程和物质循环过程的研究带来了不确定性,今后应加强这个方向的研究工作。

24.4 气候变化背景下的浅海动力状态转换及其效应

海岸、陆架区的沉积、地貌环境与陆海相互作用密切相关,即便在气候、海平面处于稳定状况的条件下也是不断演化的,这是由这个系统中的能量输入、耗散(以潮汐、波浪等水流为载体)和物质输入、输出(陆源物质供给等)的总体格局决定的行为。地表环境的自身演化过程和机制,包括系统中的反馈机制、稳定均衡态的形成、系统演化的方向和最终状态等,这些问题仍需进一步研究。但是,目前的浅海环境演化研究面临着一个更大的挑战,即在系统状况转换下的演化问题。系统状况是指控制一个系统的行为的主要因素的平均值和波动幅度。例如,长江三角洲的动力地貌行为和沉积特征是受本区域的河流入海通量、潮汐与波浪等因素控制的,这些因素的平均状况和变幅决定了长江三角洲的演化历史与现状。当系统状况发生转换时,即控制因素的平均值和/或变幅出现变化时,系统行为及演化方向可能随之改变。如果所涉及的系统中存在着正反馈机制,而且它由于系统状况转换而得以放大,则系统可能会达到临界状态或阈值,此时系统将难以为继而发生崩溃。在全球变化背景下,浅海环境面临着系统状态转换和可能存在的阈值问题,在沉积地质学中开展这项研究对"应对气候变化"具有促进作用。

浅海环境的系统状态转换主要体现在水动力变化、海面变化和流域变化。这些变化近年来研究甚多,表明确实是正在发生的。陆架和海岸沉积环境的响应可以从环境动力过程的响应、环境演化趋势的改变以及沉积记录的响应等方面来考虑。研究的材料首先是来自现场观测数据尤其是长时间序列资料的分析,其次是基于对沉积记录的分析。

在台风强度增大、波浪作用加强、风暴增水幅度提高的情况下(Wu et al.,2006;Komar & Allan,2007),一些原先由潮汐作用主导的沉积环境,如潮汐河口、潮汐汊道、潮流脊、潮滩等,将更多地受到多种水动力条件复合的影响,从而在沉积物输运和堆积过程上发生状态的改变,其他类型的环境也是如此。海面变化和流域入海通量的变化使沉积环境在沉积物供应充足与缺乏之间发生转换,这必然导致沉积物输运和堆积格局的重新调整,例如长江水下三角洲的沉积中心位置、冲淤速率、三角洲生长速率等都与长江入海沉积物通量和局地性的相对海面变化有关(高抒,2010a)。

动力过程的变化导致系统行为和演化方向的改变,基于稳态条件而建立的预测方法也会部分失效。就沉积体系而言,河口三角洲生长曲线、潮汐汊道的涨落、潮流三角洲演化、陆架泥质沉积的分布范围和演化,这些方面的观测研究都需要加强,以便为沉积体系的新格局与过去全新世期间形成的沉积体系的对比提供基础数据,分析系统演化转向的机理,评价全球变化对浅海沉积体系的影响。我国的陆架、海岸上分布着多种典型性的沉积体系,如大型河口三角洲、潮流脊体系、开敞型潮滩、陆架泥质沉积等,同时也是自然过程和人类活动影响下的各种环境因素变化显著的区域,因而是理想的研究区域。

系统状态转换可以通过对沉积记录的分析来识别。过去一段时间,对事件沉积,如风暴潮的沉积记录、海啸在沿岸潟湖中的记录、底栖生物介壳中记录的环境变化等,已进行了较为深入的研究(Liu & Fearn, 1993; Surge et al., 2001; Dawson & Stewart, 2007)。在此基础上,弄清沉积环境对极端事件记录的空间分布特征,即极端事件在不同的环境部位形成的记录的差异和关联性,从物质组成、沉积构造、沉积层厚度等方面刻画极端事件留下的印记,并且将事件的沉积记录整理为时间序列,就可能获得海域水动力状态变化等信息。在最近 100 年的时间尺度上,器测的数据可作为验证材料;以经过验证的数据为依据,可对全新世10000 年尺度的沉积记录建立起系统行为演化的时间序列。研究中可以发挥多种类型的沉积体系、多种材料的作用,实现不同空间分布、不同时间尺度的沉积记录信息的整合。浅海沉积环境中的生物介壳(如双壳类、腹足类)、珊瑚礁体等材料具有获得高分辨率信息的潜力,对环境参数变幅的研究具有特殊的价值。

24.5 陆架与海岸的全新世沉积体系形成过程与模拟方法

在观测数据和沉积记录分析之外,沉积体系和记录形成过程的数值模拟具有重要意义。沉积体系是多种过程的产物,然而动力过程与沉积记录产物的关系是一个尚未弄清的问题,什么样的动力过程能够在地层中记录下来,或者说地层记录含有什么样的过程信息,是包括 STRATAFORM(Nittrouer, 1999)在内的多个国际合作项目的研究内容。数值模拟在解决沉积体系如何与过程相联系等问题上具有优势:数值模型依据物理学、化学、生物学等基础科学原理,利用质量守恒、能量守恒等定律,再加上一些经验公式而构成,具有定量和预测的能力,是联系短时间尺度过程和长时间尺度的沉积体系产物的有力工具。如果模拟能够建立在正确的物理原理或图景之上,又经过实测数据的验证,就具备了准确刻画系统特征、预测未来演化趋势的功能。数学模型还有一个重要的作用,就是对沉积体系和记录的相关过程进行数值实验,判断哪些因素是重要因素,每个因素和多个因素是如何影响系统行为的。模型的这个功能过去没有被充分认识到,而目前已广泛应用于过程、机理研究,在提出工作假说、辅助现场观测的设计、了解系统行为等方面起着不可替代的作用。

　　动力过程涉及多种因素,因而增加了动力过程模拟的复杂性。为了简化问题,在定量地层学领域曾经把沉积体系的几何特征作为研究的重点,发展了相应的几何模型方法,其核心思想是考虑长时间尺度因素(如海面变化、地面沉降等)对沉积物可容空间的影响,以重现沉积盆地的层序特征(Paola,2000)。按照这样的思路,根据沉积物来量和堆积总量的质量守恒原理,用几何模型方法探讨了全新世河流三角洲沉积体系的特征,发现在层序及其空间分布上几何模型的输出结果与实际情况吻合程度较高(Syvitski et al.,2001;Kubo et al.,2005;Hutton & Syvitski,2008)。然而,几何模型是否能够成功应用,取决于其基本假定是否成立。对于那些层序形成的先后次序并不受可容空间控制的沉积体系,如陆架斜坡沉积等,几何模型实际上是不充分的。全新世海洋沉积体系形成的模拟在总体上似乎应更多地依赖于动力过程模型,或者与几何模型相结合的动力学模型(吴超羽等,2006;高抒,2007;Gao,2009a;陈蕴真、高抒,2010)。

　　纯粹几何模型的另一个局限性是难以模拟地层记录的形成演化,其输出结果通常是缺乏时间分辨率信息的,沉积层序的间断性在大时间尺度上可能得以展示,但对于全新世时间尺度层序内部的连续性则难以评价。对于沉积记录而言,因其最终要应用于气候、环境生态系统变化信息的分析,故时间分辨率和层序连续性必须是已知的。因此,为了实现沉积记录的分辨率和连续性特征的模拟,也必须要建立基于动力过程的模型。

　　对于事件沉积(Budilon et al.,2005)而言,模拟方法也将是一个重要的工具(Zhang et al.,1999;Meulé et al.,2001)。气候变化效应如何可以从地层记录的分析中得知? 对于这个问题,模拟方法可能提供了重要的线索。例如,针对一定的沉积环境(其沉积物供给、沉积速率、常态水动力条件为已知),以一个天气事件的有关参数为输入,就能以数值实验的方式给出该事件在沉积体系中留下的印记,包括相关的沉积层特征及其空间分布。按照"过程模拟"的技术路线,可以调整输入参数,以代表不同类型的天气事件;同时也可以设定天气事件出现的频率和强度,针对不同类型的沉积环境来考察天气事件的沉积记录类型。以沉积物钻孔资料作为验证和补充的输入参数,就可能使模型逐步得到改进,最终达到复演沉积记录形成和预测气候变化效应在地层中的印记的目的。这个方法是沉积动力学模型的自然延伸,在全球变化研究中具有应用潜力。

由于技术上的复杂性,上述模型难以靠研究者分散的工作而较快地建立并完善,而且仅靠个人的力量难免造成重复劳动。克服这个困难的途径是以"学术团体模型"的方式来进行沉积体系和记录形成的模拟工作:多个研究团队以一些共同的有坚实基础的水动力模型、沉积物输运模型、生态系统动力模型等为起点,逐步构建沉积体系和记录的模型体系,每个团队都在同一个模型的框架内进行研究工作,包括修改源代码、补充新模块、设计模型实验、应用于实际环境的模拟等,经过一段时间,模型的功能和先进性就能逐步提高。

24.6 海岸、陆架全新世记录的特征与分析方法

海岸、陆架沉积体系的独特性使信息分析工具的建立和改进成为必要的基础研究工作。沉积记录是地质历史上气候变化和环境变化研究的基本资料,严格地说,只有相对于地球坐标系而言处于固定位置上的点,它记录的时间序列才完全代表了时间变化。赤道区域记录的气温值不同于高纬地区,如果沉积记录形成后发生位置的迁移,则其所含的气候指标不是采样地点的,而是迁移之前的堆积地点的。同理,在同一地理坐标处,如果所处的深度不同,反应的环境特征也不同。如果堆积之后由于垂向地壳运动或地面压实沉降等因素而导致深度位置的改变,则用采样时的深度上的沉积记录来代表当时环境特征时将会产生误差。因此,海岸、陆架沉积记录是应该在三维空间的时间演化框架下进行分析的。通常所用的钻孔分析是垂向一维的方法,而用多个钻孔构成的三维图像是采样时沉积记录的三维图像,而不是堆积时的沉积记录所代表的环境特征图像。

在深海沉积记录分析中,上述效应造成的误差可能相对较小。深海水域水深大,沉积速率又相对较低,因此,如果所涉及的时间尺度不大,钻孔中的垂向记录是可以代表一个固定点上的记录的,其原因是沉积层厚度的量级远小于水深的量

级,且在较小的时间尺度上,沉积层形成之后的水平位移也较小。如果所涉及的时间尺度过大,则深海沉积也会产生问题,例如在洋中脊附近形成的记录在经过很长的地质时期之后可能会移动到远离洋中脊的地方,沉积记录的分析必须要考虑这个因素。

浅海区域与深海不同,全新世沉积层的厚度很可能与水深处于同一量级。当以岸线位置为坐标参照物时,沉积记录还有较大的水平位置变化。因此,如果用传统的钻孔资料来展示气候变化的时间序列或者类似的信息,将会产生较大的误差,甚至严重扭曲实际情况。浅海沉积记录的这个性质要求我们改进分析方法,使沉积记录得到正确的解译,为此有必要发展沉积记录信息分析系统(高抒,2010d),它不仅应有储存和提取数据的功能,而且还应有分析计算和模拟功能。近期可针对全新世沉积体系中的典型者(如长江三角洲、黄河三角洲)取得突破,之后可将该系统的研究推广到更大的区域,并在时间尺度上扩展到整个第四纪甚至更老的沉积体系。在这个研究方向上,沉积体系元数据和样品分析数据的储存与展示、回溯到堆积时刻的样品所对应的空间位置、样品分析中所获的各项数据和指标的时间稳定性、沉积记录的连续性和分辨率评价、不同地质时期的沉积记录的三维空间分布、沉积记录所对应的古环境条件的模拟和重现、沉积记录所含的气候和天气(及其他灾害性)事件的模拟与复演、沉积体系和记录演化的趋势分析等都是重要的研究内容。

24.7 结　语

海岸、陆架沉积体系含有丰富的全球变化信息。为了有效地提取这些信息并且为全新世气候、物理环境和生态系统变化研究提供有用的基础数据,必须深入进行海洋沉积动力学的基础研究。

前沿的科学问题包括:海岸、陆架的基本动力过程(底部边界层过程、陆架环流和水团运动的悬沙长距离输运过程、密度流形成机理和物质输运效应等),海岸、陆架沉积与全球变化的关系(流域变化和生物礁演化与碳埋藏的关系、沉积环境系统状况转换及动力过程变异和地层记录、各类沉积记录信息的整合等),全球变化的全新世海岸、陆架沉积记录分析方法(沉积体系和记录形成的数值模拟、气候变化效应的地层记录模拟、沉积体系的信息分析模型等)。

第二十五章 江苏沿海开发的海洋科技发展方向的思考与建议

就海岸自然条件而言,江苏海岸与欧洲的荷兰海岸有许多相似之处,同属于低地平原海岸,在原始状态下易受自然灾害的侵袭。经过长期的建设,荷兰消除了自然灾害的威胁,并且依靠海洋运输业、高新技术产业和特色农业,成为西欧的经济发达地区和经济上处于世界前列的国家。相比之下,江苏海岸尽管地理环境优越,但是刚刚摆脱了自然灾害的侵扰,尚未进入经济起飞状态。如果江苏海岸能够通过海洋资源的合理开发,使这里的经济不再依靠传统的粮食、棉花和渔业生产,而是依赖于以高新技术为依托的海洋经济产业,并且将原来生产率很低的土地再造为特色农业的基地,就可以期待经济的快速发展,使整个苏北地区演变成像荷兰那样的经济发达地区。

海岸带开发战略转变的根据是本区的自然和人文条件。江苏沿海的自然条件以大型潮滩、潮流脊和河流三角洲为基本特征,此外,在江苏北部还有一部分基岩港湾海岸。这样的一个区域具有什么样的资源优势,如何利用资源优势,是江苏沿海开发的核心问题。

本章的目的是根据江苏中部海岸带的自然条件,阐述本区资源、环境特点,论述沿海开发的科技需求问题。

25.1 区域海洋学及其对沿海开发的技术支持

江苏沿海开发以连云港大型港口建设和中部海岸围垦为标志。新一轮的资源开发规模大,工期长,存在着大量迫切需要解决的问题,包括工程可行性、环境与生态、产业布局、防灾减灾等。在开发计划实施之后,还需要对未来发展进行规划、管理,这些工作都离不开区域海洋学的数据和资料,而长期以来江苏省尚未建立区域海洋学的观测和研究体系,对海洋环境的了解还处于较为初级的阶段,从而成为今后海洋开发的一个薄弱环节。

什么是区域海洋学?它是刻画一个特定的研究区的海洋系统特征、预测其未来演化趋势、评价其社会和经济影响与效应的科学。区域海洋学的研究条件是针对区域的环境特点形成数据采集能力,并且形成有区域特色的研究方向,组成一支有针对性的研究队伍。对江苏海域而言,目前区域海洋学的工作开展得很不够。首先是观测资料的不足,长期以来江苏海域的资料主要来自在空间上分布较为零散、在时间上缺乏足够分辨率的观测,是由分散的科研项目来支持的。区域海洋学观测体系的长期缺失,使江苏沿海在全国的近海观测中成为一块相对空白的区域。其次是从事区域海洋学工作的队伍尚未形成或不完整。省内的研究力量分散,研究人员中很少以江苏区域海洋学为主攻方向,各有各的项目和操作方式,很难协调与合作。在研究机构上也缺乏安排,尚未形成区域海洋学研究基地。

江苏区域海洋学的工作应从哪些方面入手?针对本区域的特色展开系统性的观测无疑是重要的切入点。江苏海域的基本特点是潮流作用强、沉积物运动活跃、海底地貌复杂且演化速度快、底栖生态系统独特。江苏沿海潮差大,潮流强,在潮波辐聚中心附近大潮潮差可超过 7 m,形成的潮流流速可达 3 m·s^{-1}以上。在过去的几千年间,长江、黄河为本区域带来了大量的细砂质和泥质沉积物。这类物质最容易在潮流作用下被输运,泥质沉积物以悬移质的方式运动,因此在本区形成高度浑浊的水域。砂质沉积物则以推移质的方式运动,在运动中通常形成海底沙丘和潮流脊,这就是在本区形成了巨大的辐射状潮流脊体系的原因。在岸线附近,沉积物的向岸运动形成了砂质和泥质物质的堆积(砂在下,泥在上),这就是广泛分布的潮涂。岸外潮流脊与岸边的潮涂构成一个复杂的地貌环境,其规模之大在世界上都是少有的。这个沉积环境为底栖生物的繁衍提供了十分优越的条件,因此本区底栖生态系统的生物量、生物多样性是很突出的,成为重要的捕捞业和水产养殖业资源。

正是由于海洋环境具有上述特点,给观测工作带来了挑战。例如,虽然我们已经知道了江苏中部海岸的港口和土地资源丰富,但如何有效、合理地进行开发则缺乏科学数据的支持,而科学数据的取得在历史上受到了观测手段的制约。按照传统的观测方式,在这个复杂的海域无法达到了解其系统行为所需的空间和时间分辨率。其结果是,潮流流场的模拟由于海底地形的缺乏而误差较大,物质输运和地貌演化的模拟计算也因此只处于初步阶段。更进一步的研究如生态系统动力学模拟就更少了,几乎是一个空白的领域。沿海开发战略的顺利实施要求我们尽快改变这种状况。

随着科学技术的发展,特别是现场观测仪器、遥感和信息技术以及计算机技术的发展,建立江苏海域区域海洋学观测网的条件已经成熟,遥感资料的来源和分析不是问题,现场观察应重点加强潮流和地貌动态以及底栖生态监测。例如,建立表层流雷达观测站已获取大面积的潮流分布特征,在代表性的多个站位上建立永久性的观测系统获取海洋物理和生态参数(温盐度、营养物浓度、悬沙浓度、溶解氧等),建立地形监测方法以获得地貌演变的实时信息。这些都是观测工作的重点。在获得立体观测数据的同时,需要建立数据和信息中心,进行数据处理和分析,推进数据共享,并利用物联网技术等形成具有应用性的产品(如潮灾实时预警系统)。

江苏区域海洋学的发展需要一定的组织方式和先进的管理体制。福建等地的经验表明,区域海洋学体系的建设应以某种业务化的方式依托一个稳固的海洋研究机构。该机构在稳定的经费资助下,按照规划进行建设,负责队伍组建、观测仪器购置、海底与海岸观测网建设和维护以及数据管理。江苏省也可以借鉴这种方式,确定一个胜任该项任务的研究机构,对未来 10 年的工作任务进行规划,并为研究基地的基础设施和人员队伍聘任提供经费支持。实践经验还表明,如果时时事事都以项目的方式来进行基础性工作,则是不能成功的。项目的方式只对解决一个具体的问题有效,而无法使研究基地得到巩固,人员队伍也是不稳定的,数据采集和研究工作也是难以持续的。一句话,以项目资助的方式不能实现区域海洋学的研究目标。

以资助一个研究机构来构建江苏省区域海洋学体系的组织方式还需要有配

套的管理制度。对研究基地进行日常管理,使其能够正常运行,并产生一定数量的科学研究成果,这在目前的科技发展阶段上是可以实现的,但这并不意味着区域海洋学的功能可以就此实现,关键问题是研究基地的数据和研究结果如何转化为海洋资源开发与管理所需的技术、方法、产品。在这个问题上,项目资助方式可以发挥作用。在管理制度上,区域海洋学基地的数据应被要求向省内的相关项目开放,任何获得相关项目的单位和个人都可被授权使用基地的数据、资料,基地必须履行这一职责。例如,某一团队得到了连云港海港资源开发的一个研究项目,需要工作区域的长期潮汐、波浪和悬沙浓度观测数据,此时区域海洋学基地应该提供所拥有的资料,并在项目任务书中明确说明。在上述数据共享管理制度下,省内各科研机构服务于区域海洋学的积极性可以充分发挥出来,提高数据和资料的使用效率。

25.2　基于物联网技术的海洋灾害防治体系

海岸带受到多种灾害的威胁,风暴增水造成沿岸低地的淹没,台风伴随的大浪破坏海堤,赤潮暴发导致渔业生产的巨大损失,这些都是海洋灾害的典型例子。江苏海岸地处低地平原,历史上多次遭受风暴潮的侵袭,生命、财产损失巨大。20世纪50年代之后,通过兴修水利、建筑海堤,风暴潮的危害大为减轻,海堤保护下的海岸地区人们得以正常地从事生产活动。然而,在目前的条件下,江苏海岸仍然有遭受自然灾害侵害的可能性,台风发生时海堤的损毁、海水养殖的损失、突发性的水位暴涨引发的人员伤亡都时有发生。今后,随着海岸带开发力度的加大,将有更多的基础设施、城镇居民区和生产基地进入原先的海洋灾害易发地段或区域。因此海洋灾害的防治将是沿海开发战略能否取得成功的关键点。

自然灾害的形成是自然因素和人类活动因素相结合的产物。江苏海岸潮差大、潮流强,又有台风和寒潮的作用,尤其是当天文大潮与台风相结合时,可以造成大幅度风暴增水。在地貌特征上,江苏属于低地平原,坡度平缓,因而当水位稍有增加,就可淹没较大的面积。在沉积特征上,海岸带的沉积物主要是来自长江和黄河的细颗粒物质,以粉砂为主。这类沉积物极易在潮流和波浪的作用下发生运动,一方面使滩涂发生快速淤积,近岸海域形成了辐射状潮流脊(这是土地围垦和港口建设的资源基础);另一方面也造成了快速多变的滩涂地形,当水位发生突变时,容易给滩涂作业人员带来危险,过去发生的所谓"怪潮"灾害就与此有关。

海洋灾害损失的大小与多个因素有关。在防灾减灾能力较低的情况下,除自然因素外,灾害也和人类活动因素本身有关。自然因素是客观存在的,如果它起作用的时间和地点上没有人员和财产的存在,就不会有任何的灾害效应。在有台风大浪作用的地方,建筑不够坚固的海堤就会被冲毁;在不够安全的地方建城市、建工厂,迟早会遭受灾害;在"怪潮"发生的滩涂作业,又缺乏必要的防范措施,就难免出现生产事故。因此,在建设的布局和规划上,如果出现失误,自然灾害就会变得更加惨烈。

值得注意的是,江苏海岸发生严重海洋灾害的可能性在目前的自然环境演化格局和资源开发模式下将呈现提高的趋势。在自然因素方面,研究表明,在全球变暖的大背景下,极端事件有加剧的趋势,例如台风和寒潮的强度提高、波浪的波高在风暴发生时会比以前更大。观测资料的分析表明(Ullmann et al.,2007;Wang et al.,2008;Vilibić & Šepić,2010),大西洋海域的飓风在过去的 50 年里变得更加猛烈了,而太平洋海域的波浪也呈现加大的趋势。这就是说,江苏海岸在今后一段时间可能要经受更大的台风、更大幅度的风暴潮、更具破坏力的波浪。从人类活动的因素来看,江苏沿海在今后一段时间将加大围垦、海港建设、临港工业基地建设、海岸带城镇建设的力度,岸线附近单位面积上拥有的人口和资产数量将大幅度增加,在生产力提高、经济回报加大的同时,由于自然灾害而遭受重大损失的风险也将大大提高。一旦发生大型的灾害,所造成的破坏是难以估量的。

如何应对未来的海洋灾害? 必须要大幅度地提高防灾减灾能力。在这个方面,传统的海岸工程要进行,而且要提高设计的标准,因为过去百年一遇的灾害今后可能会变成二十年一遇,甚至以更大的频率出现。但是,仅仅加强工程措施是不够的,要求海岸工程时时刻刻"固若金汤"也是不现实的,这样会使得灾害防治的成本过高,在经济上难以承受。在工程措施之外,要改进管理措施,这样,当灾害事件来临时就能正确应对,把灾害控制在较低水平上。在这个方面,管理机构的建设应包括管理工具的完善,今后 5～10 年内可发展基于物联网技术的海岸灾害防治体系。

物联网技术的最大优越性在于可以充分利用网络信息和数据,并且与管理对象相联系。

首先,利用网络上存在的科学数据和计算模型,可给出实时的自然条件。例如,根据实时监测的近岸水域地形信息,配之以水动力(潮汐水位、潮流流速等)和气象数据(风力、风向等),海岸带附近的水位、淹没范围、波浪强度的平面分布等状况都可以实时显示,也可以给出一段时间的预测状况。

其次,利用网络中的海岸带社会、经济信息,也可形成各种人文社会要素的平面分布图景,并且可以方便地展示不同自然事件图景下的灾害效应。这一方面可在平时用于防灾抗灾的预演,为制定应急预案服务(如确定抗灾行动的重点和时间安排),另一方面也可为城市、经济发展的规划提供参考。

再次,利用海岸带人类活动的信息(如滩涂作业人员的位置、人数、空间分布状况等),根据自然条件的时空变化信息,能够形成高效率的灾害预警体系。例如,在"怪潮"频发的水域,可构建水位突变的预警模型,给出不同地点、不同时间的水位变化情况,按照水位上升率的大小确定预警的等级,当滩面作业区人员有可能面临危险时,预警信息和其他救助信息(如撤离的时间、路线等)就可以及时发送给有关人员,因为滩面作业人员的信息已在物联网系统下保持实时状态并能被预警系统所应用。

最后,物联网技术可以做到高度的个人化,也就是说有上网机会和能力的人都能从网上得到灾害事件的信息以及对其本人的影响信息。在全民都能及时了解情况、接受防灾抗灾指导的情况下,灾害的损失将大大减少。

基于物联网技术的海洋灾害防治体系的建设不仅需要自然科学和工程技术的支撑,而且还需要社会科学和管理部门的配合,因而是多学科的。在近期,可考虑组织多学科的研究专项,使这一体系尽早建立起来,以保证江苏沿海开发战略的成功实施。

25.3　沿海开发中的生态建设

生态建设是区域社会、经济发展的重要一环。生态建设对人居环境的影响是显而易见的,更为重要的是,生态建设可以创造出新的生物资源、旅游资源、科研和教育资源,为今后的发展奠定良好的基础。因此,在江苏沿海开发的战略中,海洋环境和海岸带陆域的生态建设应成为一项重要的工作。

江苏海岸的生态系统以盐沼湿地和浅海底栖生态系统为特色。江苏拥有国内最大的滨海湿地,在潮间带上部形成了大片具有高等植物覆盖的盐沼湿地。根据潮间带部位的不同,植物的主要物种也不同,但无论是盐蒿为主的还是互花米草为主的湿地,它们都有很高的初级生产,因此支撑了一个生物量巨大的食物网,从小型底栖动物、大型底栖动物一直到鸟类和哺乳动物都包含在内。正因为如此,江苏海岸才成了丹顶鹤等鸟类的天堂,国家自然保护区才有建设的基础。潮间带下部至浅海水域的底栖动物无论从生物量还是生物多样性来看都是十分丰富的。底栖生物生态系统是江苏省长期以来渔业生产的基础,这个特色是由于长江、黄河带来的巨量颗粒沉积物堆积的结果,大的粉砂细砂质底床和浅滩地形为底栖生物提供了理想的栖息地。近年来,江苏的海水养殖得到了快速发展,也是得益于这种自然条件。

然而,如果规划不当,今后的沿海开发活动(如围垦、港口建设等)可能会对江苏海岸生态系统带来不利影响。因此,及早把海岸带生态建设纳入沿海开发的轨道,明确在开发中应包含哪些生态建设内容、如何实施生态建设,已成为沿海开发的迫切任务。

首先,沿海开发应包含海域、岸线、围垦区和沿岸陆域的生态建设任务。随着围垦技术水平的提高,岸外浅滩现在已经能够围垦成人工岛。在江苏沿岸,这种方式不仅可以获得海域土地,而且也为岸外潮流脊水域的港口开发开辟了道路。要注意的是,人工岛和港口建设都会影响当地的底栖生物栖息地,因此在建设时应注意保护重要的栖息地,在空间上选择对生态系统影响较小的地点进行开发建设。岸线附近的盐沼湿地在无序围垦下渐渐消失,对此人们还没有给予足够的重视;在法律层面上,滥围盐沼湿地的性质是与滥伐原始森林相同的,但滥围盐沼的现象一直没有得到有效制止。

在沿海开发和围垦活动中,应有计划地保留一定面积的重要盐沼湿地,使其处于天然状态,这将是我们这一代人给后代留下的宝贵财富。如果破坏了这些盐沼,以后想要恢复就要付出许多倍的人力、物力、财力,在经济上是得不偿失的。

在已经围垦的土地上,也要进行生态建设,应划出一部分水面和地块作为野生动植物的栖息地,这可在一定程度上补偿围垦带来的负面影响,如鸟类栖息地面积的减小。在更广大的区域,即整个沿岸陆域,生态建设同样不可放松,也要圈定天然生态系统的保护范围,使其在经济开发的大环境下依然能够在局部环境中生存、繁衍。

其次,江苏沿海生态建设的目标应该是形成天然生态系统和野生动植物的栖息地。供人们日常活动的公园和绿地是需要建设的,今后也必然会建成更多的公园,但人工生态系统不应成为生态建设的主要目标。在居民区和市民广场种植让人赏心悦目的珍贵树种,环境可以大为改善,但从生态系统的角度来看,这样的树林是缺乏生态功能的,难以形成食物网,难以支撑一个生物群落的生存和繁殖。只有处于原野状态的生态系统才具完整的生态功能和生物多样性。如果这样的系统能够形成并维护,则人工生态系统可以起到锦上添花的作用。

按照生态文明和现代化建设的要求,江苏沿岸水域和陆域内部应形成多个类型的生态建设区,并在必要的情况下使其相互连通。例如,在海域可以划定底栖生态建设区,重点保护珍贵的双壳类和腹足类动物,并保证重要水产养殖基地(如紫菜和水蛤养殖场)的生产;对于盐沼湿地而言,应将占盐沼面积约 40% 的重要区域置于围垦区之外,以保持其天然生态系统特征,发挥其作为滨海湿地的生态功能;在已围垦的范围内,应保留约 20% 的面积用于天然和人工生态系统的建设;在陆域内部,也应通过各种建设途径,使地面和水域总面积的 10% 适合于野生动植物的繁衍。按照上述设想,江苏沿海地区就能形成 1000 km² 量级的生态建设面积,这对全省的生态健康必将起到关键性的作用。

再次,江苏沿海生态建设需要科技的支撑。为了保护或恢复生态系统,首先必须要对本地区的生态系统有较深入的了解。国际上的经验表明,生态系统动力学研究是生态建设的基础,它的目的是弄清物质和能量在环境与生物体的转换过程,从而刻画和预测生态系统的行为。根据生态系统的知识,可以发挥生态修复的技术,采取有针对性的措施来实现生态建设的各个目标。目前,我省在生态系统动力学研究和生态修复技术研制方面都还没有达到国际上的高水平,应在今后一段时期加强。

最后,江苏沿岸生态建设需要有战略性的规划。现在各种级别的规划很多,在一定程度上是法律、法规要求的结果,内在要求的规划内容主要是来自建设项目的拥有者,因此,不少规划的质量还不够高,尤其是在充分应用自然、人文、社会等方面的信息上有不少缺陷。生态建设规划的情况稍有不同,一是由于开发项目的投资者往往对生态建设缺乏热情,二是由于生态建设是服务于整个社会的。因此,生态建设不大可能受控于某个利益集团,它的公益性质决定了公众参与的可能性。如果能够充分利用科技成果,并且在制定规划时保证公众的知情权和参与机会,生态建设规划将会有较高的质量。

25.4 结　　语

1. 江苏海岸在全新世时期形成的海岸沉积体系蕴含着丰富的港口、土地和生态资源。连云港海岸和辐射状潮流脊水域具有建设大型海港的潜力,江苏中部海岸的岸外区域具有较大的土地围垦潜力,而江苏中、南部海岸具有良好的生态资源潜力。

2. 为了江苏沿海开发的成功实施,应进行区域海洋学监测网建设,取得海水水层和海底的高时空分辨率与长时间序列数据,为基础研究(如环境动力学、微型生物生态等)、业务化(自然灾害预警、信息服务等)、今后发展规划及其实施服务。

3. 江苏沿海今后在生产力提高、经济回报加大的同时,由于自然灾害而遭受重大损失的风险也将大大提高。因此,应提高灾害管理能力,发展基于物联网技术的海岸灾害防治体系。该体系的建设不仅需要自然科学和工程技术的支撑,而且还需要社会科学和管理部门的配合。

　　4. 江苏海岸的生态系统以盐沼湿地和浅海底栖生态系统为特色。沿海开发中应注重生态建设,重点研究对象是自然保护区(珍禽保护区的食物、水源、栖息地问题)、沿海生态通道(保障从微型生物到野生大型动物的生态和繁殖)以及海底底栖生态系统。

第二十六章　海洋沉积地质过程模拟：
性质、问题与前景

　　沉积地质学研究的定量化在一定程度上已经实现，如现场观测和实验室测定，数据的统计分析和动力学分析、数值模拟等已经成为常规的研究手段。其中，数学模型的应用也日趋广泛（Tetzlaff & Harbaugh，1989；Paola，2000；Pelletier，2008）。运行数学模型的目的是获得模拟对象的空间分布、时间演化，或两者兼有。数学模型的解析对于理解系统的特征具有独特的作用（Yu et al.，2010），但多数情况下人们采用数值方法来求解。数值模拟的特征之一，是输出结果与模型的初始条件、边界条件和参数设置有关，研究者想要的结果可以通过调整这些条件或参数来实现。既然如此，数值模拟的结果应该如何解译？如何判别模拟结果的价值？针对这些问题，一个常用的办法是对结果进行验证（Van Rijn et al.，1990）。但是，也有大量并不包含"验证"内容的文献。那么，到底什么样的数值模拟是值得探索和发表的？沉积地质数值模拟的前景如何？有哪些亟待进行的研究工作？本章拟以海洋沉积地质数值模拟为例，讨论数值模拟的性质和功能，提出相关科学问题和近期研究方向，以探寻以上问题的答案。

26.1　数值模拟的验证问题

　　对于模型验证而言，潮流模型是一个经典的例证。在潮流流场的模拟研究领域，验证已有了数十年的历史，几乎成了论文和报告写作的规范。验证是指将实测与模拟结果进行对比，如果两者较为接近，则认为模拟结果是可以接受的。尽管在具体的数据处理流程上有一些差异,如有的验证是指模拟结果和实测结果在双盲条件下的对比(在物理海洋学研究中经常采用),另一些情形下验证是指用实测结果来率定模型(在海洋工程领域经常采用),但都要求用对比结果来判断模型是否成立。

问题是,究竟有哪些因素可能导致两者的不一致?第一个因素是模型存在的内在缺陷,即其中的控制方程不符合已知的科学原理。在这个方面,潮流动力学模型依据的是动量守恒和物质守恒原理,多年的研究表明,尽管在紊动项处理上有一定的不确定性,但这不足以推翻模型的正确性。因此,这个因素总体上不起作用。第二个因素是模型研制中的逻辑错误,如程序写作上的错误。经过研究者长期的改进,这类错误越来越少,现在已经几乎消失了。第三个因素是边界和初始条件的设定,如原始水深条件、一些固定站位的水位变化曲线等。随着观测技术的进步,水深、水位的观测在精度上和时空分辨率上都日趋完善,因此对模型的应用是完全能够满足的。第四个因素是模型参数的设置,如底床糙度、水质点扩散系数等,经过多年的研究,对这些参数的取值范围和影响因素已有较深入的了解,因此不太会出现明显的偏差。总之,对于潮汐模拟而言,实测与模拟结果之间产生显著不一致的理由已经不复存在。既然如此,为什么还要验证呢?可以说,验证并不是理论上的需要,而是实用上的需要:研究者要以此来证实模拟工作中没有由于操作失误而造成模拟结果的错误。

然而,一旦离开潮汐模拟而进入地球科学的其他领域,如全球大尺度气候模拟、生态系统动力过程模拟、沉积动力和地貌演化模拟等领域,关于"验证"就需要重新思考。这些领域的数值模拟的共同特点之一是传统意义上的验证实际上是很难实现的。

以生态系统动力学模型为例,其控制方程不仅包含符合物理学原理的连续方程和动量方程,而且还含有大量经验公式(Hofmann & Friedrichs, 2002),其中一些方程不具有普适性,这是由于经验公式是针对特定的环境用统计方法获取的,因而只能适用于该环境的某一时空范围。此外,从生物学角度看,只有浮游植物和浮游动物的动态能与水动力条件相联系(Moll & Raddach, 2003),对于许多动物,即使其食物网中的能量和物质传输能够被定量表达,其时空分布格局也难以与水动力条件相联系。因此,模型的控制方程、初始条件和边界条件是存在着很大不确定性的。更严重的问题是,验证的材料也很难获取,生态系统的观测数据在时空分辨率上大多不足以作为理想的验证材料。正因为如此,生态系统动力过程的模拟虽然有了较长的研究历史,获得验证的结果却报道较少。

海洋沉积动力的数值模拟也是如此。由于在控制方程中沉积物的再悬浮通量、推移质输运率、颗粒沉降速率、沉积物颗粒扩散系数等物理量目前只能表达为经验公式(Soulsby,1997),因此要准确地计算沉积物输运率和冲淤变化的空间变化,仍然存在着很大的困难。直接的验证也往往难以进行,一般只能用实测的悬沙浓度和少数站位上的沉积速率测定作为间接的验证材料。已有的研究表明,沉积动力的数值模拟存在着很大的不确定性,甚至可能产生数量级的误差。

26.2　地球科学数值模拟的性质和功能

26.2.1　数值模拟的性质

以上分析表明,近乎完善的数学模型没有验证的逻辑必要性,而尚未完善的数学模型的验证实际上是不可行的。潮流流场的验证只是一个模型基本成熟条件下的特例。在其他领域,如果有一天模型发展达到了成熟阶段,验证也会变得十分容易。问题在于,既然模拟的结果不必或难以被验证,定量数值模拟研究的意义何在? 对这个问题,可以从模型的结构和功能的角度来考虑:任何完善模型结构、发掘和拓展模型功能的努力都是值得鼓励的。

模型结构的完善涉及控制方程的改进,而这必然要依靠正演和反演方法的结合。虽然与实测数据的一一对照不是必要的验证方式,但是模型与现实世界的联系却是始终应该考虑的。只有通过不断的关联性分析,控制方程才能不断完善,其中所含的经验公式才能从局部适用逐渐转向普遍适用。模拟结果与现实世界的对照不必是面面俱到的,应着重弄清模型所刻画的特征与相近条件下自然系统的实际特征的对应关系,考察模型结果是否确有其事。

数值模拟的特点是可以在较大的时空范围上迅速地获得计算结果,并且在模拟中可以考虑众多的影响因素,因此,它的最强功能是探索系统过程、形成工作假说、指导现场观测和采样。数值模拟研究在这些方面往往可以得到丰厚的收获。

26.2.2 过程模拟

我们通常所说的"过程"研究,实际上是指对一个系统的影响因素进行确认,进而探讨这些因素如何与系统特征或行为相联系、它们的相对重要性以及不同因素之间的相互作用等问题。当我们考虑各种因素的不同组合方式对系统的影响时,就进入了"机理"研究。在这个意义上,数学模型在过程和机理的研究上具有独特的优势,因而形成了一个"过程模拟"的方向。

地质过程所涉及的因素很多,在模型中理应尽量多地考虑这些因素,然而对于特定的环境(例如一个沉积盆地)而言,不同因素的作用方式和重要性是不同的。此外,时空尺度也有很大的影响,例如在一个沉降盆地中,如果只考虑长时间尺度的沉积物充填格局,那么短时间尺度的物质输运过程可以忽略,只要考虑长时间尺度的因素如垂向构造运动、均衡沉降等就可达到较好的模拟结果(Paola,2000);换一个研究对象,如全新世长江三角洲的演化,则沉积物输运过程是不可忽略的(Gao,2007a)。

在模型的框架下,可以高效率地利用"数值实验"来探讨不同的过程,其方法是把其中的一些因素加以固定,改变某个参数的取值,考察由此带来的模型输出的变化。例如,在潮汐水道形成模拟中,如果考虑沉积物粒度、潮流流速、潮流的时间-流速不对称性、原始海底等因素,则可以用上述方法来逐一试验每一个因素的相对重要性。模拟结果显示,在最终形成的水道形态上,流速大小是比其他因素更重要的控制因素(Xie et al.,2008)。一般而言,如果有 n 个需考虑的因素,每个因素有 M 种状态,则进行 M^n 次数值实验就可以归纳出各种因素的作用特征。

26.2.3 工作假说的建立

"过程模拟"的效率虽然很高,但模拟结果的正确性有时却不易判断,模型本身的结构可能有缺陷,而且现场观测的资料可能有缺失而导致无法与模拟结果进行对照。在这种情况下,数值模拟的第二个功能可以发挥作用,即形成"工作假说"的作用。

工作假说是科学问题在较高研究层次上的表达,它不仅含有提出的问题,而且含有可供检验的假说。仍以上述潮汐水道的研究(Xie et al.，2008)为例,在"潮流流速为主要控制因素"的假说下,研究者可以有针对性地选择关键研究地点、确定研究的技术路线。设想,如果选择其他条件相似而潮流强度很不相同的两个地点,那么所形成的潮汐水道就可以成为以上假说的验证资料:若两地的水道并无显著不同,则这一观察可以构成推翻上述假说的证据,否则就成了对假说的确证。在基础研究中,有价值的科学问题往往是从解决原有问题的研究中产生的,而数值模拟结果是形成新的科学问题的重要信息来源之一。

26.2.4　对现场观测、采样的指导意义

时空分布特征是地球科学所高度关注的,而数值模拟的结果也表示为时空分布格局。从观测的角度看,点上的数据可以集成为面上的分布,而不同地点的钻孔数据可以集成为三维的空间分布,如辅之以年代测定数据,则可进一步获得时间演化信息。这也是地球科学研究时实际采用的技术路线。但是,由于经费和时间的限制,观测往往只能在有限的站位上进行,因此钻孔资料的分析经常是"就米下锅"式的,要看钻孔资料是什么,再决定做什么研究,而不事先决定要研究什么,然后再设计钻什么孔。有了数值模拟的辅助就不同了,可以根据模拟结果选择观测点的最佳位置,提高观测和采样的效率。在这个方面,数值模拟的潜力还很大。

26.3　海洋沉积地质过程的数值模拟

26.3.1　现代过程研究的重要性

现代沉积过程研究的重要性在于对沉积记录性质的了解。沉积记录是探讨器测时代之前的气候变化、环境演化和生态系统演化的主要材料。对于全新世时间尺度而言,沉积记录的间断性(或连续性)和分辨率是沉积记录质量的重要判据。与长时间尺度的地质历史研究不同,全新世的时间长度是以万年计的,因此 10^2 年尺度的沉积间断对数据解释会产生显著影响;时间分辨率也应达到年际或年内,否则所恢复的历史就太不精确了。

在这些要求之下,有关沉积记录的问题主要有三个:一是哪些过程或事件能

够被记录下来,哪些不能;二是沉积记录形成后能否或者以多大的概率被保存下来;三是保存下来的沉积记录随着时间的推移会发生什么变化(高抒,2010)。在这些问题中,除了第三个与早期成岩过程(主要是地球化学和生物地球化学作用)有关外,前两个问题主要是沉积动力过程所控制的。

陆架、海岸区与全新世时期形成的多种沉积体系,如河口三角洲、潮流脊、潮滩、涨落潮流三角洲等具有高分辨率信息提取的潜力,而海洋沉积动力过程的研究可以为沉积记录解译提供基础。以沉积记录为核心问题,本领域的其他重要问题,如物质输运、地貌演化、地层层序形成等的研究也可以带动起来。

在今后一段时期,海洋沉积地质数值模拟可望在沉积物输运和堆积、海岸与海底地貌演化、全新世陆架-海岸沉积层序与沉积记录、极端事件过程、环境动力和生态系统过程等研究中发挥重要作用。

26.3.2　沉积物输运和堆积过程

沉积物输运和堆积过程的模拟,无论是针对悬移质或推移质,目前都已较为普遍。在海岸工程领域这项工作几乎是必须进行的,在基础研究中也有了大量的研究。所用的模型有多个,近年来我国研究者经常采用 Delft 3D 模型(如 Xie et al.,2009)。由于这是一个商用模型,因此用户无法从程序的源代码上加以改进,也就是说,无论我们能够多么熟练正确地使用该模拟工具,都将受到模型本身局限性的影响。

具体而言,沉积物输运模型需要在多种水动力条件下的应用、不同类型的沉积物的定量处理上加以改进。传统模型验证的对象通常是潮流流场,而陆架环流、风、波浪等因素的加入对输运过程有很大影响,这方面的研究进展需要及时补充到模型中去。目前的模型大多使用一个代表性的沉积物粒径参数,然而陆架与海岸沉积物的粒度和物质组成千差万别,且在输运中不断发生变化,这一因素的影响也应在模型中体现出来。底部边界层也是一个重要之点,其过程影响了细颗粒物质的再悬浮通量和沉降通量、底床糙度和切应力的大小。数值模拟可以为底部边界层研究提供技术支持,所获结果又反过来用于模型的改善。

此外,数值模拟还可为沉积物输运的其他研究方法提供理论基础,对于"粒径趋势分析"方法就是如此。该方法自建立起就一直是基于经验的证据,而对粒径趋势形成的动力过程的了解很不够。初步研究表明,其形成是可以与沉积动力相联系的(于谦、高抒,2008),但这个问题的解决还需要更深入的模拟工作。

26.3.3　地貌演化过程

地貌演化是沉积物输运和堆积的直接结果,因此,沉积动力模型也应该能够处理地貌演化问题。关于冲淤变化的计算是基于床面高程变化与沉积物输运率之间的关系,但是,由于地貌演化的时间尺度相对较大,在此期间一些长周期的因素,如地壳垂向运动、沉积物压实、海平面变化、沉积来源的变化等,也会起重要作用。因此,地貌演化的数值模拟不能只是简单地对沉积物输运导致的冲淤变化进行累加,需要以适当的方式将长周期因素包含在内,这部分内容在一般的物质输运模型中是缺失的。在珠江三角洲地貌演化的模拟中,吴超羽等(2006)在地形叠代的计算中加入了长周期因素,使计算结果与钻孔中揭示的不同时期的地面高程相符。

另外,地貌演化与短周期物质输运过程两者在时间尺度上的不一致还带来了计算机数据处理的问题,连续计算多年的沉积物输运在算法上是一个不小的挑战。为了解决这个问题,一些研究者提出了使用"地貌加速因子"来改进地貌演化模型的方法(Roelvink,2006)。

利用地貌演化模型进行数值实验,以刻画地貌系统行为,确定系统内的主导因素,探讨"地貌均衡态",也是一个很有价值的方向。例如,采用"过程模拟"方法,可以判别地貌系统中在什么条件下某个或某些负反馈机制将占据主导地位,从而导致稳定均衡态的形成。基于这一思路,研究者们已对浅海潮汐水道(Xie et al.,2008;刘秀娟等,2010a)、潮滩剖面(Roberts et al.,2000;刘秀娟等,2010b)、潮汐汊道纳潮盆地的面积-高程关系(Yu et al.,2012a)等进行了模型研究,定量地表达了均衡态的特征、主要控制因素以及达到均衡态所需的时间尺度。

26.3.4　全新世陆架、海岸沉积层序与沉积记录

全新世沉积层序和沉积记录形成是沉积学领域长期关注的问题,多年来积累了大量的钻孔资料。对这些资料进行集成,数值模拟是一件合适的工具。在全新世层序地层学研究中,探讨的问题之一是从末次冰期低海面到目前的高海面阶段,陆架沉积体系是如何响应的。这个问题可以归纳为一个更普遍的问题,即海

面变化对沉积体系的影响。研究这个问题,可将时间尺度进一步放大,如新西兰的一项研究就对多个海平面变化周期的效应进行了模拟(Kamp & Naish, 1998),其结果对于钻孔中沉积记录的解释提供了良好线索,并且获得了地层缺失时段的详细信息。

在海面较为稳定的情况下,沉积体系形成的数值模拟也获得了不少有趣的结果。如美国一个研究组模拟了全新世河流三角洲在不同的水动力、沉积物供给和原始地形条件下的演化格局(Syvitski & Daughney, 1992;Hutton & Syvitski, 2008)。又如长江三角洲沉积体系演化的模拟结果显示,在特定的地面沉降和水动力条件由岸向海的变化下,三角洲的面积增长是有极限的(Gao, 2007b),由此可以形成一个有待验证的工作假说:在第四纪海面变化的时间尺度下,所形成的大型河流三角洲体系的规模可用于解释地质历史上形成的三角洲沉积的规模。

沉积记录的形成过程模拟主要是针对其连续性、分辨率的。关于"潮滩沉积层序的保存潜力"的研究可以作为一个例子。沉积层序提供了环境演化的记录,但沉积记录的连续性和分辨率与层序的保存潜力有关,对这个问题的现场观测研究通常是在潮滩上的少数几个站位上进行的(李从先等,1999;范代读等,2001),根据滩面地形的高频观测记录可以计算出保存潜力。要注意的是,潮滩环境从高潮位到低潮位水动力条件、沉积物组分、堆积速率等参数都有很大不同,因此保存潜力必然是随平面位置的不同而变化的,用少数站位的观测数据显然难以概括其空间分布格局。另一方面,采用数值模拟方式可以给出保存潜力的平面分布格局,在模拟潮滩层序的基础上,甚至可以获得地层中保存潜力的空间分布格局。来自江苏海岸的模拟结果表明,这个参数不仅有平面上的差异,而且随着岸线向海推进,在时间上也有变化(Gao, 2009a)。这一结果对于今后观测站位的选取很有帮助。其他研究如海岸牡蛎礁(陈蕴真、高抒,2010)和盐沼湿地(Gao & Collins, 1997b;Temmerman et al., 2003)沉积记录模拟也有相同的作用。

26.3.5 极端事件过程

沉积层序中经常含有极端事件沉积体(Storms, 1983),有时事件沉积可以很厚,但只是极短时间的产物,与正常的年复一年形成的沉积完全不同。因此,在沉积记录分析时,应将正常沉积与事件沉积分别处理。

陆架海岸环境对台风暴潮、海啸这一类极端事件的反应在空间上有很大差异。以潮滩为例,台风发生时潮间带中下部可能剧烈冲刷,而其上部却可能快速堆积,形成较厚的风暴沉积层(任美锷等,1983)。在一次风暴作用下,冲、淤各发生在哪些部位,强度多大,在地层中何处可能寻找到风暴沉积? 要回答这些问题,常规的野外观察和岩芯分析方法是低效的。但是,借助于数值模拟,根据风暴发生时水位变化和波浪数据,就可以计算沉积物输运率和冲淤厚度的平面分布,从而为野外工作的设计提供依据。

海啸的过程甚至比风暴更剧烈,在短时间内海水可以侵入到岸线之内的广大区域,厚达 10^{-1} m 量级的冲淤过程几乎在瞬间发生(Hawkes et al.,2007)。这样的事件沉积可以为数值模拟提供很好的对比材料。

26.3.6　环境与生态系统动力过程

陆架、海岸区域的环境和生态问题十分突出,而且环境动力过程和生态系统动力过程模拟与沉积地质过程模拟具有相似的性质。不仅如此,沉积地质的模型所含的多个变量,如悬沙浓度、底部切应力等,也是环境和生态问题中的重要变量。因此,沉积学领域的模拟可以与生态系统模型相结合,形成共用的模块。例如,悬沙浓度影响真光层内的光合作用效率,所以以悬沙浓度时空分布的计算结果可以用到浮游植物初级生产的模拟之中。又如,近岸水动力条件复杂,因底栖生态系统有着独特的性质,许多物种形成了自己的生存策略。沉积动力过程模拟所获得的底部切应力、推移输运率、再悬浮和沉降通量、沉积物-水界上的物质交换等信息无疑可以为底栖生物的生存策略研究提供线索。

26.4　"学术共同体模型"方法

海洋沉积地质过程模拟虽然重要,但要想达到前述的各项研究目标,模拟工具的研制十分重要。在 20 世纪末,我国学者曾经制成了陆架水动力的模型,并综合当时已有的沉积物输运公式来模拟物质输运,然而,由于模型研制的复杂性,以研究者个人的力量难以持续地改进模型的结构和功能。与此同时,国外的学者也发展了各种模型,他们在很长一段时期都采取了资料共享的合作方式,即不同的研究者都可以拥有模型的程序源代码,可以随时改写程序。随着模型水平的提高,越来越多的数值模拟工作采用了西方国家的模型,包括我国研究人员在内。但是,数学模型作为一种不断完善中的工具,它不仅是供使用,而且是供改进的。使用商用软件,拥有许可证的人数较少,资源难以共享,研究人员也无法介入对程序本身的修改。因此,有必要建立我们自己的"学术共同体"模型(海洋科学战略研究组,2012),即本研究领域专家共同构建、使用并完善同一个模型,以解决复杂模型的发展和完善问题。

在海洋沉积地质领域,建立学术共同体模型的目标是,形成从物质输运到沉积记录形成的完整数值模拟技术,并且兼顾环境与生态研究领域的应用,使数值模型成为过程模拟、工作假说、野外工作设计的基础研究工具,同时也能够集成沉积体系数据,提取并分析相关信息,促进正、反演研究的结合。

模型研制的要点是沉积体系的形成(包括沉积层序和记录)。为此首先需要建立水动力过程和沉积动力过程等模块,这可以通过现有模型的集成来完成。在此基础上构建模型的主体。扩展的模块应加入环境与生态系统动力过程和生物地球化学过程的内容。作为一个完整的数据分析系统,还要有一个调用和分析历史数据的模块,对实测资料进行集成,使之可在计算机程序的框架内与数值模拟结果进行对比。

模型研制需要一个长期合作的学术群体,其成员以同一个初始的模型为起点,在各自的研究方向上建立并改进相应的程序模块,并定期将更新的模块并入模型主体。通过学术研讨会等活动,确定进一步更新的任务,当模型有了较大程度的改进时,及时推出新的正式版本。另外一件需要经常进行的工作,是与国内外的其他相似模型进行对比,从计算结果的异同比较中建立起模型评价的指标。

由于学术共同体模型的研制涉及一个专家群,因此要提高管理水平,使专家们之间的合作能够顺利进行。资源和数据共享是管理的第一步,在研究人员内部,模型所涉及的程序源代码和实测数据均应无偿共享、自由使用。同时,他们的知识产权要充分保护,在论文发表、专利和软件著作权申报上保证每位成员的权益,形成相互支持、相互鼓励的学术氛围,加强与外界的交流,尽可能用自己的模型结果发表学术论文。最后,项目执行中还要有制度的约束,参加人员要有规范的学术行为,遵守相关的制度。

26.5　结　　语

现将本章论述的要点概括如下。

1. 地球科学数值模拟的重点是通过与实测资料的不断对照来逐步完善模型的结构,因此传统意义上的"验证"不是必要的。

2. 地球科学数值模拟的主要功能是基于数值实验获得过程和机理分析结果、形成工作假说、帮助制定现场观测和采样计划。

3. 在海洋沉积地质领域,数值模拟在许多研究方向上可以发挥重要作用,如沉积物输运和堆积过程、地貌演化过程、全新世陆架与海岸沉积层序和沉积记录形成过程、极端事件过程以及环境动力和生态系统过程等。

4. 由于自然系统和模型本身存在的复杂性,需要建立一个"学术共同体模型",以取得海洋沉积地质数值模拟的进一步突破。

第二十七章 IODP 第 333 航次：科学目标、钻探进展与研究潜力

　　地震有多种类型，涉及不同形成过程和机理。环太平洋地震带和特提斯海地震带是强烈地震发生的地方，因此海底地震受到了研究者的关注。地震震级、烈度与断层类型（正断层、逆断层、平移断层等）、相对于构造体系的位置和深度、岩石或地层性质、断裂带地层的平面围隔特征等因素有关（Lay et al.，1982；Scholz，2002；Noda et al.，2008）。地震研究在美国"洋陆边缘研究计划"中被列为四项主要内容之一，即"地震带实验"子计划（MARGINS Office，2003；高抒，2005）。

　　最近，研究者们提出了"脱离带沉积夹层"假说（Morgan et al.，2007），认为洋陆边缘的沉积物堆积体（Accretionary Prism）受到了板块碰撞造成的水平方向挤压，其标志是堆积体内部构造变形和逆冲断层的形成，一部分物质被裹挟到俯冲带里，使洋壳和上覆地层之间发生脱离；边缘堆积体和"脱离带"（Decollement Zone）沉积体受到侧向挤压，所含流体的压力大为增加，这一因素可以影响地震发生的临界应力、断裂位置和断裂规模。脱离带的存在可以从地层孔隙率和地震波速的垂向突变来证实（Morgan et al.，2007；Tobin & Saffer，2009）。

　　菲律宾海北部（日本称为"南海"）的海沟-海盆被选定为关键研究地点，因为这里在历史上多次发生大地震，如 1944 年和 1946 年均发生了 8 级以上地震（Ando，1975；Park et al.，2002；Underwood，2007）。本项研究被命名为"NanTroSEIZE"（Nankai Trough Seismogenic Zone Experiment，南海海沟地震带实验）项目，将执行 10 年（2004～2013 年），需完成一系列的 IODP 航次。钻探将分四个阶段进行，第一个阶段为 2007～2008 年，主要任务是了解洋壳之上的海盆

地层中的断层特征;第二个阶段为 2009～2010 年,选择逆冲断层出露的地点进行
钻探,进一步探明逆冲断层特征与沉积层的关系;第三个阶段为 2010 年至钻探结
束,其中一个站位(C0002 站)要钻进到海底之下 7000 m,穿越逆冲断裂带、基底脱
离带和洋壳,如获成功,将是深海和大洋钻探有史以来最深的钻孔;第四个阶段是
要在 C0002 孔内的不同深度上安装监测仪器,进行长周期原位观测。为此,到
2009 年已经执行了 IODP 第 314、315、316、319、322 航次。更早之前,在本区域还
实施过 DSDP 第 31 和 87 航次,以及 ODP 第 131、190 和 196 航次。

　　2010 年 12 月 12 日至 2011 年 1 月 10 日进行的 IODP 第 333 航次,是第二阶
段的最后一个航次。笔者在"中国综合大洋钻探计划"(IODP-China)资助下作为
船上科学家(沉积学家)参与了该航次的实施。本章的目的是报告该航次的科学
目标和研究内容、钻探进展情况以及笔者在钻探中思考并记录的部分科学问题。

27.1　研究计划与航次科学目标

27.1.1　本航次的钻探目标

　　IODP 第 333 航次计划在三个站位(图 27 - 1)钻取 4 个长岩心。C0018 站位
于日本四国岛岸外的一个陆坡盆地(Slope Basin),地震剖面资料显示,这里的未
固结沉积有三层,初步解释为上下两层为半远海沉积,而夹在其中的一层是块体
滑落堆积体(Mass Transport Deposits,或称为"坡移沉积层")。如能钻透中间的
一层,则可以获取"块体滑落层"全部岩心,进而验证地震剖面解译结果。因此,设
计的第一个长岩心是该站的松散沉积层。C0018 站位于四国盆地深部,此前在
IODP 第 322 航次时已钻取了下部的岩心,故本航次拟获得上部 350 m 层的细颗
粒物质岩心,以得到该站的完整岩心。C0011 站位于海沟区,C0012 站位于四国
盆地以南从海底突起的基岩脊部,第 322 航次时曾在这两个地点进行过钻探,此
次要在 C0011 站获得第四纪沉积的完整岩心,在 C0012 站钻取两个长岩心,即上
部的细颗粒物质岩心和下部的玄武岩岩心。根据钻探记录,实际获取的岩心总长
度为 1005 m(表 27 - 1)。

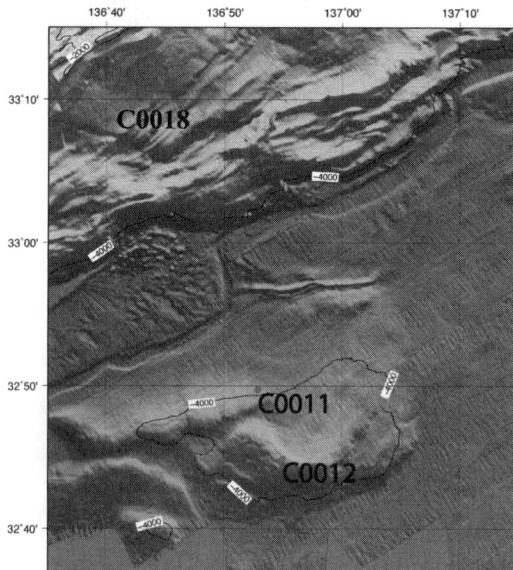

图 27‑1　IODP 第 333 航次研究区域特征和钻孔位置（水
深单位为 m，底图由 Pierre Henry 博士提供）

表 27‑1　IODP 第 333 航次的钻探设计和实际完成情况

站号	水深(m)	计划钻探层位	钻探日期	实际钻探层位
C0018	3100	0～350.0 m	2010.12.12～16	0～314.15 m
C0011	4049	0～350.0 m	2010.12.18～24	0～380.0 m
C0012	3511	1～180.0 m；500.0～630.0 m	2010.12.25～2011.1.7	0～180.6 m；500.0～630.5 m

27.1.2　科学研究内容

在探究沉积体与地震关系的科学问题之下，不同的航次有各自的具体研究内容。第 333 航次的主要研究内容是陆坡、海沟底部、海山脊部的第四纪沉积特征和海底大型坡移事件沉积。在钻探的三个站位有厚度为 180～350 m 不等的第四纪沉积，可提供丰富的第一手资料。

C0018 站所在的陆坡盆地沉积层较厚，其原因可能是接受了来自陆坡上部的浊流和坡移输运物质，加之靠近陆地水层中的悬浮颗粒较多。换言之，该处由于物源较为充足，因此常态沉积速率较高、事件沉积较厚。浊流（Simpson，1997；Stow& Bowen，2006）和坡移运动形成不同类型的堆积体（Alves & Cartwright，2010；Alves & Lourenco，2010），前者是重力流的产物，而后者是整体滑落的结果。因此，对钻孔中两类堆积体特征（厚度、物质组成、坡度等）的获取有助于分析本区重力作用对第四纪层序形成的影响。在板块碰撞带，浊流和坡移堆积有时是地震触发的（Kasten，1984；Strasser et al.，2007；Noda et al.，2008），但具体到C0018 站所在区域，如何与非地震触发的堆积体相区分，地震形成的堆积体在平面上如何分布、形成什么样的地层记录，这些问题需要通过钻孔分析加以研究。

C0011 站的第四纪沉积属于边缘沉积体的深海一侧前缘部分，这里沉积体的厚度不仅与堆积速率有关，而且也与水平方向的挤压有关。研究的内容包括沉积层内的孔隙压力、热流通量、粘土矿物组分、构造（层理、断裂、变形等）、火山地层学等。不同层位的孔隙压力（Hubbert & Rubey，1959；Screaton et al.，2002）提供了地层中流体运动、沉积物压实、水平挤压强度、断层性质的影响等信息。热流数据（Yamano et al.，1992，2003；Ondrak et al.，2009）可用于沉积层对热流的影响、孔隙流体的化学变化、沉积层成岩变化条件等分析。粘土矿物含有沉积层中压力、温度、物质来源的信息，如绿泥石向伊利石的转化就说明了较高温度下的地球化学作用，在此过程中碳酸钙被释放，对边缘沉积体中沉积物胶结和孔隙水化学反应形成影响，进而改变沉积层的应力特征（Masuda et al.，2001；Tobin & Saffer，2009）。岩心中的构造信息（Kuehl et al.，1991；Shephard & Rutledge，1991）可用于变形和断裂性质、应力聚集状况、滑坡事件影响等的分析。而地层中的火山堆积物被用来研究火山喷发的强度、火山灰堆积方式（沉降、浊流等）、地球化学演化史、地层年代标尺等（Arculus et al.，1995；Nagahashi & Satoguchi，2007）。综合上述分析资料，可以获取边缘沉积体性质及其对地层内应力分布和临界应力值的影响，这是与"地震带实验"的主题直接相关联的。

C0012 站位于一座海山（称为 Kashinosaki Knoll，见图 27-1）的脊部，因此第四纪沉积相对较薄。对该站，除 C0011 站研究内容外，还要进行第四纪沉积层分布及其成因（Ike et al.，2008）的研究。例如，坡面物质蠕移和滑坡等都可造成脊顶附近地层的变薄，而缺乏浊流堆积、水柱中悬浮物浓度较低等物源因素也有重要影响。

27.1.3 研究的时间表

针对上述研究内容,船上科学家分工研究不同的课题,预期成果除规定的航次报告外,还有正式发表的论文。获得了样品的人员,被要求在两年内完成实验室分析,并将结果在船上科学家内部交流。在航次执行后的三年内,将召集关于样品分析、学术交流和成果集成的多次会议,其中由全体船上科学家参加的学术研讨会有两次。研究中完成的学术论文也要求在三年内发表。事实上,在航次结束之前,已经举行了一次关于讨论如何发表 C0018 站大规模块体滑落堆积研究结果的会议。

27.2 第 333 航次工作日程与钻探概况

27.2.1 出海之前的准备活动

2010 年 12 月 8 日,全体船上科学家在横滨集中。船上科学家共有 25 人,来自 8 个国家,除笔者本人外,有 8 人来自日本,美国 7 人,法国 3 人,德国 2 人,韩国 2 人,英国 1 人,挪威 1 人。来自法国的 Pierre Henry 博士和日本的金松敏也博士担任本航次首席科学家。上述人员分成沉积、地磁、力学性质、构造地质、地球化学、有机化学分析 6 个组进行工作。

12 月 9~10 日,上述人员分两组参加出海之前的准备活动。我所在的小组于 12 月 9 日在日本地球深部探测中心(CDEX)参加了航行前情况介绍会议,于 12 月 10 日在日本海洋研究所参加了直升机落水和弃船逃生培训。

地球深部探测中心坐落在日本海洋科学技术中心(JAMSTEC)所属"横滨研究所"院内。在航行前情况介绍会议上,多位专家作了已执行航次的进展、本航次组织方式、人员组成、钻探任务、钻进日程安排、船上设施(网络、软件、数据库等)的使用方法等报告。在钻进日程安排上有多套方案,除正常情况外,还有钻探作业提前和滞后情况下的预备方案。本航次还有一项新技术投入运用,即 APCT3 型温度探测仪。该仪器安装在孔底,实时记录温度,测定范围为 $-20℃$ 至 $55℃$,

误差 0.2℃。

由于本航次参加人员乘坐直升机登船,因此需要相应的训练证书。直升机落水与弃船逃生训练在位于横须贺的海洋研究所进行。经过理论课学习和书面考试、各项水池训练(如模拟直升机落水后机舱翻转情形下的逃生动作,弃船时跃入水中、救生艇放置和操作训练等)后,我们获得了有效期为两年的训练证书。

12月11日,本航次参加人员从横滨乘坐高铁列车到达名古屋,再换乘普通快车抵达鹈方。鹈方是志摩半岛南端一座安静的小镇,直升机机场就坐落在离镇上不远的海边。12月12日早晨乘车抵达直升机机场,经体检和行李检查后分批登机。直升机飞行约35分钟后在"地球号"前部顶端的停机坪降落。12月12日下午船方管理部门召集了有关船上安全工作的会议,帮助相关人员熟悉船上环境。

27.2.2　钻孔作业进程

船上科学家登船之前,"地球号"钻探船已抵达现场,并于12月12日凌晨02:02(当地时间,下同)获得了 C0018 站的第一段岩心,其标号为 C0018A - 1H。岩心的标注方式是标准化的。在同一个站位,由于多种原因(如需获取复样、钻孔故障)而可能进行多次钻孔,此时钻孔按照先后次序以 A、B、C、D 等予以区分;依地层性质的不同,要采取不同的钻井方法,这也要加以标注,如"H"表示以"水力活塞钻孔系统"(Hydraulic Piston Coring System, HPCS)方式钻取,"T"表示以"延伸击打钻孔系统"(Extended Punch Coring System, EPCS)方式钻取,"X"表示以"外管扩展式钻孔系统"(Extended Shoe Coring System, ESCS)方式钻取,"R"表示以"旋转式钻孔系统"(Rotary Core Barrel Coring System, RCB)方式钻取。在以上实例中,C0018A - 1H 表示的是 C0018 站的第一个孔、第一段、以 H 方式钻取。根据钻探标准,每段岩心都是钻进 9.5m 后提取。但由于岩心的不完整或者流体压力,实际记录的岩心长度可能小于或大于 9.5m。经过 5 个工作日,12月16日晚 21:03 获得了 C0018A 孔的最后一个岩心。

C0018A 孔作业完成后,"地球号"缓慢移向 C0011 站位,并于 12月18日下午开始作业,晚上 18:36 获得了第一段岩心。一星期后,于 12月24日上午 08:55 获得 C0011D - 52X 岩心,C0011 站作业完成。

其后,"地球号"转移至 C0012 站位,于 12 月 25 日开始钻进,17:30 获得该站第一段岩心。12 月 28 日获得未固结地层的岩心 C0012D-13H 后遭遇了故障,因此又开始钻取 C0012E 孔,于 12 月 30 日获得了 C0012E-1X 岩心,12 月 31 日获得了未固结地层的最后一段岩心 C0012E-3X。接下去开始了基岩钻进。玄武岩的硬度很高,钻进不够顺利,到 2011 年 1 月 3 日下午钻取了 C0012E-1R 和 C0012E-2R 之后,钻机底部出现故障,全部取出清理,然后从海底重新钻至原层位,再继续取样,这花费了一天时间。在 C0012F 重新开钻后,于 1 月 5 日下午 16:05 获得了标号为 C0012F-1R 的玄武岩岩心。头两段玄武岩岩心是破碎的,向下部分的完整性得到了提高,但钻进仍然较为缓慢。1 月 7 日下午 15:38 获得了 C0012F-15R 岩心,是该孔的最深一段玄武岩岩心,这时钻孔达到了海底以下 630.5 m 深处,至此 C0012 站位作业完成。

除浪高超过 5.5 m 时有两天停钻外,"地球号"即使在大风、寒潮天气下也正常实施了钻探。三个站位的总体钻探情况列于表 27-2。1 月 10 日上午 09:30 "地球号"抵达四国岛上的新宫港,船上科学家于下午 14:10 离船,第 333 航次结束。

表 27-2　IODP 第 333 航次岩心总体特征

站号	孔号	钻探层位 (m bsf)	钻探方式	岩 性 特 征
C0018	C0018A	0～200.15	H	泥质沉积,夹多层火山、浊流、层块体滑落堆积体
	C0018A	200.15～257.15	T	浅色泥质沉积,夹火山和浊流沉积层
	C0018A	257.15～314.15	X	深灰色硬泥,夹火山沉积,界面清晰
C0011	C0011C	0～22.5	H	灰色泥质沉积,夹多层(绿色和白色)火山灰沉积和浊流沉积
	C0011D	21.0～186.0	H	灰色、灰绿色泥质沉积,夹火山灰沉积和浊流沉积,下部含水率降低,有微型断层
	C0011D	186.0～205.0	T	灰绿色泥岩,半固结状态,具层理构造

续　表

站号	孔号	钻探层位 （m bsf）	钻探方式	岩 性 特 征
	C0011D	205.0~380.0	X	浅棕色、灰绿色泥岩,半固结状态,具层理和生物扰动构造,底部出现砾石
C0012	C0012C	0~123.0	H	绿灰色泥质沉积（表层黄色泥）,夹火山灰和浊流沉积,有滑坡造成的地层缺失
	C0012D	0~1.8	H	黄色泥质沉积,夹火山灰
	C0012D	118.0~180.0	H	绿灰色泥质沉积,夹火山灰和浊流沉积
	C0012E	500.0~528.0	X	已固结的绿灰色泥岩,有微型断裂
	C0012F	520.0~525.5	R	顶部为受烘烤影响的沉积岩,向下过渡为玄武岩
	C0012G	515.0~630.5	R	玄武岩

27.2.3　钻孔样品的初步分析工作

每个航次的元数据采集既有固定的类型,也有根据具体情况的选择性类型。本航次对岩心进行初步分析的内容是岩心拍照、颜色扫描、岩性描述、薄片制作和镜下鉴定、构造地质、地磁测量、X射线衍射分析、土力学性质测定、孔隙水组分分析等。样品包装运上岸后,再进行地球化学分析。其目的是获取钻孔的总体特征信息,以航次报告的形式提供元数据（Mega Data）。

元数据是关于数据、样品说明的文字和数字资料,含有数据和样品获取的时间、地点、层位、类型、储存方式、资料质量、测量方法、使用办法等信息。从"深海钻探项目"（DSDP）时期到现在,元数据的记录和存储一直是现场工作的重点之一。在DSDP和ODP时代,航次后出版的"初步报告"（Initial Reports）记载了主要的元数据。早期的报告是纸质本,进入21世纪后改为电子本。

在船上,岩心元数据记录的工具是"J-CORES"软件（数据库）。当班人员将初步分析的结果录入该数据库,在一个站位结束时进行全面核对,然后提交。该软件自动将数据编排为航次报告所要求的格式。同时,也可以按照用户的要求对数据进行编辑和处理,输出研究者需要的信息。

岩心描述还包含钻探质量的信息。除岩心获取率外，钻进过程本身造成的岩心破碎和变形程度也是重要的质量指标。当沉积层的物理特性与某种钻进方式相配时会出现岩心的损坏，由于钻进方式只有有限的几种，因此在现场往往不能解决所有的问题。例如，对于含水量较低的粉砂、粘土沉积，以 T 方式钻进时可能导致"饼干状"扰动(图 27‐2a)，沉积层出现 0.5～3 cm 周期性的破碎；以粘土组分为主的硬泥在 X 钻探方式下可能出现旋转破碎，完整岩心与破碎岩心交替，两者的厚度均为数厘米(图 27‐2b)；另外，由于孔内压力作用等原因，在每个岩心段的底部，沉积物有时出现剧烈的流动变形，原来的结构被完全破坏(图 27‐2c)。

(a)

(b)

(c)

注：(a) T 钻探方式下的"饼干状"破碎；(b) 硬泥在 X 钻探方式
下的旋转破碎；(c) 岩段底部的岩心物质流动变形。

图 27‐2　岩心质量下降的几种情形

船上对钻孔样品的初步分析与钻孔处于准同步状态。因岩心采集后要经过切割等工序才能送交实验室，故各项分析稍稍滞后于岩心采集。2010 年 12 月 13 日船上科学家花了一天时间熟悉船上设备和工作环境，12 月 14 日开始分析

C0018A 孔岩心,12 月 20 日完成。12 月 21～28 日进行 C0011 站各孔(C0011C、C0011D)的分析,12 月 29 日至 2011 年 1 月 9 日进行 C0012 站各孔(C0012C、C0012D、C0012E、C0012F)的分析。在离船之前提交了全部分析记录。

27.2.4 IODP 科考船航次管理

"地球号"是一艘排水量为 5.7 万吨的大型科考船,其管理和运行机制有些是采用 IODP 的统一规定,有些则是结合科考船的自身特点的。通过参加第 333 航次的工作,笔者对船上的日常管理情况有了一些切身的体验。

"地球号"非常注重营造一个安全、舒适的工作环境。在海上作业的 30 天里,船上科学家被安排多次参观钻探设备和其他设施,让大家熟悉船上环境。在硬件条件上,船上餐厅每隔 6 小时开饭一次,每次都有各国风味的餐饮,在开饭以外的时间则随时有饮料和点心供应;船员、技术人员和科学家居住舱比较宽敞,每人有约 9 平方米面积,室内有盥洗室、办公桌、衣柜、电话;船上有阅览室、体操房、乒乓球室,可以随时上网,但国际长途电话是限时使用的。

"地球号"上的图书馆有 600 多本书,规模虽小,但很实用。工作台面与书架合为一个整体,取书、复印、网上查询都极其方便。藏书主要是大洋钻探要用到或咨询的专业书(如海洋学、地球物理、地球化学、构造地质、古生物学、钻孔技术与岩心分析技术等)、与研究区有关的学术专著(如西太平洋边缘海、沟-弧-盆体系、区域火山地层学等)以及一些科普性的著作(如关于气候变化、火山喷发、地球环境演化等的读物)。此外,还有完整的 DSDP 初步报告(Initial Reports)以及 ODP 和 IODP 的航次报告(Proceedings)。

除硬件设计的优越性外,良好的管理制度也是船上工作环境的亮点。为了消除安全隐患,任何地点、场所都禁止抽烟、喝酒,连可口可乐这样的饮料也只是在圣诞和新年聚餐时才有。安全部门针对火灾、船舶故障、弃船逃生等多种情境举行了多次演练,确保全体人员反应快速、准确。管理部门还制定了"管理建议奖励"制度。任何人员,只要是提出有关安全措施、环境维护、资源节约等方面的意见和建议的,都可以参与评奖。这些制度为良好工作秩序的建立提供了保证。

27.2.5 样品和数据共享

从 DSDP 时代开始,为了实现样品和数据共享的目标,项目管理层就制定了

"样品分配办法",对获取样品的申请步骤、评议程序、样品库管理员职责、样品使用和成果归属等进行了具体、详尽的叙述。此外,还对各类元数据的使用作了清晰的规定。后来,该文件有过多次修订,但总的原则和操作流程都没有改变。目前,IODP 规定船上科学家有优先获得样品的权利,并且要求获得样品后的两年内完成分析工作、发表分析结果。航次结束两年后,样品将对外开放,接受样品需求申请。

船上科学家的现场采样活动依照规定进行。在出航前和航次执行期间,他们可以填写样品申请表并在网上提交。申请表内容包括采样层位、样品量、采样方式等。采样在柱样切开后进行,样品申请人须本人在场,或委托他人代为采集。每个样品包装为一件,样品袋口用加热法封口。每个申请人分配一个包装箱,航次结束后寄达工作单位。采样后留下的空洞用泡沫材料充填,以保持原位特征,封装后入库保存。柱样的另一半是不用于分样的,完整封装后直接送入样品库,长期保存。

27.2.6 船上学术活动

船上科学家实验室和技术人员实行每 12 小时换一次班。在正常上班之余,除非船上另有安排(如举行安全演练、参观、船员会议、节日聚会等),每天都举行船上学术研讨会(Daily Science Meeting),有时一天内举行数次。研讨会的内容既有钻探进展的报告,又有相关学术问题的研讨,还有科学家之间的学术交流(表 27-3)。

航次结束前,首席科学家对全体船员作了一次科普报告。2011 年 1 月 9 日下午,Pierre Henry 博士在题为"Expedition 333 science overview"的报告中介绍了地震带和地震预警、块体滑落堆积、岩心沉积物特征、基底脱离带早期形成过程等问题。船员们对于所研究的科学问题有着浓厚的兴趣,提出了不少很有深度的问题,如:本航次有哪些非同寻常的发现、块体滑落堆积是否是新发现? 陆上也有钻孔中所见的玄武岩-红色粘土岩体系,能否用来改进钻探技术? 俯冲带和地震研究的前景如何? 本项目的目标在多大程度上已通过本航次实现? 这是一种很有价值的科普形式,其实在任何科研项目的研究团队内部也应定期举行。

表 27‑3 "地球号"船上学术研讨会内容一览

日期	研讨会内容
2010 年 12 月 12 日	船上科学家介绍，C0018 站钻孔进展与科学问题
2010 年 12 月 13 日	岩心取样和分样方案
2010 年 12 月 14 日	地层中流体对断裂发生的影响，岩心中的地质构造信息，块体滑落堆积形成过程
2010 年 12 月 15 日	C0018 站钻孔进展情况，钻孔中的块体滑落堆积信息，航次报告编写分工
2010 年 12 月 16 日	C0018A 孔岩心特征与分析进展
2010 年 12 月 17 日	近期工作布置
2010 年 12 月 18 日	C0018 站工作小结
2010 年 12 月 19 日	C0011 站钻孔进展情况与岩心特征
2010 年 12 月 20 日	C0018A 孔岩心分析结果的综合报告
2010 年 12 月 22 日	C0018A 孔的数据解译问题
2010 年 12 月 23 日	C0011 站岩心获取率问题
2010 年 12 月 24 日	C0011 站钻孔进展和下一步分析工作
2010 年 12 月 26 日	C0012C 孔的岩心获取率问题
2010 年 12 月 30 日	C0011 C/D 孔岩心分析结果的综合报告
2011 年 1 月 1 日	C0012 站玄武岩基底钻进情况
2011 年 1 月 3 日	钻孔岩心的沉积学分析，玄武岩基底钻探进展
2011 年 1 月 4 日	C0012 C/D 孔岩心分析结果的综合报告
2011 年 1 月 5 日	火山灰堆积，俯冲带玄武岩，块体滑落堆积论文发表
2011 年 1 月 6 日	海沟沉积特征，第 333 航次研究课题分解
2011 年 1 月 7 日	海底峡谷的载人深潜器观察，海底滑坡机制
2011 年 1 月 9 日	首席科学家科普报告（船员为听众），岩心获取率的控制因素，日本海洋火山地层
2011 年 1 月 10 日	C0012G 孔玄武岩样品的初步分析

27.3　笔者在钻探期间思考的一些科学问题

27.3.1　深海泥质沉积体系形成

水柱中有不少物质连续地沉降至海底,成为环境演化研究的沉积记录。但是,深海泥质沉积的连续性会受到事件沉积的影响。半远海沉积中的砂质层通常是事件沉积(如火山灰、浊流或块体滑落堆积),水层中在常态条件下是没有此类物质的。然而,如同砂质物质,泥质物质输运也会深受重力沉积影响(Anikouchine & Ling, 1967; Stow & Bowen, 1980)。在 C0018 站这样的环境,细颗粒物质被重力流输运并堆积,这完全是可能的。C0018 站位于陆坡区,砂质浊流沉积和块体滑落堆积体已经发现了不少,在砂质层频频出现的地点,有理由认为泥质沉积的一部分也与重力沉积有关。

关于细颗粒沉积的事件沉积的识别,沉积层的底部出现岩性突变或侵蚀面可作为标志,另外事件沉积的层理厚度和内部颗粒排列方式也应不同于纯粹沉降形成的沉积层(Collinson et al. , 2006)。这些特征可以通过高分辨率的微结构分析来揭示。在沉积记录中区分常规沉降和事件造成的记录,对于气候变化记录分析等研究具有重要性,因为前者含有相关的信息,而后者不一定含有。

27.3.2　火山活动的周期性

C0018 站岩心的 $222\sim228$ m 段有非常独特的特征。首先是沉积物颜色深浅的周期性变化,浅色层厚 $10\sim14$ cm,深色层厚 $1\sim3$ cm。其次,初步的镜下鉴定分析结果显示,两种沉积层的主要成分都是火山喷发物,粒度范围为砂和粉砂,而暗色层是由于混入了粘土矿物和有机质颗粒的缘故。

从物质成分上看,暗色层的细颗粒物质和有机质应该是来自半远海的沉降堆积。在有些环境中,火山的喷发或多或少是随机的,但是像本段岩心表现出来的高度节律性是值得关注的。每次喷发的规模可以从浅色层厚度来推算,而喷发的频率则可以用火山-半远海混合堆积层的年代数据来确定。在海盆形成过程中,火山喷发的周期性只是局地现象,还是与板块碰撞带的演化阶段(Bloomer et al. ,

1995;Clift,1995)有关? 如果是后者,那么在哪些阶段火山喷发具有随机性? 哪些阶段具有节律性? 这些问题的探索对于板块碰撞历史研究具有参考价值。

27.3.3　深海绿色沉积:组分与成因

C0011站和C0012站岩心中的"绿色沉积"引人注目。地球化学研究显示,绿色可以来自于还原环境,因此在深海沉积的顶部形成黄褐色与绿色沉积之间的界面,代表了氧化环境向还原环境的过渡带(Lyle,1983;Giresse & Wiewiora,1999),这里铁元素以二价铁的形式出现。然而,本研究区的绿色层似乎是火山灰混入到半远海沉积中而形成的。肉眼下看起来是绿色的沉积物,在显微镜下却全然不同,绿色消失了,代之以暗色的黄铁矿颗粒。本区的火山灰有三种表现,即浅色(白色)、深棕褐色和绿色,有时三种颜色甚至在同一段岩心中出现。代表火山物质的绿色沉积的研究对于半远海沉积的物源识别具有意义,本区沉降物质的主要物源有大气降尘、细颗粒火山灰和水层中生成的生物颗粒(Scudder et al.,2009)。

27.3.4　沉积构造垂向分布特征与形成过程

在C0012站,上部19 m沉积层内层理从水平向下变为低角度倾斜,19～50 m层出现了高角度倾斜的层理,而50 m以下更是出现了强烈的变形,岩心中的断裂很多,层理已难以辨认(图27-3),微体化石数量明显减少(可能是由于变形加剧了溶蚀作用而致)。从船上古地磁分析的初步结果看,地层有一段缺失,似乎与一次较大规模的滑坡、崩塌过程有关。按照这一思路,滑坡层的底部应位于强烈变形层的上界,而高角度倾斜层的上界物质的年代应是滑坡事件发生的时间。沉积层序形成的正演模拟可提供相关的证据。C0012站周边的坡度最大可达1:10以上,随着堆积过程的进行,地层内的蠕移不可避免。根据蠕移速率的垂向分布(Mitchell & Soga,2005)和沉积速率,地层内的形变随时间的变化可以计算出来,然后根据地层破裂临界值就可以判断滑坡发生的层位和时间。

(a)

(b)

(c)

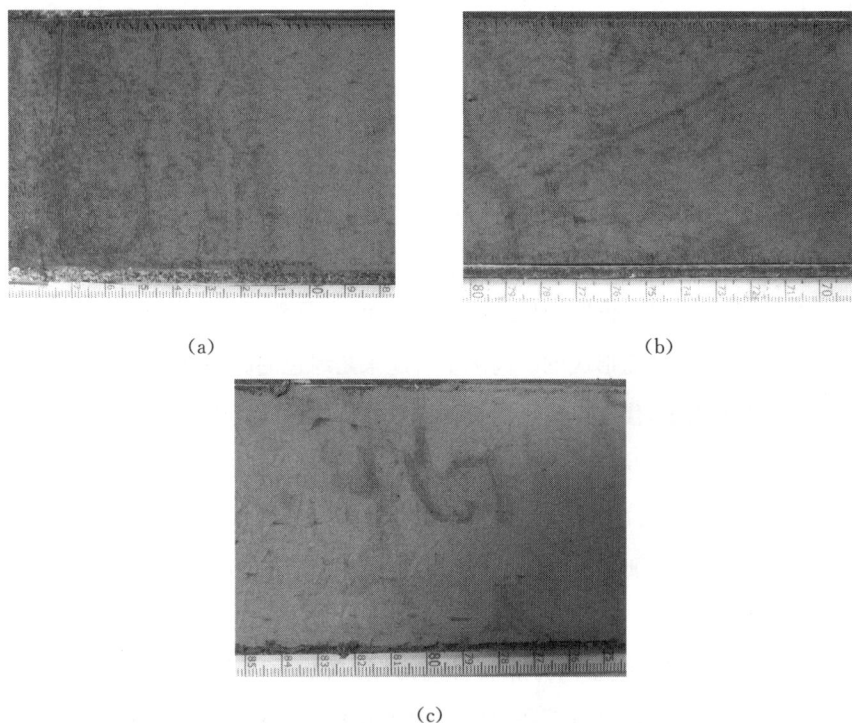

注：(a) 顶层(8 m 深处)的近于水平的层理；(b) 27 m 深处的
高角度倾斜层理；(c) 下部(132 m 深处)断裂和扰动变形。

图 27-3　C0012C/D 孔岩心沉积构造的垂向变化

27.3.5　第四纪细颗粒物质的沉积动力过程与海底地貌演化

深海沉积动力环境与陆架、海岸有很大不同，后者以河流入海物质影响大、波浪潮流作用强为特征，而前者是以重力作用下的物质运动为主，受到地貌因素（坡度、海山高度、海盆规模等）的很大影响。同时，重力输运对地貌演化本身也有重要影响。

在陆地环境中，山坡上物质的蠕移速率与含水量有关(Yamada，1999；Sasaki et al.，2000)。而在海底环境中，由于沉积层始终位于水下，空隙全部被海水充填，因此可在较长时间尺度内保持未脱水状态，造成持续的沉积层蠕移，并发生间歇性的海底滑坡。C0012 站的岩心记录显示，即使在海底坡度较小的条件下，也能形成较大强度的输运，甚至达到地层破裂的阈值，产生大规模滑坡。

海底平顶山上的松散沉积物盖层的分布也表明了重力输运的重要性

(Bergerson, 1993；Van Waasbergen et al. , 1993)。Wright 等(1980)提出可以根据沉积厚薄的平面分布评价重力输运的相对重要性。Ike 等(2008)发现本区沉积物厚度与基底坡度明显相关。更一般的重力输运分析方法可依据沉积物质量守恒原理而建立。例如,根据海底地形图,可确定海底"分水岭"所包围的"控制盆地"的范围和各个"集水盆地"的面积；根据控制盆地内的沉积物总量计算平均堆积厚度；假定细颗粒沉积物在海底的堆积最初是由水柱中物质的沉降而造成的,可计算海底"冲淤"速率；计算"集水盆地"侵蚀地层的质量中心和相应的在盆地底部堆积地层的质量中心位置之间的距离,辅之以沉积层的年龄测定,可以获得物质的平均体积输运率。在此基础上,通过沉积层厚度-海山坡度关系的建立,可望获得海底滑坡的临界值,进而区分坡面蠕移导致的和地震诱发的不同滑坡事件。

27.4　结　　语

现将 IODP 第 333 航次概况总结如下：

1. 本航次在日本四国岛岸外的陆坡、海沟和海山三个站位进行了钻探,获取了总长为 1005 m 的岩心。除半远海沉积外,岩心有一大部分为事件沉积(火山与浊流沉积)产物。

2. 本航次的主要研究内容是陆坡、海沟底部和海山脊部的第四纪沉积过程,包括沉积层内的孔隙压力、热流通量、粘土矿物组分、孔内微构造、火山地层学等,以及海底大型坡移事件沉积,以揭示边缘沉积体性质及其对地层内应力分布和临界应力值的影响,从而为"地震带实验"项目的总体目标服务。

3. 钻取的岩心有助于其他科学问题的探讨,如深海泥质沉积体系形成、火山活动的周期性、深海绿色沉积的组分与成因、沉积构造垂向分布特征与形成过程、第四纪细颗粒物质的沉积动力过程与海底地貌演化等。

第二十八章　海岸湿地环境动力学与生态系统动力学研究

　　海岸湿地在地球生态系统中具有重要价值,但它受到了自然过程和人类活动的双重胁迫。在较短的历史时期里,人类活动的干扰已使世界大部分海岸湿地生态系统不同程度地受到损害。因此,国际社会订立了拉姆沙公约(Ramsar Convention),使海岸湿地成为重点保护的对象之一。我国海岸带人口的快速增长和城市化对海岸湿地生态系统的干扰特别显著。出于保护的目的,我国于2000年公布了《中国湿地保护行动计划》,重要的沿海湿地有的被列入"世界湿地名录",有的成为国家自然保护区,有的建设为国家公园。

　　海岸湿地位于陆地和海洋环境的交错带,是高度开放和复杂的生态系统。其复杂性表现在时间上多变的空间边界、维系生态系统功能的过程多样、食物网结构复杂、时空变异性高以及自然过程与人类活动的叠加效应等。海岸湿地的许多科学问题与资源可持续利用和生态建设相关,如物质循环与地貌演化的影响、初级生产的构成、食物网与生态系统中的物种构成、围垦和引种外来物种的影响等。这些问题可在海岸湿地环境动力学与生态系统动力学框架之下,以过程与机理的定量分析和数值模拟为核心来进行研究。

28.1　几种典型海岸湿地的环境特征

　　我们的研究中经常涉及的海岸湿地有以下几种典型类型:淤泥质海岸盐沼湿地、河口湿地、红树林湿地、大叶藻湿地。湿地的形成不仅受到地理地带性因素

(气温、降水、海水温度)的影响,而且还受到区域性或局地性因素的影响,如沉积物和营养物供给的数量与物质组成、潮汐、波浪、河流淡水径流、原始地形、水深等。

1. 淤泥质海岸盐沼湿地

以江苏海岸湿地为典型,形成于潮汐作用强、细颗粒沉积物供应丰富的地区,潮间带宽阔,可达 10 km 以上,其上部形成盐沼,中下部为光滩(其上有微生物和微型藻类生长)。由于盐沼的防护作用,海岸冲刷(尤其在风暴潮期间)得到缓解。盐沼的初级生产力很高,因而维持了生物量较大的生态系统,每年每亩面积的水产品产出可达 100 kg 量级。江苏海岸的多个自然保护区也是以湿地为支撑基础的。湿地的淤长形成了新的土地,对于人多地少的江苏省而言,围垦这些新生的土地成为一项重要的开发活动,但是围垦也对海岸防护造成了压力,于是又引种了互花米草,以促淤抗冲。米草引种导致了初级生产力结构的变化,进而可能对生态系统整体产生影响。盐沼湿地的过度开发给自然资源的可持续利用和环境保护带来了严峻的挑战。

2. 河口湿地

以长江口湿地为代表,它同时受到潮汐作用和淡水径流的影响,潮间带具有河口边滩的特征,宽度通常为 2~4 km,初级生产力高。河口湿地的生态系统中含有半咸水、河口的物种。由于河流物质供给的影响,湿地淤长快,但沉积物分布格局和地貌特征往往不同于正常的潮滩。在长江口区,围垦对湿地的影响很大。由于土地需求量大,围垦的速率远高于湿地正常淤长的速率,造成天然湿地的严重退化。目前,正在进行湿地的生态修复,例如,在 2001 年列入拉姆沙公约的"国际重要湿地"的上海崇明东滩,正在进行湿地生态示范区建设,其重点是引入新的湿地物种以加快湿地植物的恢复。

3. 红树林湿地

我国南方有广泛分布,典型的红树林可以海南岛东寨港为代表。红树林对海水温度的要求较高,而对海岸类型则不敏感,在开敞的淤泥质、砂质或基岩海岸都可以生长,在海湾、河口湾也生长良好。红树林还是许多鸟类的栖息地。红树林生长快,扎根深,对海岸有很强的保护作用,可以抵御风暴的侵袭,同时可以圈闭细颗粒物质,缓慢地形成新土地。红树林湿地往往形成淤泥质的底床,适合于蟹类、腹足类、弹涂鱼等动物的生长。其潮间带宽度相对较小,涨潮时有大量鱼类进入湿地。

4. 大叶藻湿地

大叶藻湿地在我国山东半岛和北方沿海的海湾内形成,以荣成湾的月湖为典型代表。月湖是国家级天鹅自然保护区,每年冬天有上万只白天鹅来这里越冬。这是一处由大叶藻支撑的生态系统。大叶藻是浅水生长的水生植物,要求在水体悬沙浓度较低、水体交换通畅、波浪作用较弱的环境中。月湖的大叶藻在20世纪70年代之前生长良好,依靠大叶藻生活的刺海参是当地的著名特产。然而,随着不适当的开发活动(围垦、海湾口门建坝等),湾内水质恶化,大叶藻-海参生态系统受到了很大影响,进而影响到白天鹅的生存。大叶藻生态系统受到了国际社会的关注,例如日本启动了"京都湾大叶藻生态系统恢复工程",采取了治理污染、降低悬沙浓度的措施。在荣成湾月湖也进行了清淤工程,试图恢复原来的生态系统。

28.2　海岸湿地环境动力过程

28.2.1　环境动力学的概念

"环境动力学"是一个近年来经常出现的术语,但还没有确切的定义。"环境"一词一般来说有两种理解。一是地球环境,即全球、区域或局地尺度下的地表特征,如地形、气候、土壤、植被、水文、生态系统、人类活动等。它是从地球存在的那一天起就有的。第二种理解是人类排放物质影响下的污染特征。我国的"环境保护部"的业务范围主要是"污染环境"。既然环境的广义和狭义理解有如此大的差异,环境动力学的含义也就更难统一。

总体来说,当涉及一个研究机构时,如"海岸环境动力实验室",或者一个研究领域时,如"环境地球科学"(Environmental Earth Sciences,南京大学与柏林自由大学的联合硕士点名称),它是广义的。在这里,为使其意义明晰化,在叙述海岸湿地的"环境动力学"时,将其范围定义为关于水动力、沉积动力、地貌演化及其与湿地生物相互作用的研究。

海岸湿地受到多种水动力条件的影响,如波浪、潮流、淡水径流、陆架环流、台风暴潮、潮水沟水流等,沉积物有多种来源,如河流输入、海岸与海底物质的改造和再搬运、生物活动(贝壳碎屑等)、大气降水等,水动力和沉积物供给条件的多样性可以形成复杂的组合,使湿地的地貌特征和演化过程变得丰富。潮间带物质分布、潮滩剖面特征、潮水沟形态和功能、潮下带沙体和潮流脊、地貌演化的均衡态和稳定性等课题是传统的动力地貌学所长期研究的。

28.2.2 海岸盐沼湿地环境动力过程研究的科学问题

现以江苏海岸盐沼湿地为例,提出以下几个科学问题。

1. 盐沼湿地的水动力和沉积动力条件

研究者们对盐沼湿地沉积和地貌特征、潮滩沉积物输运和堆积的过程与机理、滩面高程与年龄之间的关系、盐沼植被对沉积过程的影响、湿地地貌演化模拟等方面进行了系统的研究(Reed,1988;Allen,1990,2000;Zhang,1992;Wang Y P et al.,1999a;Temmerman et al.,2003,2004;Shi et al.,2012)。湿地对全球气候变化和海面变化响应的研究也受到了很大关注,沉积物供给和海面变化条件被认为是湿地演变的主要因素(e.g.,Dyer et al.,2000;Pilkey & Cooper,2004)。

盐沼湿地位于潮滩的上部。海水的周期性淹没是盐沼植被水分的来源,而底床物质(土壤)则与潮水带来的悬沙密切相关。潮滩上部的水流以低流速为特征,这是因为接近高潮位处的水位变化率较低,而潮流流速又与水位变化率成正比。潮水还带来饵料悬浮物,在流速较低或憩流时段,悬浮物发生沉降,成为盐沼土壤的组成部分。悬沙浓度越高,沉降到床面的细颗粒沉积物就越多,因此悬沙浓度成为盐沼土壤组分的一个控制因素。在相近的气候条件下,悬沙浓度高的盐沼,其土壤中无机颗粒的比例越高,而如果涨潮水体浊度很低,则盐沼土壤中的有机质含量会较高,因为此时滩面的增高在很大程度上要依靠植物颗粒的就地堆积。建立起盐沼植被、土壤与水动力和沉积动力条件的对应关系,就能由盐沼沉积剖面特征确定当地动力条件的特征,而动力条件的改变也会反映在沉积剖面之中。

2. 盐沼地貌与植被生长的耦合关系

潮间带是否生长植物是由沉积-地貌条件控制的,而植被的存在也会反过来影响沉积-地貌条件。潮滩沉积的一般特征是,细颗粒物质在潮流作用下必然是由海向陆输运的(Gao,2009b),最终堆积于潮滩上部,这并不需要植被的帮助。泥滩的形成提供了盐沼生长的空间条件,盐沼植被的不同种属对泥滩的淹没时间、水分供给的要求不同。在互花米草引种之前,江苏海岸的典型盐沼植物是盐地碱蓬(或称"盐蒿"),它生长于高潮线附近,而后来引种的互花米草则可以生长在更加靠下的部位,因此盐蒿盐沼的分布范围较互花米草盐沼为窄,也就是说,在相同的沉积、地貌条件下,不同的盐沼植被导致盐沼规模和分布范围的不同。这一点在地貌-植被耦合关系中非常重要。

盐沼植被可以改变潮流的边界层特征,进而提高悬沙的垂向沉降通量,降低床面的侵蚀通量(王爱军等,2006;Yang et al.,2008)。盐蒿和互花米草都有这样的促淤效应,但两者的地貌影响可以有较大的差异。盐蒿的生长部位高,高潮位时水深较小,悬沙堆积量也必然较小,因此盐蒿对沉积物的圈闭作用有限;互花米草则不同,它生长于潮滩的较低部位,高潮位时水深较大,水体中能够沉降的悬沙总量大,因此这个地带的促淤作用是最有效的。来自江苏中部海岸的研究表明,互花米草滩的沉积速率最大,且滩面沉积的物质甚至比上部更细,这些都是互花米草促淤效应的证据。

由于盐沼对沉积作用的影响,盐沼滩面与邻近光滩存在沉积速率的差异。经过一段时间之后,两处滩面的高程会有明显不同,表现在地貌上就是交界处的滩面坡度较大,这种形态很容易造成波浪能量在此处集中并发生破碎,形成盐沼前缘的低矮陡坎。江苏中部海岸此类陡坎的高度在几十厘米到一米之间,这种局地的冲刷现象与岸线全面蚀退的地貌形态有一些相似之处,但两者的机理是截然不同的。

国外学者试图在潮滩地貌演化的模拟中对盐沼植被的因素予以考虑(Garofalo,1980;Leonard & Luther,1995;Friedrichs & Perry,2001;Temmerman et al.,2005;D'Alpaos et al.,2006,2007;D'Alpaos,2011),这是一个值得关注的新方向(文献中称之为"Ecomorphodamic Modeling")。由于盐沼植被的生物量大,因此对沉积物的圈闭作用和有机颗粒物的产出影响都很显著,从而影响潮间带沉积速率大小和分布,湿地地形的变化又对盐沼植被生长产生影响(D'Alpaos,2011)。江苏中部海岸潮差大、潮间带宽度大、悬沙输运活跃、互花米草盐沼演化快,这些都是进行盐沼植被-地貌耦合过程模拟的有利条件。图 28-1是针对江苏海岸而作出的盐沼植被-地貌耦合过程模拟框图。

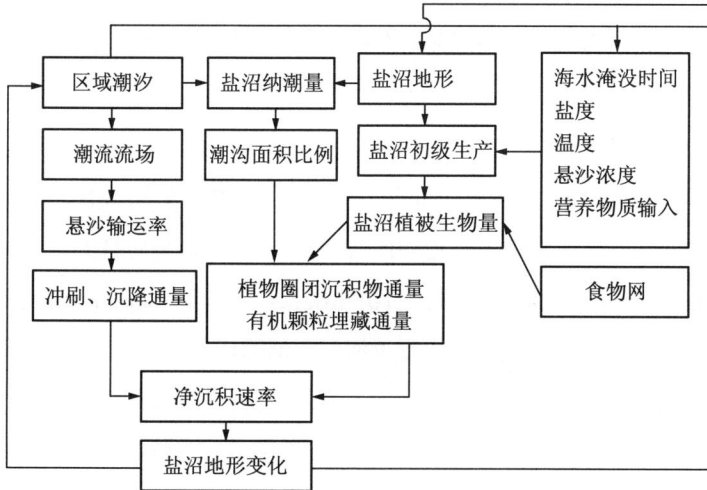

图 28-1　盐沼植被-地貌耦合过程模拟框图(在 D'Alpaos 等(2006,2007)和 D'Alpaos(2011)研究基础上补充信息而绘制)

3. 盐沼湿地的均衡态和稳定性问题

海岸地貌经常涉及均衡态问题,例如砂质海滩剖面和潮汐汊道口门的过水断面就被认为是存在着均衡态的。在砂质海滩的情形下,如果波浪作用强度不变,则沉积物颗粒最终会调整到一定的空间位置,此时的海滩剖面就是均衡态的。对于潮汐汊道而言,海湾的纳潮量控制了口门地貌,如果纳潮量和沉积物粒径为已知,则过水断面的大小就确定了。

均衡态存在的一个必要条件是系统中相关变量之间存在着负反馈作用。如果以同样的观点来看潮滩,则潮滩剖面的确也与一些负反馈作用有关。例如,砂质物质在潮间带下部的堆积将使潮间带变宽,这个变化将导致潮流流速的增大,从而将更多的悬沙输往高潮位附近堆积,这一过程使潮间带变窄。与砂质海滩和潮汐汊道相比,潮滩剖面涉及的因素更多,除潮汐作用和沉积物供应外,还有潮下带地形、沉积物组成(沙和泥的比例)、波浪作用、盐沼植被的作用等,正因为如此,潮滩剖面均衡态研究的论文较少,争论也较多。

另一个特点是,正常潮滩剖面的发育只与淤长型海岸相联系,一旦进入岸线蚀退阶段,潮滩剖面会被类似于侵蚀型基岩海岸的剖面(以海蚀崖和海蚀平台为特征)所取代(高抒,1989a)。以数值模拟方法充分考虑上述各种因素,有可能做出有关潮滩均衡态和岸线侵蚀地貌演化的新成果,并且区分淤涨环境中的盐沼前缘陡坎和侵蚀型海岸的陡坎形态。

盐沼地貌的稳定性与均衡态既有联系,又有区别。稳定性与均衡态过程有关,但在非均衡态过程下地貌也会演化,所以稳定性经常是用演化速率的快慢来衡量的。相对于欧洲北海的同类地貌而言,江苏海岸盐沼稳定性是较差的。由于地处开敞海岸,沉积物供应丰富时盐沼快速淤长,如江苏中部海岸,而当物质供给不复存在时,岸线又快速后退,就像废黄河三角洲海岸那样,位于盐城的珍禽自然保护区目前已经受到了这种环境不稳定因素的威胁,一方面细颗粒物质在盐沼的快速堆积使盐沼逐渐脱离潮间带环境,另一方面废黄河三角洲岸线侵蚀范围逐渐扩大(张忍顺,1984a),使潮间带下部面积急剧减小,照此下去,几十年后自然保护区内生态系统赖以生存的条件将被破坏。因此,地貌稳定性研究的一项直接应用,就是通过调整岸线冲淤速率达到海岸防护的目的,这项工作目前尚未开展,但其重要性在不久的将来就会显露出来。

28.3　盐沼湿地生态系统动力过程

28.3.1　生态系统动力学的理论框架

海洋生态系统动力学(Marine Ecosystem Dynamics)是一个活跃的领域,它通过物质和能量在环境与生物体之间以及生物体内部的循环格局的确定,来刻画生态系统对外部环境驱动力的响应,预测生态系统的演化方向。"物质"和"能量"是两个关键词,其传输和循环可以在三个层次上加以考虑。一是系统边界上的物质、能量交换,例如东海海域与大洋、陆地、海底、大气之间都有边界,进出该边界的沉积物、营养物质、水体、海水动能、太阳能、动植物个体等,数量巨大,界面交换活跃。二是系统内部之间的物质、能量的传输和转换,例如东海海域内部细颗粒沉积物可被潮流所搬运,而其中所夹带的有机颗粒可能由于河口地球化学作用而转化为溶解态物质,或者被生物所捕食。三是系统内部的物质和能量可在生物体之间传输,如某些化学物质可以通过食物网而富集于顶级动物。一般的涉及物质、能量交换的物理过程主要是环境动力学所考虑的(见前述),生态系统动力学关注的是与生物相关的物质、能量循环。

与环境动力学相似的一点是,生态动力学也着重于过程和机理的研究,并且要构建足够多的控制方程,以便对生态系统行为进行定量模拟。对于陆地生态系统而言,"数学生态学"在许多特征上都是属于生态系统动力学的,但要注意的是在这一学科中数学的应用并不仅仅限于动力学问题。

海洋生态系统的一个特点是初级生产和次级生产主要是以浮游植物、浮游动物的形式出现的,其运动受到水动力条件的控制。因此,海洋生态系统模拟要以物理海洋学为核心,就不难理解了。只有到了食物网的顶端(即营养级的高层)部分,生物学知识的重要性才会超过物理海洋学。事实上,对大型动物的生态系统动力学模拟至今还没有取得重大突破,这是由于定量刻画大型动物时空分布及其与食物网关系的知识还比较欠缺。

盐沼湿地位于海、陆环境的过渡带,其生态系统动力学必然要同时考虑海洋和陆地的过程,这是一项有难度的研究工作。但是,另一方面,在一个相对较小的区域范围内,各种过程、系统响应都很活跃,这也给高质量数据的获取提供了便利条件。以下的讨论将集中于盐沼生态系统动力学的科学问题。

28.3.2　盐沼湿地的物质循环

海岸湿地环境中营养物质、污染物等物质的输运、转换和归宿是湿地生态系统结构、功能演变的重要驱动因子。对与湿地食物网和营养级相联系的营养物质循环过程已进行了研究(Van de Peijl,1999;Keddy,2000;Mitsch & Gosselink,2000;Badosa et al.,2006;Simas & Ferreira,2007;Negrin et al.,2011;Hopkinson et al.,2012),但在定量模拟方面的研究还较为薄弱。

在环境动力学研究中我们已经得知,盐沼湿地的沉积物都是由海水带来的,而正是沉积物的堆积才形成了盐沼亦海亦陆的环境。盐沼植被的生长逐渐把潮滩沉积改造为土壤,这一进程中的营养物质从何而来? 同样是来自海水,涨潮水流带来的不只是沉积物,它还带来生物生长所需的营养物质(碳、氮、磷等),另外再加上水体中的浮游生物和其他动物(如鱼类),盐沼生态系统就是在日复一日的潮汐涨落中形成和演替的。

一个值得定量研究的问题是,盐沼体系中的营养物质是如何富集起来并支撑日趋复杂的生态系统的? 通过盐沼表层底质和柱状样的分析,我们已经取得了有关各种形态(有机态和无机态、颗粒态和溶解态)营养物质的空间分布格局(Quan et al. , 2007; Zhou et al. , 2008; Zhang et al. , 2010),但它与盐沼生物活动和海水涨落的物质收支之间的关系往往缺乏定量刻画与模拟实验研究。根据物质守恒定律可推导出地层中营养物质(如碳)含量随时间变化的方程,它具有以下形式(参见第九、二十三章):

$$\frac{dC}{dt} = P \cdot C + Q \qquad (28-1)$$

其中,P 和 Q 是时间的函数。

问题是营养物质富集所需的时间为多长? 是否可以达到一个均衡态? 函数 P 和 Q 的物理和生物学意义是什么? 与盐沼生物生长和潮汐水体出入的关系如何? 这些问题都是值得探讨的。如能从机理上弄清营养物质循环格局,并且实现其定量模拟,就能对"互花米草的生态影响"这样的问题进行回答。

江苏海岸盐沼植被从盐蒿转变为互花米草是一个很显著的环境变化,初步的观察结果表明互花米草引种带来了土壤颗粒组分和营养物质浓度的变化(Cao et al. , 2012; Gao et al. , 2012)。但是如果要了解这种变化最终会有什么后果,就有必要弄清营养物质循环格局转换的机理。

28.3.3 初级生产和微、小型底栖生物

在盐沼的初级生产构成中,盐沼大型植物在质量组成上占有优势,例如江苏海岸盐蒿的生物量为 $10^2 \text{ g} \cdot \text{m}^{-2}$ 量级,这些大型植物最终以碎屑物质和有机颗粒来支撑生态系统。在前一节已经讨论了地貌-植被耦合演化模拟的问题,在该框架下可进行互花米草、盐蒿初级生产、生物量以及可供动物食用的组分的控制机

理分析和定量模拟。从潮汐淹没时间,对潮水营养组分供给、潮滩土壤成分、盐度和温度、光合作用等因素进行数值实验,给出各种因素的相对重要性的评价,然后根据研究地点的环境参数,将能够以模型输出形式估算盐沼的大型植被生产力和未来演化趋势。在盐沼植被所形成的栖息地中,属于初级生产的还有底栖硅藻、土壤自养细菌、涨潮水体中的浮游植物和微生物等,其研究对于江苏海岸而言还较薄弱,研究报道不多(王丹丹等,2012)。因此,现场采样调查工作应予以加强,在弄清初级生产构成、生物量、空间分布格局的基础上,建立与环境参数的关系,最终可以达到定量刻画和将新的资料纳入生态系统动力学框架的目的。

与初级生产的研究相同,盐沼次级生产的研究也要考虑海洋和陆地(土壤)因素。开敞海洋水体中的次级生产是由浮游动物构成的,主要是桡足类动物(Copepods)。涨潮水体带来的浮游动物是由外海生态系统过程决定的,因此虽然对于盐沼这些生物是重要的因素,但在陆架海洋生态系统的研究下可以解决;需研究的重点是浮游动物与盐沼环境的相互作用,如盐沼为外部输入的浮游动物(藤壶幼体等)提供栖息地等问题。在盐沼环境中,占据次级生产主导地位的不是桡足类,而是底栖线虫(Nematodes)(Du et al.,2012)。初步研究表明,江苏海岸盐沼中底栖线虫的生物量大,在生态系统中的地位有如水蚤在陆架海生态系统中的地位。因此,除了弄清线虫的生活史、生物量、空间分布等特征,还应将线虫纳入动力学模拟的研究对象,尤其是它与盐沼植被的关系和在食物网中的作用。

28.3.4　通向大型动物的食物网、引入外来物种等人类活动影响

盐沼湿地是初级生产和次级生产的高值区,因此它必然能够支撑起一个食物网结构完整、生物量大的生态系统(Marinucci,1982;Gordon et al.,1985;Valiela et al.,2004;Pasco & Baltz,2011)。江苏海岸盐沼的大型动物十分丰富,有鱼类、甲壳类、双壳类、腹足类、节肢类等生活于盐沼的物种,而且还有随涨潮水体进入潮间带觅食的鱼虾蟹等动物(Jin et al.,2007),鸟类和陆地哺乳动物也是该生态系统的组成部分。盐沼湿地所生产的有机物大于该系统所能蕴藏的有机物,这些多余的物质还向邻近的光滩和潮下带水域输送,成为一个近海生态系统的重要影响因素(Costanza et al.,1997;Montemayer et al.,2011)。

此外,人类活动,主要是滩涂渔业,对生态系统有很大影响。在江苏海岸,互

花米草引种的生态效应已成为一个学者所关注的问题,其中大型底栖动物的栖息环境是焦点问题之一。互花米草的引种只涉及一个物种,并没有把整个生态系统一并引进,在互花米草逐渐取代当地盐沼植被之后,盐沼生态系统将如何演化?互花米草滩涂能够为本地底栖生物提供合适的栖息地吗?

已经进行的研究表明,互花米草盐沼形成后,本地物种逐渐把它作为栖息地,大型底栖动物的种类和生物量呈增加趋势(陈一宁等,2005;谢文静、高抒,2009;Xie & Gao,2009;杜永芬等,2012)。尽管如此,目前对大型底栖动物适应互花米草盐沼的机理还需要进一步的深入研究,使其能够符合生态系统动力学的要求。例如,互花米草引种后有一个过去较少注意的效应,即藤壶可以固着于互花米草的植株主干而生长,这一现象在潮水沟两侧及互花米草滩的外缘极为常见。除了调查藤壶在互花米草盐沼中的生物量之外,还有许多应进行定量研究的课题,如藤壶在互花米草滩上的生态影响。藤壶的特征,如壳重-肉重关系、生命周期、死亡后介壳的去向、对盐沼营养物质循环的贡献等,可以通过模拟的方法来研究。一旦开始生长,藤壶将持久地将互花米草盐沼作为栖息地,随着时间的演进,在盐沼沉积中会堆积其介壳。根据藤壶生物量、沉积物堆积速率等信息,可用模拟方法来确定介壳埋藏率及其在地层中的分布。又如,盐沼蟹类的活动十分活跃,蟹穴对盐沼环境有很大的影响(陈一宁等,2005;Xin et al.,2009;Carol et al.,2011)。

在生态系统动力学研究中,一个难点是顶级动物行为的定量化描述,对人类活动的描述就更加困难了。然而对于江苏海岸盐沼而言,人类活动的影响在某些特定的问题中是有可能进行定量模拟的。例如,在如东海岸的北坎区域有一个卡口,每天有相当多的人去滩涂"赶小海",上岸的时候他们带回了各种渔获品,如文蛤、蟹、弹涂鱼等,吸引了众多的鱼贩前来收购。如果参与"赶小海"的人数急剧增加,将对底栖生态系统有很大的影响。所幸这种生产活动受到了市场经济的制约,并不会无限制地扩大。其机理是,如果"赶小海"有利可图,从业人数就会增加,而当生产达到一定规模时,又会变得无利可图,这时人们就会退出生产,最终盐沼和潮滩的底栖生态系统将会达到与人类活动之间的平衡。在平衡状况下,潮滩生物量将维持稳定,而这个"稳定生物量"的参数对生态系统演化方向的预测是至关重要的。构建湿地生物量、渔获量及其市场价值、人类活动规模之间相互关系的模型,不仅可以定量刻画人类活动影响,而且也能为今后生态建设的措施提供科学依据。

28.3.5　盐沼湿地生态系统动力学模型框架

国内外对生态系统的研究已经超越了生态描述和简单的生态模拟的阶段,而进入了"生态系统动力学的阶段",即对养分、初级生产力、种群和群落动态进行定量刻画与集成,构成对生态系统整体行为和演化的模拟与预测的大型计算机模型。海洋环境的水动力条件在物质和能量运移中起了主导作用,而且由于海洋生物自身的特点,水动力条件的重要性进一步突出,因此,海洋生态系统动力学在很大程度上是物理海洋学与生物学的结合。海岸湿地兼有海洋和陆地的环境因素,因此其生态系统的各种过程是十分复杂的,需要从海洋水文、海岸沉积与地貌到海洋生物、微观生命过程的多学科交叉的研究。通过对海陆相互作用强烈的海岸湿地复杂系统的研究,将有效地推动湿地生态系统动力学理论的发展。

对于开敞海洋环境,生态系统动力学可按照物理海洋学的空间尺度来研究,如边界层、潮流、大洋环流分别属于小、中、大尺度过程(Mann & Lazier, 1996)。在研究方法上,主要有过程模拟和实际环境模拟,前者是关于各种因素的相对重要性和作用方式的数值实验,而后者是由观测数据作为输入参数而驱动的,基于物理学、生物学原理而建立的模型计算(McCreary et al. , 1996;Hofmann & Friendrichs, 2002)。在欧洲北海,至少有 11 个研究组在进行这方面的研究工作,形成了多个 3D 模型(Moll & Radach, 2003)。目前,这些模型虽然获得了一些与观测结果相近的计算结果,但在高营养级上模型与实测结果的偏差偏大(Radach & Moll, 2006)。

盐沼湿地目前还缺乏一个完整的生态动力学模型。由于盐沼是一个海陆过渡带环境,因此其模拟既要考虑海洋过程,也要考虑大型植被、土壤和底栖生物相关的过程(Wang H Q et al. , 2007)。图 28-2 给出了一个盐沼生态系统动力学模型的总体框架。环境动力学模型向生态系统动力学模型提供输入参数,并在营养物循环、盐沼植被生长等方面与后者耦合。生物-地貌模块中既有沉积动力因素,也与盐沼植被密切相关,而盐沼植被又与土壤、气候特征、营养物质供给、地形和潮汐条件有关,因此该模块与营养物质循环和初级生产模块是交织在一起的。

在海洋生态系统方面,涨潮流带来营养物质和悬沙,且海水中含有浮游生物,鱼类等动物也会乘潮进入盐沼和潮水沟。因此,开敞海洋的生态动力模拟应包含在各个模块中,或者至少将已获取的相关信息作为各个模块的输入参数。在盐沼模块中,既要处理开敞海输入物质、能量对盐沼的作用,也要处理盐沼向开敞海的物质和能量输出。除此之外,在各模块中应特别关注盐蒿、互花米草等大型植被的形成及其作为底栖生物栖息地的条件。

将上述模型框架进一步细化,可以揭示目前的知识空缺状况,使我们明确主攻的方向。各个模块都可以用于"过程模拟",针对各种相关因素的作用大小和方式进行数值实验,形成研究成果。最终,可以针对实际的海岸湿地环境,如江苏中部海岸,开展数值模拟工作,使模型日趋完善。

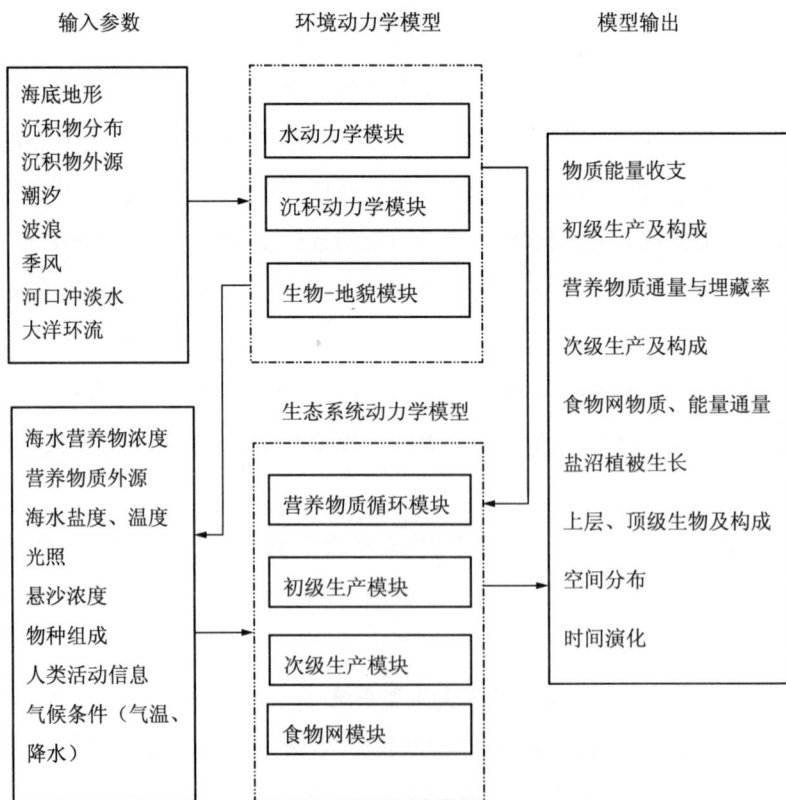

图 28 - 2　江苏海岸盐沼生态系统动力学的总体框架

28.4　结　　论

1. 海岸湿地位于陆地和海洋环境的交错带,是高度开放和复杂的生态系统。海岸湿地许多科学问题与资源可持续利用和生态建设相关,因此应以过程与机理的定量分析和数值模拟为核心,加强海岸湿地环境动力学与生态系统动力学研究。我国海岸湿地有以下几种典型类型:淤泥质海岸盐沼湿地、河口湿地、红树林湿地、大叶藻湿地。

2. 海岸盐沼湿地的环境动力学是关于水动力、沉积动力、地貌演化及其与湿地生物相互作用的研究。近期的研究重点之一是盐沼地貌与植被生长的耦合模型。盐沼植被的生物量大,因此对沉积物的圈闭作用和有机颗粒物的产出都很显著,从而影响潮间带沉积速率和地貌演化,湿地地形的变化又对盐沼植被生长产生影响。盐沼湿地的均衡态和稳定性问题对海岸带生态建设也很重要。

3. 海洋生态系统动力学通过物质和能量在环境与生物体之间以及生物体内部的循环格局的确定,来刻画生态系统对外部环境驱动力的响应,预测生态系统的演化方向。对于江苏海岸而言,互花米草引种影响下的盐沼营养物质循环格局、底栖线虫与盐沼植被的关系及其在食物网中的作用、大型底栖动物(藤壶、蟹类)适应互花米草盐沼的机理、人类活动对底栖生态系统影响的定量模拟等是基础性的研究课题。

4. 盐沼湿地位于海、陆环境的过渡带,因此其生态系统动力学模型框架的建立既要考虑海洋过程,也要考虑大型植被、土壤和底栖生物相关的过程。本书设想,盐沼湿地生态系统动力学模型应在营养盐循环、盐沼植被生长等方面与环境动力学模型耦合,将开敞海洋的生态系统动力模拟纳入盐沼模块中,关注盐蒿、互花米草等大型植被及其作为底栖生物栖息地的条件。

第二十九章　海洋沉积体系定量模拟方法论

　　地球科学研究的现状是数据采集能力有了很大提高。由于遥感技术的应用、现场观测网站的建立以及各种实验室仪器的使用,海量数据每天都在产生,而且随着技术的进步,观测的费用也在不断下降。如今,在任何一个地点,分析能力在总体上已经落后于数据采集能力,以至于大量数据采集之后并未得到分析。另一方面,无论想做什么样的常规分析,都会发现世界上某时某地已有人做过了,用任一个主题词到网上搜索,检出的文献往往数以千计,这就是明证。因此,分析结果的发表也变得日益困难。

　　为了要写成值得发表的论文,人们追求进一步提高数据的时空分辨率、发现和定义新的变量,这就推动了观测技术的不断发展。例如,加拿大和美国合作在维多利亚地区建立海底观测站,其目的就是要让科学家提出数据需求,而由工程技术人员完成数据采集(Kirkham,2006;Taylor,2009)。因此,数据分析就更加难以跟上数据采集的速度了。今后,数据采集后不能分析的状况会更加严重。

　　21世纪的地球科学和自然科学整体会往何处去? 这是许多科学家所关心的。有一种意见对地球科学有重要的借鉴意义:要实现数学模型的全面应用(Winsberg,2010)。如果科学原理已经确立,且所研究的系统的背景条件也已知,则完全可以用模拟方法得到所需的信息。以潮汐研究为例:在平衡潮和动力潮理论的框架下,如果天体引潮力和洋盆形态为已知,则任何地点的潮位变化和潮流特征都可借助于全球潮汐模型而再现(WAMDI Group,1988),理论上已不需要设置潮汐观测站。因此,尽管早期潮汐观测为全球潮汐模型的研制(包括理论和方法技术的建立)奠定了基础、提供了线索,但如今的验潮站已经进入业务化运行的轨道,作为科学前沿的意义已经下降了不少。

因此,参照潮汐理论和应用的发展历程,也可以用现时的观测数据作为线索,模拟海洋沉积体系的各个方面,最终集成为"全球沉积体系模型"。在此研究思路下,观测数据的作用和使用方法将发生很大的改变。今后,从事基础研究的人员,包括研究生在内,当然还要继续采集和分析数据,但是仅限于特殊类型的、观测网站暂时无法采集的数据。在基础研究中,常规的数据采集和分析将成为业务化的工作,而业务化工作的产品则要为模拟研究服务。

本章拟讨论海洋沉积体系定量研究的现状和发展趋势,提出基于数据分析的过程和机理方面的科学问题,进而讨论数学模型的方法论,就模拟方法和研究方向问题提出建议。

29.1　海洋沉积体系定量模拟现状和发展趋势

在沉积学和地层学方面,沉积层序的数值模拟是一个理论与技术上的难题。传统对于沉积层序的理解都是通过"概念模式"的方式,即找出影响层序形成的因素,然后在不同的因素组合下寻找相应的层序特征,最后按各因素随时间的变化排列相应的层序类型。但是,这样的研究无法深入了解层序形成的作用和机制,也缺乏准确的预测能力。数值模拟的研究可以促进作用与机理的研究,在物理学理论框架与实测资料之间搭建桥梁。其中的主要技术问题是短期的观测数据和模拟技术怎样扩展到较大的时间尺度(如全新世),最终把沉积物输运数值模型、地貌形态动力学模型、层序模型和盆地充填模型连接起来。在这一研究领域,陆架海全新世沉积体系具有典型性。

海岸与陆架沉积物输运的数值模型早在 20 世纪 70 年代就已被深入研究(e. g. , Silvester, 1970; Owen, 1977; Smith, 1977)。其主流的方法是以 Navier-Stokes 方程和沉积物连续方程为基础,40 多年来,已从 1D 模型发展为 3D 模型(Goldsmith & Golik, 1980; Hanes & Bowen, 1985; Falconer & Owens, 1990),其中的一些已经业务化了(如 Delft 3D 模型)。虽然在沉积物临界起动条件、再悬浮通量、沉积物颗粒沉速等的刻画上还不得不依赖于经验公式,但短时间尺度的物质输运计算方法已趋向成熟,对于悬沙而言尤其如此。

将沉积物输运模型在时间尺度上延伸,再引入沉积(床面高程)连续方程,便可以模拟地貌演化。但是,在计算方法上不是简单地对沉积物输运率的时间序列积分,而是要处理地形变化与物质输运之间的相互作用(如潮流脊从海床上形成会改变推移质输运率的空间分布),以及输运模型中忽略的长时间尺度因素(如海面变化、地面沉降、构造运动、沉积物供给状况等)。此外还要改进算法,使模拟计算缩短机时。如此建立的地貌形态动力学模型目前已应用于海岸和陆架的地貌学研究,如潮汐汊道、潮流脊、潮滩、河流三角洲的形成演化。

与此同时,过去40年里定量研究的重要性被地球科学界所认同。虽然数学在传统地球科学问题中的应用不是自然而然的,但是经过长期探索已经发展了各种数学模型方法。据 Shwarzacher(1975)的研究,最初人们对"模型"的理解是定性的,即对复杂的自然系统进行简化,使之易于分析。随后,出现了结合地学实例教授数学的教程(e. g., Agterberg, 1974)。近年来,关于数学模型的专著较多(e. g., Kantha & Clayson, 2000; Mallet, 2002; Pelletier, 2008; Fowler, 2011; Glover et al., 2011),涉及从模拟技术到具体问题研究的多个方面。

模拟方法本身也在新的条件下发生变化。在以前的讨论中,我们已经明了,数学模型能够用以提出工作假说、指导现场观测、进行过程和系统响应的数值实验,即使是不完善的模型也是如此(见第二十六章)。我们还指出,数学模型的完善要依靠模型输出结果与现实世界的直接对比,因此传统的数学验证程序应予以摒弃。在基础研究和工程技术领域,对"验证"提出质疑的论文已有不少,如英国工程师就指出,在学术本身的逻辑上,"验证"是不必要的,其似是而非的一个作用可能只是当工程项目出现失误时,工程师可以用它来免除自己的责任(Cunge, 2003)。基础研究的模拟是针对过程、产物、现象、事件的,其指向是在已知的科学原理下,某个已知背景条件的系统将有何特点。这不是对错的问题,而是自然系统中是否存在着与之对应的系统的问题。如果有一定对应性,就说明模拟是有意义的;如果对应性良好,则说明模型已经走向成熟。

以上所述的背景为陆架海沉积环境和沉积体系模拟提供了基础。数学模型方法能够在全新世海岸、陆架过程-产物关系研究中起到重要作用,除了潮汐环境沉积物输运、潮流-波浪共同作用下的悬沙输运、陆架环流输运、沉积物重力流、地貌演化、沉积层序形成等模拟之外,对于传统上较少进行的沉积记录保存潜力、层序中保留的各种现象和事件信息、沉积地质学理论的检验和修正、地层的年代学框架等问题,数学模型也有广泛的应用前景(详见下述)。

29.2　现场观测数据的过程、机理分析

29.2.1　江苏海岸全潮水文观测数据

在江苏海岸,全潮水文观测可能是进行的最多的沉积动力学观测了,在各种基础研究和开发项目中都要安排,因此久而久之逐渐积累了很大的数据集。此类观测的基本特征是,在选定的站位,从船上布设仪器,测量流速、流向、温盐度、悬沙浓度、水位及其他环境参数,在不同的水层中反复进行观测,延续两个潮周期(一般为 26 小时)。为了使资料具有代表性,站位的布设往往覆盖一定的空间范围,并且对同一站位也经常在不同潮相(大、小潮)和季节(洪、枯季,冬、夏季等)进行测量。

过去,从全潮水文观测数据中分析悬沙输运的特征值,如垂线平均流速和悬沙浓度、涨落潮平均悬沙输运率和方向、余流和净输沙强度等,是常规的研究内容,已有大量的文献报道。进一步的工作则有净输沙率的分解,以分离出平均流和扩散/弥散作用并评价其相对重要性(e. g. , Su & Wang, 1986; Gao et al. , 2004)。

随着研究的深入,此类分析现在已失去其前沿性,甚至难以在专业期刊上发表。因此,在数据分析上应开辟新的研究方向,否则即使观测技术有所提高(如获取长周期的观测数据),也难以取得学术上的突破。在这一方面,对观测数据加强过程和机理分析,并使分析结果与过程-产物关系融为一体,这是很有前景的。如此分析的目的不再仅仅是刻画全潮水文观测结果,而是与环境特征和产物相联系,解释沉积体系的时空分布、地貌形成演化和冲淤格局。现以江苏海岸的数据分析为例,说明过程和机理分析的一些方法论要点与应研究的科学问题。

29.2.2 江苏海岸全潮水文观测结果的解释

如何理解全潮水文观测结果的动力学意义？特征的流速易于从区域性的潮汐和地形条件来解释,悬沙输运率的大小和潮周期平均值及悬沙浓度的大小有关,而悬沙浓度的时空变化和平均值与多种过程有关。

将我们熟知的悬沙垂向通量公式(Ariathurai-Partheniades 公式)在潮周期内积分,并应用均衡态条件(即垂向侵蚀通量与沉降通量平衡),可以获得均衡态下的悬沙浓度特征值:

$$F_E = \int_T M(\frac{\tau}{\tau_{cr}} - 1)\mathrm{d}t \quad (\tau \geqslant \tau_{cr}) \tag{29-1}$$

$$F_S = \int_T Cw_s(1 - \frac{\tau}{\tau_{cr}})\mathrm{d}t \quad (\tau \leqslant \tau_{cr}) \tag{29-2}$$

$$F_E = F_S \tag{29-3}$$

式中 F_E 和 F_S 分别为垂向侵蚀通量与沉降通量的总量,C 为悬沙浓度,w_s 为沉积物沉速,M 是与底床沉积物性质有关的系数。

尽管人们对这两个经验公式的表达以及 τ_{cr} 等参数的定义还有不同看法,但是,从以上两式中我们不难得知,在潮周期的底床侵蚀阶段,垂向通量自下向上,导致悬沙浓度的上升;而在沉降阶段,悬沙浓度较大时将导致沉降通量的加大,由此引起了一个负反馈效应:侵蚀导致悬沙浓度上升,进而导致沉降作用加强。其结果是,在任何一个地点,悬沙浓度都会达到一个均衡态,无论该处的潮流是强还是弱,并且可由式(29-1)至(29-3)隐式地表达为潮流强度的函数。因此,悬沙浓度的实测值可用于其均衡态的分析。

在潮流流速和悬沙浓度均衡态均为已知的条件下,可进一步对 M 和 w_s 等参数进行分析。沉速 w_s 在沉积动力学研究中向来是一个难点,因为悬沙沉降经常受到絮凝过程的影响,后者又与盐度、温度、流速、悬沙浓度、生物作用、生物地球化学作用等有关(Eisma, 1993)。上述分析方法的意义在于从另一个角度来分析悬沙沉降的控制因素。经过这样的研究,悬沙浓度的特征值就能得到动力学的解释,全潮水文观测的整体上的动力学解释也就不难获取了。

29.2.3 区域性地貌演化和沉积体系形成速率

底床的堆积和冲刷速率通常用年代测定(如²¹⁰Pb 法)和地形对比法来确定。

另一方面,冲淤速率也可用沉积连续方程来定义(参见第八章):

$$D_R = \frac{\partial h}{\partial t} = -\frac{1}{\gamma}\left(\frac{\partial q_{sx}}{\partial x} + \frac{\partial q_{sy}}{\partial y}\right) \tag{29-4}$$

式中 h 为床面高程,γ 为沉积物容重,(q_{sx},q_{sy}) 为沉积物质量输运率矢量,方程的右侧在数学上称为输运矢量的散度,即在 x 和 y 方向上的输运率的梯度。

如果 q_x 和 q_y 的量级均为已知,且沉积环境的空间尺度也能确定,则冲淤速率 $\partial h/\partial t$ 的量级也就能够估算出来。换言之,用年代测定等方法与动力计算法的结果是可以对比的。有一个实例是黄海中部泥质沉积区的堆积速率。^{210}Pb 法测定的堆积速率为 10^{-3} m·yr^{-1} 量级,而本区域的水深为 O(10 m),悬沙浓度为 O(10^{-3} kg·m^{-3}),陆架环流的流速为 O(10^{-1} m·s^{-1}),沉积物容重为 O(10^3 kg·m^{-3}),而本区的空间尺度为 O(10^2 km)。简单的计算显示,悬沙输运率应为O(10^{-3} kg·m^{-1}·s^{-1}),因此 $\partial h/\partial t$ 的量级为 O(10^{-3} m·yr^{-1}),与^{210}Pb 法测定结果相一致。对于江苏近岸的约 2.5 万 km^2 的范围而言,其辐射沙脊群的地貌演化速率也可用类似的方法来计算。当然,对于近岸水域而言,计算中还应考虑推移质输运率以及潮流-波浪共同作用的影响。

29.2.4　废黄河三角洲岸外水域的冲刷动态

根据沉积动力过程可以分析废黄河三角洲岸外水域的冲刷动态。自黄河于 1855 年北迁之后,废黄河三角洲岸线就开始蚀退了(见第三章),但如果简单地说黄河北迁就是冲刷的原因,则是不合逻辑的,因为这个解释只是按照时间先后次序的描述,而没有涉及其机理。冲刷意味着物质从系统中向外输出,或者系统的物质亏损。从悬沙浓度的控制因素分析我们知道,悬沙浓度与水动力之间是有均衡态的,潮周期中悬沙浓度的波动只能导致底床的小幅度冲淤周期性变化,而不能造成持续的冲刷。

因此,三角洲岸线的蚀退和海底持续冲刷必然是与物质净输出相联系的。什么样的过程能够使沉积物脱离废黄河三角洲系统?一是陆架环流(在全潮水文观测数据中表现为余流),二是悬沙的扩散/弥散作用。后者不仅与悬沙浓度的水平梯度有关,而且与潮流的大小有关,潮流影响扩散/弥散系数的大小。如果这两种输运过程能够被界定,且相关的参数(悬沙浓度、扩散/弥散系数、余流流速和方向等)能够被测定,则单位时间内从废黄河三角洲逃逸的物质总量就能被估算,海底冲淤强度就可用分析的方法来确定。

29.2.5 江苏中部海岸潮滩淤长速率

同样的方法可用于江苏中部海岸潮滩淤长速率的计算。在黄河北迁、陆源物质供给中断之后,江苏潮滩总体上仍处于淤长状况,其物质供给是来自岸外海底沉积物的再改造和废黄河三角洲的冲刷。中部海岸潮滩的宽度很大,自然状况下超过 10 km,多年来持续向海推进,量级可达 $O(10^2 \ \text{m} \cdot \text{yr}^{-1})$;潮间带上部的泥质沉积区也有着较高的堆积速率,^{210}Pb 法测定的数值达 $3 \sim 4 \ \text{cm} \cdot \text{yr}^{-1}$。从潮滩动力学的观点来看,淤积速率是与涨潮水体的悬沙浓度相关的,涨潮阶段水流进入潮间带,憩流时水体的悬沙发生沉降,因此,落潮水体的悬沙浓度就会下降,涨落潮水体悬沙浓度的差异就代表了一个潮周期内的淤积强度。显然,涨潮水体悬沙浓度越大,潮间带泥质区发生高速堆积的可能性就越大。于是,我们的问题又一次归结为岸外水体悬沙浓度的控制因素。随着这一问题的解决,潮滩堆积速率的问题也就有了答案。不仅如此,潮滩今后的动态也能够加以预测,因为岸外再悬浮过程和废黄河三角洲侵蚀过程就决定了本区水体悬沙浓度今后的演变趋势。

以上几个科学问题的论述表明,如果我们不是把对全潮水文观测数据的分析局限于水动力和沉积动力条件的描述,而是着眼于过程和机理的解释,并且推广到环境动态预测,那么研究的课题就能得到扩展,研究水平就可以得到进一步提高。实际上,可研究的方面远不止上面所举的例子,边界层过程、床面形态过程、潮水沟地貌过程、潮流脊动态等都是很有价值的论题。除全潮水文观测的数据之外,今后进行的各种有关现代过程的观测,如海岸带长时间序列观测、海底观测网、海岸多功能信息系统的数据,也都要进行针对过程和机理的分析。此外,观测数据的分析还可以为数值模拟研究提供线索,这个问题将在本章的下一节讨论。

29.3　数学模型方法

29.3.1　数学模型方法的特点

在前面的论述中,已经探讨了根据现场观测数据进行过程分析,进而分析沉积、地貌响应的研究途径。此类分析的局限性在于,由于现场观测的站位有限,观测时段也相对较短,因此所获数据的时空分布范围太小,不足以建立起区域性(如东海陆架)的宏观堆积产物格局。

从研究的技术路线上看,由过程而推论产物的方法是正演的,而由产物推测过程的方法则是反演的。反演方法可以钻孔样品的分析为代表,从中首先获得沉积物垂向分布格局,再建立年代学框架,最后用沉积物所含的各种指标(如地球化学和微体化石参数)来推论堆积时的环境条件。如果幸运的话,可以发现与沉积物输运过程相关的信息,如潮流的强弱和输运方向等。显而易见,钻孔分析方法也有其局限性,钻孔位置的离散使研究材料(即钻孔样品)不能完整、连续地覆盖所涉及的沉积体系,即使有地球探测资料的补充仍然不能弥补这一缺陷。此外,在全新世海岸、陆架环境,哪些动力过程可以影响沉积层序、其信号以何种方式保存为沉积记录,这些方面知识的不足也影响了反演方法的成效。

R. W. Sternberg 等美国科学家长期从事陆架沉积动力过程的观测,并且试图将过程与沉积环境产物即沉积层序和记录的特征相联系(Sternber et al.,2001;Nittrouer et al.,2009)。在这个研究方向上,美国学者们曾推动了一个重要的研究计划——STRATFORM 的实施(Nittrouer,1999)。研究中获得的经验之一是,有一种方法能够将正、反演方法结合起来,并且在未来的过程-产物关系研究中起到重要作用,那就是数学模型方法。

在这里还要指出,本领域的模型是指根据物理学、化学、生物学等原理,结合动力过程和系统时空演化而构成的数值模拟体系,这与其他领域如地理信息系统的“模型”有着不同的概念。例如,在数据的时空结构研究中,也会有“建模”的任务,但那里的“模型”在很大程度上是关于数据时空特征展示的,所涉及的数量关系大多是统计关系。与此相应,"过程"这个术语的内涵也有不同,例如,在地理信息系统研究中,"过程"可能是一种操作方式或与先后次序有关。因此,学习如何建立和使用模型之前,首先要明确这里的"模型"是一种将沉积环境的过程与产物联系起来的工具,它要求对物理、化学、生物学原理的应用,而不仅仅是对应用统计方法的满足。

29.3.2 过程-产物关系的数学模型方法

数学模型可以从哪些方面来探讨过程-产物关系?模型方法的优点之一是能以各种分辨率来展示结果,给出连续的时空分布格局,而不像全潮水文观测和钻孔分布那样在时空上是间断的。前面提到的基于全潮水文观测而进行的现代过程分析也有时空间断的局限性,而辅之以数学模型来研究现代过程,则可以弥补这一不足。在模拟研究中,现场观测数据在很大程度上起了提供对比材料的作用。例如,沉积物再悬浮过程和平流-扩散输运过程的分析过去都是根据现场观测进行的,而以数值模拟方式也能重现潮流作用下的悬沙浓度分布及其在输运中的作用,模拟结果与现场观测数据可以很好地进行对比(Yu et al.,2010)。在其他方面,如潮流-波浪共同作用下的悬沙输运、陆架环流输运、沉积物重力流等,数学模型也能发挥其独特的作用(e.g.,Mulder et al.,1997)。

在地貌演化和沉积层序形成方面,模拟技术已有了明显的进步,发表的论文很多(e.g.,Aigner et al.,1990;Syvitski,1991;Syvitski & Daughney,1992;Paola,2000;Richard et al.,2003;Yu et al.,2012b)。在理论上,从过程到产物的模拟是可行的,模型输出结果的正确性则取决于各种过程在模型中的确切表达。

另一个已有一些论文但尚未引起广泛关注的研究方向是沉积记录中的各种现象和事件信息的模拟。垂向上沉积物特征的变化代表着沉积环境的变化,但一些特殊物质的出现(如泥质沉积中的贝壳碎屑层)则代表了当时发生的事件(如台风暴潮)。模型的建立首先要以钻孔中的分析结果为引导,由此获得相关过程的信息,然后以已知的环境特征为模拟的输入数据,以猜测或推测的方法建立多种可能的过程,以正演方式重演当时环境演化历程。如果在模拟结果产生了与钻孔中所得的相近特征,则可以认为模拟有可能反映了沉积体系的真实性。从逻辑上说,由现象推论原因有可能会陷入一果多因的境地,即一个充分条件不能误认为是一个必要条件。尽管如此,或然性的过程模拟至少提供了一种可能性,而经过多次、多种尝试,这种可能性能够逐渐被评判。

因此,关于产物中的现象和事实的模拟将成为一个极具潜力的研究方向。事实上,不少学者已开展了传统上不常进行模拟研究的一些课题的数值模拟研究,如白垩纪时期环境(地层记录显示)中的潮汐和风成环流特征(Ericksen & Slingerland,1990)、远古时代的生物演化进程(Elewa,2010;Laflamme et al.,2011)、海洋沉积记录的保存潜力(Gao,2009a)等。

29.3.3　沉积地质学理论的检验

数学模型可以检验沉积地质学的多种理论,如"沉积相律"和"全球海面循环图式"理论。

沉积相的空间分布是沉积学和地层学的重要问题,而"上新下老"和"沉积相律"是长期以来用于地层解释的重要原则。其含义是,如果不考虑沉积间断和地壳运动,则在同一钻孔中必然是新地层覆盖于老地层之上,而在平面上相邻沉积环境所形成的堆积体的分布位置也相邻。例如,对于一个内陆湖泊而言,湖滨沉积的相邻位置上应有浅水区沉积,再向外则可能有深水湖泊沉积。在钻孔中,正是应用这一原则来圈定一个沉积体系的空间分布范围的。但是,对于东海这样一个陆架宽度大、沉积物供应丰富、水动力条件活跃的开放系统,同一沉积体系不一定是在空间上连续分布的,如长江沉积物入海后就可能堆积在陆架不同的地点,以河口三角洲、浙闽沿岸泥、陆架中部泥质区等多种形式存在,换言之,长江物质在东海的堆积总体上形成一个连续地层系列,但这些层序不一定在空间上是连贯的。如果能够整合现代过程观测和钻孔分析,并模拟整个全新世时期的细颗粒沉积物堆积过程,则长江沉积体系的不同类型的层序在空间上的分布就可以弄清,甚至能够寻找到连续的沉积记录。在传统分析方法上,陆架沉积被看成是不连续的,不适合用做长时间序列的环境演化记录,但在数值模拟的新视角下,空间上断续分布的层序却很有可能构成时间上连续的层序和记录。

"全球海面循环"理论的要点是:陆架、海岸的沉积层序的时段、空间位置和相互接触关系主要是受全球海面变化格局所控制的(Vail et al.,1977;Sloss,

1988；Haq et al.，1987）。如果海面变化为已知，则可以推论沉积层序应该是什么样，反之，若获得了沉积层序信息，也可以反演海面变化的时间序列。这一理论由于其逻辑体系的严密性和无歧义的预测性（如对层序覆盖时段和缺失时段的预测）而受到学者们的高度重视，许多描述沉积层序的研究论文都遵循这一理论框架。但是，也有学者认为，沉积环境具有复杂性，不可能用单一因素建立统一的理论，甚至在沉积学研究中也不应该试图建立这样的理论，因为每一个沉积体系都是独特的，需要进行针对性的分析（Miall & Miall，2001；Miall，2010）。两种意见的争论至今仍然存在，但是理论意味着工作假说、可供对比的对象以及预测能力，而没有理论的纯粹描述则容易走向迷途。因此，从科学研究的目标来看，无论理论有多大的局限性，仍然是值得建立的。

主张具体系统具体分析，这种意见也有可取之处，它提醒我们应该更加完整地考虑各种重要过程。以东海为例，其沉积体系不仅与海面变化有关，原始地形（陆架的宽度和坡度）、河流入海物质通量和沉积物输运过程也是重要因素。在相同的海面变化格局下，由于后三种因素的差异，所形成的沉积体系可以有很大的不同。例如，单凭海面变化曲线很难预测长江三角洲沉积应覆盖哪个时段、分布于哪个空间，也很难推论陆架泥质沉积区的形成。今后在模拟研究中应同时考虑上述四种因素，改进有关全新世沉积体系的理论。由于全球范围内除海面变化以外的因素在不同区域有很大不同，因此模拟结果可以通过不同区域的对比来评价每个因素的影响大小。

29.3.4　年代学框架的沉积动力学方法

沉积体系的数学模型还有助于建立地层的年代学框架。在全新世沉积体系研究中，一个至今尚未完全解决的问题是定年方法在某些时段上的缺失。^{210}Pb法只能用于100年时间尺度，而^{14}C法则是针对$10^3 \sim 10^4$年时间尺度的，在100～1000年范围内缺失有效的同位素年代学方法。近年来广泛应用的光释光测年方法，因实验材料的限制难以应用于海洋环境中泥质沉积的分析。随着沉积层序形成模型的完善，这个问题有可能通过应用沉积动力学方法而得到解决。

在层序形成模拟中，由于所采用的方法是正演的，因此层序中每一段的时间是隐含在计算结果中的。以江苏海岸牡蛎礁层序模拟（陈蕴真、高抒，2010）为例,其起始时间为距今 1600 年,那时本区的环境条件变得适合于牡蛎生长,此后牡蛎以一定的速率向上生长,形成了牡蛎礁垂向层序。在此项研究中,虽然层序的特征被表示为深度的函数,但垂向生长速率都已通过模型计算得到,因此每一层的年代都是已知的。另一个例子是江苏中部海岸在黄河输入沉积物的 880 年间(1127~2007 年)的潮滩沉积层序模拟(高抒,2007),如果潮滩的物质供给量为已知,则岸线位置和不同层位的物质所代表的时间都是可由模型计算而获得的。在正确模拟层序形成的前提下,模拟结果将提供一个三维的年代学框架,从而为环境演化、生态系统动态的研究提供完整的年代信息。

值得指出的是,层序形成模拟结果正确与否,并不需要年代学的完整对照。如果 ^{210}Pb 和 ^{14}C 年代学信息与模型一致,再辅之以地貌沉积的其他证据(如沉积速率与物质输运率的关系等),确切的层序模拟是能够建立起来的。

此外,数学模型还有助于解决全新世沉积研究中的另一个难题,即年代测定中遭遇的"老碳"问题。沉积动力学观测表明,陆架沉积物经常被重新搬运、重新堆积,因此用 ^{14}C 法测得的很可能是沉积物颗粒形成的年龄,而不是堆积发生的时间。例如,渤海海峡沉积物受到潮流的冲刷,表层物质首先被搬运到渤海并堆积于层序的下部,随后冲刷出来的物质则被堆积到层序的上部,因而在 ^{14}C 年龄出现了倒置现象(Liu Z X et al.,1998)。类似的在杭州湾全新世沉积中也存在,那里全新世早、中期的物质 ^{14}C 年龄相近,甚至局部出现倒置(Lin et al.,2005;Zhang et al.,2012),把这段厚达几十米的沉积层解释为瞬间堆积,或者认为 ^{14}C 测定出现了大量的误测,显然是不恰当的。极有可能的情况是,杭州湾全新世早、中期的堆积物是来自东海陆架沉积的改造和再搬运、再堆积。在以上两个例子中,^{14}C 数据并不能帮助我们建立正确的年代框架,而依靠数值模拟,则有可能获得沉积层序的形成历史和相应的年代学框架。

29.4　结　　论

1. 在沉积学和地层学中,沉积层序的数值模拟研究可以促进作用与机制的研究,在物理学理论框架与实测资料之间搭建桥梁。主要技术问题是短期的观测数据和模拟技术怎样扩展到较大的时间尺度(如全新世),最终把沉积物输运数值模型、地貌形态动力学模型、层序模型和盆地充填模型连接起来。自 20 世纪 70 年代以来,学者们已经奠定了数值模拟的良好基础,全面推进海岸与陆架全新世层序和沉积记录模拟的条件已经成熟。

2. 现场观测数据分析应以现代过程、机理分析为重点。对于江苏海岸而言,全潮水文观测数据分析有助于解决一系列重要的科学问题,包括悬沙浓度的控制因素和均衡态、区域性地貌演化和沉积体系形成速率、废黄河三角洲岸外水域的冲刷动态、江苏中部海岸潮滩淤长速率分析等。

3. 数学模型方法能够将正、反演方法结合起来,在过程-产物关系研究中起到重要作用。模型方法的优点之一是能以各种分辨率来展示结果,给出连续的时空分布格局,因而在现代过程分析中能发挥其独特的作用。在潮流-波浪共同作用下的悬沙输运、陆架环流输运、沉积物重力流等过程,地貌演化和沉积层序形成,以及沉积记录中的各种现象和事件信息等方面,数学模型有着广泛的应用前景。

4. 数学模型方法能够用以检验、修正沉积地质学的"沉积相律"和"全球海面循环图式"理论,并在解决地层的年代学框架和 ^{14}C 年代测定中的"老碳"问题上具有潜力。

第三十章　海洋沉积动力学及相邻研究领域论文写作

　　美国科学社会学家默顿(R. K. Murton)对学术论文有一个看似功利化的比喻：它是科学界的"硬通货"(Murton，1973)。在一定程度上，论文确有功利性的一面，如工作考核、业绩奖励、职称晋升等都要看论文发表情况。我国现阶段对国外 SCI 论文发表尤其看重，一篇 SCI 论文给作者带来巨大利益的例子比比皆是。然而，仅仅这样去理解默顿是不全面的。默顿在他的《科学的社会学》一书中多次强调，在现实利益之外，学术论文有其核心内涵。科学研究的成果如果不被人所知，那么就如同研究根本没有进行过。所以，科研人员的职责之一是及时发表自己的研究结果，以便让同行知晓，让经费提供者或投资人得到回报。

　　学术论文写作对于年轻学者尤为重要，因此英国科学家巴拉斯说"年轻的科学家必须要多写论文"(Barrass，1978)。巴拉斯认为，研究生的学习可以说是无穷尽的，实验室的仪器设备既多又复杂，难以都学会，即使学会了，在以后的职业生涯中也只用到少数几件而已，倒不如多写论文，更有利于学术生涯的发展。现在学术队伍的规模急剧膨胀，工作的压力可能使年轻人不堪重负。只有动手做研究、写论文，才能跟上学术潮流。如果一个人只是学习而不研究，他一定会迷失在大潮里。所以，研究生理应在论文写作上十分努力，不要因外部干扰而产生困惑。一个人论文发表的记录也是学术成长的记录，这份记录越完整、越丰富，成就越大。大致来说，始终保持 5 篇论文处于审稿状态，这是年轻学者良好状态的标志。

　　学会写作较多的论文其实不难。首先是要看清科学的宏观图像，选定自己的切入点。追求科学就是追求幸福人生。如果研究生能够全身心地投入科学研究，不被杂事所烦扰，那么，按照古希腊学者伊壁鸠鲁的看法，他们的生活必定是幸福的。英国沉积动力学家 R. A. Bagnold(1990)在其自传中说他的学术生涯开始得很早,结束得却很晚;侦探小说作家 Agatha Christie(1977)的自传提到,因为在一生中做了自己想做的事,所以对人生感到满足。我们也应该学习他们:如果我们每天一早起来都有想要迫不及待地投入工作的心境,生活就会充实、有意义。抽空读一些前人的著述,对于培养科学素养是很有好处的。例如,科学哲学和方法论方面,可以阅读 B. Russell (1946)、K. R. Popper (1959, 1963) 和 A. J. Ayer (1971)等人的著作。还有许多介绍具体科学方法的著作也值得一读(例如:Westaway, 1924;Beveridge, 1950;Wilson, 1952)。科学史可以教给我们许多有益的经验,这一方面值得阅读的有 Masson (1962)、Price (1975)、Losse(1993)等人的著作。科学社会学的则有 Kuhn (1962, 1979)、Murton(1973)、赵红州(1984)和 Dickinson(1986)等人的著作,他们讨论的问题主要是科学组织实际上是如何运行的、其中的控制因素是什么。了解这些情况,有助于明确研究者本人的定位,树立信心,找到努力的方向。

其次,可以学习具体的写作方法,克服技术性的困难。前人写过许多指导写作的书(例如:Turabian, 1987;Watson, 1987;Phillips & Pugh, 1987;Day & Gastel, 2003;Murry, 2005)。Phillips 和 Pugh (1987) 给攻读学位的研究生提出的建议非常具体。Watson (1987) 认为人们思考的速度远高于写作速度,因此写作时要放慢节奏,"思维不够敏捷、难以写作"的想法是不成立的。Day 和 Gastel (2003)全面介绍了研究论文、综述论文、学位论文、个人简历、项目申请书、研究进展报告、会议报道、推荐信、审稿意见写作的要点,内容很完整,是研究生应该通读的一书本。Murry (2005) 针对"没有时间写作"的问题提出了很好的建议。如果认为这些书不合自己的胃口,甚至还有一个最为简单的办法,那就是"不会过日子看邻居":看看周围的科研人员是如何发表论文的,再看看学术刊物中的论文实际上是如何写成的。

最后,最重要的一点是赶快动手做。万事开了头就不难,找到一个科学问题,制定一个研究方案,采集一些数据,这时写作论文的时机就成熟了。只要开始行动,写作论文的一切障碍都会逐渐消除。这里,拟就本研究领域研究论文、综述论文和学位论文的写作、发表问题提出一些具体建议。

30.1　研究论文写作

研究论文是指基于数据分析等手段来探讨一个科学问题的论文，或者是阐述作者提出的一种新方法、新技术的论文。为了突出重点，研究论文的写作通常采取"一篇文章论述一件事"的办法。

研究论文一般发表于科技期刊。由于期刊的数目巨大，美国科学信息研究所认为只需关注其中一部分，即可获得主要的信息，因而在其出版物《科学引文索引》中列出了全球自然科学方面较为重要的学术刊物数千种，作为编排索引的信息来源，在这些刊物上发表的论文称为"SCI 论文"。南京大学规定理科博士研究生一般应发表 SCI 论文才能获得学位。当然，SCI 论文不一定都是高质量的，在非 SCI 刊物上发表论文也并不就低人一等。然而，一般而言，SCI 论文读者较多，是国际学术界用来进行交流的主要媒介，在 SCI 刊物上发表的论文能为国际学术界所广泛知晓。在这个意义上，SCI 论文的写作是很重要的。

SCI 刊物绝大多数是英文刊物，但外语上的困难并不是不能克服的。在写作实践中可逐渐提高英语水平，文稿写成之后还可请专家帮助修改。在提高投稿命中率方面，更大的困难是要掌握 SCI 刊物的特点，根据科学规范和科技人员阅读习惯进行写作。在较长一段时间里，我国学者发表的论文不够规范，其引用率也大多偏低，这个现象可能与我们的不良写作习惯有关。

SCI 刊物的研究论文在结构上大多由"摘要""引言""方法""结果""讨论""结论""致谢"和"参考文献"等章节所组成。这种论文结构是由英国皇家学会于 19 世纪中期确立的，这不是对文采的轻视，而是高效率学术交流的需要。采用这样的文章结构，科研人员可以很方便地从有关章节中找到自己想要查找的内容。

研究论文的写作是科学工作者必须掌握的基本功。掌握了研究论文的写作要领，在写作其他类型的论文（如综合评述、研究报导、仪器研制报告等）时便可做到举一反三，触类旁通。下面就来依次谈谈这些章节的写作问题。

大多数 SCI 刊物对"摘要"的要求是简练明快、信息量大，让读者稍加浏览即可大致了解本文的问题、方法和结果。常见的错误是把摘要弄成一段扩展了的标题，看上去几乎不增加任何信息。设想我们为《SCI 研究论文写作》一文配上如下的摘要："本文给 SCI 研究论文下了定义，描述了其重要性，给出了写作 SCI 论文所要考虑的几个方面，讨论了论文结构的技术问题，并总结了一些写作经验。"这份摘要没有告诉我们什么是 SCI 论文，有何重要性，在哪些方面要考虑，存在着哪些技术问题，都有些什么经验，因而是不符合要求的。一篇好的摘要，应在简短的篇幅里概括论文的重点内容，如科学问题、重要观察事实、新观点、新方法、新假说等。此外，摘要的行文应连贯流畅，尽量避免提及图表、公式或参考文献。

"引言"部分是一篇论文的正文开头，包含三项内容：一是提出科学问题；二是回顾前人对此问题已提供了什么样的答案，有何进展；三是本文的写作目的。在引出问题时，要阐述产生问题的宏观背景，以便让读者了解该问题在整个学科中的位置和重要性。对于将要探讨的问题或者与之相关的问题，如果前人已经有过研究，则应作必要的介绍和评价，并提及文献的出处。在行文上，应让读者清楚地知道哪些陈述是别人的，哪些是作者自己的。论文的研究目的要写得具体，与"结果"和"讨论"等部分将要表述的内容相一致。还有一点要重视的是科学问题的国际视野。过去，国际期刊出于西方学者想要了解我国情况或者论文发表的各国平衡的考虑，允许甚至鼓励我国学者发表以区域特征为主题的研究结果。现在情况不同了，局地性的研究不太会被接受，因此"引言"中对科学问题的叙述一定要考虑是否有广大的读者群这个因素。如果不是这样，则应把论文投稿至地区性的刊物上。

在地球科学的论文中，经常需要介绍研究区域的背景。如果文章篇幅不大，有关研究区域的内容可包括在"引言"一节中。若文章较长，则应以"研究区域"为题，另辟一节。关于研究区域的介绍，其要点是让读者明了为何对于选定的科学问题而言该研究区域是合适的。对研究区域的叙述应配之以必要的地图，文中提到的所有地名都应在图上标明。为了减少不必要的阅读障碍，地名可尽量少用。

"方法"的写作要求是自成体系，使读者无需借助于其他参考文献即可了解研究所用方法的原理、技术和分析步骤，看出本文的学术思想和技术路线。如果所用的方法为作者本人所创，则应从原理和假设到公式推导（包括每个变量的物理意义和量纲)多花些笔墨,描述清楚。即使所用方法是原有的标准方法,也要简练、完整地加以叙述,不能仅以列出参考文献为满足。这样做的目的是显示作者的学术严谨性,因为只有在方法问题上作过仔细考虑并在实验和观测工作中保持必要记录的人才能把这一节的内容写得有条有理。另一方面,有关方法和技术的充足信息也为他人做重复实验时提供了方便。研究结果的可重复性是评价一项科研工作的重要标志之一,作者应在这个方面采取积极配合的态度。

“结果”部分所涉及的任务有二。第一项任务是展示有关的(原始的和分析产生的)数据和资料,通常以图表形式给出。此外,在图表内容的性质、特征、可靠性等方面,可配以必要的文字描述。第二项任务是对所获结果进行分析和逻辑论证,提供在“引言”中所提问题的答案。

“讨论”应该写什么? 并非每篇论文都有这一部分,除非是出现了以下两种情况或其中之一:第一,所得数据只能部分回答问题或答案不够确定;第二,本项研究对相关问题的意义需要阐明。如果在这两个方面都无话可说,则“讨论”一节应略去,直接进入“结论”部分的写作。就上述第一种情况而言,研究者有时被资料质量或技术水平所限,对问题只能提供不够完整的解答。此时,可引用他人数据,与本项研究的结果结合起来,以获得对问题的最佳解答。此外,还可以说明为何不能完全回答问题的原因,分析资料解释的种种可能性,阐述下一步应继续进行的工作。至于上述的第二种情形,在科研中也是常常遇到的。如果本项研究具有进一步拓宽的前景,可望对相关领域的探索有所帮助,则可以就哪些方面有发展潜力、有什么预期成果、技术路线如何选取等问题进行讨论。

研究论文正文的最后一节是“结论”。有些科研人员认为,“结论”(Conclusion)这个词是指对某个问题的定论,而科学是不断发展的,并无定论可言,故应代之以“结语”(Summary)。在正式发表的论文中,也常有正文只到“讨论”为止的。其实,在英语里,此处“结论”的意思应该理解为对全文内容的总结。所以,用“结语”固然不错,但用“结论”也是符合英语习惯的。一般而言,“结论”一节的作用是提纲挈领地逐条列出文中的要点(此时不宜再提任何参考文献),每一条单独成一个段落,这样可帮助读者理解作者所要强调的重要之处。在这个意义上,“结论”以不省略为好,如果审稿者认为可略去,到那时再删除也不迟。

在一篇论文中，文末的"致谢"应认真对待。科学研究往往需要数人的参与和合作，在成文过程中，可能有许多单位和个人给予过支持。对他们的贡献表示感谢，是对他人劳动的尊重，也是对他人业绩的肯定。总的来说，与作者共同讨论过学术思想的同事、参加过野外工作和室内分析的人员、在图件清绘和文字打印上提供过帮助者、审阅过原文的同行、项目的资助者以及刊物的审稿人都在致谢之列。致谢要写得具体，应说明为什么而谢，应避免空洞的致谢。

最后，有关的参考文献应尽量提及，这是对前人工作的承认，也是科学道德的要求。在使用他人文献内容时不指明出处，不给出文献来源，会给读者造成所引内容是作者本人成果的假象。在"引言""方法"和"讨论"等节中尤其要重视参考文献的引用。当然，列上一长串与本文并无多大关系的文献，这种做法也是不可取的，它会给编辑审稿工作带来额外的负担。

30.2　综述论文写作

综述论文一般是指"Review"论文，其目的是回顾一段时期对某个科学问题或某个研究方向的研究进展，并提出进一步的研究思路。通常情况下，长期在第一线工作的研究人员对科研进展有较好的了解，对后续的研究也有较为清晰的思路。正因为如此，不少综述类刊物经常向名家约稿。但是，这不是说研究生和青年学者的综述论文就没有发表价值，刊物中他们的文章也不少。此外，文献综述还是学位论文（见下述）的重要组成部分，光是这一点，就足以说明写作综述论文的重要性。

写作综述论文的步骤包括：明确要论述的科学问题或研究方向；收集相关的文献；将科学问题或研究方向分解为若干条具体的研究内容；针对每条研究内容阅读文献，总结前沿研究动态和取得的成果；提出下一步的研究内容和方案。

综述论文通常由"引言"、以研究内容为分标题的论述、"讨论"和"结论"等部分组成。

"引言"要阐明科学问题或研究方向的内涵、研究的重要性以及综述的内容分解与论述方法。在这一方面,选题是至关重要的。只有那些针对重要科学问题的见解,才能被读者所关注,发表的论文才有可能被较多地引用。毋庸置疑,所选的科学问题应是尚未完全解决的问题,而研究方向则应是当前活跃的方向。

在"引言"之后,是把分解出来的研究内容按照逻辑顺序列为分标题,每个分标题对应一项研究内容。在文献资料归纳、总结的基础上,作者应给出每项研究内容的前人工作细节,如做了哪些工作、采用的方法和技术、取得的数据和资料、形成的观点和看法等,并从数据质量、逻辑关系、新观点、新方法、新理论等方面给予学术评价。除文字材料外,如有必要,可以采用图、表来提供信息,但要注意的是,图、表不宜直接从他人论文中下载,而应经过分析、归纳,重新制作图、表,使其与综述论文融为一体,成为作者自己的创作成果。

综述论文的"讨论"部分要着重论述需要继续进行的研究。前人研究会存在一些局限性和薄弱之处,例如,数据采集可能未满足时空分辨率的要求、样品分析的精度不够、计算方法中未考虑所有的重要因素、模型的预测能力较低,等等。对此要进行概括、总结,凝练出新的研究论题。接下来,要提出今后工作的内容,最好能够形成一个工作假说。最后,作者应提出一个具有可操作性的研究方案,其细节无需详细刻画,但技术路线应尽量明确。综述的"结论"部分是对研究进展、存在问题和今后努力方向的概括,其格式与研究论文相同。

在学术期刊中,还有一些在标题中出现"Overview"的论文。它与综述有类似之处,但其侧重点是阐述对一个科学问题的最新认识,在此基础上提出的新的科学问题,因此要注重对新知识表述的系统性和逻辑性。例如,对于"互花米草引种的盐沼环境和生态效应"这一问题,可以互花米草对地貌、沉积、底栖生物的影响为主线,从文献中概括相关信息,提供最新的答案,然后再提出"互花米草盐沼的生态系统动力学模拟"问题。

30.3　稿件准备与审稿意见处理

稿件写成后,在投稿之前需要明确作者的排序。美国科学院等单位合撰的

《怎样当一名科学家:科学研究中的负责行为》一书(何传启译,科学出版社 1996年出版)就科技论文署名问题专辟一章,强调"作者排名,既确立了荣誉,也明确了责任……想因论文获得荣誉的作者,就必须也应该承担责任"。但是,怎样才能做到公正署名?该书对这个问题说得比较模糊,只提到要有一份约定(不同研究领域和科研人员团体约定的差异可以很大)。一份合理的约定,应使每位作者的实际贡献与其所接受的奖惩相一致。

在科学研究中经常会遇到课题组成员贡献大小的评价问题。我们可以从学术思想的提出、资料的获取与分析以及文章的执笔情况等三个方面来考虑这个问题。这也可以推广到论文署名方面,用以建立一套简明易行的规则。

排名时要考虑的第一个方面是谁提出了论文的基本思想。这里,基本思想是指论文所涉及的学术问题和解决问题的思路。前者是一个具体的论题,可理解为所写论文的题目。后者包括研究该问题的方法、技术和假说,其中部分内容可能在定稿时被采纳,另一部分则可能在后来的分析中最终被放弃。简而言之,谁提出了论文的题目并且在建立假说和选择技术路线方面起了作用,谁就是论文思想的提出者。如果不止一人涉及这个方面,则应为每个相关人员按其贡献大小配给应得的份额。

野外观测、实验分析和数据处理是一篇论文形成的必要条件,因此也是排名时要考虑的第二个方面。在有些情况下(例如所涉及的人员都是课题组成员或合作研究人员),有关人员的贡献可仿照前述方法给以评议,即以百分制计算每个人的工作量。但是,有时野外观测和实验需要更多的人员参加,他们提供劳务并取得报酬,但与研究本身无关。这些人员的工作不在评议范围之内,不过他们的贡献仍应在论文的"致谢"部分提及。

第三个方面是关于论文的执笔者。有了想法和资料,就有了论文的基本材料,但文章的写作是一项颇费脑力的细致工作。在这个意义上,论文执笔具有与前述两项工作相当的重要性。执笔者的贡献可根据草稿准备和修改定稿等方面的工作量来评定,亦按百分制计算。在论文写作中,会涉及大量的辅助性工作,如绘图、打印,等等。这些工作人员如果只是提供劳务而不涉及研究,则一般不参加工作量的评定,他们的工作将在论文的"致谢"部分得到承认。

以上所述三个方面可认为是具有相同的重要性。故每位与论文有关的人员是否应成为作者以及在作者排名中的位置依其在三个指标中所得分数相加的总和而定。如果某位成员的贡献很小(例如在总的工作量中所占比重小于百分之五),则不一定成为论文的作者,其贡献在"致谢"中予以承认。在确定为作者的人员中,得分最高者(即贡献最大者)为第一作者,以此类推。

在上述框架中,可能会出现以下三个问题。

第一是课题负责人的排名问题。一般而言,课题负责人在申请经费和把握研究方向等方面都有重要贡献,但对于某一篇论文而言不一定参加过上述的各项工作。因此,可考虑采纳以下做法:如果课题负责人参加了一篇论文的具体工作,则其排名位置依前述规则而定,否则可将课题负责人列为最后一位作者。

第二,如果出现两位以上作者贡献相等的情况,则应通过作者之间的协商来确定署名次序。一般而言,科研工作者都有着比较固定的合作关系,他们的合作不会以一篇论文的完成而告终。因此,对署名次序可遵照轮流的原则,如这次作者甲靠前,则下次作者乙靠前。这样,在长期科研活动中大致可做到公正地确定署名次序。

最后一个问题是,对于以上所用判据的权重可能会有不同意见,即认为上述三个方面中的某一个对论文的产生更加重要。在某些特殊情况下,这个意见也许是对的。例如,当一项突破性的进展出现时,学术思想的提出可能比其他工作更为关键。在实践中,如果一个人在上述的某一方面做出了异乎寻常的事,他的贡献也必然为同事所承认,从而使他在署名时取得靠前位置成为自然而然的事情。但是,一般而言,科学进步是由众多的点滴成果汇集而成,在绝大多数情况下给上述三个方面以同等权重是合理的。设想有三位科学工作者合作研究,分别承担这三个方面的工作,在一定的时期内完成了若干论文。应该说,他们的贡献基本上是等同的。举例而言,如果一个人在这段时间内可以提供一定数量的论题,那么在同一时期内他恐怕也只能完成相应的数据采集和分析工作或差不多篇数的论文文稿。在科技工作群里,应该采取按照工作量计算贡献的原则。

稿件提交给刊物之后就进入了审稿阶段。学术刊物的审稿制度已经有了一百多年的历史,它对于提高科技论文质量起了重要作用。由于审稿人一般都是某个领域的专家,他们的意见对于编辑部和作者往往是很有益处的。但是也应看到,科学发展到今天,学术刊物分工之细和科研活动涉及之广已是今非昔比。审稿人可以是位专家,但未必就十分熟悉所审论文的具体研究内容。审稿活动已演化为科学工作者之间一种特殊的学术交流形式。科学家们常常担任审稿人和撰稿人的双重角色,进行作品互审。这些特点为当今科技论文的审稿和撰稿双方均提出了新的要求。

从审稿这方面来说,获得专业学术刊物的审稿资格是一种荣誉,但要维护这种荣誉并非易事。为此审稿人应将自己看成是撰稿者的同事,把审稿过程当做与同行讨论问题的机会。无论赞成或反对所审文章的刊出,均应列出充分理由,并提供中肯的修改建议。他不应以权威自居,根据个人好恶对论文随意拔高或贬低。举例而言,假定审稿人不同意所审论文发表,他应该向编辑部说明退稿的具体理由。一般而言,如果稿件的内容符合刊物的覆盖范围,则不合格稿件很可能是在以下几个方面出了问题:学术上无创新、有逻辑错误、论述的前提不合理或数据欠可靠。在指出这些问题时,应力求做到有根有据、以理服人。

科技论文中常见的错误多与不正确的逻辑推论方式或虚假前提有关。发现并指出此类错误是审稿者的责任。在指出错误时,务必指明是逻辑错误还是前提错误,两者不可混淆。逻辑错误的识别并不是一件容易的事,它往往需要对文章进行认真阅读、仔细推敲方可完成。前提错误的辨别则更难。在自然科学研究中,常常将某个理论假设或某件观测事实作为逻辑推理的前提,而此前提的合理性对于某个特定问题很可能难以决断。在此情况下,作为审稿一方不宜草率从事,而应在审稿意见中提出疑问,并要求作者补充叙述其前提的合理性。

数据的可靠性是一个更为复杂的问题。虚假数据可以是由于观测错误所致,在个别情况下也可能是作者弄虚作假的结果。为了能够判断虚假数据及其产生原因,审稿人需有一定的实验和野外观测的知识。如有疑问,应向同行进行咨询,或者要求作者详细说明数据来源。

另一方面,撰稿人也要做到正确地看待审稿意见。首先,一个科学工作者应意识到任何研究成果都不会是十全十美的,都还有改进的余地,因而对审稿意见中的合理部分应该虚心接受,用以进行论文的进一步修改。我们从事科技创作的目的是为了科学的进步,所以对论文中的不足和缺点不该掩饰、强辩,而应积极补救、修正。其次,遇到不公正的退稿,也不能"以牙还牙",随意攻击审稿者和编辑部,说审稿人"是外行,什么也不懂"。这种态度于事无补。这时候,作者应当做的是给编辑部写一封长信,说清自己对审稿意见的看法,指出退稿处理的不妥之处,并请求编辑部考虑重新审稿。经验表明,编辑部通常是会慎重处理作者意见的。最后,万一由于误审的原因撰稿人不得不接受退稿的现实,也不用过分失望。科研成果得不到公正的承认,这固然不是好事。但是,世界上学术刊物很多,文章并不一定非在某家刊物上发表不可。经验表明,达到一定质量水平的论文总会得到发表的机会。如果论文被退回,最简单的处理方式就是按审稿意见修改之后改投另一家学术刊物。

30.4　学位论文写作

　　学位论文写作在研究生学习阶段中是一项十分重要的工作,其重要性不仅在于能否获得学位,而且在于对学术生涯的深远影响。研究生从入学开始,硕士和博士学位研究生均有三年,学位论文要求在这一时期内完成。这就是说,要在有限的时间内完成一项研究学制,而且对博士生要求有理论突破,对硕士生则也要求完整。这是一项不容易的任务。我国的研究生教育中常有这样的事:研究生直到毕业前的半个月甚至两个月内才动手写学位论文,以致仓促成文,错误百出,论文质量低下。要完成一篇好的学位论文,可以从如下几方面入手。

　　首先,论文的写作是以入学的第一天开始,而不是毕业前的半年才开始。研究生从一开学就可以构思自己的论文结构。现今学位论文一般由引言、文献综述、研究方法、结果、讨论和结论等部分所构成(地学方面的论文还要在文献综述之后有"研究区域"一章)。对每一章都要及早逐磨其内容。有些章节,如文献综述,可从入学之后即开始写作,经常清理平时阅读的笔记,写成完整的文字。这些内容虽然不一定最终可用,但对于资料积累是很有帮助的。要定一个长远的目标，如第一学年以文献综述、研究方法为重点，第二学年以结果为重点，最后一年则对付结论、讨论、写作部分。

其次，及早与导师商定研究题目。研究生在确定了自己的工作日程之后，能否按计划执行取决于选题。选题与导师很有关系。研究生导师的风格各异，有的希望研究生自行选题，有的则给研究生提供题目。因此，研究生要尽早与导师沟通，在选题方式上取得共识。如果参加的研究是导师课题的一部分，则应在入学后不久就被研究生所知晓。如果导师有意让研究生自行选题，则研究生也应该在入学后即被告知。值得指出，有些研究生导师对学生采取不负责任的态度，以致于选题变换不定，经费长期不到位；或者由于客观的原因，导师无法在入学后立即安排。在这种情况下研究生应尽早取得导师同意进行自行选题或者更换导师，否则对学位论文的完成极为不利。选定题目之后，可立即动手开始写作的章节包括研究方法、研究区域等。寻找文献也可以有的放矢。

再次，研究生要有强烈的出成果意识，争取从学位论文中产生若干篇学术论文。根据自己的选题，可以制定出一批具体到论文题目的分课题，并划分出这些题目完成的阶段。最终这些题目能否完成当然取决于众多的因素，但有了这些研究目标，即使只能完成其中的一部分，也可望完成一篇优秀的论文。从教育学观点来看，研究生已经不能算是学生，他们是与导师一样的研究者，只是在经验方面欠缺一些。及早构思题目并有计划地努力完成，这不仅对学位论文有利，对后续的科研生涯（如博士后）也有益。研究生的入学，意味着科研竞争的开始，有如田径比赛，枪声一响，运动员就应奋力向前，不能再看成是平日训练。

最后，论文要与实验和观测同步进行，每次实验观测之后立即进行数据分析，找出不足之处。经常有这样的现象：论文写作过程中产生了新的想法，此时如果实验仍在进行，则还有机会研究。如果实验与分析脱节，等做完实验和野外工作之后再来分析、写作，则有可能陷入被动。在边做边写的进程中，还要注意阶段性成果的产出和发表。

学位论文和研究论文之间有什么区别？学位论文在形式上也要采用"摘要""引言""文献综述""研究区域""方法""结果""讨论""结论"和"参考文献"的顺序，与研究论文相似。但是，学位论文写作的目的是获得答辩资格并最终获得学位，因此在内涵上与研究论文有所不同。在英语里,"理学硕士"是"科学之师"的意思,而"理学博士"则是"哲学博士"。所以通过学位论文,答辩委员会专家可以评判是否够得上"科学之师"或"哲学博士"的标准。一般而言,硕士学位论文的评审要点是科学研究技能和流程的掌握程度,而博士学位论文还要看提出科学问题、制定研究方案以及探究方法论问题的能力。

为此,学位论文应做到内容详尽。学位论文与刊物论文的一大区别,是刊物论文的读者被设定为本领域的专家,因此文章需要省略一些本领域的基本知识,而学位论文是要向本领域的专家显示作者的知识基础,因此需要给出关于研究过程和结果的详细内容,获得的观测、分析数据和有关研究工作的"元数据"最好能作为附录列出。此外,学位论文的意义还在于为后来的研究生提供研究标准的参照物,一份内容详尽的学位论文对他们的帮助是巨大的。

在学位论文中,"致谢"可以写得自由一些,因而其篇幅可以大一些,但与研究论文的致谢部分一样,也应包括项目的资助者、与作者共同讨论过学术思想的同事、参加过野外工作和室内分析的人员等。

30.5　结　　语

1. 研究生和青年学者要多写论文,尤其是研究论文和综述论文写作。研究论文的写作通常采取"一篇文章论述一件事"的办法,可从特征刻画、过程与机理分析、新方法新技术等方面选择切入点。综述论文的内容是回顾一段时期对某个科学问题或某个研究方向的研究进展,并提出进一步的研究思路;Overview 论文可看成是综述的一个特例,其侧重点是阐述对一个科学问题的最新认识,并提出新的科学问题。

2. 论文写作、投稿、修改过程都要符合相关规范。论文写作格式最好以 SCI 刊物为准,论文的形成和署名等应遵循科学研究的诚信规范,而论文修改应按照刊物的制度进行(正确处理与审稿专家的关系)。

3. 学位论文研究工作的核心是明确指导教师和研究生各自的任务。学位论文写作的目的是获得答辩资格并最终获得学位；硕士学位论文要注重科学研究技能和流程的掌握程度，而博士学位论文还要看提出科学问题、制定研究方案，以及探究方法论问题的能力。因此，学位论文写作时应按照评审要求，做到内容详尽。

参考文献

蔡爱智，1982. 长江入海泥沙的扩散. 海洋学报，4(1)，78—88.

蔡伟章、陈耕心、丁锦仁，1985. 象山港潮汐潮流特征及成因探讨. 海洋通报，4(3)，
　　8—11.

陈吉余，2000. 从事河口海岸研究五十五年论文选. 华东师范大学出版社，上海，510pp.

陈一宁、高抒、贾建军、王爱军，2005. 米草属植物(*Spartina angilica* 和 *Spartina alterni-flora*)引种后江苏海岸湿地生态演化的初步探讨. 海洋与湖沼，35(5)，394—403.

陈蕴真、高抒，2010. 江苏南部海岸牡蛎礁演化的几何模型. 海洋与湖沼，41(1)，1—11.

程鹏、高抒，2000. 北黄海西部海底沉积物的粒度特征和净输运趋势. 海洋与湖沼，
　　31(6)，604—615.

丁文兰，1986. 胶州湾的潮汐与潮流. 海洋科学集刊，26，1—25.

董礼先、苏纪兰、王康墡，1989. 黄渤海潮流场及其与沉积物搬运的关系. 海洋学报，11，
　　102—114.

杜晓琴、李炎、高抒，2008. 台湾浅滩大型沙波、潮流结构和推移质输运特征. 海洋学报，
　　30(5)，124—136.

范代读、李从先、陈美发、王德杰、丁平兴，2001. 长江三角洲泥质潮坪沉积间断的定量分
　　析. 海洋地质与第四纪，21(4)，1—6.

冯应俊，1983. 东海四万年来海平面变化与最低海平面. 东海海洋，1(2)，36—42.

傅命佐、徐孝诗、徐小薇，1997. 黄、渤海海岸风沙地貌类型及其分布规律和发育模式. 海
　　洋与湖沼，28，56—65.

高建华、高抒、陈鹏、葛晨东、朱大奎，2002. 海南岛博鳌港沉积物的沿岸输送. 海洋地质与
　　第四纪地质，22(2)，41—48.

高抒，1985. 江苏粉砂淤泥质海岸剖面塑造与动态. 南京大学硕士研究生论文，南京大学
　　地理学系，南京，82pp.

高抒，1988. 东海沿岸潮汐汊道的 P-A 关系. 海洋科学，12(1)，15—19.

高抒，1989a. 废黄河口海岸侵蚀与对策. 海岸工程，8(1)，37—42.

高抒，1989b. 从地貌学观点看潮汐汊道研究方向. 海洋通报，8(3)，86—90.

高抒，1989c. 台维斯学术思想的继承与突破. 地理研究，8(1)，50—56.

高抒，1997a. 海洋沉积动力学研究与应用前景展望. 世界科技研究与发展，19(3)，62—66.

高抒，1997b. 两变量线性关系第三型：回归算法与地学应用. 青岛海洋大学学报，26(3)，373—381.

高抒，1998. 论海岸带受损环境恢复和整治：以山东半岛月湖为例. 世界科技研究与发展，20(4)，123—126.

高抒，2000a. 示踪沉积物方法的理论框架. 科学通报，45(3)，329—334.

高抒，2000b. 浅海细颗粒沉积物通量与循环过程. 世界科技研究与发展，22(5)，73—77.

高抒，2002. 全球变化中的浅海沉积作用与物理环境演化：以渤、黄、东海区域为例. 地学前缘，9(2)，329—335.

高抒，2003. 海洋沉积动力学的示踪物方法. 沉积学报，21(1)，61—65.

高抒，2005. 美国《洋陆边缘科学计划2004》述评. 海洋地质与第四纪地质，25(1)，119—123.

高抒，2006a. 亚洲地区的流域-海岸相互作用：APN近期研究动态. 地球科学进展，21(7)，680—686.

高抒，2006b. 床面形态演化. 高抒、张捷（主编），现代地貌学. 高等教育出版社，北京，328—339.

高抒，2007. 潮滩沉积记录正演模拟初探. 第四纪研究，27(5)，770—775.

高抒，2008a. 潮汐汊道形态动力过程研究综述. 地球科学进展，23(12)，1237—1248.

高抒，2008b. 海岸带陆海相互作用及其环境影响. 中国海洋学会主编，2007—2008海洋科学学科发展报告. 中国科学技术出版社，北京，79—87，165—166.

高抒，2009a. 沉积物粒径趋势分析：原理与应用条件. 沉积学报，27(5)，826—836.

高抒，2009b. 大型海底、海岸和沙漠沙丘的形态和迁移特征. 地学前缘，16(6)，13—22.

高抒，2009c. 从海岸地貌学看河海划界的可操作性. 海洋学研究，27(增刊)，23—27.

高抒，2010a. 长江三角洲对流域输沙变化的响应：进展与问题. 地球科学进展，25(3)，233—241.

高抒，2010b. 海岸与陆架沉积：动力过程、全球变化影响和地层记录. 第四纪研究，30(5)，856—863.

高抒，2010c. 极浅水边界层的沉积环境效应. 沉积学报，28(5)，926—932.

高抒，2010d. 海洋沉积动力过程对地质记录的影响问题. 地球科学编委会（主编），10000个科学难题-地球科学卷. 科学出版社，北京，968—969.

高抒,2011. 海洋沉积地质过程模拟:性质与问题及前景. 海洋地质与第四纪地质,
    26(5),233—241.

高抒、方国洪、于克俊、贾建军,2001. 海底稳定性评估方法及应用实例. 海洋科学集刊,
    43,25—37.

高抒、贾建军,2001. 东海泥质沉积区上升流对悬沙浓度和沉降通量的影响. 胡敦欣、章
    申、韩舞鸢(主编):长江、珠江口及邻近海域陆海相互作用. 海洋出版社,北京,
    137—153.

高抒、李家彪(主编),2002. 中国边缘海的形成演化. 海洋出版社,北京,175pp.

高抒,全体船上科学家,2011. IODP 第 333 航次:科学目标、钻探进展与研究潜力. 地球
    科学进展,30(9),233—241.

高抒、汪亚平,2002. 胶州湾沉积环境与潮汐汊道演化特征. 海洋科学进展,20(3),
    52—59.

高抒、谢钦春、冯应俊,1990. 浙江象山港潮汐汊道细颗粒物质的沉积作用. 海洋学报,
    12,463—469.

高抒、张红霞,1994. 海南岛洋浦港潮汐汊道口门的均衡过水面积. 海洋与湖沼,25(5),
    468—476.

高抒、张红霞,1997. 潮汐汊道 A-P 关系中参数 C 和 n 的控制因素. 海洋科学,21(4),
    23—27.

高抒、朱大奎,1988. 江苏淤泥质海岸剖面的初步研究. 南京大学学报(自然科学版),
    24(1),75—84.

龚文平、Shen J、陈斌,2007. 用一维水力学方程求取泻湖水位及潮汐汊道断面流速——以
    海南陵水新村港为例. 台湾海峡,26,301—313.

龚文平、汪亚平、王道儒、陈斌海,2008. 南新村港潮汐汊道波流联合作用下的动力特征及
    其沉积动力学意义. 海洋学研究,26(2),1—12.

龚文平、王道儒,2006. 潮汐汊道均衡断面面积计算与稳定性分析中的问题——以海南陵
    水新村为例. 热带海洋学报,25(4),31—41.

顾家裕、严钦尚、虞志英,1983. 苏北中部滨海平原贝壳砂堤. 沉积学报,1(2),47—59.

国土资源部中国地质调查局,2000. 新中国海洋地质工作大事记(1949—1999). 海洋出版
    社,北京.

海洋科学战略研究组,2012. 未来 10 年中国学科发展战略:海洋科学. 科学出版社,北
    京,194pp.

黄海军、李凡、张秀荣,2001a. 长江、黄河水沙特征初步对比分析. 胡敦欣、章申、韩舞鸢
    (主编):长江、珠江口及邻近海域陆海相互作用. 海洋出版社,北京,36—49.

黄海军、李凡、张秀荣,2001b. 长江水沙特征及其影响因素初步对比分析. 胡敦欣、章

申、韩舞莺(主编):长江、珠江口及邻近海域陆海相互作用. 海洋出版社,北京, 26—36.

贾建军、高抒,2005. 建立潮汐汊道 P - A 关系的沉积动力学方法. 海洋与湖沼,36, 268—276.

贾建军、高抒、汪亚平,2001. 长江口外和东海海域悬沙通量与循环过程. 胡敦欣、章申、韩舞莺(主编):长江、珠江口及邻近海域陆海相互作用. 海洋出版社,北京,111—121.

贾建军、高抒、薛允传,2003. 山东荣成月湖潮汐汊道的时间-流速不对称特征. 海洋学报, 25(3),158—168.

贾建军、汪亚平、高抒、王爱军、李占海,2005. 江苏大丰潮滩推移质输运与粒度趋势信息解译. 科学通报,50,2546—2554.

贾建军、程鹏、高抒,2004. 利用插值试验分析网格对粒度趋势分析的影响. 海洋地质与第四纪地质,24(3),135—141.

《简明数学手册》编写组,1978. 简明数学手册. 上海教育出版社,上海,第二部分,4—5.

金翔龙(主编),1992. 东海海洋地质. 海洋出版社,北京,524pp.

李保华、李从先、沈焕庭,2002. 冰后期长江三角洲沉积通量的初步研究. 中国科学(D辑),32(9),776—782.

李成治、李本川,1981. 苏北沿海暗沙成因的研究. 海洋与湖沼,12,321—331.

李从先、王平、范代读、李铁松,1999. 潮汐沉积率与沉积间断. 海洋地质与第四纪, 19(2),11—18.

李凤业、史玉兰、何丽娟、陈福、朱笑青,1999. 冲绳海槽晚更新世以来沉积速率的变化与沉积环境的关系. 海洋与湖沼,30,540—545.

李家芳、冯应俊、蔡伟章、王玉衡、尹向芙,1985. 象山港海洋自然环境分析及其开发利用前景. 海洋环境科学,4(1),18—25.

李鹏、杨世伦、戴仕宝、张文祥,2007. 近10年来长江口水下三角洲的冲淤变化——简论三峡工程蓄水的影响. 地理学报,62(7),707—716.

李占海、高抒、陈沈良,2007. 江苏大丰潮滩潮流边界层特征研究. 海洋工程,25(3),53—60.

林承坤,1992. 长江口及其邻近海域粘性泥沙的数量与输移. 地理学报,47(2),108—118.

刘光鼎,2002. 论中国油气二次创业. 海洋地质动态,18(11),1—3.

刘秀娟、高抒、汪亚平,2010. 倚岸型潮流沙脊体系中的深槽冲刷:以江苏如东海岸为例. 海洋通报,29(3),271—276.

刘秀娟、高抒、汪亚平,2010. 淤长型潮滩剖面形态演变模拟:以江苏中部海岸为例. 地球科学,35(4),542—550.

刘振夏、夏东兴，2004. 中国近海潮流沉积沙体. 海洋出版社，北京，222pp.

匿名，1983. 关于马山港刺参经济区调查及其开发利用报告. 10pp.

匿名，1988. 浙江省海岸带和海涂资源综合调查报告. 海洋出版社，北京，484pp.

潘志良、石斯器，1986. 冲绳海槽沉积物及其沉积作用. 海洋地质与第四纪地质，6(1)，17—30.

庞家珍、司书亨，1979. 黄河河口演变 I. 近代历史变迁. 海洋与湖沼，10，136—141.

庞家珍、司书亨，1980. 黄河河口演变 II. 河口水文特征及泥沙淤积分布. 海洋与湖沼，11，295—305.

任美锷（主编），1986. 江苏省海岸带与海涂资源综合调查报告. 海洋出版社，北京，517pp.

任美锷（编译），1958. 台维斯地貌学论文选. 科学出版社，北京.

任美锷、张忍顺，1984. 潮汐汊道的若干问题. 海洋学报，6，352—360.

任美锷、张忍顺、杨巨海、章大初，1983. 风暴潮对淤泥质海岸的影响——以江苏省淤泥质海岸为例. 海洋地质与第四纪地质，3(4)，1—24.

任明达、王乃梁，1985. 现代沉积环境概论. 科学出版社，北京，153—154.

萨莫依诺夫，1958. 河口演变过程的理论及其研究方法. 谢金赞等译. 科学出版社，北京.

施央申、刘寿和，1983. 浙闽沿海中生代火山岩基底构造研究. 中国海洋湖沼学会（主编），第二次中国海洋湖沼科学会议论文集，科学出版社，北京，259—269.

石学法、刘焱光、任红、王慧艳、陈春峰，2002. 南黄海中部沉积物粒径趋势分析及搬运作用. 科学通报，47，542—546.

孙枢，2003. 地球数据是地球科学创新的重要源泉. 地球科学进展，18，334—337.

孙顺才，1981. 长江三角洲全新世沉积特征. 海洋学报，3，97—113.

孙效功、杨作升，1995. 利用输沙量预测现代黄河三角洲的面积增长. 海洋与湖沼，26，76—82.

唐进年、王继和、苏志珠、丁峰、廖空太、刘虎俊、张国中、郑庆中、张锦春、俄有浩，2008. 库姆塔格沙漠羽毛状沙丘表面沙粒度分布特征. 干旱区地理，31(6)，918—925.

汪品先，2003. 我国的地球系统科学研究向何处去？地球科学进展，18，837—851.

汪亚平、高抒、贾建军，2000. 胶州湾及邻近海域沉积物分布特征和运移趋势. 地理学报，55(4)，449—458.

王爱军、高抒、贾建军，2006. 互花米草对江苏潮滩沉积和地貌演化的影响. 海洋学报，28(1)，92—99.

王宝灿、虞志英、刘苍字、金庆祥，1980. 海州湾岸滩演变过程和泥沙流动向. 海洋学报，2，79—96.

王丹丹、高抒、杜永芬，2012. 江苏如东海岸互花米草盐沼沉积物叶绿素 a 分布特征. 生态学杂志，31(9)，2247—2254.

王华强、高抒，2007. 杭州湾北岸高潮滩沉积特征与沿岸物质输运趋势. 海洋地质与第四纪地质，27(6)，25—30.

王康墡、苏玉芬、蔡伟章，等，1984. 长江径流及其冲淡区的水文特征. 国家海洋局第二海洋研究所（主编），东海研究文集，海洋出版社，北京，9—19.

王涛、赵哈林，2005. 中国沙漠科学的五十年. 中国沙漠，25(2)，145—165.

王文介，1984. 华南沿海潮汐通道类型特征的初步研究. 南海海洋科学集刊，5，19—29.

王颖（主编），2002. 黄海陆架辐射砂脊群. 中国环境科学出版社，北京，433pp.

王颖，1964. 渤海湾西部贝壳堤与古海岸线问题. 南京大学学报（自然科学版），8(3)，424—442.

王颖、朱大奎，1990. 中国的潮滩. 第四纪研究，(4)，291—299.

王韫玮、高抒，2010. 强潮环境下悬沙对底部边界层的影响. 海洋科学，34(1)，52—57.

魏合龙、庄振业，1997. 山东荣成湾月湖地区的泻湖-潮汐汊道体系. 湖泊科学，9，135—140.

吴超羽、包芸、任杰、雷亚平、史合印、何志刚，2006. 珠江三角洲及河网形成演变的数值模拟和地貌动力学分析：距今6000～2500a. 海洋学报，28(4)，64—80.

吴华林、沈焕庭、胡辉、张莉莉、黄清辉，2002. GIS支持下的长江口拦门沙泥沙冲淤定量计算. 海洋学报，24(2)，84—93.

夏东兴，1993. 中国海岸侵蚀述要. 地理学报，48，468—476.

夏训诚，1987. 库姆塔格沙漠的基本特征. 中国科学院罗布泊综合科学考察队（主编），罗布泊科学考察与研究. 科学出版社，北京，78—88.

谢钦春、叶银灿、陆炳文，1984. 东海陆架坡折地形和沉积作用过程. 海洋学报，6，61—71.

徐元、王宝灿，1986. 淤泥质潮滩潮锋的形成机制及其作用. 海洋与湖沼，29，148—155.

杨世伦、张正惕、谢文辉、贺松林，1999. 长江口南港航道沙波群研究. 海洋工程，17(2)，79—88.

杨世伦、朱骏、李鹏，2005. 长江口前沿潮滩对来沙锐减和海面上升的响应. 海洋科学进展，23(2)，152—158.

杨世伦、朱骏、赵庆英，2003. 长江供沙量减少对水下三角洲发育影响的初步研究——近期证据分析和未来趋势估计. 海洋学报，25(5)，83—91.

杨作升、郭志刚、王兆祥、徐景平、高文兵，1992. 黄东海陆架悬浮体向其东部深海区输送的宏观格局. 海洋学报，14，81—90.

于谦、高抒，2008. 往复潮流作用下推移质粒径趋势形成模拟初探. 海洋与湖沼，39(4)，297—304.

张乔民、陈欣树、王文介、宋朝景，1995. 华南海岸沙坝泻湖型潮汐汊道口门地貌演变. 海洋学报，17(2)，69—77.

张忍顺，1984a. 苏北黄河三角洲及滨海平原的成陆过程. 地理学报，39(2)，173—184.

张忍顺，1984b. 潮汐汊道研究的进展. 海洋通报，3(2)，89—96.

张忍顺，1984c. 辐射沙洲与弶港海岸发育的关系. 南京大学学报（自然科学版），20(2)，369—380.

张忍顺，1995. 渤海湾淤泥质海岸潮汐汊道的发育过程. 地理学报，50，506—513.

张志强、孙成权，1999. 全球变化研究十年新进展. 科学通报，44，464—477.

赵红州，1984. 科学能力学引论. 科学出版社，北京，361pp.

赵庆英、朱骏，2003. 河口河槽季节性冲淤变化及其对河流来水来沙香型的统计分析——以长江口南槽为例. 地理科学，23(1)，112—117.

赵松龄、杨光复、苍树溪、张宏才、黄庆福、夏东兴、王永吉、刘福寿、刘成福，1983. 关于渤海湾西海岸海相地层与海岸线问题. 海洋与湖沼，9(1)，15—24.

赵一阳、鄢明才，1994. 中国浅海沉积物地球化学. 科学出版社，北京，203pp.

中国科学院地学部地学教育咨询组，2003. 中国地学教育的未来. 地球科学进展，18(2)，172—174.

朱大奎、柯贤坤、高抒，1986. 江苏海岸潮滩沉积作用. 黄渤海海洋，4(3)，19—27.

朱大奎、许廷官，1982. 江苏中部海岸发育和开发利用问题. 南京大学学报（自然科学版），18(3)，799—814.

朱震达，1987. 塔克拉玛干沙漠地区沙漠化过程及其发展趋势. 中国沙漠，7(3)，16—28.

朱震达、郭恒文、吴功成，1964. 塔克拉玛干沙漠西南地区绿洲附近沙丘移动的研究. 地理学报，30(1)，35—50.

左浩、高抒，2005. 海南岛博鳌港洪水过程模拟. 海洋通报，24(1)，8—17.

Agterberg F P, 1974. Geomathematics: mathematical background and geosciences applications. Elsevier, Amsterdam, 596pp.

Ahmada T, Khannaa P P, Chakrapanib G J, Balakrishnanb S, 1998. Geochemical characteristics of water and sediment of the Indus River, Trans-Himalaya, India: constraints on weathering and erosion. Journal of Southeast Asian Earth Sciences, 16, 333—346.

Aigner T, Brandenburg A, Vliet A van, Doyle M, Lawrence D, Westrich J, 1990. Stratigraphic modelling of epicontinental basins: two applications. Sedimentary Geology, 69, 167—190.

Alexander C R, DeMaster D J, Nittrouer C A, 1991. Sediment accumulation in a modern epicontinental-shelf setting: the Yellow Sea. Marine Geology, 98, 51—72.

Allen J R L, 1982. Sedimentary structures: their character and physical basis. Elsevier,

New York, 1258pp.

Allen J R L, 1990. Salt-marsh growth and stratification: a numerical model with special reference to the Severn Estuary, Southwest Britain. Marine Geology, 95, 77—96.

Allen J R L, 2000. Morphodynamics of Holocene salt marshes: a review sketch from the Atlantic and Southern North Sea coasts of Europe. Quaternary Science Review, 19(12), 1155—1231.

Allen P A, 1997. Earth surface processes. Blackwell, London, 404pp.

Alves T M, Cartwright J A, 2010. The effect of mass-transport deposits on the younger slope morphology, offshore Brazil. Marine and Petroleum Geology, 27 (9), 2027—2036.

Alves T M, Lourenco S D N, 2010. Geomorphologic features related to gravitational collapse: submarine landsliding to lateral spreading on a Late Miocene-Quaternary slope (SE Crete, eastern Mediterranean). Geomorphology, 123, 13—33.

Amos C L, 1995. Siliciclastic tidal flats. In: Perillo G M E (ed.), Geomorphology and sedimentology of estuaries. Elsevier, Amsterdam, 273—306.

Amos C L, Daborn G R, Christian H A, Atkinson A, Robertson A, 1992. In situ erosion measurements on fine-grained sediments from the Bay of Fundy. Marine Geology, 108, 175—0196.

Anderson F E, 1973. Observations of some sedimentary processes acting on a tidal flat. Marine Geology, 14, 101—116.

Ando M, 1975. Source mechanisms and tectonic significance of historical earthquakes along the Nankai Trough, Japan. Tectonophysics, 27, 119—140.

Anikouchine W A, Ling H Y, 1967. Evidence for turbidite accumulation in trenches in the Indo-Pacific region. Marine Geology, 5(2), 141—154.

Anthony D, Leth J O, 2002. Large-scale bedforms, sediment distribution and sand mobility in the eastern North Sea off the Danish west coast. Marine Geology, 182, 247—263.

Araújo I B, Dias J M, Pugh D T, 2008. Model simulations of tidal changes in a coastal lagoon, the Ria de Aveiro (Portugal). Continental Shelf Research, 28, 1010—1025.

Arculus R J, Gill J B, Cambray H, Chen W, Stern R J, 1995. Geochemical evolution of arc systems in the western Pacific: the ash and turbidite record recovered by drilling. In: Taylor B, Natland J (ed.), Active margins and marginal basins of the western Pacific. American Geophysical Union, Washington D C, 45—65.

Ashley G M, Consortium, 1990. Classification of large-scale subaqeous bedforms: a new look at an old problem. Journal of Sedimentary Petrology, 60(1), 160—172.

Ashworth P J, Ferguson R I, 1989. Size selective entrainment of bed load in gravel bed streams. Water Resources Research, 25, 627—635.

Asselman N E M, 1999. Grain-size trends used to assess the effective discharge for flood-plain sedimentation, River Waal, the Netherlands. Journal of Sedimentary Research, 69(1A), 51—61.

Aubrey D G, Speer P E, 1985. A Study of non-linear tidal propagation in shallow inlet/estuarine systems. Part I: Observations. Estuarine, Coastal and Shelf Science, 21, 185—206.

Ayer A J, 1971. Language, truth and logic (2nd edition). Penguin, London, 206pp.

Baas J H, 1999. An empirical model for the development and equilibrium morphology of current ripples in fine sand. Sedimentology, 46, 123—138.

Badosa A, Boix D, Brucet S, López-Flores R, Quintana X D, 2006. Nutrients and zooplankton composition and dynamics in relation to the hydrological pattern in a confined Mediterranean salt marsh (NE Iberian Peninsula). Estuarine, Coastal and Shelf Science, 66(3—4), 513—522.

Bagnold R A, 1990. Sand, wind and war. Memoirs of a desert explorer. University of Arizona Press, Tucson, 209pp.

Baker P, McNutt M (ed.), 1996. The future of marine geology and geophysics. Ashland Hills, Oregon, 259pp.

Barrass R, 1978. Scientisits must write: a guide to better writing for scientists, engineers and students. Chapman and Hall, London, 192pp.

Barrie J V, Conway K W, Picard K, Greene H G, 2009. Large-scale sedimentary bedforms and sediment dynamics on a glaciated tectonic continental shelf: examples from the Pacific margin of Canada. Continental Shelf Research, 29, 796—806.

Bartholdy J, Bartholomae A, Flemming B W, 2002. Grain-size control of large compound flow-transverse bedforms in a tidal inlet of the Danish Wadden Sea. Marine Geology, 188, 391—413.

Bartholomä A, Flemming B W, 2007. Progressive grain-size sorting along an intertidal energy gradient. Sedimentary Geology, 202, 464—472.

Beardsley R C, Limeburner R, Yu H, Cannon G A, 1985. Discharge of the Changjiang (Yangtze River) into the East China Sea. Continental Shelf Research, 1985, 4(1), 57—76.

Bennett S J, Bridge J S, 1995. An experimental study of flow bedload transport and bed topography under conditions of erosion and deposition and comparison with theoretical models. Sedimentology, 42, 117—146.

Bergeron N E, Abrahams A D, 1992. Estimating shear velocity and roughness length from velocity profiles. Water Resources Research, 28(8), 2155—2158.

Bergerson D D, 1993. Geology and geomorphology of Wodejebato (Sylvania) Guyot, Marshall Islands. In: Pringle M S, Sager WW, Sliter W V, Stein S (ed.), The Mesozoic Pacific: geology, tectonics, and volacanism. American Geophysical Union, Washington D C, 367—385.

Bernard P, 2001. From the search of precursors to the research on"crustal transients". Tectonophysics, 338, 225—232.

Berry D A, Lindgreen B W, 1990. Statistics: theory and methods. Brooks/Cole, California. 763pp.

Bertin X, Chaumillon E, Weber N, Tesson M, 2004. Morphological evolution and time-varying bedrock control of main channel at a mixed energy tidal inlet: Maumusson Inlet, France. Marine Geology, 204, 187—202.

Beveridge W I B, 1950. The art of scientific investigation. William Heinemann, London, 171pp.

Bhandari S, Maurya D M, Chamyal L S, 2005. Late Pleistocene alluvial plain sedimentation in Lower Narmada Valley, Western India: palaeoenvironmental implications. Journal of Asian Earth Sciences, 24, 433—444.

Bianchi T S, Mitra S, McKee B A, 2002. Sources of terrestrially derived organic carbon in lower Mississippi River and Lousiana shelf sediments: implications for differential sedimentation and transport at the coastal margin. Marine Chemistry, 77, 211—223.

Bird E F C, 1984. Coasts: an introduction to coastal geomorphology. Blackwell, Oxford, 320pp.

Bloom A L, 1978. Geomorphology: a systematic analysis of late Cenozoic landforms. Prentice-Hall, New Jersey, 300pp.

Bloomer S H, Taylor B, MacLeod C J, Stern R J, Fryer P, Hawkins J W, Johnson L, 1995. Early arc volcanisms and ophiolite problem: a perspective from drilling in the western Pacific. In: Taylor B, Natland J (ed.), Active margins and marginal basins of the western Pacific. American Geophysical Union, Washington D C, 1—30.

Boggs S Jr, 1987. Principles of Sedimentology and Stratigraphy. Merill, Columbus (Ohio), 784pp.

Bonn J D, Bryne R J, 1981. On basin hypsometry and the morphodynamic response of coastal inlet systems. Marine Geology, 40, 27—48.

Boothroyd J C, 1978. Mesotidal inlets and estuaries. In: Davis R A Jr (ed.), Coastal sedimentary environments. Springer-Verlag, Berlin, 287—360.

Boothroyd J C, 1985. Tidal inlets and tidal deltas. In: Davis R A Jr (ed.), Coastal sedimentary environments (2nd edition). Springer-Verlag, New York, 445—532.

Bornhold B D, Yang Z S, Keller G H, Prior D B, Wiseman W J, Wang Q, Wright L D, Xu W D, Zhuang Z Y, 1986. Sedimentary framework of the modern Huanghe (Yellow River) Delta. Geo-Marine Letters, 6, 77—83.

Bourke M C, Ewing R C, Finnegan D, McGowan H A, 2009. Sand dune movement in the VictoriaValley, Antarctica. Geomorphology, 109, 148—160.

Bowman D, 1993. Morphodynamics of the stagnating Zwin inlet, The Netherlands. Sedimentary Geology, 84, 219—239.

Bridge J S, 1981. Hydraulic interpretation of grain-size distributions using a physical model for bed load transport. Journal of Sedimentary Petrology, 51(4), 1109—1124.

Bridge J S, Bennett S J, 1992. A model for the entrainment and transport of sediment grains of mixed sizes, shapes, and densities. Water Resources Research, 28, 337—363.

Bruun P, 1978. Stability of tidal inlets-theory and engineering. Elsevier, Amsterdam, 506pp.

Budillon F, Violante C, Conforti A, Esposito E, Insinga D, Iorio M, Porfido S, 2005. Event beds in the recent prodelta stratigraphic record of the small flood-prone Bonea Stream (Amalfi Coast, Southern Italy). Marine Geology, 222—223, 419—441.

Buijsman M C, Ridderinkhof H, 2008. Long-term evolution of sand waves in the Marsdiep inlet. I: High-resolution observations. Continental Shelf Research, 28, 1190—1201.

Buijsman M C, Ridderinkhof H, 2008. Long-term evolution of sand waves in the Marsdiep inlet. II: Relation to hydrodynamics. Continental Shelf Research, 28, 1202—1215.

Buonaiuto F S, Kraus N C, 2003. Limiting slopes and depths at ebb-tidal shoals. Coastal Engineering, 48, 51—65.

Burningham H, French J, 2006. Morphodynamic behaviour of a mixed sand-gravel ebb-tidal delta: Deben estuary, Suffolk, UK. Marine Geology, 225, 23—44.

Burton J D, 1988. Riverine materials and the continent-ocean interface. In: Lerman A, Meybeck M (ed.), Physical and chemical weathering in geochemical cycles. Kluwer, Dordrecht, 299—321.

Burton J D, Liss P S (ed.), 1976. Estuarine chemistry. Academic Press, London, 229pp.

Cacchione D A, Drake D E, Ferreira J T, Tate G B, 1994. Bottom stress estimate and sand transport on the northern California inner continental shelf. Continental Shelf Research, 14, 1271—1289.

Caeiro S, Painho M, Goovaerts P, Costa H, Sousa S, 2003. Spatial sampling design for sediment quality assessment in estuaries. Environmental Modelling & Software, 18, 853—859.

Caldwell N E, 1983. Using tracers to assess size and shape sorting processes on a pebble beach. Proceedings of the Geologists' Association, 94, 86—90.

Cao M, Xin P, Jin G Q, Li L, 2012. A field study on groundwater dynamics in a salt marsh-Chongming Dongtan wetland. Ecological Engineering, 40, 61—69.

Carol E S, Kruse E E, Pousa J L, 2011. Influence of the geologic and geomorphologic characteristics and of crab burrows on the interrelation between surface water and groundwater in an estuarine coastal wetland. Journal of Hydrology, 403 (3—4), 234—241.

Carr A P, 1969. Size grading along a pebble beach: Chesil Beach, England. Journal of Sedimentary Petrology, 39, 297—311.

Carr A P, 1971. Experiments on longshore transport and sorting of pebbles, Chesil Beach, England. Journal of Sedimentary Petrology, 41, 1184—1204.

Castelle B, Bourget J, Molnar N, Strauss D, Deschamps S, Tomlinson R, 2007. Dynamics of a wave-dominated tidal inlet and influence on adjacent beaches, Currumbin Creek, Gold Coast, Australia. Coastal Engineering, 54, 77—90.

Cattaneo A, Correggiari A, Langone L, Trincardi F, 2003. The late-Holocene Gargano subaqueous delta, Adriatic shelf: Sediment pathways and supply fluctuations. Marine Geology, 193, 61—91.

Chamley H, 1989. Clay sedimentology. Springer, Berlin, 623pp.

Chang Y H, Scrimshaw M D, Lester J N, 2001. A revised Grain-Size Trend Analysis program to define net sediment transport pathways, Computers & Geosciences, 27, 109—114.

Chen C T A, Ruo R, Pai S C, Liu C T, Wong G T F, 1995. Exchange of water mass between the East China Sea and the Kuroshio off northeastern Taiwan. Continental Shelf Research, 15, 19—39.

Chen J Y, Li D J, Chen B L, Hu F X, Zhu H F, Liu C Z, 1999. The processes of dynamic sedimentation in the Changjiang Estuary. Journal of Sea Research, 41, 129—140.

Chen X Q, 1998. Changjiang (Yangtze) River delta, China. Journal of Coastal Research,

14, 838—858.

Chen Z Y, Song B, Wang Z, Cai Y, 2000. Late Quaternary evolution of the sub-aqueous Yangtze Delta, China: sedimentation, stratigraphy, palynology, and deformation. Marine Geology, 162, 423—441.

Chen Z Y, Stanley D J, 1993. Yangtze delta, eastern China: 2. Late Quaternary subsidence and deformation. Marine Geology, 112, 13—21.

Cheng P, Gao S, Bokuniewicz H, 2004. Net sediment transport patterns over the Bohai strait based on grain size trend analysis. Estuarine, Coastal and Shelf Science, 60, 203—212.

Cheong H F, Khader M H A, 1992. The dispersion of radioactive tracers along the east coast of Singapore. Coastal Engineering, 17, 71—92.

Chorley R J (ed.), 1972. Spatial analysis in geomorphology. Methuen and Co., London, 393pp.

Christiansen C, Blaesild P, Dalsgaard K, 1984. Re-interpreting "segmented" grain-size curves. Geological Magazine, 121, 47—51.

Christie A, 1977. An autobiography. Collins, London, 542pp.

Chung Y C, Hung G W, 2000. Particulate fluxes and transports on the slope between the southern East China Sea and the South Okinawa Trough. Continental Shelf Research, 20, 571—597.

Ciavola P, Taborda R, Ferreira O, Dias J A, 1997. Field observations of sand-mixing depth on steep beaches. Marine Geology, 141, 147—156.

Cicin-Sain B, 1993. Sustainable development and integrated coastal management. Ocean and Coastal Management, 21, 11—43.

Clark M J, Collins M B, Hill C, Gao S, Long A, 1994. Pagham Harbour: review of physical and biological processes. Report to West Sussex County Council, English Nature, and National Rivers Authority. GeoData Institute (University of Southampton), 92pp.

Clift P D, 1995. Volcaniclastic sedimentation and volcanisms during the rifting of western Pacific backarc basins. In: Taylor B, Natland J (ed.), Active margins and marginal basins of the western Pacific. American Geophysical Union, Washington D C, 67—96.

Coles S L, Brown B E, 2003. Coral bleaching -capacity for acclimatization and adaptation. Advances in Marine Biology, 46, 183—223.

Collins M B, Gao S, 1991. An assessment of mobility of sandwaves in Bideford Bay,

southwestern England. Report prepared for WS Atkins Water Ltd. , Department of O-
ceanography (University of Southampton), 25pp (+ Figures).

Collins M B, Ke X K, Gao S, 1998. Tidally-induced flow structure over sandy intertidal
flats. Estuarine, Coastal and Shelf Science, 46, 233—250.

Collinson J, Mountney N, Thompson D, 2006. Sedimentary structures (3rd edition). Ter-
ra, Harpenden (UK), 292pp.

Cooke R, Warren A, Goudie A, 1992. Desert geomorphology. UCL Press,
London, 420pp.

Costanza R, d'Arge R, De Groot R, Farberk S, Grasso M, Hannon B, Limburg K,
Naeem S, O'Neill R, Paruelo J, Raskin R, Sutton P, Van den Belt M, 1997. The
value of the world's ecosystem services and natural capital. Nature, 387, 253—260.

Crean P B, Murty T S, Stronach J A, 1988. Mathematical modelling of tides and estuarine
circulation. Springer-Verlag, Berlin, 471pp.

Crossland C J, Kremer H H, Lindeboon H J, Crossland J I M, Le Tisser M D A (ed.),
2005. Coastal fluxes in the Anthropocene. Springer, Berlin, 231pp.

Cui Y, Parker G, Paola C, 1996. Numerical simulation of aggradation and downstream fin-
ing. Journal of Hydraulic Research, 34, 185—204.

Cunge J, 2003. Of data and models. Journal of Hydroinformatics, 5(2), 75—98.

D'Alpaos A, 2011. The mutual influence of biotic and abiotic components on the long-term
ecomorphodynamic evolution of salt-marsh ecosystems. Geomorphology, 126(3—4),
269—278.

D'Alpaos A, Lanzoni S, Marani M, Bonometto A, Cecconi G, Rinaldo A, 2007. Sponta-
neous tidal network formation within a constructed salt marsh: observations and mor-
phodynamic modelling. Geomorphology, 91(3—4), 186—197.

D'Alpaos A, Lanzoni S, Mudd S, Fagherazzi S, 2006. Modelling the influence of hydrope-
riod and vegetation on the cross-sectional formation of tidal channels. Estuarine,
Coastal and Shelf Science, 69, 311—324.

Dalrymple R W, Knight R J, Lamibiae J J, 1978. Bedforms and their hydraulic stability
relationships in a tidal environment, Bay of Fundy, Canada. Nature, 275, 100—104.

Darwin C, 1842. The structure and distribution of coral reefs. Smith, Elder and Co. ,
London, 214pp.

Dasgupta P, 2002. Sediment gravity flow—the conceptual problems. Earth Science Re-
views, 62, 265—281.

Davis J C, 1986. Statistics and data analysis in geology (2nd edition). John Wiley, New

York, 646pp.

Davis R A Jr, Barnard P, 2003. Morphodynamics of the barrier-inlet system, west-central Florida. Marine Geology, 200, 77—101.

Davis R A Jr, Fox W T, 1981. Interaction between wave and tide-generated processes at the mouth of a microtidal estuary: Matanzas River, Florida (USA). Marine Geology, 40, 49—68.

Dawson A G, Stewart I, 2007. Tsunami deposits in the geological record. Sedimentary Geology, 200, 166—183.

Day J W Jr, Gunn J D, Folan W J, Yáñez-Arancibia A, Horton B P, 2007. Emergence of complex societies after sea level stabilized. EOS, 88(15), 169—170.

Day R A, Gastel B, 2003. How to write and publish a scientific paper (6th edition). Cambridge University Press, Cambridge, 302pp.

Devriend H J, Capobianco M, Chesher T, De Swart H E, Latteux B, Stive M J F, 1993. Approaches to long-term modeling of coastal morphology: a review. Coastal Engineering, 21, 225—269.

Deloffre J, Lafite R, Lesueur P, Lesourd S, Verney R, Guézenne L, 2005. Sedimentary processes on an intertidal mudflat in the upper macrotidal Seine estuary, France. Estuarine, Coastal and Shelf Science, 64, 710—720.

DeMaster D J, McKee B A, Nittrouer C A, Qian J -C, Cheng G -D, 1985. Rates of sediment accumulation and particle reworking based on radiochemical measurements from continental shelf deposits in the East China Sea. Continental Shelf Research, 4(1), 143—158.

Dickinson J P, 1986. Science and scientific researchers in modern society (2nd edition). UNESCO, Paris, 260pp.

DiLorenzo J L, 1988. The overtide and filtering response of small inlet / bay systems. In: Aubrey D G, Weishar L (ed.), Hydrodynamics and sediment dynamics of tidal inlets. Springer-Verlag, New York, 24—53.

Dolphin T J, Hume T M, Parnell K E, 1995. Oceanographic processes and sediment mixing on a sand flat in an enclosed sea, Manukau Harbour, New Zealand. Marine Geology, 128, 169—181.

Dong Z B, Qian G Q, Luo W Y, Zhang Z C, Xiao S C , Zhao A G, 2009. Geomorphological hierarchies for complex mega-dunes and their implications for mega-dune evolution in the Badain Jaran Desert. Geomorphology, 106, 180—185.

Drake D E, Cacchione D A, 1986. Field observations of bed shear stress and sediment resuspension on continental shelves, Alaska and California. Continental Shelf Research, 6, 415—429.

Dronkers J, Miltenburg A G, 1996. Fine sediment deposits in shelf seas. Journal of Marine Systems, 7, 119—131.

Du Y, Xu K, Warren A, Lei Y L, Dai R H, 2012. Benthic ciliate and meiofaunal communities in two contrasting habitats of an intertidal estuarine wetland. Journal of Sea Research, 70, 50—63.

Duc D M, Nhuan M T, Ngoi C V, Nghi T, Tien D M, Van Weering Tj. CE, Van den Bergh G D, 2007. Sediment distribution and transport at the nearshore zone of the Red River delta, Northern Vietnam. Journal of Asian Earth Sciences, 29, 558—565.

Duman M, Avc M, Duman S, Demirkurt E, Düzbastılar M K, 2004. Surficial sediment distribution and net sediment transport pattern in IzmirBay, western Turkey. Continental Shelf Research, 24, 965—981.

Dyer K R, 1986. Coastal and estuarine sediment dynamics. John Wiley, Chichester, 342pp.

Dyer K R, 1997. Estuaries: aphysical introduction (2nd edition). John Wiley, Chichester, 195pp.

Dyer K R, Christie M C, Wright E W, 2000. The classification of intertidal mudflats. Continental Shelf Research, 20(10—11), 1039—1060.

Eguiluz A, Wong K C, 2005. Second order tidally induced flow in the inlet of a coastal lagoon. Estuarine, Coastal and Shelf Science, 64, 509—518.

Eisma D, 1993. Suspended matter in the aquatic environment. Springer-Verlag, Berlin, 315pp.

Elewa A M (ed.), 2010. Computational paleontology. Springer, Berlin, 223pp.

Elias E P L, Cleveringa J, Buijsman M C, Roelvink J A, Stive M J F, 2006. Field and model data analysis of sand transport patterns in Texel Tidal inlet (the Netherlands). Coastal Engineering, 53, 505—529.

Elias E P L, Van der Spek A J F, 2006. Long-term morphodynamic evolution of Texel Inlet and its ebb-tidal delta (The Netherlands). Marine Geology, 225, 5—21.

Elliott M, 1994. Bulletin of the Estuarine and Coastal Sciences Association, 17, 3—4.

Ericksen M C, Slingerland R, 1990. Numerical simulations of tidal and wind-driven circulation in the Cretaceous Interior Seaway of North America. Geological Society of America Bulletin, 102, 1499—1516.

Ericksen M C, Slingerland R, 1990. Numerical simulations of tidal and wind-driven circulation in the Cretaceous Interior Seaway of North America. Geological Society of America Bulletin, 102, 1499—1516.

Escoffier E F, 1940. The stability of tidal inlets. Shore and Beach, 8(4), 114—115.

Evans G, 1965. Intertidal flat sediments and their environments of deposition in the Wash. Quarterly Journal of Geological Society of London, 121, 209—245

Falconer R A, Owens P H, 1990. Numerical modeling of suspended sediment fluxes in estuarine waters. Estuarine, Coastal and Shelf Science, 31, 745—762.

Falconer, R. A. and Owens, P. H. , 1990. Numerical modelling of suspended sediment fluxes in estuarine waters. Estuarine, Coastal and Shelf Science, 31, 745—762.

Fisher W L, McGowen J H, 1969. Depositional systems in the Wilcox Group (Eocene) of Texas and their relation to occurrence of oil and gas. American Association of Petroleum Geologists Bulletin, 53, 30—54.

FitzGerald D M, 1984. Interactions between the ebb-tidal delta and landward shoreline: Price Inlet, SC. Journal of Sedimentary Petrology, 54, 1303—1318.

FitzGerald D M, Buynevich I V, Davis R A Jr, Fenster M S, 2002. New England tidal inlets with special reference to riverine-associated inlet systems. Geomorphology, 48, 179—208.

Flemming B W, 1988. Zur klassifikation subaquatischer, stromungstrans versaler transportkorper. Bochunmer Geologische und Geotechnische Arbeitin, 29, 179—205.

Flemming B W, 2007. The influence of grain-size analysis methods and sediment mixing on curve shapes and textural parameters: Implications for sediment trend analysis. Sedimentary Geology, 202(3), 425—435.

Folk R L, Ward W C, 1957. BrazosRiver bar, a study in the significance of grain-size parameters. Journal of Sedimentary Petrology, 27, 3—27.

Fontolan G, Pillon S, Quadri F D, Bezzi A, 2007. Sediment storage at tidal inlets in northern Adriatic lagoons: ebb-tidal delta morphodynamics, conservation and sand use strategies. Estuarine, Coastal and Shelf Science, 75, 261—277.

Fowler A, 2011. Mathematical geoscience. Springer, Berlin, 883pp.

Fredsoe J, Deigaard R, 1992. Mechanics of coastal sediment transport. World Scientific, Singapore, 369pp.

Friedman G M, 1979. Differences in size distributions and populations of particles among sands of various origins. Sedimentology, 26, 3—32.

Friedrich C T, Wright L D, Hepworth D A, Kim S C, 2000. Bottom-boundary-layer processes associated with fine sediment accumulation in coastal seas and bays. Continental Shelf Research, 20, 807—841.

Friedrichs C T, Perry J E, 2001. Tidal salt marsh morphodynamics. Journal of Coastal Research, 11, 1062—1074.

Friedrichs C T, Scully M E, 2007. Modeling deposition by wave-supported gravity flows on the Po River prodelta: From seasonal floods to prograding clinoforms. Continental Shelf Research, 27, 322—337.

Friend P L, Velegrakis A F, Weatherston P D, Collins M B, 2006. Sediment transport pathways in a dredged ria system, southwest England. Estuarine, Coastal and Shelf Science, 67, 491—502.

Frings R M, 2008. Downstream fining in large sand-bed rivers. Earth-Science Reviews, 87, 39—60.

Frisch U, 1995. Turbulence. Cambridge University Press, Cambridge, 296pp.

Fry V A, Aubrey D G, 1990. Tidal velocity asymmetries and bedload transport in shallow embayments. Estuarine, Coastal and Shelf Sciences, 30, 453—473.

Gadd P E, Lavelle J W, Swift D J P, 1978. Estimates of sand transport on the New York shelf using near-bottom current meter observations. Journal of Sedimentary Petrology, 48, 239—252.

Gallivan L B, Davis R A Jr, 1981. Sediment transport in a microtidal estuary: Matanzas River, Florida (USA). Marine Geology, 40, 69—83.

Gao J H, Bai F L, Yang Y, Gao S, Liu Z Y, Li J, 2012. Influence of *Spartina* colonization on the supply and accumulation of organic carbon in tidal salt marshes of northern Jiangsu Province, China. Journal of Coastal Research, 28(2), 486—498.

Gao J H, Gao S, Cheng Y, Dong L X, Zhang J, 2004. Suspended sediment movement and the formation of turbidity maxima in Yalu River estuary. Journal Coastal Research, SI43, 134—146.

Gao S, 1996. A FORTRAN program for grain size trend analysis to define net sediment transport pathways. Computers and Geosciences, 22, 449—552.

Gao S, 2000. A theoretical framework of tracer methods for marine sediment dynamics. Chinese Science Bulletin, 45, 1434—1440.

Gao S, 2005. Physical changes of tidal inlet systems. In: Crossland C J, Kremer H H, Lindeboon H J, Crossland J I M, Tissier M D A Le (ed.), Coastal fluxes in the Anthropocene. Springer-Verlag, Berlin, 73.

Gao S, 2006. Catchment-coastal interaction in the Asia-Pacific region. In: Harvey N (ed.), APN coastal zone management synthesis. Springer-Verlag, Amsterdam,

65—90.

Gao S, 2007a. Modeling the limit of the Changjiang River delta growth. Geomorphology, 85, 225—236.

Gao S, 2007b. The Three Gorges Dam: development and environmental issues. Macalester International, 18, 146—171.

Gao S, 2009a. Modeling the preservation potential of tidal flat sedimentary records, Jiangsu coast, eastern China. Continental Shelf Research, 29(16), 1927—1936.

Gao S, 2009b. Geomorphology and sedimentology of tidal flats. In: Perillo G M E, Wolanski E, Cahoon D, Brinson M (editors), Coastal wetlands: an ecosystem integrated approach. Elsevier, Amsterdam, 295—316.

Gao S, 2010. Sediment and carbon accumulation on continental shelves. In: Liu K K, Atkinson L, Quiñones R, Talaue-McManus L (editors), Carbon and nutrient fluxes in continental margins: a global synthesis. Springer-Verlag, Berlin, 587—596.

Gao S, Collins M, 1991. Critique of the "McLaren Method" for defining sediment transport paths. Journal of Sedimentary Petrology, 61, 143—146.

Gao S, Collins M, 1992a. Net sediment transport patterns inferred from grain-size trends, based upon definition of "transport vectors". Sedimentary Geology, 81(3/4), 47—60.

Gao S, Collins M, 1992b. Modelling exchange of natural trace sediments between an estuary and adjacent continental shelf. Journal of Sedimentary Petrology, 62(1), 35—40.

Gao S, Collins M, 1994a. Tidal inlet equilibrium, in relation to cross-sectional area and sediment transport patterns. Estuarine, Coastal and Shelf Science, 38(2), 157—172.

Gao S, Collins M, 1994b. Tidal inlet stability in response to hydrodynamic and sediment dynamic conditions. Coastal Engineering, 23, 61—80.

Gao S, Collins M, 1994c. Estimate of long-term sediment discharge at tidal inlets, using water level data from a tide gauge. Earth Surface Process and Landforms, 19, 699—714.

Gao S, Collins M, 1994d. Net sediment transport patterns inferred from grain-size trends, based upon definition of "transport vectors" - Reply. Sedimentary Geology, 90, 157—159.

Gao S, Collins M, 1994e. Analysis of grain size trends, for defining net sediment transport patterns in marine environments. Journal of Coastal Research, 10, 70—78.

Gao S, Collins M, 1995a. Net transport direction of sands in a tidal inlet, using foraminiferal tests as natural tracers. Estuarine, Coastal and Shelf Science, 40(6), 681—697.

Gao S, Collins M B, 1995b. On the physical aspects of the "design with nature" principle in coastal management. Ocean and Coastal Management, 26, 163—175.

Gao S, Collins M B, 1997a. Changes in sediment transport directions in response to wave action and tidal flow time-asymmetry in an estuary. Journal of Coastal Research, 13, 98—201.

Gao S, Collins M, 1997b. Formation of salt-marsh cliffs in an accretional environment, ChristchurchHarbour, southern England. In: Wang P X, Bergran W (ed.), Proceedings of the 30th International Geological Congress (v. 13: Marine Geology and Palaeoceanography), VSP Press, Amsterdam, 95—110.

Gao S, Collins M, 2001. The use of grainsize trends in marine sediment dynamics: a review. Chinese Journal of Oceanology and Limnology, 19(3), 265—271.

Gao S, Collins M B, Lanckneus J, De Moor G, Van Lancker V, 1994. Grain size trends associated with net sediment transport patterns: an example from the Belgian continental shelf. Marine Geology, 121, 171—185.

Gao S, Jia J J, 2001. Accumulation of fine-grained sediment and organic carbon in the Yuehu lagoon, Shandong Peninsula, China. Proceedings of the 11t PAMS/JECSS. Hanrimwon Publishing Co. , Seoul, 93—96.

Gao S, Jia J J, 2002. Effects of upwelling/downwelling on suspended particulate matter distributions over shelf mud areas: numerical experiments. Journal of the Korean Society of Oceanography, 37(3), 178—186.

Gao S, Jia J J, 2003. Modeling suspended sediment distribution in continental shelf upwelling/ downwelling settings. Geo-Marine Letters, 22, 218—226.

Gao S, Jia J J, 2004. Sediment and carbon accumulation in a small tidal basin: Yuehu, Shandong Peninsula, China. Regional Environmental Change, 4(1), 63—69.

Gao S, Wang Y P, 2008. Changes in material fluxes from the ChangjiangRiver and their implications on the adjoining continental shelf ecosystem. Continental Shelf Research, 28, 1490—1500.

Gao S, Wang Y P, Gao J H, 2011. Sediment retentionat the Changjiang sub-aqueous delta, in response to catchment changes. Estuarine, Coastal and Shelf Science, 95(1), 29—38.

Gao S, Zhuang Z Y, Wei H L, Chen S J, Sun Y L, 1998. Physical processes affecting the health of coastal embayments: an example from the Yuehu inlet, Shandong Peninsula, China. In: Hong G H, Zhang J, Park B K (ed.), Health of the Yellow Sea. The Earth Love Publication Association, Seoul, 313—329.

Garofalo D, 1980. The influence of wetland vegetation on tidal stream migration and morphology. Estuaries 3, 258—270.

Ge C -D, Slaymaker O, Pedersen T F, 2003. Change in the sedimentary environment of Wanquan River estuary, Hainan Island, China. Chinese Science Bulletin, 48, 2357—2361.

Gehrels W R, Long A J (ed.), 2007. Quaternary land-ocean interactions: sea-level change, sediments and tsunami. Marine Geology, 242, 1—220.

Gerritsen F, 1992. Morphological stability of tidal inlets and tidal channels in the western Wadden Sea. Netherlands Institute for Sea Research Publication Series, 20, 151—160.

Gibbs R J, 1985. Settling velocity, diameter, and density for flocs of illite, kaolinite, and montmorillonite. Journal of Sedimentary Petrology, 55, 65—68.

Gilbert G K, 1877. Report on the geology of the Henry Mountain. US Geological Survey, Rocky Mountain Region Report, 160pp.

Giresse P, Wiewiora A, 1999. Origin and diagenesis of blue-green clays and volcanic glass in the Pleistocene of the Cote d'Lvoire-Ghana Marginal Ridge (ODP Leg 159, Site 959). Sedimentary Geology, 127(3—4), 247—269.

Glasson J, Therivel R, Chadwick A, 1994. Introduction to Environmental Impact Assessment. UCL Press, London, 342pp.

Glover D G, Jenkins W J, Doney S C, 2011. Modeling methods for marine sciences. Cambridge University Press, Cambridge, 571pp.

Goldsmith V, 1985. Coastal dunes. In: Davis R A Jr (ed.), Coastal sedimentary environments (2nd edition). Springer-Verlag, New York,, 303—378.

Goldsmith V, Golik A, 1980. Sediment transport model of the southeastern Mediterranean coast. Marine Geology, 37, 147—175.

Gordon D C Jr, Cranford P J, Desplanque C, 1985. Observations on the ecological importance of salt marshes in the Cumberland Basin, a macrotidal estuary in the Bay of Fundy. Estuarine, Coastal and Shelf Science, 20(2), 205—227.

Graber H C, Beardsley R C, Grant W D, 1989. Storm-generated surface waves and sediment resuspension in the East China and Yellow Seas. Journal of Physical Oceanography, 19, 1039—1059.

Graf J B, 1976. Comparison of measured and predicted nearshore sediment grain-size distribution patterns, southwestern Lake Michigan, USA. Marine Geology, 22, 253—270.

Grant W D, Madsen O S, 1979. Combined wave and current interaction with a rough bottom. Journal of Geophysical Research, 84, 1799—1808.

Grant W D, Madsen O S, 1986. The continental shelf bottom boundary layer. Annual Review of Fluid Mechanics, 18, 265—305.

Grant W D, Williams A J, Glenn S M, 1984. Bottom stress estimates and their prediction on the northern California continental shelf during CODE-1: the importance of wave-current interaction. Journal of Physical Oceanography, 14, 506—527.

Greenall P D, 1949. The concept of equivalent scores in similar tests. British Journal of Psychological Statistics Society, 291, 30—40.

Growchowski N T L, Collins M B, Boxall S R, Salomon J C, 1993. Sediment transport predictions for the English Channel, using numerical models. Journal of the Geological Society, London, 150, 683—695.

Grunert J, Stolz C, Hempelmann N, Hilgers A, Hülle D, Lehmkuhl F, Felauer T, Dasch D, 2009. The evolution of small lake basins in the Gobi desert in Mongolia. Quaternary Sciences, 29(4), 678—686.

Guyondet T, Koutitonsky V G, 2008. Tidal and residual circulations in coupled restricted and leaky lagoons. Estuarine, Coastal and Shelf Science, 77, 396—408.

Gyllencreutz R, 2005. Late Glacial and Holocene paleoceanography in the Skagerrak from high-resolution grain size records. Palaeogeography, Palaeoclimatology, Palaeoecology, 222, 344—369.

Haentzschel W, 1939. Tidal flat deposits. In: Trask P D (ed.), Recent marine sediments. AAPG, Tulsa, 195—206.

Hanes D M, Bowen A J, 1985. A granular fluid model for steady intense bed-load transport. Journal of Geophysical Research, 90, 9149—9158.

Haq B U, Hardenbol J, Vail P R, 1987. Chronology of fluctuating sea levels since the Triassic. Science, 235(4793), 1156—1167.

Hardisty J, 1983. An assessment and calibration of formulations for Bagnold's bedload equation. Journal of Sedimentary Petrology, 53, 1007—1010.

Hardwick R I, Willetts B B, 1991. Changes with time of the transport rate of sediment mixtures. Journal of Hydraulic Research, 29, 117—127.

Harris P T, 1989. Sandwave movement under tidal and wind-driven currents in a shallow marine environment: Adolphus Channel, north-eastern Australia. Continental Shelf Research, 9, 981—1003.

Harris P T, Collins M B, 1988. Estimation of annual bedload flux in a macrotidal estuary: Bristol Channel, UK. Marine Geology, 83, 237—252.

Harvey N (ed.), 2006. Global change and integrated coastal management: the Asian-Pacific region. Springer, Dordrecht, 339pp.

Hawkes A D, Bird M, Cowie S, Grundy-Warr C, Horton B P, Hwai A T S, Law L, Macgregor C, Nott J, Ong J E, Rigg J, Robinson R, Tan-Mullins M, Tiong Sa T, Yasin Z, Aik L W, 2007. Sediments deposited by the 2004 Indian Ocean Tsunami along the Malaysia-Thailand Peninsula. Marine Geology, 242(1—3), 169—190.

Hayes M O, 1975. Morphology of sand accumulations in estuaries. in Cronin L E (ed.), Estuarine research. Academic Press, 2, 3—22.

Hayes M O, 1980. General morphology and sediment patterns in tidal inlets. Sedimentary Geology, 26, 139—156.

Healey M C, Hennessey T M, 1994. The utilization of scientific information in the management of estuarine ecosystems. Ocean and Coastal Management, 23, 167—191.

Heathershaw A D, 1981. Comparisons of measured and predicted sediment transport rates in tidal currents. Marine Geology, 42, 75—104.

Heathershaw A D, Carr A P, 1977. Measurements of sediment transport rates using radioactive tracers. Coastal Sediments '77 (ASCE). 399—416.

Hench J L, Blanton B O, Luettich R A Jr, 2002. Lateral dynamic analysis and classification of barotropic tidal inlets. Continental Shelf Research, 22, 2615—2631.

Hine A C, 1975. Bedform distribution on tidal inlets in the Chatham Harbor estuary, Cape Cod, Massachusetts. In: Cronin L E (ed.), Estuarine research (v. 2, Geology and engineering). Academic Press, New York, 235—252.

Hocking R R, 1983. Developments in linear regression methodology: 1959—1982. Technometrics, 25(3), 219—230.

Hoey T B, Ferguson R, 1997. Controls of strength and rate of downtream fining above a river base level. Water Resources Research, 33, 2601—2608.

Hoey TB, Ferguson R, 1994. Numerical simulation of downstream fining by selective transport in gravel bed rivers: Model development and illustration. Water Resources Research, 30, 2251—2260.

Hofmann E E, Friefrichs M A M, 2002. Predictive modeling for marine ecosystems. In: Robinson A R, McCarthy J J, Rothschild B J (ed.), The sea (v. 12: Biological-physical interaction in the sea). John Wiley, New York, 537—565.

Holeman J N, 1968. The sediment yield of major rivers of the world. Water Resources Research, 4, 737—747.

Holligan P M, De Boois H (ed.), 1993. Land-Ocean Interaction in the Coastal Zone: science plan. IGBP, Stockholm.

Hopkinson C S, Cai W J, Hu X P, 2012. Carbon sequestration in wetland dominated coastal systems - a global sink of rapidly diminishing magnitude. Current Opinion in Environmental Sustainability, 4(2), 186—194.

Hori K, Saito Y, Zhao H Q, Wang P X, 2002. Architecture and evolution of the tide-dominated Changjiang (Yangtze) River delta, China. Sedimentary Geology, 146, 249—264.

Hori K, Saito Y, Zhao Q H, Cheng X R, Wang P X, Sato Y, Li C X, 2001. Sedimentary facies and Holocene progradation rates of the Changjiang (Yangtze) delta, China. Geomorphology, 41, 233—248.

Hori K, Saito Y, Zhao Q H, Cheng X R, Wang P X, Sato Y, Li C X, 2001. Sedimentary facies of the tide-dominated paleo-Changjiang (Yangtze) estuary during the last transgression. Marine Geology, 177, 331—351.

Horton R E, 1945. Erosional development of streams and their drainage basins: hydrophysical approach to quantitative morphology. Geological Survey of America Bulletin, 56(3), 275—370.

Hsu S M, Holly F M, 1992. Conceptual bed-load transport model and verification for sediment mixtures. Journal of Hydraulic Engineering, 118, 1135—1152.

Hsu M K, Mitnik L M, 1997. Mapping of sand waves and channels in the Taiwan Tan area with ERS-SAR. In: European Space Agency (ed.), Third ERS Symposium on Space at the Service of Our Environment, Noordwijk (The Netherlands), 453—456.

Hu D X, 1984. Upwelling and sedimentation dynamics. I. The role of upwelling in sedimentation in the Huanghai Sea and East China Sea - a description of general features. Chinese Journal of Oceanology and Limnology, 2(1), 12—19.

Hubbert M K, Rubey W W, 1959. Role of fluid pressure in mechanics of overthrust faulting, Part I. Geological Society of America Bulletin, 70, 115—166.

Hulscher S J, De Swart H E, De Vriend H J, 1993. The generation of offshore tidal sand banks and sand waves. Continental Shelf Research, 13, 1183—1204.

Huntley D A, Nicholle R J, Liu C, Dyer K R, 1994. Measurements of the semi-diurnal drag coefficient over sand waves. Continental Shelf Research, 14, 437—456.

Hutton E WH, Syvitski J P M, 2008. Sedflux 2.0: An advanced process-response model that generates three-dimensional stratigraphy. Computers & Geosciences, 34(10), 1319—1337.

Ike T, Moore G F, Kuramoto S, Park J O, Kaneda Y, Taira A, 2008. Tectonics and sedimentation around Kashinosaki Knoll: a subducting basement high in the eastern Nankai Trough. Island Arc, 17, 358—375.

Ike T, Moore G F, Kuramoto S, Park J O, Kaneda Y, Taira A, 2008. Variation in sediment thickness and type along the northern Philippine Sea Plate at the Nankai Trough. Island Arc, 17, 342—357.

Inman D L, 1949. Sorting of sediments in the light of fluid mechanics. Journal of Sedimentary Petrology, 19, 51—70.

Ippen A T (ed.), 1966. Estuary and coastline hydrodynamics. McGraw-Hill, New York, 744pp.

Irani R R, Callis C F, 1963. Particle size: measurement, interpretation and application. Wiley, New York, 165pp.

Jackson N L, Nordstrom K F, 1993. Depth of activation of sediment by plunging breakers on a steep sand beach. Marine Geology, 115, 143—151.

Jaeger H M, Nagel S R, Behringer R P, 1996. The physics of granular materials. Physics Today, 49(4), 32—38.

Jarrett J T, 1976. Tidal prism-inlet area relationship. GITI (General Investigation of Tidal Inlets) Report 3, Department of the Army Corps of Engineers, 32pp.

Jia J J, Gao S, Xue Y C, 2003. Sediment dynamics of small tidal inlets: an example from Yuehu Inlet, Shandong Peninsula, China. Estuarine, Coastal and Shelf Science, 57, 783—801.

Jin B S, Fu C Z, Zhong J S, Li B, Chen J K, Wu J H, 2007. Fish utilization of a salt marsh intertidal creek in the Yangtze River estuary, China. Estuarine, Coastal and Shelf Science, 73(3—4), 844—852.

Johnson D R, Weidemann A, Pegau W S, 2001. Internal tidal bores and bottom nepheloid layers. Continental Shelf Research, 21, 1473—1484.

Johnson D W, 1938. Studies in scientific method. Journal of Geomorphology, 1, 64—66, 147—152.

Johnson J W, 1973. Characteristics and behaviour of Pacific coast tidal inlets. Journal of the Waterways, Harbors and Coastal Engineering Division (ASCE), 99, 325—339.

Kamp P J J, Naish T, 1998. Forward modelling of the sequence stratigraphic architecture of shelf cyclothems: application to Late Pliocene sequences, Wanganui Basin (New Zealand). Sedimentary Geology, 116, 57—80.

Kantha L H, Clayson C A, 2000. Numerical models of ocean and oceanic processes. Academic Press, San Diego (USA), 936pp.

Kastens K A, 1984. Earthquakes as a triggering mechanisms for debris flows and turbidites on the Calabrian Ridge. Marine Geology, 55, 13—33.

Katayama H, 1999. Transport processes of terrigenous materials to the Okinawa Trough based on chemical and mineralogical analysis of settling particles. In Hu D, Tsunogai S (ed.), Margin flux in the East China Sea. Beijing, China Ocean Press, 42—48.

Kathiresan K, Bingham B L, 2001. Biology of mangroves and mangrove ecosystems. Advances in Marine Biology, 40, 83—251.

Keddy P A, 2000. Wetland ecology: principles and conservation. Cambridge University Press, New York, 616pp.

Kenyon N H, 1970. Sand ribbons of European tidal seas. Marine Geology, 9, 25—39.

Kidson C, Smith D B, Steers J A, 1956. Drift experiments with radioactive pebbles. Nature, 178(4527), 257.

King C A M, 1959. Beaches and coasts. Edward Arnold, London, 403pp.

King C A M, 1972. Beaches and coasts (2nd edition). Edward Arnold, London, 570pp.

Kirkham H, 2006. Lessons learned from the NEPTUNE power system, and other deep-sea adventures. Nuclear Instruments and Methods in Physics Research, A567, 524—526.

Knighton A D, 1980. Longitudinal changes in size and sorting of stream bed material in four English rivers. Bulletin of the Geological Society of America, 91, 55—62.

Kodama Y, 1994. Downstream changes in the lithology and grain size of fluvial gravels, the Watarase River, Japan: evidence of the role of abrasion in downstream fining. Journal of Sedimentary Research, A64, 68—75.

Komar P D, 1976. Beach Processes and Sedimentation. Prentice-Hall, Englewood Cliffs (New Jersey), 429pp.

Komar P D, 1977. Selective longshore transport rate of different grain size fractions within a beach. Journal of Sedimentary Petrology, 47, 1444—1453.

Komar P D, 1987. Selective entrainment by a current from a bed of mixed sizes—a reanalysis. Journal of Sedimentary Petrology, 57, 203—211.

Komar P D, Allan J C, 2007. Higher waves along U. S. east coast linked to hurricanes. EOS, 88(30), 301.

Komar P D, Inman D L, 1970. Longshore sand transport on beaches. Journal of Geophysical Research, 75, 5914—5927.

Komar P D, Reimers C E, 1978. Grain shape effects on settling rates, Journal of Geology, 86, 193—209.

Kondo H, 1975. Depth of maximum velocity and minimum flow area of tidal entrances.

Coastal Engineering in Japan, 18, 167—182.

Kreeke J van de, 1985. Stability of tidal inlets - Pass Cavallo, Texas. Estuarine, Coastal and Shelf Science, 21(1), 33—43.

Kreeke J van de, 1990a. Can multiple tidal inlets be stable? Estuarine, Coastal and Shelf Science, 30, 261—273.

Kreeke J van de, 1990b. Stability analysis of a two-inlet bay system. Coastal Engineering, 14, 481—497.

Kreeke J van de, 2004. Equilibrium and cross-sectional stability of tidal inlets: application to the Frisian Inlet before and after basin reduction. Coastal Engineering, 51, 337—350.

Kreeke J van de, Hibma A, 2005. Observations on silt and sand transport in the throat section of the Frisian Inlet. Coastal Engineering, 52, 159—175.

Krumbein W C, 1941. The effects of abrasion on the size, shape and roundness of rock fragments. Journal of Geology, 49, 482—520.

Krumbein W C, Pettijohn F J, 1938. Manual of sedimentary petrology. Appleton-Century-Crofts, New York, 549pp.

Kubo Y, Syvitski J P M, Hutton E W H, Paola C, 2005. Advance and application of the stratigraphic simulation model 2D-SedFlux: From tank experiment to geological scale simulation. Sedimentary Geology, 178, 187—195.

Kuehl S A, Hariu T M, Sanford N W, Nittrouer, C A, Demaster D J, 1991. Millimeter-scale sedimentary structure of fine-grained sediments: examples from continental margin environments. In: Benett R H, Bryant W R, Hulbert M H (ed.). Microstructure of fine-grained sediments: from mud to shale. New York: Springer-Verlag, 33—45.

Kuhn S T, 1962. The structure of scientific revolutions. University of Chicago Press, Chicago, 172pp.

Kuhn S T, 1977. The Essential tension: selected studies in scientific tradition and change. University of Chicago Press, Chicago, 366pp.

Laflamme M, Schiffbauer J D, Dornbos S Q (ed.), 2011. Quantifying the evolution of early life: numerical approaches to the evaluation of fossils and ancient ecosystems. Springer, Dordrecht Heidelberg London NewYork. 462pp.

Lancaster N, 1982. Dunes on the skeleton coast, Namibia (South West Africa): geomorphology and grain size relationships. Earth Surface Processes and Landforms, 7, 575—587.

Lancaster N, 1995. Geomorphology of desert dunes. Routledge, London, 290pp.

Lane E, 1955. Design of stable channels. Transaction of the American Society of Civil Engineers, 120, 1234—1260.

Larsen H L, Cannon G A, Choi B H, 1985. East China Sea tide currents. Continental Shelf Research, 4(1), 77—103.

Lavelle J W, Mofield H O, 1987. Do critical stresses for incipient motion and erosion really exist? Journal of Hydraulic Engineering, ASCE, 113, 370—388.

Lay T, Kanamori H, Ruff L, 1982. The asperity model and the nature of large subduction zone earthquakes. Earthquake Prediction Research, 1, 3—71.

Le Roux J P, 1994. An alternative approach to the identification of net sediment transport paths based on grain size trends. Sedimentary Geology, 94, 97—107.

Le Roux J P, O'Brian R D, Rios F, Cisternas M, 2002. Analysis of sediment transport paths using grain-size parameters. Computers & Geosciences, 28, 717—721.

Le Roux J P, Rojas E M, 2007. Sediment transport patterns determined from grain size parameters: overview and state of the art. Sedimentary Geology, 202, 473—488.

Leeder M R, 1991. Sedimentology. Harper Collins Academic, London, 344pp.

Leonard L A, Luther M E, 1995. Flow hydrodynamics in tidal marsh canopies. Limnology and Oceanography, 40(8), 1474—1484.

Lesueur P, Tastet J P, Marambat L, 1996. Shelf mud fields formulation within historical times: examples from offshore the Gironde estuary, France. Continental Shelf Research, 16, 1849—1870.

Lewis R, 1997. Dispersion in estuaries and coastal waters. John Wiley, Chichester, 312pp.

Li C X, Chen Q Q, Zhang J Q, Yang S Y, Fan D D, 2000. Strategraphy and paleoenvironemntal changes in the Yangtze delta during the Late Quaternary. Journal of Asian Earth Sciences, 18, 453—469.

Li C X, Wang P, Sun H P, Zhang J Q, Fan D D, Deng B, 2002. Late Quaternary incised-valley fill of the Yangtze delta (China): its stratigraphic framework and evolution. Sedimentary Geology, 152, 133—158.

Li C, 2002. Axial convergence fronts in a barotropic tidal inlet - sand shoal inlet, VA. Continental Shelf Research, 22, 2633—2653.

Lin C M, Zhuo H C, Gao S, 2005. Sedimentary facies and evolution in the Qiantang River incised valley, eastern China. Marine Geology, 219(4), 235—259.

Lim D I, Jung H S, Choi J Y, Yang S, Ahn K S, 2006. Geochemical compositions of river and shelf sediments in the Yellow Sea: Grain-size normalization and sediment provenance. Continental Shelf Research, 26, 15—24.

Lin K, Chen Z, Guo B, Tang Y, 1999. Seasonal transport and exchange between the Kuroshio water and shelf water. In Hu D, Tsunogai S (ed.), Margin flux in the East China Sea. China Ocean Press, Beijing, 21—32.

Liss P S, 1976. Conservative and non-conservative behaviour of dissolved constituents during estuarine mixing. In: Burton J D, Liss P S (ed.), Estuarine chemistry. Academic Press, London, 93—130.

Liu J P, Xue Z, Ross K, Wang H J, Yang Z S, Li A C, Gao S, 2009. Fate of sediments delivered to the sea by Asian large rivers: Long-distance transport and formation of remote alongshore clinothems. SEPM-The Sedimentary Record, 7(4), 4—9.

Liu J T, Liu K -J, Huang J C, 2004. The effect of a submarine canyon on the river sediment dispersal and inner shelf sediment movements in southern Taiwan. Marine Geology, 181, 357—386.

Liu J, Saito Y, Wang H, Yang Z, Nakashima R, 2007. Sedimentary evolution of the Holocene subaqueous clinoform off the Shandong Penisula in the Yellow Sea. Marine Geology, 236(3—4), 165—187.

Liu K, Fearn M L, 1993. Lake-sediment record of late Holocene hurricane activities from coastal Alabama. Geology, 21, 793—796.

Liu K K, Atkinson L, Chen C T A, Gao S, Hall J, Macdonald R W, McManus L T, Quinones R, 2000. Exploring continental margin carbon flexes in the global context. EOS, 81(52), 641—642, 644.

Liu Z X, Xia D X, Berne S, Wang K Y, Marsset T, Tang Y X, Bourillet J F, 1998. Tidal deposition systems of China's continental shelf, with special reference to the eastern Bohai Sea. Marine Geology, 145, 225—253.

Livingstone I, Wiggs G F S, Weaver C M, 2007. Geomorphology of desert ansand dunes: a review of recent progress. Earth Science Reviews, 80, 239—257.

Lobeck A K, 1939. Geomorphology: an introduction to the study of landscapes. McGraw-Hill, California, 731pp.

Lockwood A P W, 1976. Physiological adaptation to life in estuaries. In: Newell R C (ed.), Adaptation to environment: essays on the physiology of marine animals. Butterworths, London, 315—392.

LOICZ IPO, 2005. Land-Ocean Interactions in the Coastal Zone Science Plan and Implementation Strategy (IGBP Report 51 / IHDP Report 18). Stockholm: IGBP Secretariat.

Losse J, 1993. A historical introduction to the philosophy of science (3rd edition). Oxford University Press, Oxford, 323pp.

Ludwick J C, 1989. Bed load transport of sand mixtures in estuaries: a review. Journal of Geophysical Research, 94, 14315—14326.

Lumborg U, Pejrup M, 2005. Modelling of cohesive sediment transport in a tidal lagoon - an annual budget. Marine Geology, 218, 1—16.

Lyle M, 1983. The brown-green color transition in marine sediments: a marker of the Fe (III) - Fe(II) redox boundary. Limnology and Oceanography, 28(5), 1026—1033.

Madsen O S, 1989. Transport determination by tracer. A: Tracer theory. In: Seymour R J (ed.), Nearshore sediment transport. Plenum Press, New York, 103—114.

Madsen O S, Grant W D, 1976. Quantitative description of sediment transport by waves. Proceedings of the 15th Coastal Engineering Conference, 1093—1112.

Maldonado A, Stanley D J. Clay mineral patterns as influenced by depositional processes in the southeastern LevantineSea. Sedimentology, 1989, 28, 21—32.

Mallet C, Howa HL, Garlan T, Sottolichio A, Le Hir P, 2000. Residual transport model in correlation with sedimentary dynamics over an elongate tidal sandbar in the Gironde estuary (Southwestern France). Journal of Sedimentary Research, 70, 1005—1016.

Mallet JL, 2002. Geomodeling. Oxford University Press. New York, 599pp.

Mann K H, Lazier J R N, 1996. Dynamics of marine ecosystems (2nd edition). Blackwell, Cambridge (Massachusetts), 394pp.

MARGINS Office, 2003. NSF MARGINS Program science plans 2004. Columbia University, New York.

Marinucci A C, 1982. Trophic importance of *Spartina alterniflora* production and decomposition to the marsh-estuarine ecosystem. Biological Conservation, 22(1), 35—58.

Martin J M, Zhang J, Shi M C, Zhou Q, 1993. Actual flux of the Huanghe (Yellow River) sediment to the western Pacific Ocean. Netherlands Journal of Sea Research, 31, 243—254.

Mason C C, Folk R L, 1958. Differentiation of beach, dune and aelian flat environments by size analysis, MustangIsland. Journal of Sedimentary Petrology, 28, 211—226.

Masson S F, 1962. A history of the sciences (2nd edition). Macmillan, London, 638pp.

Masselink G, 1992. Longshore variation of grain size distribution along the coast of the Rhône Delta, southern France: a test of the "McLaren Model". Journal of Coastal Research, 8, 286—291.

Masuda H, Peacor D R, Dong H L, 2001. Transmission electron microscopy study of conversion of smectite to illite in mudstones of the Nankai Trough: contrast with coeval bentonites. Clays and Clay Minerals, 49(2), 109—118.

Matthews R K, 1974. Dynamic straligraphy. Prentice-Hall, New York, 187—192.

McCave I N, 1978. Grain-size trends and transport along beaches: Example from eastern England. Marine Geology, 28, M43—M51.

McCave I N, 1983. Particulate size spectra, behavior, and origin of nepheloid layers over the Nova Scotia continental rise. Journal of Geophysical Research, 88, 7647—7666.

McCreary J P, Kohler J K Jr, Hood R R, Olsen D B, 1996. A four-component ecosystem model of biological activity in the Arabian Sea. Progress in Oceanography, 37, 193—240.

McDowell D M, O'Connor B A, 1977. Hydraulic behaviour of estuaries. Macmillan, London, 292pp.

McLaren P, 1981. An interpretation of trends in grain size measurements. Journal of Sedimentary Petrology, 51, 611—624.

McLaren P, Bowles D, 1985. The effects of sediment transport on grain-size distributions. Journal of Sedimentary Petrology, 55, 457—470.

McLaren P, Collins M B, Gao S, Powys R I L, 1993. Sediment dynamics in the Severn Estuary and Bristol Channel. Journal of the Geological Society (London), 150, 589—603.

McLaren P, Hill SH, Bowles D, 2007. Deriving transport pathways in a sediment trend analysis (STA). Sedimentary Geology, 202, 489—498.

McLusky D S, Elliott M, 2004. The estuarine ecosystem: ecology, threats and management (3rd edition). Oxford University Press, Oxford, 214pp.

McManus J, 1988. Grain size determination and interpretation. In: Tucker M (ed.), Techniques in sedimentology. Blackwell, Oxford, 63—85.

Meade R H, 1969. Landward transport of bottom sediments in estuaries of the Atlantic Coastal Plain. Journal of Sedimentary Petrology, 39, 222—234.

Merton R K, 1973. The sociology of science: theoretical and empirical investigations. The university of Chicago Press, Chicago, 605pp.

MeuléS, Pinazo C, Degiovanni C, Barusseau J P, Lites M, 2001. Numerical study of sedimentary impact of a storm on a sand beach simulated by hydrodynamic and sedimentary models. Oceanologica Acta, 24, 417—424.

Meybeck M, 1982. Carbon, nitrogen and phosphorus transport by world rivers. American Journal of Science, 282, 401—450.

Miall A D, 2010. The geology of stratigraphic sequences (2nd edition). Springer, Berlin, 522pp.

Miall A D, Miall C E, 2001. Sequence stratigraphy as a scientific enterprise: the evolution and persistence of conflicting paradigms. Earth Science Reviews, 54, 321—348.

Middleton G V, Southard J B, 1984. Mechanics of sediment transport (2nd edition). SEPM Short Course No. 3, 401pp.

Milliman J D, Farnsworth K L, Albertin C S, 1999. Flux and fate of fluvial sediments leaving large islands in the East Indies. Journal of Sea Research, 41, 97—107.

Milliman J D, Hsueh Y, Hu D X, Pashinski D J, Shen H T, Yang Z S, Hacker P, 1984. Tidal phase control of sediment discharge from the Yangtze River. Estuarine, Coastal and Shelf Science, 19, 119—128.

Milliman J D, Li F, Zhao Y Y, Zhen T M, Limeburner R, 1986. Suspended matter regime in the Yellow Sea. Progress in Oceanography, 17, 215—228.

Milliman J D, Meade R H, 1983. World wide delivery of river sediments to the oceans. Journal of Geology, 91, 1—21.

Milliman J D, Sheng H T, Yang Z S, Meade R H, 1985. Transport and deposition of river sediment in the Changjiang estuary and adjacent continental shelf. Continental Shelf Research, 4(1), 37—45.

Milliman J D, Syvistski J P M, 1992, Geomorphic/tectonic control of sediment discharge to the ocean: the importance of small mountainous rivers. Journal of Geology, 100, 525—544.

Misri R L, Garde R J, Ranga Raju K G, 1984. Bed load transport of coarse nonuniform sediment. Journal of Hydraulic Engineering, 110, 312—328.

Mitchell J K, Soga K, 2005. Fundamentals of soil behaviour (3rd edition). John Wiley, Hoboken (New Jersey), 577pp.

Mitsch W J, Gosselink J G, 2000. Wetlands (3rd edition). John Wiley, New York, 920pp.

Moll A, Raddach G, 2003. Review of three-dimensional ecological modeling related to the North Sea shelf system. Part 1: models and their results. Progress on Oceanography, 57, 175—217.

Moore A L, McAdoo B G, Ruffman A, 2007. Landward fining from multiple sources in a sand sheet deposited by the 1929 Grand Banks tsunami, Newfoundland. Sedimentary Geology, 200, 336—346.

Morelissen R, Hulscher S J M H, Knaapen M A F K, Nemeth A A, Bijker R, 2003.

Mathematical modelling of sand wave migration and the interaction with pipelines. Coastal Engineering, 48, 197—209.

Morgan J K, Sunderland E B, Ramseyne E B, Ask M V S, 2007. Deformation and mechanical strength of sediments at the Nankai subduction zone: implications for prism evolution and decollment initiation and propagation. In: Dixon T H, Moore C J (ed.). The seismogenic zone of subduction thrust faults. Columbia University Press, New York, 210—256.

Morton R A, Goff J R, Nichol S L, 2008. Hydrodynamic implications of textural trends in sand deposits of the 2004 tsunami in Sri Lanka. Sedimentary Geology, 207, 56—64.

Mulder T, Syvitski J P M, Skene K, 1997. Modelling of erosion and deposition by sediment gravity flows generated at river mouths. Journal of Sedimentary Research, 67, 571—584.

Mulder T, Syvitski J P M, Migeon S, Faugeres J C, Savoye B, 2003. Marine hyperpycnal flows: initiation, behavior and related deposits. A review. Marine and Petroleum Geology, 20, 861—882.

Murray J W, 1987. Biogenic indicators of suspended sediment transport in marginal marine environments: quantitative examples from SW Britain. Journal of the Geological Society (London), 144, 127—133.

Nagahashi Y, Satoguchi Y, 2007. Stratigraphy of the Pliocene to lower Pleistocene marine formations in Japan on the basis of tephra beds correlation. The Quaternary Research, 46(3), 205—213.

Nagao S, Usui T, Yamamoto M, Minagawa M, Iwatsuki T, Noda A, 2005. Combined use of $\Delta^{14}C$ and $\delta^{13}C$ values to trace transportation and deposition processes of terrestrial particulate organic matter in coastal marine environments. Chemical Geology, 218, 63—72.

Negrin V L, Spetter C V, Asteasuain R O, Perillo G M E, Marcovecchio J E, 2011. Influence of flooding and vegetation on carbon, nitrogen, and phosphorus dynamics in the pore water of a *Spartina alterniflora* salt marsh. Journal of Environmental Sciences, 23(2), 212—221.

Németh A A, Hulsher S J M H, De Vriend H J, 2002. Modelling sand wave migration in shallow shelf seas. Continental Shelf Research, 22, 2795—2806.

Németh A A, Hulsher S J M H, Van Damme R M J, 2007. Modelling offshore sand wave evolution. Continental Shelf Research, 27, 713—728.

Nielsen P, 1992. Coastal bottom boundary layers and sediment transport, World Scientific, Singapore, 324 pp.

Nihoul J C J (ed.), 1975. Modelling of marine system. Elsevier, Amsterdam, 272pp.

Nittrouer C A, 1999. STRATAFORM: overview of its design and synthesis of its results. Marine Geology, 154, 3—12.

Nittrouer C A, Wright L D, 1994. Transport of particles across continental shelves. Reviews of Geophysics, 32, 85—113.

Nittrouer C A, Austin J A, Field M E, Kravitz J H, Syvitski J P M, Wiberg P L, 2009. Continental margin sedimentation: from sediment transport to sequence stratigraphy (IAS Special Publication 37). John Wiley, Chichester, 560pp.

Noda A, TuZino T, Kanai Y, Furukawa R, Uchida J, 2008. Paleoseismicity along the southern Kuril Trench deduced from submarine-fan turbidites. Marine Geology, 254(1—4), 73—90.

Nordstrom K F, 1989. Downdrift coarsening of beach foreshore sediments at tidal inlets: an example from the coast of New Jersey. Earth Surface Processes and Landforms, 14, 691—701.

O'Brien M C, Macdonald R W, Melling H, Iseki K, 2006. Particle fluxes and geochemistry on the Canadian Beaufort Shelf: Implications for sediment transport and deposition. Continental Shelf Research, 26, 41—81.

O'Brien M P, 1969. Equilibrium flow areas of inlets on sandy coast. Journal of the Waterway and Harbour Division, ASCE, 95(WW 1), 43—52.

O'Brien M P, 1931. Estuary tidal prism related to entrance areas. Civil Engineer, 1(8), 738—739.

Officer C B, 1983. Physics of estuarine circulation. In: Ketchum B H (ed.), Ecosystem of the world 26: Estuaries and enclosed seas. Elsevier, Amsterdam, 15—41.

Ogrinc N, Fontolan G, Faganeli J, Covelli S, 2005. Carbon and nitrogen isotope compositions of organic matter in coastal marine sediments (the Gulf of Trieste, N Adriatic Sea): indicators of sources and preservation. Marine Chemistry, 95, 163—181.

Oliveira A, Fortunato A B, Rego J R L, 2006. Effect of morphological changes on the hydrodynamics and flushing properties of the Óbidos lagoon (Portugal). Continental Shelf Research, 26, 917—942.

Ondrak R, Gaedicke C, Horsfield B, 2009. Combining 2D-basin and structural modeling to constrain heat transport along the Muroto Transect, Nankai Trough, Japan. Marine and Petroleum Geology, 26, 580—589.

Oreskes N, Shrader-Frechette K, Belitz K, 1994. Verification, validation, and conformation of numerical models in the earth sciences. Science, 263, 641—646.

Overeem I, Syvitski J P M, 2009, Dynamics and vulnerability of delta systems. LOICZ Reports and Studies No. 35, GKSSResearchCenter, Geesthacht, 54pp.

Owen M W, 1977. Problems in the modeling of transport, erosion and deposition of cohesive sediments. In: Goldberg E D, McCave I N, O'Brien I J, Steel J J (ed.), The sea (v. 6), John Wiley, New York, 515—537.

Owens P N, Walling D E, Leeks G J L, 2000. Tracing fluvial suspended sediment sources in the catchment of the River Tweed, Scotland, using composite fingerprints and a numerical mixing model. In: Foster I D L (ed.), Tracers in geomorphology. John Wiley, Chichester, 291—308.

Özsoy E, 1986. Ebb-tidal jets: a model of suspended sediment and mass transport at tidal inlets. Estuarine, Coastal and Shelf Science, 22, 45—62.

Özsoy E, Ünlüata U, 1982. Ebb-tidal flow characteristics near inlets. Estuarine, Coastal and Shelf Science, 14, 251—263.

Paarlberg A J, Knaapen M A F, de Vries M B, Hulscher S J M H, Wang Z B, 2005. Biological influences on morphology and bed composition of an intertidal flat. Estuarine, Coastal and Shelf Science, 64, 577—590.

Pacheco A, Vila-Concejo A, FerreiraÓ, Dias J A, 2008. Assessment of tidal inlet evolution and stability using sediment budget computations and hydraulic parameter analysis. Marine Geology, 247, 104—127.

Panagiotopoulos I, Voulgaris G, Collins M B, 1997. The influence of clay on the threshold of movement of sandy beds. Coastal Engineering, 32, 19—44.

Paola C, 2000. Quantitative models of sedimentary basin filling. Sedimentology, 47 (Suppl. 1), 121—178.

Parchure T M, Mehta A J, 1985. Erosion of soft cohesive sediment deposits. Journal of Hydraulic Engineering, 111, 1308—1326.

Park J O, Tseru T, Kodaira S, Cummins P R, Kaneda Y, 2002. Splay fault branching along the Nankai subduction zone. Science, 287, 1157—1160.

Park Y A, Choi J Y, Gao S, 2001. Spatial variation of suspended particulate matter in the Yellow Sea. Geo-Marine Letters, 20, 196—200.

Parker G, 1991a. Selective sorting and abrasion of river gravel I: Theory. Journal of Hydraulic Engineering, 117, 131—149.

Parker G, 1991b. Selective sorting and abrasion of river gravel. II: Applications. Journal of Hydraulic Engineering, 117, 150—171.

Partheniades E, 1965. Erosion and deposition of cohesive soil. Journal of Hydraulic Division(ASCE), 91(HY1), 105—139.

Pasco T E, Baltz D M, 2011. Trophic Relationships in Salt Marshes of Coastal and Estuarine Ecosystems. Treatise on Estuarine and Coastal Science, 6, 261—269.

Passega R, 1972. Sediment sorting related to basin mobility and environment. Bulletin of American Association of Petroleum Geologists, 56, 2440—2450.

Passega R, 1964. Grain size representation by CM patterns as ageological tool. Journal of Sedimentary Petrology, 34, 830—847.

Pebesma E J, Wesseling C G, 1998. Gstat: a program for geostatistical modelling, prediction and simulation. Computers & Geosciences, 24, 17—31.

Pedreros R, Howa H L, Michel D, 1996. Application of grain size trend analysis for the determination of sediment transport pathways in intertidal areas. Marine Geology, 135, 35—49.

Pelletier J, 2008. Quantitative modeling of earth surface processes. Cambridge University Press, Cambridge, 295pp.

Perillo G M E, 1995. Definitions and geomorphologic classifications of estuaries. In: Perillo G M E (ed.), Geomorphology and sedimentology of estuaries. Elsevier, Amsterdam, 17—47.

Perkins E J, 1974. The biology of estuarine and coastal waters. Academic Press, London, 678pp.

Pettijohn F G, Potter P D, Siever R, 1972. Sand and sandstone. Springer-Verlag, New York, 618pp.

Pettijohn F G, Ridge J D, 1932. A textural variation series ofbeach sands from Cedar Point, Ohio. Journal of Sedimentary Petrology, 2, 76—88.

Phillips E M, Pugh D S, 1987. How to get a PhD: managing the peaks and troughs of research. Open University Press, Milton Keynes (Philadelphia), 161pp.

Pickril R A, 1986. Sediment pathways and transport rates through a tide-dominated entrance, Rangaunu Harbour, New Zealand. Sedimentology, 33, 887—898.

Pilkey O H, Cooper J A G, 2004. Climate: society and sea level rise. Science, 303, 1781—1782.

Plomaritis TA, Paphitis D, Collins M, 2008. The use of grain size trend analysis in macrotidal areas with breakwaters: Implications of settling velocity and spatial sampling density. Marine Geology, 253, 132—148.

Plumley W J, 1948. Black Hills terrace gravels: a study in sediment transport. Journal of

Geology, 55, 526—577.

Poizot E, Méar Y, 2008. eCSedtrend: A new software to improve sediment trend analysis. Computers & Geosciences, 34, 827—837.

Poizot E, Méar Y, Biscara L, 2008. Sediment Trend Analysis through the variation of granulometric parameters: A review of theories and applications. Earth Science Reviews, 86, 15—41.

Poizot E, Méar Y, Thomas M, Garnaud S, 2006. The application of geostatistics in defining the characteristic distance for grain size trend analysis. Computers & Geosciences, 32, 360—370.

Popper K, 1959. The logic of scientific discovery. Basic Books, New York, 479pp.

Popper K, 1963. Conjectures and refutations: the growth of scientific knowledge. Routledge, London, 431pp.

Postma H, 1980. Sediment transport and sedimentation. In: Olausson E, Cato I (ed.), Chemistry and biochemistry of estuaries. John Wiley, Chichester, 153—186.

Prakash T N, Prithviraj M, 1988. A study of seasonal longshore transport direction through grain-size trends: An example from the Quilon coast, Kerala, India. Ocean and Shoreline Management, 11, 195—209.

Prentice I C, Farquhar G D, Fasham M J R, Goulden M L, 2001. The carbon cycle and atmospheric carbon dioxide. In: Houghton J T, Ding Y, Griggs D J, eds. Climate change 2001: the scientific basis. Cambridge (UK): Cambridge University Press, 183—239.

Price D J De S, 1975. Science since Barbylun (2nd edition). Yale University Press, New Haven (CT), 232pp.

Price W A, 1963. Patterns of flow and channeling in tidal inlets. Journal of Sedimentary Petrology, 33, 279—290.

Qu T D, Hu D X, 1993. Upwelling and sedimentation dynamics. II. A simple model. Chinese Journal of Oceanology and Limnology, 11, 289—295.

Quan W M, Han J D, Shen A L, Ping X Y, Qian P L, Li C J, Shi L Y, Chen Y Q, 2007. Uptake and distribution of N, P and heavy metals in three dominant salt marsh macrophytes from Yangtze River estuary, China. Marine Environmental Research, 64(1), 21—37.

Radach G, Moll A, 2006. Review of three-dimensional ecological modelling velated to the North Sea shelf system. Part II: model validation and data needs. Oceanography and Marine Biology, 44, 1—60.

Reed D J, 1988. Sediment dynamics and deposition in a retreating coastal salt marsh. Estuarine, Coastal and Shelf Science, 1988, 26(1), 67—79.

Reineck H E, Singh I B, 1980. Depositional sedimentary environments (2nd edition). Springer-Verlag, Berlin, 549pp.

Ren M E, Zhang R S, 1985. On tidal inlets of China. Acta Oceanologica Sinica, 3, 423—432.

Ren Mei'e (ed.), 1986. Modern sedimentation in the coastal and nearshore zones of China. China Ocean Press, Beijing, 466pp.

Richard A D Jr, Cuffe C K, Kowalski K A, Shock E J, 2003. Stratigraphic models for microtidal tidal deltas: examples from the Florida Gulf coast. Marine Geology, 200, 49—60.

Roberts W, Le Hir P, Whitehouse R J S, 2000. Investigation using simple mathematical models of the effect of tidal currents and waves on the profile shape of intertidal mudflats. Continental Shelf Research, 20, 1079—1097.

Roelvink J A, 2006. Coastal morphodynamic evolution techniques. Coastal Engineering, 53, 177—187.

Rubin D M, Hunter R E, 1982. Bedform climbing in theory and nature. Sedimentology, 29, 121—138.

Russell B, 1946. A history of western philosophy. George Allen and Unwin, London.

Russell R D, 1939. Effects of transportation of sedimentary particles. In: Trask P D (ed.), Recent marine sediments. The Society of Economic Paleontologists and Mineralogists, Tulsa (Oklahoma), 32—47.

Saito Y, Yang Z S, Hori K, 2001. The Huanghe (Yellow River) and Changjiang (Yangtze River) deltas: a review on their characteristics, evolution and sediment discharge during the Holocene. Geomorphology, 41, 219—231.

Salisbury M B, Hagen S C, 2007. The effect of tidal inlets on open coast storm surge hydrographs. Coastal Engineering, 54, 377—391.

Salomons W, 2004. European catchments: catchment changes and their impact on the coast. Amsterdam: Institute for Environmental Studies.

Samaga B R, Ranga Raju K G, Garde R J, 1986. Bed load transport of sediment mixtures. Journal of Hydraulic Engineering, 112, 1003—1018.

Sasaki Y, Fujii A, Asai K, 2000. Soil creep process and its role in debris slide generation—field measurements on the north side of TsukubaMountain in Japan. Engineering Geology, 56(2), 163—183.

Saye S E, Pye K, 2000. Texural and geochemical evidence for the provenance of Aeolian san deposits on the Aquitaine coast, SW France. In: Pye K, Allen J R L (ed.), Coastal and estuarine environments: sedimentology, geomorphology and geoarchaeology. Geological Society, London, 173—186.

Scholz C H, 2002. The mechanics of earthquakes and faulting (2nd edition). Cambridge University Press, New York, 473pp.

Schumm S A, Stevens M A, 1973. Abrasion in place: a mechanism for rounding and size reduction of coarse sediments in rivers. Geology, 1, 37—40.

Schwarzacher W, 1975. Sedimentation models and quantitative stratigraphy. Elsevier, Amsterdam, 382pp.

Screaton E, Saffer D, Henry P, 2002. Porosity loss within the underthrust sediments of the Nankai accretionary complex: implications for overpressures. Geology, 30(1), 19—22.

Scudder R P, Murray R W, Plank T, 2009. Dispersed ash in deeply buried sediment from the northwest Pacific Ocean: an example from the Izu-Bonin arc (ODP Site 1149). Earth and Planetary Science Letters, 284(3—4), 639—648.

Self R P, 1977. Longshore variation in beach sands, Nautla area, Veracruz, Mexico. Journal of Sedimentary Petrology, 47, 1437—1443.

Sharp R P, 1963. Wind ripples. Journal of Geology, 71, 617—636.

Sheng J A, Liao A Z, 1997. Erosion control in South China. Catena, 29, 211—221.

Shepard F P, 1948. Submarine geology. Harper & Brothers, New York, 348pp.

Shepard F P, Young R, 1961. Distinguishing between beach and dune sands. Journal of Sedimentary Petrology, 31, 196—214.

Shephard L E, Rutledge A K 1991. Clay fabric of fine-grained turbidite sequences from the southern Nares Abyssal Plain. In: Benett R H, Bryant W R, Hulbert M H (ed.). Microstructure of fine-grained sediments: from mud to shale. Springer-Verlag, New York, 61—72.

Shi B W, Yang S L, Wang Y P, Bouma T J, Zhu Q, 2012. Relating accretion and erosion at an exposed tidal wetland to the bottom shear stress of combined current-wave action. Geomorphology, 138(1), 380—389.

Shi Y L, Yang W, Ren M E, 1985. Hydrological characteristics of the Changjiang and its relation to sediment transport to the sea. Continental Shelf Research, 4(1), 5—15.

Shigemura T, 1980. Tidal prism—throat area relationships of the bays of Japan. Shore and Beach, 48(3), 30—35.

Shuttleworth B, Woidt A, Paparella T, Herbig S, Walker D, 2005. The dynamic behaviour of a river-dominated tidal inlet, River Murray, Australia. Estuarine, Coastal and Shelf Science, 64, 645—657.

Siegle E, Huntley D A, Davidson M A, 2007. Coupling video imaging and numerical modelling for the study of inlet morphodynamics. Marine Geology, 236, 143—163.

Silvester R, 1970. Modelling of sediment motions offshore. Journal of Hydraulic Research, 8, 229—259.

Simas T C, Ferreira J G, 2007. Nutrient enrichment and the role of salt marshes in the Tagus estuary (Portugal). Estuarine, Coastal and Shelf Science, 75(3), 393—407.

Simpson S E, 1997. Gravity currents in the environment and the laboratory (2nd edition). Cambridge University Press, Cambridge, 244pp.

Sleath J F H, 1984. Sea bed mechanics. John Wiley, New York, 335pp.

Sloss L L, 1988. Forty years of sequence stratigraphy. Bulletin of the Geological Society of America, 100, 1661—1665.

Small R J, 1970. The study of landforms: a textbook of geomorphology. Cambridge University Press, Cambridge, 486pp.

Smith J D, 1977. Modeling of sediment transport on continental shelves. In: Goldberg E D, McCave I N, O'Brien J J, Steele J M (ed.), The sea (v. 6), John Wiley, New York, 539—577.

Smith S V, Hollibaugh J T, 1993. Coastal metabolism and the oceanic organic carbon balance. Reviews of Geophysics, 31, 75—89.

Soulsby R, 1997. Dynamics of marine sands. Thomas Telford, London, 249pp.

Speer P E, Aubrey D G, 1985. A study of non-linear tidal propagation in shallow inlet/estuarine systems. Part II, Theory. Estuarine, Coastal and Shelf Science, 21, 207—224.

Spencer D W, 1963. The interpretation of grain-size distribution curves of clastic sediments. Journal of Sedimentary Petrology, 33, 180—190.

Stanley D J, Chen Z Y, 1993. Yangtze delta, eastern China: 1. Geometry and subsidence of Holocene depocenter. Marine Geology, 112, 1—11.

Sternberg R W, Larsen L H, Miao Y T, 1985. Tidally driven sediment transport on the East China Sea continental shelf. Continental Shelf Research, 4(1), 105—120.

Sternberg R W, Aagaard K, Cacchione D, Wheatcroft R A, Beach R A, Roach A T, Marsden M A H, 2001. Long-term near-bed observations of velocity and hydrographic properties in the northwest Barents Sea with implications for sediment transport. Continental Shelf Research, 21, 509—529.

Stevens RL, Bengtsson H, Lepland A, 1996. Textural provinces and transport intrpretations with fine-grained sediments in the Skagerrak. Journal of Sea Research, 35, 99—110.

Stive M J F, Aarninkhof S G J, Hamm L, Hanson H, Larson M, Wijnberg K M, Nicholls R J, Capobianco M, 2002. Variability of shore and shoreline evolution. Coastal Engineering, 47, 211—235.

Stive M J F, Wang Z B, 2003. Morphodynamic modeling of tidal basins and coastal inlets. In: Lakhan V C (ed.), Advances in coastal modeling. Elsevier, Amsterdam, 367—392.

Storms J E A. Event-based stratigraphic simulation of wave-dominated shallow-marine environments. Marine Geology, 2003, 199: 83—100.

Stow D A V, Bowen A J, 1980. A physical model for the transport and sorting of fine-grained sediment by turbidity currents. Sedimentology, 27(1), 31—46.

Stow D A V, Bowen A J, 2006. A physical model for the transport and sorting of fine-grained sediment by turbidity currents. Sedimentology, 27(1), 31—46.

Strasser M, Stegmann S, Bussmann F, Anselmetti F S, Rick B, Kopf A, 2007. Quantifying subaqueous slope stability during seismic shaking: LakeLucerne as model for ocean margins. Marine Geology, 240(1—4), 77—97.

Stride A H (ed.), 1982. Offshore tidal sands. Chapman and Hall, London, 222pp.

Su J L,Wang K S, 1986. The suspended sediment balance in Changjiang Estuary. Estuarine, Coastal and Shelf Science, 23, 81—98.

Su J L,Wang K S, 1989. Changjiang River plume and suspended sediment transport in Hangzhou Bay. Continental Shelf Research, 9, 93—111.

Surge D, Lohmann K C, Dettman D L, 2001. Controls on isotopic chemistry of the American oyster, Crassostrea virginica: implications for growth patterns. Palaeogeography, Palaeoclimatology, Palaeoecology, 172, 283—296.

Surian N, 2002. Downstream variation in grain size along an Alpine river: analysis of controls and processes. Geomorphology, 43, 137—149.

Sverdrop H U, Johnson M W, Fleming R H, 1942. The oceans. Prentice-Hall, Englewood Cliffs (New Jersey), 1087pp.

Swift D J P, Ludwick J C, Boehmer W R, 1972. Shelf sediment transport: a probability model. In: Swift D J P, Duane D B, Pilkey O H (ed.), Shelf sediment transport: process and pattern. Dowden Hutchingson & Ross, Stroudsburg, 195—223.

Syvitski J P M (ed.), 1991. Principle, methods, and application of particle size analysis. CambridgeUniversity Press, Cambridge, 368pp.

Syvitski J P M, 1991. Towards an understanding of sediment deposition on glaciated continental shelves: sequence stratigraphy. Continental Shelf Research, 11, 897—937.

Syvitski J P M, Alcott J M, 1993. GRAIN2: predictions ofparticle size seaward of river mouths. Computers & Geosciences, 19, 399—446.

Syvitski J P M, Daughney S, 1992. DELTA-2: delta progradation and basin filling. Computers & Geosciences, 18(7), 839—897.

Syvitski J P M, Hutton E W H, 2001. 2D SEDFLUX 1.0C: an advanced process-response numerical model for the fill of marine sedimentary basins. Computers & Geosciences, 27, 731—753.

Syvitski J P M, Peckham S D, Hilberman R D, Mulder T, 2003. Predicting the terrestrial flux of sediment to the global ocean: a planetary perspective. Sedimentary Geology, 162, 5—24.

Tanner W F, 1964. Modification of sediment size distributions. Journal of Sedimentary Petrology, 34, 156—164.

Tastet JP, Pontee N I, 1998. Morpho-chronology of coastal dunes in Médoc: a new interpretation of Holocene dunes in Southwestern France. Geomorphology, 25, 93—109.

Taylor S M, 2009. Transformative ocean science through the VENUS and NEPTUNE Canada ocean observatory systems. Nuclear Instruments and Methods in Physics Research, A602, 63—67.

Temmerman S, Bouma T, Van de Koppel J, Van der Wal D, De Vries M B, Herman P, 2005. Impact of vegetation on flow routing and sedimentation patterns: three-dimensional modeling for a tidal marsh. Journal of Geophysical Research, 110, F04019.

Temmerman S, Govers G, Meire P, Wartel S, 2003. Modelling long-term tidal marsh growth under changing tidal conditions and suspended sediment concentrations, Scheldt Estuary, Belgium. Marine Geology, 193(1—2), 151—169.

Temmerman S, Govers G, Meire P, Wartel S, 2004. Simulating the long-term development of levee-basin topography on tidal marshes. Geomorphology, 63(1—2), 39—55.

Tetzlaff D M, Harbaugh J W, 1989. Simulating clastic sedimentation. Van Nostrand Reinhold, New York, 202pp.

Thorne P D, 1986. An intercomparison between visual and acoustic detection of seabed gravel movement. Marine Geology, 72, 11—31.

Tobin H J, Saffer D M, 2009. Elevated fluid pressure and extreme mechanical weakness of a plate boundary thrust, Nankai Trough subduction zone. Geology, 37 (8), 679—682.

Troutman B M, Williams G P, 1987. Fitting strait lines in earth sciences. In: Size W B (ed.), Use and abuse of statistical methods in the earth sciences. Oxford University Press, New York, 107—128.

Turabian K L, 1987. Mannual for writers of term papers, thesis and dissertation. The University of Chicago Press, Chicago, 300pp.

Ullmann A, Pirazzoli P A, Tomasin A, 2007. Sea surges in Camargue: Trends over the 20th century. Continental Shelf Research, 27, 922—934.

Underwood M B, 2007. Sediment inputs to subduction zones: why lithostratigraphy and clay mineralogy matter. In: Dixon T H, Moore C J (ed.). The seismogenic zone of subduction thrust faults. ColumbiaUniversity Press, New York, 42—85.

Uyeda S, 1978. The new view of the earth: moving continents and moving oceans. W H Freeman, New York, 217pp.

Valiela I, Rutecki D, Fox S, 2004. Salt marshes: biological controls of food webs in a diminishing environment. Journal of Experimental Marine Biology and Ecology, 300(1—2), 131—159.

Vail P R, Mitchum R M, Todd R G Jr, Widmier J M, Thompson S, Sangree J B, Bubb J N, Hatlelid W G, 1977. Seismic stratigraphy and global changes of sea level. In: Payton C E (Ed.), Seismic stratigraphy—applications to hydrocarbon exploration. American Association of Petroleum Geologists Memoir, 26, 49—212.

Van der Peijl M J, Verhoeven J T A, 1999. A model of carbon, nitrogen and phosphorus dynamics and their interactions in river marginal wetlands. Ecological Modeling, 118, 95—130.

Van Lancker V, Lanckneus J, Hearn S, Hoekstra P, Levoy F, Miles J, Moerkerke G, Monfort O, Whitehouse R, 2004. Coastal and nearshore morphology, bedforms and sediment transport pathways at Teignmouth (UK). Continental Shelf Research, 24, 1171—1202.

Van Ledden M, Wang Z B, Winterwerp H, Vriend H, 2004. Sand-mud morphodynamics in a short tidal basin. Ocean Dynamics, 54, 385—391.

Van Leeuwen S M, de Swart H E, 2002. Intermediate modelling of tidal inlet systems: spatial asymmetries in flow and mean sediment transport. Continental Shelf Research, 22, 1795—1810.

Van Leeuwen S M, van der Vegt M, de Swart H E, 2003. Morphodynamics of ebb-tidal deltas: a model approach. Estuarine, Coastal and Shelf Science, 57, 899—907.

Van Niekerk A, Vogel K R, Slingerland R L, Bridge J S, 1992. Routing of heterogeneous sediments over movable bed: model development. Journal of Hydraulic Engineering, 118, 246—262.

Van Rijn L C, 1993. Principles of sediment transport in rivers, estuaries and coastal waters. Aqua Publications, Amsterdam.

Van Rijn L C, Van Rossum H, Temes P, 1990. Field verification of 2—D and 3—D suspended sediment models. Journal of Hydraulic Engineering, ASCE, 116 (10), 1270—1288.

Van Waasbergen R J, Winterer E L, Shlanger S O, 1993. Summit geomorphology of western Pacific guyots. In: Pringle M S, Sager W W, Sliter W V, Stein S (ed.). The Mesozoic Pacific: geology, tectonics, and volacanism. American Geophysical Union, Washington D C, 335—366.

Van Wesenbeck V, Lanckneus J, 2000. Residual sediment transport paths on a tidal sand bank: A comparison between the modified McLaren model and bedform analysis. Journal of Sedimentary Research, 70, 470—477.

Velegrakis A F, Collins M B, Bastos A C, Paphitis D, Brampton A, 2007. Seabed sediment transport pathways investigations: review of scientific approach and methodologies. In: Balson P S, Collons M B (ed.), Coastal and shelf sediment transport. Geological Society of London, London, 127—146.

Velegrakis A F, Gao S, Collins M B, 1994. Independent Assessment of Monitoring of the Hastings Shingle Bank. Report to the Ministry of Environment, Technical Report SU-DO/TEC/94/12/C, Department of Oceanography (University of Southampton), 33pp (+ Appendices and Figures).

Verfailliea E, Van Lanckera V, van Meirvenne M, 2006. Multivariate geostatistics for the predictive modelling of the surfcial sand distribution in shelf seas. Continental Shelf Research, 26, 2454—2468.

Vilibi? I, Šepi? J, 2010. Long-term variability and trends of sea level storminess and extremes in European seas. Global and Planetary Change, 71, 1—12.

Vincent C E, Young R A, Swift D J P, 1983. Sediment transport on the Long Island shoreface, North American Atlantic shelf: role of waves and currents in shoreface maintenance. Continental Shelf Research, 2(2), 163—181.

Vincent C L, Corson W D, 1981. Geometry of tidal inlets: empirical equations. Journal of the Waterway, Port, Coastal and Ocean Division, 107(WW1), 1—9.

Vincent P, 1996. Variation in particle size distribution on the beach and windward side of a large coastal dune, southwest France. Sedimentary Geology, 103, 273—280.

Vinzon S B, Mehta A J, 2000. Boundary layer effects due to suspended sediment in the Amazon River Estuary. Proceedings in Marine Science, 3, 359—372.

Visher G S, 1969. Grain size distributions and depositional processes. Journal of Sedimentary Petrology, 39, 1074—1106.

Vogel K R, Van Niekerk A, Slingerland R L, Bridge J S, 1992. Routing of heterogeneous sediments over movable bed: model verification and testing. Journal of Hydraulic Engineering, 118, 263—279.

Von Eynatten H, 2004. Statistical modelling of compositional trends in sediments. Sedimentary Geology, 171, 79—89.

Wadman H M, McNinch J E, 2008. Stratigraphic spatial variation on the inner shelf of a high-yield river, Waiapu River, New Zealand: Implications for fine-sediment dispersal and preservation. Continental Shelf Research, 28, 865—886.

Walker I J, Nickling W G, 2002. Dynamics of secondary airflow and sediment transport over and in the lee of transverse dunes. Progress in Physical Geography, 26, 47—75.

WAMDI Group, 1988. The WAM model—a third generation ocean wave prediction model. Journal of Physical Oceanography, 18, 1775—1810.

Wang H J, Yang Z S, Li Y H, Guo Z G, Sun X X, Wang Y, 2007. Dispersal pattern of suspended sediment in the shear frontal zone off the Huanghe (Yellow River) mouth. Continental Shelf Research, 27, 854—871.

Wang H Q, Hsieh Y P, Harwell M A, Huang W R, 2007. Modeling soil salinity distribution along topographic gradients in tidal salt marshes in Atlantic and Gulf coastal regions. Ecological Modelling, 201(3—4), 429—439.

Wang P, Murray J W, 1983. The use of foraminifera as indicators of tidal effects in estuarine deposits. Marine Geology, 51, 239—250.

Wang S Y, McGrath R, Hanafin J, Lynch P, Semmler T, Nolan P, 2008. The impact of climate change on storm surges over Irish waters. Ocean Modelling, 25 (1—2), 83—94.

Wang X M, Dong Z B, Qu J J, Zhang J W, Zhao A G, 2003. Dynamic processes of a simple linear dune—a study in the Taklimakan Sand Sea, China. Geomorphology, 52, 233—241.

Wang X M, Dong Z B, Zhang J W, Chen G T, 2002. Geomorphology of sand dunes in the Northeast Taklimakan Desert. Geomorphology, 42, 183—195.

Wang Y P, Gao S, 2001. Modification to the Hardisty equation, regarding the relationship between sediment transport rate and grain size. Journal of Sedimentary Research (A), 71, 118—121.

Wang Y P, Gao S, Jia J J, 2006. High-resolution data collection for analysis of sediment dynamic processes associated with combined current-wave action over intertidal flats. Chinese Science Bulletin, 51, 866—877.

Wang Y P, Zhang R S, Gao S, 1999a. Velocity variations in salt marsh creeks, Jiangsu, China. Journal of Coastal Research, 15(2), 471—477.

Wang Y P, Zhang R S, Gao S, 1999b. Geomorphic and hydrodynamic responses of the salt marsh—tidal creek system, Jiangsu, China. Chinese Science Bulletin, 44 (6), 544—549.

Wang Y W, Yu Q, Gao S, 2011. Relationship between bed shear stress and suspended sediment concentration: annular flume experiments. International Journal of Sediment Research, 26(4), 513—523.

Wang Y, Ren M E, Syvitski J, 1998. Sediment transport and terrigenous fluxes. In: Brink K H, Robinson A R (ed.), The sea (v. 10), John Wiley & Sons, New York, 253—292.

Wang Y, Ren M E, Zhu D K, 1986. Sediment supply to the continental shelf by the major rivers of China. Journal of Geological Society (London), 143, 943—952.

Wang Z B, Louters T, De Vriend H J, 1995. Morphodynamic modeling of a tidal inlet in the Wadden Sea. Marine Geology, 126, 289—300.

Wargo C A, Styles R, 2007. Along channel flow and sediment dynamics at North Inlet, South Carolina. Estuarine, Coastal and Shelf Science, 71, 669—682.

Warrick J A, Xu J P, Noble M A, Lee H J, 2008. Rapid formation of hyperpycnal sediment gravity currents offshore of a semi-arid California river. Continental Shelf Research, 28, 991—1009.

Watson G, 1987. Writing a thesis: a guide to long essayes and dissertations. Pearson Education, 156pp.

Weaver P P E, Canals M, Trincardi F (ed.), 2006. Source to sink sedimentation on European margin. Marine Geology, 234, 1—292.

Wentworth C K, 1922. A scale of grade and class terms for clastic sediments. Journal of Geology, 30, 377—392.

Westaway F W, 1924. Scientific method: its philosophical basis and its modes of application. Blackie & Son, London, 522pp.

White T E, 1998. Status of measurement techniques for coastal sediment transport. Coastal Engineering, 35, 17—45.

White W R, Milli H, Crabbe A D, 1975. Sediment transport theories: a review. Proceedings of the Institute of Civil Engineers. 59(2): 265—292.

Whitney M M, Garvine R W, 2008. Estimating tidal current amplitudes outside estuaries and characterizing the zone of estuarine tidal influence. Continental Shelf Research, 28, 380—390.

Wiggs G F S, 2001. Desert dune processes and dynamics. Progress in Physical Geography, 25, 53—79.

Williams J J, Bell S P, Humphery J D, Hardcastle P J, Thorne P D, 2003. New approach to measurement of sediment processes in a tidal inlet. Continental Shelf Research, 23, 1239—1254.

Wilson E B Jr, 1952. An introduction to scientific research. Dover Publications, London, 400pp.

Winsberg E, 2010. Science in the age of computer simulation. The University of Chicago Press, Chicago, 152pp.

Woodward R H, 1977. Linear relationships between two variables. In: Davies O L, Goldsmith P L (ed.), Statistical methods in research and production (4th edition). Longman, London, 178—236.

World Commission on Dams, 2000. Dams and development: a new framework for decision-making. Earthscan, London.

Wright J V, Smith A L, Self S, 1980. A working terminology of ryroclastic deposits. Journal of Volcanology and Geothermal Research, 8, 315—336.

Wright L D, Friedrichs C T, 2006. Gravity-driven sediment transport on continental shelves: a status report. Continental Shelf Research, 26, 2092—2107.

Wright L D, Wiseman W J, Yang Z S, Bornhold B D, Keller G H, Prior D B, Suhayda J N, 1990. Processes of marine dispersal and deposition of suspended silts off the modern mouth of the Huanghe (Yellow River). Continental Shelf Research, 10, 1—40.

Wright P, Cross J S, Webber N B, 1978. Shingle tracing by a new technique. Proceedings of the 16th Coastal Engineering Conference, ASCE, New York, 1705—1714.

Wu J, Shen H T, 1999. Estuarine bottom sediment transport based on "McLaren Model": a case study of Huangmaohai Estuary, South China. Estuarine, Coastal and Shelf Science, 49, 265—279.

Wu M C, Yeung K H, Chang W L, 2006. Trends in western north Pacific tropical cyclone intensity. EOS, 87(48), 537—538.

Xie D F, Gao S, Wang Y P, 2008. Morphodynamic modelling of open-sea tidal channels e-roded into a sandy seabed. Geo-Marine Letters, 28(4), 255—263.

Xie D F, Wang Z B, Gao S, De Vriend H J, 2009. Numerical modeling of the formation of tidal channel system in Hangzhou Bay, China. Continental Shelf Research, 29(15), 1757—1767.

Xin P, Jin G Q, Li L, Barry D A, 2009. Effects of crab burrows on pore water flows in salt marshes. Advances in Water Resources, 32(3), 439—449.

Xu J P, Wong F L, Kvitek R, Smith D P, Paull C K, 2008. Sandwave migration in Monterey Submarine Canyon, Central California. Marine Geology, 248, 193—212.

Yamada S, 1999. The role of soil creep and slope failure in the landscape evolution of a head water basin: field measurements in a zero order basin of northern Japan. Geomorphology, 28, 329—344.

Yamano M, Foucher JP, Kinoshita M, Fisher A, Hyndman R D, 1992. Heat flow and fluid flow regime in the western Nankai accretionary prism. Earth and Planetary Science Letters, 109, 451—462.

Yamano M, Kinoshita M, Goto S, Matsubayashi O, 2003. Extremely high heat flow anomaly in the middle part of the Nankai Trough. Physics and Chemistry of the Earth, 28, 487—497.

Yanagi T, Takahashi S, Hoshika A, Tanimoto T, 1996. Seasonal variation in the transport of suspended matter in the East China Sea. Journal of Oceanography, 52, 539—552.

Yang C S, Sun J S, 1988. Tidal sand ridges on the East China Sea shelf. In: De Boer P L, Van Gelder A, Nio S D (ed.), Tide-influenced Sedimentary Environments and Facies. D. Reidel Publishing Company, Amsterdam, 23—38.

Yang C T, 1996. Sediment transport: theory and practice. McGraw-Hill, New York, 396pp.

Yang C, J Stall, 1973. Unit stream power in dynamic stream systems. In: Morisawa M (ed.), Fluvial geomorphology (Publications in Geomorphology). State University of New York, 285—298.

Yang S L, Belkin I M, Belkina A I, Zhao Q Y, Zhu J, Ding P X, 2003. Delta response to decline in sediment supply from the Yangtze River: evidence of the recent four decades and expectations for the next half-century. Estuarine, Coastal and Shelf Science, 57, 689—699.

Yang S L, Ding P X, Chen S L, 2001. Changes in progradation rate of the tidal flat at the mouth of the Changjiang (Yangtze) River, China. Geomorphology, 38, 167—180.

Yang S L, Li H, Ysebaert T, Bouma T J, Zhang W X, Wang Y Y, Li P, Li M, Ding P X, 2008. Spatial and temporal variations in sediment grain size in tidal wetlands, Yangtze Delta: on the role of physical and biotic controls. Estuarine, Coastal and Shelf Science, 77(4), 657—671.

Yang S L, Zhao Q Y, Belkin I M, 2002. Temporal variation in the sediment load of the Yangtze River and the influences of human activities. Journal of Hydrology, 263, 56—71.

Yang X P, Liu T S, Xiao H L, 2003. Evolution of megadunes and lakes in the Badain Jaran Desert, Inner Mongolia, China during the last 31000 years. Quaternary International, 104, 99—112.

Yang Z S, Liu J P, 2007. A unique Yellow River-derived distal subaqueous delta in the Yellow Sea. Marine Geology, 240, 169—176.

Yao Z Y, Wang T, Han Z W, Zhang W M, Zhao A G, 2007. Migration of sand dunes on the northern Alxa Plateau, Inner Mongolia, China. Journal of Arid Environments, 70, 80—93.

Yu H, 1994. China's coastal ocean uses: conflicts and impacts. Ocean and Coastal Management, 25, 161—178.

Yu Q, Flemming B, Gao S, 2010. Tide-induced vertical suspended sediment concentration profiles: phase lag and amplitude attenuation. Ocean Dynamics, 61(4), 403—410.

Yu Q, Wang Y W, Flemming B, Gao S, 2012a. Modeling the equilibrium hypsometry of back-barrier tidal flats in the German Wadden Sea (southern North Sea). Continental Shelf Research, 49, 90—99.

Yu Q, Wang Y W, Gao S, Flemming B, 2012b. Modeling the formation of a sand bar within a large funnel-shaped, tide-dominated estuary: Qiantangjiang Estuary, China. Marine Geology, 299—302, 63—76.

Zenkovich V P, 1967. Processes of coastal development (English edition). Oliver and Boyd, London, 738pp.

Zhang J, Wu Y, Jennerjahn TC, Ittekkot V, He Q, 2007. Distribution of organic matter in the Changjiang (Yangtze River) Estuary and their stable carbon and nitrogen isotopic ratios: Implications for source discrimination and sedimentary dynamics. Marine Chemistry, 106, 111—126.

Zhang Q -M, 1987. Analysis of P-A correlationship of tidal inlets along the coasts of South

China. Proceedings of Coastal and Port Engineering in Developing Countries, 1, 412—422.

Zhang R S, 1992. Suspended sediment transport processes on tidal mud flat in Jiangsu Province, China. Estuarine, Coastal and Shelf Science, 35, 225—233.

Zhang R S, Wang Y P, 1996. Relationships between tidal prism and throat area of tidal inlets along Yellow Sea and Bohai Sea coasts. China Ocean Engineering, 10, 229—238.

Zhang X, Lin C M, Dalrympleb R W, Gao S, Li Y L, 2012. Facies architecture and depositional model of a macrotidal incised valley succession (Qiantang River estuary, eastern China), and differences from other macrotidal systems. Manuscript in review.

Zhang Y H, Ding W X, Luo J F, Donnison A, 2010. Changes in soil organic carbon dynamics in an Eastern Chinese coastal wetland following invasion by a C4 plant *Spartina alterniflora*. Soil Biology and Biochemistry, 42(10), 1712—1720.

Zhang Y, Swift D J P, Fan S J, Niedoroda A M, Reed C W, 1999. Two-dimensional numerical modeling of storm deposition on the northern California shelf. Marine Geology, 154, 155—167.

Zhou HX, Liu JE, Zhou J, Qin P, 2008. Effect of an alien species *Spartina alterniflora* Loisel on biogeochemical processes of intertidal ecosystem in the Jiangsu coastal region, China. Pedosphere, 18(1), 77—85.

Zhu D K, Martini I P, Brookfield M E, 1998. Morphology and land-use of the coastal zone of the North Jiangsu Plain, Jiangsu Province, eastern China. Journal of Coastal Research, 14, 591—599.

索　引

渤海海峡(97,104,106,311)

薄层低速水流(202,206)

薄层高速水流(206)

C

采样间距(175,176,182)

采样深度(175,182)

参数化(46)

残留沉积(33)

测量误差(56)

层序(5,116,119)

层序地层学(265)

层序连续性(245)

层序模型(301)

层序形成模拟(311)

长江(13,16,104,121,129,161,164,200,
224,238,241,250,255)

长江沉积体系(309)

长江冲淡水(166)

长江口湿地(287)

长江入海通量(226)

长江三角洲(121,225,227,231,234,242,
247,266,310)

长江水下三角洲(243)

长距离输运(238)

长时间序列数据(162)

长时间序列资料(243)

常态侵蚀(35,37)

常微分方程(68,81)

潮波(151)

潮波变形(152,204)

潮波辐聚中心(250)

潮差(16,23,147,152,215,218,236,250)

潮间带(20,23,24,89,91,152,199,200,
202,204,207,216,219,221,255,287,
289—292,295,306)

潮流(5,16,18,23,24,30,31,46,50,51,
68,72,81,91,98—100,107,143,151,
158,163,173,179,180,187,199,200,
202,205,206,228,236—238,250,251,
253,263,264,289,290,297,304,307)

潮流-波浪共同作用(99,102,179,303,
305,308)

潮流边界层厚度(99)

潮流脊(109,173,177,184,187,200,243,
249,250,255,264,289,302,306)

潮流界(162)

潮流流速(151,289,291)

潮流三角洲(30—33,143,145,150,153,
158,243,264)

潮流作用(12)

潮区界(162)

潮水沟(155,203,204,206,222,223,289,
296,298,306)

潮滩(20,31—33,108,152,199,213,214,
216,219—221,243,249,264,266,289,
291,302,306,311)

潮滩层序(266)

295,297)

盐沼土壤(289)

盐沼植被(289,290,294,295,297)

洋流(46)

洋陆边缘研究计划(270)

样品分配办法(280)

遥感图像(189)

野外调查工作(72)

野外工作(4)

贻贝礁(242)

移液管法(170,171)

异重流(228)

迎流面(185,186,194)

迎流面侵蚀速率(197)

营养级(293,297)

营养物(121,130)

营养物浓度(166,251)

营养物循环(297)

营养物质(96,100,132,293,294,298)

营养物质富集(294)

营养物质供给(297)

营养物质循环(132,293,294,297)

涌潮(199)

有害藻类暴发(130)

有机颗粒(294)

有机碳埋藏量(107)

有机质含量(289)

有孔虫介壳(68,72,81)

淤积(70)

淤积速度(121)

淤积速率(69,215,216,306)

淤泥质海岸(286)

鱼类产卵场(130)

预测模型(124)

阈值(243)

原始地形(310)

源-汇系统(111,116,117)

跃移(169)

Z

再悬浮(4,7,46,47,51,100,107,161,162, 199,205,228,230,233,238—241,261, 264,301,306,308)

粘土矿物(48,77,273)

涨潮历时(149,151)

涨潮流历时(23)

涨潮流速(151)

涨潮前锋(205)

涨潮水流(294,295)

真光层(267)

正规半日潮(12)

正演方法(213)

正演模拟(213,223)

正演模型(119)

植被-地貌耦合过程模拟(291)

植物颗粒(289)

质量守恒(46,67,68,77,79,80,151,153, 206,231,244,245,285)

其 他